AGRICULTURA Y DESERTIFICACIÓN

AGRICULTURA Y DESERTIFICACIÓN

Obra dirigida y coordinada por
Francisco MARTÍN DE SANTA OLALLA MAÑAS

UNIVERSIDAD DE CASTILLA-LA MANCHA
Departamento de Producción Vegetal
y Tecnología Agraria

INSTITUTO DE DESARROLLO REGIONAL

Ediciones Mundi-Prensa
Madrid • Barcelona • México
2001

```
┌─────── Grupo Mundi-Prensa ───────┐
│                                   │
│  • Mundi-Prensa Libros, s. a.    │
│    Castelló, 37 - 28001 Madrid   │
│    Tel. 914 36 37 00 - Fax 915 75 39 98 │
│    E-mail: libreria@mundiprensa.es │
│                                   │
│  • Internet: www.mundiprensa.com │
│                                   │
│  • Mundi-Prensa Barcelona        │
│  • Editorial Aedos, s. a.        │
│    Consell de Cent, 391 - 08009 Barcelona │
│    Tel. 934 88 34 92 - Fax 934 87 76 59 │
│    E-mail: barcelona@mundiprensa.es │
│                                   │
│  • Mundi-Prensa México, s. a. de C. V. │
│    Río Pánuco, 141 - Col. Cuauhtémoc │
│    06500 México, D. F.           │
│    Tel. (+52)-5-533 56 58 - Fax (+52)-5-514 67 99 │
│    E-mail: resavbp@data.net.mx   │
└───────────────────────────────────┘
```

© 2000, Francisco Martín de Santa Olalla Mañas
© 2000, Ediciones Mundi-Prensa, Madrid
Foto de portada cedida por Francisco López Bermúdez
Depósito Legal: M. 10.340-2001
ISBN: 84-7114-966-4

No se permite la reproducción total o parcial de este libro ni el almacenamiento en un sistema informático, ni la transmisión de cualquier forma o cualquier medio, electrónico, mecánico, fotocopia, registro u otros medios sin el permiso previo y por escrito de los titulares del Copyright.

IMPRESO EN ESPAÑA - PRINTED IN SPAIN

Imprime: A. G. Cuesta, S.A. - Seseña, 13 - 28024 Madrid

PRESENTACIÓN DE AUTORES

BALAIRÓN RUIZ, LUIS. Licenciado en Ciencias Físicas. Meteorólogo del Estado. Instituto Nacional de Meteorología. Madrid. (Capítulo II).

BRASA RAMOS, ANTONIO. Doctor Ingeniero Agrónomo. Departamento de Producción Vegetal y Tecnología Agraria. Universidad de Castilla-La Mancha. (Capítulos VII y X).

BRIONGOS RABADÁN, JOSÉ MANUEL. Ingeniero de Montes. Departamento de Ciencia y Tecnología Agroforestal. Universidad de Castilla-La Mancha. (Capítulos IX y XIII).

COLOMER MARCO, JOAN CARLES. Licenciado en Ciencias Biológicas. Departamento de Biología Vegetal. Universidad de Valencia. (Capítulo V).

CUESTA PÉREZ, ANTONIO. Ingeniero Agrónomo. Departamento de Producción Vegetal y Tecnología Agraria. (Capítulo X).

DE JUAN VALERO, ARTURO. Doctor Ingeniero Agrónomo. Departamento de Producción Vegetal y Tecnología Agraria. Universidad de Castilla-La Mancha. (Capítulos VI, VII, X y XII).

DEL CERRO BARJA, ANTONIO. Doctor Ingeniero de Montes. Departamento de Ciencia y Tecnología Agroforestal. Universidad de Castilla-La Mancha. (Capítulos IX y XIII)

FERRANDIS GOTOR, PABLO. Doctor en Ciencias Biológicas. Departamento de Producción Vegetal y Tecnología Agraria. Universidad de Castilla-La Mancha. (Capítulo VIII).

GARCÍA MARCHANTE, JOAQUÍN SAÚL. Doctor en Filosofía y Letras. Vicerrectorado de Extensión Universitaria y del Campus de Cuenca. Universidad de Castilla-La Mancha. (Capítulo III).

LANJERI, SIHAM. Doctor en Ciencias Físicas. Departamento de Termodinámica. Universidad de Valencia. (Capítulo XI).

LEGORBURO SERRA, ANTONIO. Ingeniero Agrónomo. Vicerrectorado de Investigación. Universidad de Castilla-La Mancha. (Capítulo IV).

LÓPEZ BERMÚDEZ, FRANCISCO. Doctor en Geografía Física. Departamento de Geografía Física. Universidad de Murcia. (Capítulos I y XIV).

MARTÍN DE SANTA OLALLA MAÑAS, FRANCISCO. Doctor Ingeniero Agrónomo. Departamento de Producción Vegetal y Tecnología Agraria. Universidad de Castilla-La Mancha. (Capítulos VI, XII y XIV).

MARTÍNEZ SÁNCHEZ, JUAN JOSÉ. Doctor en Ciencias Biológicas. Departamento de Producción Agraria. Universidad Politécnica de Cartagena. (Capítulo VIII).

MELIÁ MIRALLES, JOAQUÍN. Doctor en Ciencias Físicas. Departamento de Termodinámica. Universidad de Valencia. (Capítulos XI y XIV).

MONTERO RIQUELME, FRANCISCO JOSÉ. Doctor Ingeniero Agrónomo. Departamento de Producción Vegetal y Tecnología Agraria. Universidad de Castilla-La Mancha. (Capítulos VII y X).

SÁNCHEZ DÍAZ, JUAN. Doctor en Ciencias Biológicas. Departamento de Biología Vegetal. Universidad de Valencia. (Capítulo V).

SEGARRA GOMAR, DEMETRIO. Doctor en Ciencias Físicas. Departamento de Termodinámica. Universidad de Valencia. (Capítulo XI).

A todos los que no han perdido la esperanza de dejar a sus hijos un mundo tan habitable como el que han recibido de sus padres.

Los autores

ÍNDICE GENERAL

Presentación 11

Capítulo I.   **El riesgo de desertificación**   15

Capítulo II.   **El cambio climático como contexto de la desertificación** . . .   39

Capítulo III.   **El papel de la población en el proceso de la desertificación** .   69

Capítulo IV.   **La ocupación del territorio por el hombre**   87

Capítulo V.   **Agricultura y procesos de degradación del suelo**   109

Capítulo VI.   **La utilización del agua por el hombre**   133

Capítulo VII.   **El papel de la cubierta vegetal**   163

Capítulo VIII.   **Diversidad biológica y desertificación**   177

Capítulo IX.   **La vegetación natural**   195

Capítulo X.   **Los sistemas agrarios**   217

Capítulo XI.   **La lucha contra la desertificación. Investigación y desarrollo** .   253

Capítulo XII.   **El uso del agua en una agricultura sostenible**   273

Capítulo XIII.   **Conservación y mejora de bosques**   305

Capítulo XIV.   **Una mirada hacia el futuro**   323

PRESENTACIÓN

Francisco José Martín de Santa Olalla Mañas

La agricultura entra en el siglo XXI cargada de problemas nuevos, de incógnitas que no sabemos si vamos a ser capaces de resolver. Probablemente otros sectores productivos inician esta nueva etapa de la humanidad en similares condiciones, pero a nosotros, a los que hemos dedicado nuestra vida profesional al campo, nos son más cercanos, y por ello nos preocupan más, los problemas con que ha de enfrentarse la agricultura.

Este libro está dedicado a uno de ellos: el proceso de desertificación de nuestras tierras.

Como en todas las actividades que utilizan los recursos naturales, en la agricultura los aspectos económicos y sociales se solapan con los que tienen relación con el medio ambiente. Por este motivo, los efectos de la desertificación no sólo afectarán a los agricultores, que encontraremos cada vez mayores dificultades para obtener de nuestros campos productos competitivos en precio y en calidad; las consecuencias de este proceso se dejarán sentir en amplias áreas de nuestro planeta, que serán abandonadas por sus pobladores, buscando horizontes mejores para sus hijos.

Los ecos de este fenómeno llegarán con toda seguridad hasta los núcleos urbanos más desarrollados, en los que su población puede pensar que están a cubierto de este tipo de riesgo. El fenómeno de la desertificación nos va a afectar a todos. En realidad es de justicia que así sea, pues todos hemos contribuido a su gestación, y estamos contribuyendo a su desarrollo.

La combinación del cambio climático y de acciones antrópicas en condiciones semi-áridas o áridas está haciendo que la producción de biomasa sea cada vez menor, o se consiga utilizando insumos productivos en mayor proporción.

Hemos logrado un desarrollo espectacular de la producción agraria en los últimos años del siglo XX, pero en muchas ocasiones ha sido a costa de un grave deterioro del medio natural.

En este texto nos ocupamos de analizar este proceso, y en la medida que nos ha sido posible de proponer algún tipo de soluciones.

Los autores hemos tenido ocasión de estudiar este fenómeno fundamentalmente debido a nuestra participación en diferentes Proyectos de Investigación y Desarrollo que han sido financiados en la mayoría de los casos por la Unión Europea y han tenido como espacio físico para su realización la Cuenca Mediterránea, prestando especial atención a la Península Ibérica.

Los últimos diez años han sido para muchos de nosotros un auténtico revulsivo en la concepción que teníamos de nuestras disciplinas. Nos han enfrentado a problemas nuevos que en buena medida nuestras propias técnicas han provocado. Para comprender bien lo que está pasando hemos necesitado integrarnos en equipos multidisciplinares, rompiendo barreras artificialmente creadas alrededor del ámbito de nuestras competencias profesionales.

El problema es tan complejo que no lo puede abordar únicamente un físico, ni un biólogo, ni un geógrafo, ni por supuesto un ingeniero agrónomo o forestal formado, en la mayoría de los casos, en unos años donde lo más importante era producir porque nuestro país era deficitario en alimentos y materias primas de origen natural. Ahora es preciso trabajar de forma diferente.

Yo creo que la experiencia ha sido muy positiva y enriquecedora para todos nosotros.

El tema, aunque aborda aspectos en cierto sentido dramáticos para la humanidad, es absolutamente apasionante. Hoy nos enfrentamos con la necesidad de convertir los conocimientos adquiridos en herramientas útiles para la sociedad. Desde muchos sitios nos reclaman «decidnos lo que hay que hacer». Nos sentimos impotentes para responder adecuadamente; nuestros conocimientos son escasos y dispersos, claramente desproporcionados a la envergadura del problema.

Sin embargo, es preciso comenzar y esa es la intención del texto que presentamos.

Los principales aspectos que relacionan la agricultura con la desertificación se abordan en él. Cuando nos ha sido posible esbozamos técnicas que pueden ayudar a mitigar el proceso. No están todas las que hubiéramos deseado. Cuando hemos releído lo escrito pensamos que podíamos haber ido un poco más lejos. Hemos llegado hasta donde nos ha sido posible.

Yo quiero agradecer a todos los compañeros que han participado en esta experiencia el esfuerzo realizado que me consta que ha sido importante.

Ahora confiamos en que lo escrito sea útil. Al lector le pedimos un poco de benevolencia al juzgarnos. En cualquier caso él tiene la última palabra.

Albacete, octubre de 2000.

CAPÍTULO I
EL RIESGO DE DESERTIFICACIÓN

Francisco López Bermúdez

1. Introducción 17
2. Naturaleza del problema: el concepto de desertificación 18
3. La magnitud del problema 20
4. Las consecuencias de la desertificación 24
5. Factores agrarios de desertificación 27
6. Acciones para mitigar la desertificación 29
7. La vulnerabilidad de las tierras mediterráneas del Sur de Europa al Cambio Global y a la desertificación 31
8. Conclusiones 33
9. Referencias bibliográficas 34

1. Introducción

Entre los importantes cambios y alteraciones ambientales que están afectando a los paisajes de las regiones áridas, semiáridas y subhúmedas secas en el alba del tercer milenio, la *desertificación* constituye una seria amenaza por su incidencia territorial, ambiental, ecológica y socioeconómica. En amplios espacios de las tierras mediterráneas, muchos de los fenómenos que la desencadenan son antiguos pero, desde la década de los años setenta, se han activado y emergen como problemas nuevos ligados a importantes cambios en los usos del suelo, intensa mecanización de la agricultura, drástica modificación en los balances hídricos de muchas cuencas, extracción abusiva de las aguas subterráneas, salinización y contaminación de suelos y aguas, uso abusivo de fertilizantes y pesticidas, incendios, deserción de la agricultura marginal de secano, abandono de prácticas tradicionales de conservación del suelo, intensa erosión del suelo, litoralización de la actividad humana, etc. La *desertificación* puede considerarse como el paradigma del estado ambiental de extensas regiones mediterráneas, el *Cambio Climático* puede exacerbar el problema (Linés, 1990; Boer *et al.*, 1990; Fantechi, *et al.*, 1991; Moreno *et al.*, 1997; Mairota *et al.*, 1998; GCTE, 1998).

A escala planetaria y de las tierras mediterráneas secas, el *cambio climático*, la *pérdida de biodiversidad* y la *desertificación* constituyen los tres problemas ambientales «estrella» y tienen mucho de común. Corresponden a procesos físicos y antrópicos que están fuertemente relacionados por razones y principios ambientales, económicos, jurídicos y políticos; sus instrumentos pueden contribuir de manera importante a la consecución de los objetivos de los otros, además, los tres problemas también están ligados por soluciones comunes. Por ejemplo, la lucha contra la deforestación y los incendios, reduce la degradación de los suelos por erosión, reduce las emisiones netas de dióxido de carbono y reduce la pérdida de biodiversidad. Por ello, salvaguardar la diversidad biológica, luchar contra la desertificación y prevenir el cambio climático, en las regiones secas, albergan el mismo objetivo: asegurar un desarrollo durable. Esto significa conseguir una calidad de vida que sea socialmente deseable, económicamente viable y ecológicamente sostenible para las generaciones futuras.

2. Naturaleza del problema: el concepto de desertificación

Desertificación es un vocablo que viene siendo utilizado desde al menos 1949 cuando Aubreville publicó un libro con el título *Clima, Bosques y Desertificación en el Africa Tropical*. Es un término complejo (Rubio, 1992, 1995), controvertido, con frecuencia utilizado erróneamente y de difícil conceptualización debido a lo impreciso de su significado, pero es lo suficientemente intuitivo como para ser objeto de un tratamiento mediático sin tener que dar cuenta de su significado estricto (Ibáñez *et al.*, 1970). La desertificación, aunque parezca sugerir el avance de las dunas, no es el desierto, ni el movimiento de las arenas, sino que la tierra se hace menos productiva y a las plantas se les impone una creciente limitación hídrica y nutricional. La percepción de la desertificación varía mucho según el grado de desarrollo, de conocimiento científico, cultural, económico y social de las poblaciones afectadas, por ello, se han formulado más de un centenar de definiciones, ninguna caracteriza plenamente el proceso de degradación, ni tiene aceptación universal.

La realidad es que tras el término desertificación se esconde todo un conjunto de procesos interrelacionados (físicos, biológicos, históricos, económicos, sociales, culturales y políticos) que se manifiestan a diferentes niveles de resolución tanto espaciales como temporales (García Ruíz *et al.*, 1996; Ibáñez *et al.*, 1997). De modo genérico, la desertificación expresa el resultado de la combinación de condiciones geográficas, climáticas y socioeconómicas, y de las formas humanas de utilización de los recursos naturales, especialmente para la producción agrícola y el desarrollo rural (López Bermúdez, 1996). Las causas que la desencadenan y factores que la controlan son múltiples y algunos de ellos pueden cambiar según la escala, por ello pueden darse respuestas diferentes en función de las escalas de tiempo y espacio que se consideren.

La definición más ampliamente admitida fue formulada por la UNCED (1992) y el CCD (1994) como: *un proceso complejo que reduce la productividad y el valor de los recursos naturales, en el contexto específico de condiciones climáticas áridas, semiáridas y subhúmedas secas, como resultado de variaciones climáticas y actuaciones humanas adversas.* Reconocen el significado universal y las consecuencias del proceso degradador y la consideran un problema global, porque se expande cada vez más por la superficie de la Tierra, y porque sus efectos se dejan sentir en la vida salvaje, en la biosfera y en la atmósfera. *Desertificación* es una disminución de los niveles de productividad de los geoecosistemas como resultado de la sobreexplotación, uso y gestión inapropiados de los recursos en territorios fragilizados por la aridez y las sequías (UNCOD, 1977; Dregne, 1983; Mainguet, 1990; CCD, 1994; Puigdefábregas, 1994, 1995a; López Bermúdez, 1995; Martín & Balling, 1997). Las causas que la desencadenan y los factores que la controlan son múltiples y hay que buscarlas en la acción sinérgica de un amplio conjunto de procesos físicos y antrópicos multiescalados en el tiempo y en el espacio, como resultado de un *feedback* positivo, difícil de frenar, que refuerza o amplifica determinados mecanismos naturales a causa de la intervención humana (Charney, 1975; Scoging, 1991; Thomas & Middleton, 1994; Puigdefábregas,

1995b; García Ruiz *et al.*, 1996; López Bermúdez, 1996; Ibáñez *et al.*, 1997; Barberá *et al.*, 1997) (Fig. 1.1). En consecuencia desertificación hay que entenderla en el marco de un sistema de cambios globales en el que las interrelaciones entre causas y respuestas suelen ser muy estrechas.

Desertificación, pues, es un conjunto de procesos o manifestación de fenómenos implicados en el empobrecimiento y degradación de los geoecosistemas terrestres por impacto humano. No es un problema meteorológico o ambiental aislado (la sequía, la desaparición de una especie vegetal, por ejemplo) en un territorio más o menos extenso, sino una patología surgida de la ruptura del equilibrio entre el sistema de producción de los geoecosistemas naturales y el sistema de explotación humana. Una crisis climática, socioeconómica y ambiental, que desencadena nuevos mecanismos de degradación que dificulta e incluso impide la conservación de los recursos naturales imprescindibles para el desarrollo sostenible (López Bermúdez, 1997). Desertificación es una patología, una enfermedad ambiental compleja que hay que entender en el marco de un sistema de cambios globales en el que las interrelaciones entre causas y respuestas suelen ser estrechas; como proceso multifactorial, constituye un reto científico para cuyo estudio se requiere la integración de diversas áreas del conocimiento y el desarrollo y aplicación de métodos de estudio adecuados.

Fig. 1.1. **Un modelo del proceso de desertificación. Los dos ciclos de retroalimentación positiva, físico y humano, pueden agravar una degradación inicial y producir la desertificación del territorio** (Thomas & Middleton, 1994; López Bermúdez, F., 1996; López Bermúdez y Barberá, 1999).

3. La magnitud del problema

La desertificación es un fenómeno en rápida progresión a pesar de la detección del problema y de la puesta en marcha de planes de acción desde los años setenta. Desde 1977, año en el que se celebró la primera *Conferencia de las Naciones Unidas sobre Desertificación* (Nairobi, Kenya), alrededor de 105 millones de hectáreas (dos veces la superficie de España) han sido esterilizadas (Agrasot, 1995). Las estimaciones varían según las fuentes y no se disponen de datos fiables que permitan determinar con exactitud el grado de velocidad de la desertificación en las diferentes regiones amenazadas: en 1991 se evaluaba que unos 10 millones de hectáreas por año se convertían en no aptas para el cultivo y el pastoreo (PNUE, 1991). Algunos años después, estas cifras se revisaban a la baja, estimándose que la superficie degradada por año oscilaba entre 3,5 y 4 millones de ha (PNUE, 1995).

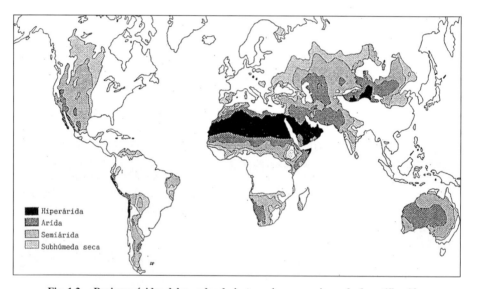

Fig. 1.2. Regiones áridas del mundo: desiertos y áreas con riesgo de desertificación.

Pese a esta incertidumbre sobre la información, se disponen de datos que dan idea aproximada de la gravedad del problema (Agenda 21; UNEP, 1992; INCD, 1994a) que se extiende por las tierras secas del planeta (Figs. 1.2 y 1.3):
- Afecta al 70% de todas las tierras áridas, equivalente a 3.600 millones de ha, aumentando con ello su marginalidad.
- Aflige a unos 1.000 millones de seres humanos (la sexta parte de la población mundial), sus medios de subsistencia se hallan comprometidos, porque sus tierras están en peligro de convertirse en desierto.
- La pérdida en capacidad productiva de las tierras afectadas es estimada en 26 billones de dólares por año. Entre 1978 y 1991, la desertificación ocasionó, en el mundo, una pérdida de ingresos estimada entre 300 y 600 billones de dólares (UNEP, 1996).

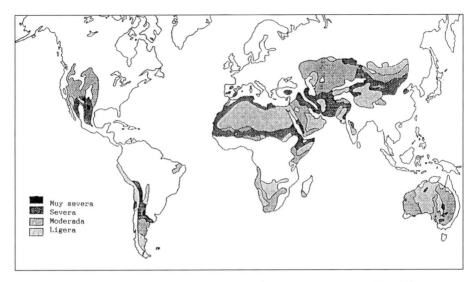

Fig. 1.3. **Desiertos y grados de desertificación en las tierras secas** (UNEP, 1992).

- Desde la II Guerra Mundial, una superficie de alrededor de 1.200 millones de ha están en un proceso de degradación de sus suelos, que van desde un grado moderado a extremo, como resultado de las actividades humanas (EarthAction, 1994).
- En Africa, el 73% de las tierras secas cultivadas están degradadas, aquí la degradación está más acentuada que en los demás continentes porque sus condiciones socio-económicas son netamente más desfavorables. La cifra para Asia es del 70% (UNCED, 1992; Agenda 21). El problema se agrava con el paso del tiempo.
- En las zonas áridas y semiáridas del planeta, el 30% de las tierras de cultivo de regadío, alrededor de 500.000 ha, se desertifican cada año a causa, sobre todo, de la salinización del agua y del suelo (UNCED, 1992). Son tierras con elevada densidad de población y alto potencial agrícola. Esta superficie equivale, aproximadamente, a las nuevas superficies que cada año se ponen en regadío.
- Según el PNUMA (*Plan de Naciones Unidas para el Medio Ambiente*), más de 100 países presentan riesgo de desertificación. De ellos, sólo 18 industrializados o productores de petróleo disponen de recursos financieros para hacer frente, por ellos mismos, a los problemas. Aquí, desertificación es igual a hambre y marginación.
- Se estima (INCD, 1994b; López Bermúdez, 1994) que alrededor de 150 millones de personas están en riesgo de ser desplazadas a consecuencia de la desertificación. El número de emigrantes se incrementa en unos 3 millones cada año, de los cuales, aproximadamente, la mitad pertenecen a Africa.
- Algunas regiones de América Latina conocen el problema, el cual se agrava rápidamente con la sobreexplotación forestal.
- En América del Norte, del total de tierras agrícolas de las zonas secas, el 74% están afectadas por algún tipo de degradación.

- En Australia, la desertificación en diversos grados, sobre todo por sobrepastoreo, es el problema ambiental más grave e importante (Pickup *et al.*, 1994).
- De los aproximadamente medio centenar de conflictos armados que se contabilizan en el mundo a lo largo de los años ochenta y noventa, la mitad se registran en países áridos y semiáridos con procesos de desertificación muy avanzados o en camino de estarlo (Bächler, 1994). La sobreexplotación y degradación de los recursos naturales produce turbulencia social y política y probablemente se convierta, cada vez más, en uno de los principales factores de inestabilidad geopolítica en las regiones con aridez más o menos acusada. Es la dimensión política de la desertificación (López Bermúdez, 1996).
- Europa no escapa al proceso, en las tierras mediterráneas del Sur la erosión del suelo y el riesgo de desertificación amenazan al 60% de los paisajes (UNEP, 1992), lo que constituye uno de los más importantes riesgos ambientales de la Unión Europea (Fantechi *et al.*, 1986; CORINE, 1992; Brandt *et al.*, 1996; García-Ruiz *et al.*, 1997; Mairota *et al.*, 1998). Los países europeos más amenazados son España, Grecia (Islas Cícladas, Oeste de Creta, Sur de Eubea y algunas zonas del Atica), Portugal (Alentejo y Algarve) e Italia (Cerdeña, Sicilia y algunas zonas de Calabria y la Basilicata).
- En España, aproximadamente la mitad de su superficie registra un grado de aridez más o menos acusado. En estos territorios, el 70% de los paisajes registran un riesgo de desertificación moderado, mientras que el 30% restante está afectado severamente por los procesos de degradación. Para el conjunto del territorio español, los *Mapas de Estados Erosivos* por cuencas hidrográficas, elaborados por el ICONA (Ministerio de Agricultura) a finales de los años ochenta y principios de los noventa, indican que la intensidad del proceso de erosión rebasa los límites tolerables en cerca del 48% del territorio, unos 22 millones de hectáreas. Las zonas con índices de pérdida de suelo superiores a 50 t/ha/año representan el 18,2% del territorio, equivalente a una superficie de poco más de nueve millones

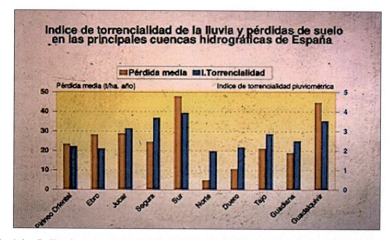

Fig. 1.4. **Indice de torrencialidad de la lluvia y pérdidas de suelo en las principales cuencas hidrográficas de España** (Elaborado con datos del MOPT, 1991).

de hectáreas. La pérdida de suelo por erosión es particularmente grave en las cuencas hidrográficas del Sur, Guadalquivir, Segura, Júcar y Ebro (Fig. 1.4), y por Comunidades las de Murcia, Andalucía, Valencia, Castilla-La Mancha, Aragón, Madrid, Extremadura y Canarias son las más amenazadas (ICONA, López Bermúdez, 1992) (Fig. 1.5). Graves problemas de deterioro ligados a la sobreexplotación de las aguas subterráneas, contaminación de suelos y aguas, salinización e incendios forestales, se extienden también por estos ámbitos fragilizados por las actividades humanas recientes y actuales.

Fig. 1.5. **Importancia de la desertificación en España, por erosión del suelo, en las diferentes Comunidades Autónomas** (Elaborado con datos del MOPT, 1992 e ICONA).

Sin embargo, la aridificación y degradación de los ecosistemas mediterráneos es, en parte, consecuencia del progresivo establecimiento de unas condiciones ambientales de aridez desde el Holoceno Superior y «Optimo Climático» (hace unos 6.000 años B.P.) que ocasionó el descenso de la biomasa vegetal y la protección del suelo frente al impacto de las lluvias y la erosión (a este proceso natural se le conoce como *desertización*). Por otra, es una herencia histórica de la actividad humana sobre el territorio, que arranca en los tiempos neolíticos con la aparición de la agricultura y primeras roturaciones del terreno, y se extiende a través de numerosas fases de crisis ambientales hasta la actualidad: época romana; conquista cristiana; privilegios otorgados a La Mesta de ganaderos por los Reyes Católicos; revolución tecno-agraria del XVI; roturaciones y deforestaciones del siglo XVIII ligadas al crecimiento demográfico; roturaciones, expansión de los cultivos, deforestaciones y fragilización de los ecosistemas por las leyes desamortizadoras de mediados del XIX; crisis ambiental de la segunda mitad del siglo XX por la transformación de los contextos socioeconómicos y tecnológicos, incendios forestales, explotación abusiva de los recursos naturales, cambios en los usos del suelo, emigración de la población rural, etc.

El impacto actual del hombre sobre ecosistemas y paisajes es excepcional y parece que jamás ha tenido equivalente en el pasado. Las acciones antrópicas en el medio natural pueden implicar cambios irreversibles y a gran escala, es la primera vez que esto sucede en la dilatada historia de la especie humana. En los comienzos del siglo XXI, las presiones de las poblaciones y sus actividades han trastornado la estabilidad ambiental de amplias zonas del mundo afectando a un delicado equilibrio y, de modo general, son capaces de afectar a las condiciones básicas de supervivencia del planeta. La actual es la primera generación en la historia de la humanidad con capacidad de impactar y alterar todo el sistema global.

La desertificación que registran parte de las regiones áridas, semiáridas y subhúmedas secas no es solo un proceso actual, sino un fenómeno secular del mal o deficiente uso y gestión de los recursos naturales básicos (suelo, agua y vegetación) llevados a cabo por el ser humano; por ello, es muy importante diferenciar la desertificación heredada o relicta de la desertificación activa, para recuperar los ecosistemas que no hayan rebasado el umbral de la irreversabilidad, para prever, mitigar, eliminar los agentes que la ocasionan y, en definitiva, para establecer indicadores de alerta y poder aplicar políticas y estrategias de lucha contra el proceso de degradación. Lo que parece cierto es que los geosistemas deteriorados tienen una lógica propia; el daño aumenta poco a poco hasta el día en que finalmente el sistema entero se derrumba y su recuperación es imposible: se han desertificado.

4. Las consecuencias de la desertificación

Se conocen bastantes síntomas y respuestas de los territorios mediterráneos secos a la desertificación (López Bermúdez, 1996, 1997, 1999; López Bermúdez y Barberá, 1999). Sin embargo, la información sobre este proceso de degradación ambiental presenta tres importantes premisas. Por un lado, si se quiere entender adecuadamente los mecanismos de la desertificación, es preciso comprender el funcionamiento de sus geoecosistemas y paisajes (Ibáñez et al., 1997). Por otro, es que a medida que avanza el conocimiento científico y técnico sobre su naturaleza, causas e impactos, se hace evidente la necesidad de desarrollar y consolidar modelos de fácil aplicación, así como la de diseñar metodologías, con el objetivo de producir información adecuada que sirva a las necesidades de quienes puedan tomar decisiones políticas. Finalmente, el creciente protagonismo mediático, ecológico, social y político de los aspectos relacionados con la desertificación, exige que la información tenga un formato adecuado para trabajos de síntesis que puedan servir para la toma de decisiones en ámbitos globales, políticas sectoriales o bien para la información pública general.

En síntesis, las implicaciones o consecuencias ambientales y socio-económicas más relevantes de la desertificación se expresan en:
- Alteración del sistema acoplado atmósfera-suelo-planta.
- Perturbación en la regulación del ciclo hidrológico.
- Cambios y deterioro en la ecodiversidad terrestre. La degradación de la tierra en las tierras áridas y semiáridas es una seria amenaza para la biodiversidad y la *resilencia* de las plantas (IPED, 1994).
- Reducción de la biomasa y degradación de la cubierta vegetal. Deterioro del patrimonio forestal. El bosque es sustituido por formaciones secundarias de

arbustos y matorral, cada vez más abiertas, que pueden dejar de existir. Modificaciones aerodinámicas con el paso de una superficie cubierta, donde la vegetación introduce cierta rugosidad, a un suelo desnudo que será vulnerable a la erosión. Biológicamente hablando «vivimos en este mundo como huéspedes de las plantas verdes» (Bie *et al.*, 1994) y algunas de las más importantes tienen su origen en las tierras secas: trigo, cebada, sorgo, mijo, algodón.

- Se manifiesta en ambientes que combinan los altos grados de estrés (climática, hidrológica, edáfica, geomorfológica) y perturbación (acciones humanas) que han de soportar las plantas y la fauna. Modifica la composición florística, favorece la invasión de especies vegetales específicas de suelos degradados, la expansión del xerofitismo y la tendencia hacia las comunidades de eremófitos.
- Deterioro, incluso pérdida, de la estabilidad estructural del suelo y tendencia a la formación de compactaciones y costras. Disminución de la porosidad, de la capacidad de infiltración y del contenido en humedad del suelo, a la vez que se incrementan los valores de las escorrentías superficiales y de su potencial erosivo.
- Degradación biológica del suelo: pérdida de nutrientes en cantidad y calidad, relación C/N, etc.
- Aceleraciones de las erosiones hídrica y eólica. Decapitación de los horizontes edáficos superiores y acumulación de sedimentos al pie de las laderas, vaguadas, lechos fluviales y embalses.
- Aumento de la pedregosidad del suelo. Afloramiento en superficie del material parental. «Cuando el suelo *muere* (es erosionado) las piedras nacen». Los procesos erosivos en los ambientes más o menos áridos se caracterizan por ser recurrentes, intermitentes, progresivos e irreversibles (Morgan, 1986; Boarman *et al.*, 1990; López Cadenas *et al.*, 1994; Porta *et al.*, 1994; López Bermúdez, 1996). Bajo estas condiciones, la estructura de la cubierta vegetal se degrada y sólo especies vegetales particularmente adaptadas pueden sobrevivir, aquellas con mayor *resilencia* (Puigdefábregas, 1995b; Boer, 1999).
- Pérdida de la base de sustentación de las raíces de las plantas.
- Incisiones de diversa magnitud en el terreno: surcos, regatos, rigolas, cárcavas, barrancos y ramblas.
- Acentúa los riesgos de movimientos en masa en laderas.
- Acelera los procesos de hundimientos y socavones por remoción y evacuación de suelo y regolito por conductos subsuperficiales (*piping*).
- Generalización de la topografía abarrancada: *badlands* (Fig. 1.6).
- Salinización en las áreas irrigadas con aguas de mala calidad química. Aumento de la salinidad en los cursos de agua.
- Acidificación (pH, exceso de Al, Cu, Co, Fe, Mn, Zn).
- Degradación de los recursos hídricos e incremento de la variabilidad en el régimen de los cursos de agua (avenidas, inundaciones y estiajes).
- Reducción del agua disponible debido al deterioro de los flujos hídricos y a la sobreexplotación de las aguas subterráneas. El bombeo excesivo en los acuíferos costeros ocasiona la intrusión de agua marina.
- Degradación e incluso desaparición de humedales, fuentes y manantiales y de la vegetación y fauna a ellos asociados.

Fig. 1.6. **La degradación extrema causada por la erosión hídrica en unos suelos desnudos, se expresa en los paisajes abarrancados** (badlands).

- Reducción de la biodiversidad. Alteraciones de la biomasa (productividad primaria neta, relación biomasa radicular/biomasa aérea...).
- Modificaciones aerodinámicas en la vegetación. El bosque es sustituido por formaciones secundarias de arbustos y matorral cada vez más abiertas. Con el tiempo pueden incluso desaparecer.
- Puede producir alteraciones climáticas por el incremento del albedo y del contenido de aerosoles y polvo en la atmósfera.
- Cambios en el microclima del suelo por modificaciones en la absorción de energía solar, flujos de calor sensible, temperatura, evaporación, etc.
- Incremento de la aridificación. Expansión del xerofitismo en la vegetación (estructura, composición, morfología, patrones espaciales, tipos biológicos, sistemas radiculares, *ratios* de germinación, etc.) (Guerrero Campo, 1998).
- Finalmente, la desertificación, y como consecuencia de lo anterior, registra importantes implicaciones socio-económicas, probablemente las más graves preocupantes:
- Reducción de la superficie y del valor de la tierra fértil.
- Necesidad de adaptaciones regionales y sectoriales a los nuevos escenarios.
- Modificación de las reservas y los flujos de recursos naturales.
- Reducción del agua disponible debido al deterioro de los flujos hídricos.
- Desequilibrios en los rendimientos y producción de los agrosistemas.
- Disminución o pérdida de ingresos económicos.
- Ruptura del equilibrio tradicional entre las actividades pastorales y agrícolas.
- Deterioro del patrimonio natural y paisajístico.
- Degradación de las condiciones de vida rural debido a la depreciación de los sistemas soporte de la producción y de la vida.

Fig. 1.7. La deserción del campo conlleva el abandono de las prácticas de conservación del suelo y el correlativo incremento de la erosión del suelo y del riesgo de desertificación.

- Abandono de tierras de cultivo y prácticas de conservación (Fig. 1.7).
- Emigración de la población rural y acentuación de los desequilibrios regionales.
- Necesidad de grandes inversiones en la recuperación de geoecosistemas que no hayan traspasado el umbral de la irreversabilidad.

Estas manifestaciones pueden ser interpretadas, también, como indicadores de la degradación de los geosistemas por un uso no sostenible de los recursos naturales. Globalmente constituyen un paradigma del fenómeno de la desertificación que afecta al frágil equilibrio que sostiene a los ecosistemas de las tierras secas, pero a la vez muestran el camino hacia el futuro, hacia lo que se debe y no se debe hacer. La evaluación de la desertificación, como fenómeno de crisis ambiental (puesto que se trata de una ruptura del equilibrio hombre-medio), es necesaria y está más que nunca justificada, porque en la actualidad se tienen suficientes conocimientos sobre sus causas, mecanismos y consecuencias, así como sobre los medios que se pueden disponer para evitarla y mitigarla, cuando la degradación de la tierra no haya sobrepasado umbrales críticos.

5. Factores agrarios de desertificación

El Convenio de las Naciones Unidas de Lucha contra la Desertificación (CCD, 1994) entiende por *degradación de las tierras* «la reducción o la pérdida de la productividad biológica o económica y la complejidad de las tierras agrícolas de secano, las tierras de cultivo de regadío o las dehesas, los pastizales, los bosques y las tierras arboladas, en zonas áridas, semiáridas y subhúmedas secas, ocasionada por los sistemas de utilización de la tierra o por procesos resultantes de las actividades humanas y pautas de poblamiento». Por otro lado, en el Anexo IV de Aplicación Regional para el Mediterráneo Norte, del mismo convenio, se especifica como causas de la desertificación, además de las condiciones climáticas semiáridas, recurrencia de sequías y otros factores, las condiciones de crisis en la agricultura tradicional, con el consiguiente abandono de tierras y deterioro del suelo, y la explotación insostenible de los recursos hídricos que es causa de la salinización, agotamiento de los acuíferos y otros daños ambientales. De lo que se deduce que las relaciones entre agricultura, degradación y desertificación son estrechas: los procesos de desertificación afectan severamente a la agricultura y, a la vez, determinado tipos de agricultura y prácticas agrícolas pueden degradar suelo y agua y contribuir a la desertificación del territorio.

La agricultura presenta un riesgo de pérdida de la producción a consecuencia de los fenómenos que desencadenan la desertificación. Los mayores impactos de deterioro se deben a condiciones climáticas desfavorables, incontrolables e imprevisibles (sequías, tormentas y heladas), a las transformaciones en regadío, a la agricultura intensiva y al cultivo en pendientes acusadas: erosión del suelo, agotamiento de acuíferos, salinización y sodificación en suelos de regadío, degradación de la fertilidad física del suelo, compactación y encostramientos del suelo por agromecánica (maquinaria pesada) y contaminación por uso intensivo y en exceso de agroquímicos (fertilizantes, plaguicidas), son los más destacados procesos que inducen a la degradación y desertificación de los agrosistemas. La consideración, sólo económica, a corto plazo de la agricultura puede destruir los ricos equilibrios creados durante siglos, de ahí la importancia de una «agricultura viable», también denominada «congruente y sostenible» (Crosson & Rosemberg, 1989; García Abril y Martín, 1994; Jiménez Díaz, 1998). La desertificación supone la pérdida de sostenibilidad (Puigdefábregas, 1998). Por otro lado, el cambio de sistemas de explotación tradicionales a otros más intensivos suele ir acompañada de un descenso en el valor de la biodiversidad y un incremento de la erosión del suelo.

La desertificación implica: un aumento del estrés al que se les somete a los cultivos y, en consecuencia, una disminución de los rendimientos, por ello la desertificación provocará cambios alternativos en el uso de la tierra. Además, los procesos de degradación ocasionarán la reducción de la superficie cultivada (secano y regadío) y el abandono de suelos por pérdida de fertilidad y capacidad productiva. Aunque la sostenibilidad de un sistema agrario viene determinada en gran parte por las características socioeconómicas, infraestructuras y las regulaciones de política agraria (Iglesias, 1995), es evidente que las condiciones climáticas, situaciones meteorológicas y la desertificación, son factores determinantes en la posibilidad y rendimiento de los cultivos y, en general, de la productividad agraria. Ante el potencial avance de la desertificación en los países mediterráneos, los escenarios de la actividad agraria, probablemente, serán bastante diferentes a los actuales. La envergadura del cambio dependerá, sobre todo, de la disponibilidad de suelo y agua en cantidad y calidad.

Los principales escenarios, previsibles, de la desertificación en las tierras mediterráneas son:

- *Cultivos herbáceos de secano*. Este tipo de cultivos, sobre fuertes pendientes, con largos períodos de barbecho y en los que no se realizan prácticas de conservación del suelo, registra una pérdida de suelo muy elevada. Determinadas prác-

ticas como el laboreo en sentido de máxima pendiente con maquinaria pesada y la quema de rastrojeras contribuyen a acelerar los procesos erosivos.
- *Cultivos leñosos de secano.* Los suelos con cultivos leñosos como el almendro, la vid y el olivo. Debido a su frecuente localización en laderas con empinadas pendientes, al marco de plantación (baja densidad), presencia de un barbecho permanente y labrado en máxima pendiente, también registran fuertes pérdidas de suelo. Surcos, regatos y, finalmente, cárcavas, son indicadores de la erosión hídrica que presenta este escenario.
- *Cultivos marginales abandonados.* Ocupan extensas áreas en proceso de expansión. En el ámbito mediterráneo es muy frecuente la presencia de terrazas de cultivo abandonadas debido a los cambios socio-económicos producidos a partir de los años sesenta. Su dinámica puede ser progresiva (hacia la desertificación) o regresiva (cubriéndose de vegetación), en función de las condiciones edáficas, geomorfológicas y climáticas. Este tipo de uso del suelo presenta alto riesgo de desertificación bajo condiciones climáticas áridas y semiáridas extremadas.
- *Suelos salinizados en zonas de agricultura intensiva.* Como ya se ha indicado, la salinización es una de las causas recientes, más importantes de la desertificación, ligada a la sobreexplotación de las aguas subterráneas y a la irrigación con aguas con altos contenidos en sales. En las áreas costeras, la explotación abusiva origina la intrusión de agua de mar y el consiguiente empeoramiento de la calidad química de los acuíferos.
- *Areas sobrepastoradas.* Cuando se sobrepasa la capacidad de carga pastante de un territorio, se produce un rápido deterioro de los pastos y del suelo. Además, el pisoteo del ganado ocasiona la compactación del suelo que hace disminuir la infiltración de las aguas pluviales y, en consecuencia, incrementar las escorrentías superficiales y las pérdidas de suelo. La compactación dificulta, también, la germinación de las semillas. Este tipo de degradación es particularmente importante en los ecosistemas más secos.
- *Areas con incendios recurrentes.* El fuego causa la eliminación súbita de la cubierta vegetal protectora del suelo frente a los procesos de erosión hídrica y eólica. Si los incendios son intensos y frecuentes, la recuperación de la vegetación es muy difícil y, en consecuencia, el suelo queda desnudo y vulnerable a los procesos de erosión.

6. Acciones para mitigar la desertificación

El Convenio de Naciones Unidas de Lucha contra la Desertificación (CCD, 1994) establece que los países afectados y amenazados elaboren y ejecuten Programas de Acción Nacionales y subregionales para ser aplicados en el marco de un proceso participativo permanente (poblaciones locales y ONGs). Estos programas deben incluir acciones de protección de los recursos naturales y otras de carácter socio-económico tales como: ordenación del territorio, gestión de los recursos hídricos, conservación de suelos, conservación y manejo de la diversidad biológica, prácticas agrarias, producción alimentaria, comercialización de los productos agrícolas, actividades productivas alternativas, desarrollo rural integrado, etc. Por otro lado, considera a la ciencia y a la tecnología como vitales herramientas para combatir la desertificación.

La desertificación es un fenómeno complejo, por ello combatirla requiere investigación y acciones en ámbitos diferentes y con niveles de aproximación también diferenciados (López Bermúdez y Romero Díaz, 1998). La filosofía de las acciones de los Planes de Acción descansa en:

1 La prevención, reducción y supresión de los agentes que desencadenan la degradación de tierras.
2 La rehabilitación de tierras degradadas.
3 La recuperación de tierras desertificadas en aquellos casos que no hayan sobrepasado el umbral de la irreversibilidad.
4 Investigación y Desarrollo.
5 Desarrollo de un marco legislativo y normativo.

Para alcanzar estos objetivos básicos, algunas líneas de acción contra la desertificación, a desarrollar en el Plan de Acción Nacional español, son (Rojo Serrano, 1998):

- *Restauración Hidrológico-Forestal en zonas áridas y semiáridas*. Constituye el núcleo principal de lucha contra la desertificación, especialmente en las áreas afectadas por los incendios forestales, por salinización, erosión del suelo, sobrepastoreo y abandono de cultivos con pérdida de capacidad productiva del suelo. Las acciones de restauración también incluyen el fomento de la biodiversidad.
- *Seguimiento y evaluación*. Para el control de la desertificación es imprescindible el conocimiento del desarrollo real y potencial que el fenómeno puede tener en un territorio. Con esta finalidad se constituyó la *Red de Estaciones de Seguimiento y Evaluación de la Erosión y la Desertificación del Proyecto Lucdeme* (RESEL) (Rojo Serrano y Sánchez Fuster, 1997).

Dentro del seguimiento y evaluación de los procesos se consideran como aspectos adicionales:

- El *desarrollo de indicadores biológicos y socioeconómicos*, esenciales para la identificación de zonas afectadas y sensible.
- La *dinámica de los sistemas ecológicos y socioeconómicos sometidos a la desertificación* es clave para comprender y prevenir los mecanismos que conducen a la sobreexplotación de los recursos y que pueden desembocar en la desertificación.
- *Gestión sostenible del agua y suelo*. En particular en lo que concierne a las áreas de regadío y explotación de las aguas subterráneas en aquellos territorios afectados por la desertificación.
- *Predicción y reducción de la vulnerabilidad a las sequías*, mediante la predicción meteorológica, economía del agua en los regadíos, desalinización de aguas, depuración y reutilización de aguas residuales, ahorro del consumo urbano, recarga de acuíferos, embalses y trasvases.
- *Biotecnología en zonas áridas*. Consiste en el ensayo de nuevos cultivos y en la viabilidad y aprovechamiento de los recursos genéticos de los cultivos tradicionales que hayan perdido protagonismo, tales como el esparto y las plantas aromáticas y medicinales.

- *Desarrollo de sistemas sostenibles de pastoreo extensivo en zonas áridas*, con la finalidad de conocer una estimación correcta de la capacidad de carga ganadera que pueden soportar las áreas áridas de acuerdo con su biomasa forrajera natural.

Por último, el PAN pretende influenciar, armonizar y coordinarse con los programas sectoriales nacionales existentes o en fase de desarrollo tales como: Planes de Cuenca, Plan Nacional de Restauración Hidrológico-Forestal y control de la Erosión, Plan Hidrológico Nacional, Plan Nacional de Regadíos y Plan Nacional de Defensa contra Incendios Forestales.

7. La vulnerabilidad de las tierras mediterráneas del Sur de Europa al Cambio Global y a la desertificación

Para amplias zonas de los países mediterráneos europeos, la degradación del suelo y ecosistemas que soporta es un problema particularmente grave. A pesar de la reducida extensión y espacial fragmentación de las regiones mediterráneas del Sur de Europa, su biogeodiversidad (climática, hidrológica, biológica, edáfica y geomorfológica) es de las más altas del planeta.

Después de los bosques tropicales, las tierras mediterráneas son las más frágiles del planeta por sus características ambientales tales como: complejidad de la cuenca mediterránea por su posición geográfica, pertenencia a la zona climática de transición entre el clima suboceánico de la zona templada que recibe precipitaciones regulares procedentes de las borrascas asociadas al frente polar, y los climas áridos asociados al cinturón subtropical de altas presiones (Balairón, 1997), orografía escarpada, disposición de las cordilleras y sus interacciones continente-atmósfera-mar, suelos pobres con marcada tendencia a la erosión y a la formación de costras, aridez, precipitaciones irregulares y con frecuencia intensas y con gran potencial de erosión, frecuentes y prolongadas sequías, recurrencia y extensión de los incendios, deterioro de la estructura del suelo y pérdida por erosión hídrica, escasa cubierta vegetal, salinización, fuente de aerosoles y de polvo, crisis de la agricultura tradicional con el consiguiente abandono de tierras y deterioro del suelo y de las estructuras de conservación de suelos y aguas, explotación insostenible de los recursos hídricos... y una larga influencia humana que modifica los albedos, los flujos de carbono y los balances energéticos por cambios en los usos del suelo. Sin embargo, pese a que los síntomas o huellas de la desertificación se hallan presentes por extensas áreas y tienden a ensancharse, en muchos casos, de modo acelerado (López Bermúdez, 1997), la sensibilidad al *Cambio Climático* y a la desertificación no es homogénea en todas las tierras mediterráneas, sino que existen ambientes mediterráneos con vulnerabilidades diferentes según su situación geográfica, grado de aridez e intervención humana.

En la frontera del nuevo milenio, extensas áreas de los países del Mediterráneo Norte (muchas más en los países del flanco meridional) presentan una excepcional concentración de problemas ambientales entre los que destaca la desertificación y, como es sabido, ésta es el resultado de la convergencia de factores climáticos, geomorfológicos y antrópicos sobre unos geosistemas vulnerables que ofrecen la tendencia a serlos más por el potencial efecto del Cambio Climático.

El sistema climático produce una gran variedad de procesos con escalas temporales diferentes que se superponen, interactúan y generan una aleatoriedad natural o intrínseca en el clima y en el tiempo (Balairón, 1998), de ahí la gran dificultad en discriminar las incertidumbres y las certezas del Cambio Climático. Para simular los posibles en el Sistema Climático se recurre a la modelización, procedimiento complejo debido a: 1) la gran cantidad de factores variables y escalas que tienen lugar en la atmósfera; 2) a las retroalimentaciones de signo y magnitudes diferentes que se producen y 3) a las perturbaciones regionales que se presentan.

Muchos son los modelos, estimaciones, experimentos y previsiones globales y regionales conocidos, desarrollados por los investigadores de prestigiosos centros e instituciones y que se han dado a conocer en dictámenes, publicaciones, reuniones, congresos y acuerdos nacionales e internacionales. Entre ellos: el *Programa Mundial sobre el Clima*, el *Grupo Intergubernamental de Expertos sobre los Cambios Climáticos* N.U.: OMM y PNUMA, 1988), el *Mapa Mundial de la Desertificación* (UNEP, 1992),las *Conferencias Mundiales sobre el Clima* (Ginebra, 1990; Kyoto, 1997; Buenos Aires, 1998; La Haya, 2000), *Programa Mundial de Investigaciones Climáticas*, los proyectos internacionales de *Vigilancia Meteorológica Mundial, Vigilancia Atmosférica Global, Sistema Mundial de Observación del Clima, Sistema Mundial de Observación de los Océanos*, el *Hadley Center* del Reino Unido, el *Instituto Max Planck de Meteorología* de Alemania, los Programas Medioambientales de la Unión Europea: CORINE (1992), MEDALUS (*Usos del Suelo y Desertificación en el Mediterráneo*), EFEDA (*Interacciones entre vegetación, atmósfera y usos del suelo en áreas amenazadas por la desertificación*) (Martín de Santa Olalla, 1994), ENRICH (*Red europea para la investigación del Cambio Global*), RESMEDES (*Intercambios tierra-atmósfera*), HERMES (*Procesos de erosión-sedimentación*), MODMED (*Dinámica de la vegetación*), ARCHAEOMEDES (*Evolución histórica y aspectos socio-económicos de la desertificación*), ARIDUSEUROMED (*Caracterización de los procesos de aridez en la Europa mediterránea*), IMPEL (*Modelo integrado europeo para la predicción de los usos del suelo*) y los programas de la Red MEDIAS (*Cambios en el medio ambiente global en la Cuenca Mediterránea y Africa Subtropical*), el *Programa Español sobre el Clima* elaborado por la Comisión Nacional del Clima (1992), a los que habría que sumar los proyectos y programas del Plan Nacional de I + D y el LUCDEME (*Mitigación y control de la desertificación*). Todos y otros tratan, global o sectorialmente, de obtener datos que faciliten la mejora del conocimiento del sistema climático, conocer los procesos que influyen en el sistema climático, determinar variaciones climáticas y determinar respuestas de los ecosistemas naturales a dichos cambios, predecir las condiciones climáticas de los próximos decenios, prever los posibles impactos, proponer medidas concretas de respuesta, promover la sensibilización, educación y formación del público respecto al cambio climático y sus consecuencias.

Advierten que el aumento de la concentración atmosférica de los gases que producen el efecto invernadero (gases liberados por las actividades humanas que modifican la composición de la atmósfera) podría originar un cambio climático de consecuencias desconocidas hasta ahora. Según los modelos acoplados atmósfera-océano-vegetación del IPCC (*Grupo Internacional de expertos sobre el Cambio Climático*), un aumento anual de los gases invernadero del 1% provocaría un calentamiento de 2 a 3 °C en

Europa hacia mediados del siglo XXI, y se sabe que 1 °C de temperatura más en la media puede provocar en promedio una migración de unos 100 km de la vegetación hacia el Norte y con ello, la extensión de las zonas áridas. La flora, la fauna y los cultivos se desfasarían sobreviviendo con dificultades en sus áreas actuales pero con regímenes climáticos distintos. No se prevé que los ecosistemas se desplacen como unidades aisladas, sino que adquieran nuevas estructuras como consecuencia de las alteraciones en la distribución y abundancia de especies.

Programas y proyectos estiman que, durante los próximos 40 ó 50 años, gran parte de las regiones áridas, semiáridas y subhúmedas secas mediterráneas pueden registrar un incremento de las temperaturas y del albedo, y una significativa disminución de las precipitaciones y acentuación de la aridez y las sequías, que pueden incrementar la fragilidad de los geosistemas. Sin embargo, el *Cambio Global* (hace referencia a mutaciones de escala planetaria por efectos del Calentamiento Global y Cambio Climático) puede incrementar la degradación ambiental y el riesgo de desertificación, al estar ligado, básicamente, a un modelo de crecimiento socio-económico que no permite el desarrollo sostenible. No obstante, parte de los modelos dan resultados diferentes. *Caldeamiento Atmosférico* (efecto invernadero), *Cambio Climático* y *Cambio Global* son temas científicos multidisciplinares que ofrecen no pocas incertidumbres y, por ello, son problemas-desafíos abiertos a la investigación.

Las tierras mediterráneas son muy sensibles a los cambios climáticos, por el entramado y conexiones de un enorme número de parámetros y variables biofísicas y humanas, de modo que la amplificación de los efectos debidos a esta sensibilidad permiten considerarla como un laboratorio natural para el estudio de los impactos de los Cambios Globales: climático, económico, de política territorial, ambiental y demográfico, los cuales influyen intensamente en el desarrollo durable.

8. Conclusiones

El riesgo de desertificación que registran las tierras secas del planeta y, en particular, las mediterráneas, deriva de un gran número de factores que obedecen a diferentes procesos multiescalados en el tiempo y espacio. La Cuenca Mediterránea constituye un espacio complejo y un mosaico de paisajes en donde las interacciones mar-atmósfera-continente son fuertes y, a la vez, es un sistema delicado y muy sensible a los efectos del cambio global y a la desertificación. Es una de las regiones donde la variabilidad climática a largo plazo e interanual es de las más importantes.

Se halla situada geográficamente en una zona de transición o frontera entre las dos corrientes-jets principales de la alta atmósfera (PFJ y STJ), las que dan lugar, respectivamente, a los climas templado-húmedo asociados a las borrascas atlánticas del frente polar y a los secos del cinturón de altas presiones tan remisos a las precipitaciones. Un desplazamiento hacia el Norte, incluso relativamente débil, de una de estas corrientes (polar y subtropical) afectará significativamente al clima de la región e incrementaría el riesgo de desertificación. En consecuencia, el clima de la región mediterránea es muy sensible a todo cambio global, su evolución podría ser considerada como un buen indicador de las eventuales modificaciones a gran escala (ENRICH/STAR, 1996).

Las tierras mediterráneas ofrecen unos paisajes fuertemente antropizados. Las interacciones entre los procesos naturales y las actividades socio-económicas tienen una historia milenaria, acelerada en las dos últimas centurias y, en particular, desde los años sesenta. El inadecuado uso y gestión de las tierras cultivadas y forestales; la roturación de tierras marginales; el exceso de laboreo de los suelos; el sobrepastoreo; la explotación abusiva de las aguas subterráneas; la intrusión de agua salina que inhabilita los acuíferos para su uso agrícola; la salinización de suelos y aguas; la contaminación de aguas y suelos por exceso de productos fitosanitarios y abonos químicos; los incendios repetidos; la emisión de carbono de origen biogénico, de las mayores del mundo; los cambios en los usos del suelo, la cubierta vegetal y disponibilidad de agua; la modificación de los albedos; el abandono de cultivos y tierras; los cambios en la diversidad ecológica, etc., han desempeñado una función primordial en el desencadenamiento de los procesos de desertificación, y constituyen estrangulamientos que requieren ser abordados con una estrategia global en la que se contemple la ordenación y planificación del uso de los recursos naturales, en el marco de una política ambiental sostenible.

A las puertas del nuevo milenio, la desertificación constituye, probablemente, el problema global ambiental más preocupante de las regiones secas mediterráneas ya que, de modo creciente, las hace más sensibles y vulnerables a los fenómenos naturales (en particular a las sequías) y antrópicos. La desertificación es un síntoma de un mal fundamental, la de la ruptura del equilibrio entre el sistema de recursos naturales y el sistema socio-económico que los explota. Por ello, investigación, rehabilitación de zonas degradadas, identificación, diagnóstico y detección tempranos, previsión, evaluación permamente y detallada. Evaluación de los costos y beneficios socio-económicos y ambientales, directos e indirectos de la desertificación y de las medidas de prevención, mitigación y rehabilitación. Estudio de los mecanismos de adaptación y de las instituciones sociales y económicas futuras que permitan armar a la sociedad contra evoluciones desfavorables. Promocionar políticas y fortalecer marcos institucionales que desarrollen la coordinación y cooperación. Estimular y garantizar una participación efectiva a los niveles local, regional, nacional, supranacional y de las ONGs. Elaboración y ejecución de proyectos y planes de acción. Formación y concienciación de la sociedad. Este conjunto de estrategias pueden revelarse como eficaces herramientas que han de afrontar las administraciones públicas y la ciudadanía con prontitud y sin se reservas en la lucha contra la desertificación, y para avanzar hacia un desarrollo autosostenido.

9. Referencias bibliográficas

Agenda 21, 1992. *Earth Summit. United Nations Conference on Environment and Development. Rio de Janeiro*. Brazil, 3-14 June., 42 págs. (Press Summary). Rio 92. Programa 21. Ministerio de Obras Públicas y Transportes. Serie normativa. ISBN: 84-7433-898-0. Madrid, 1993., 312 págs.

Agrasot, P., 1995. La desertification: quelques données de base. En *Mise en oeuvre de la Convention sur la Desertification*. P.Agrasot, Edit. et Coord. Bureau Européen de l´Environnement. Bruxelles: 16-22.

Bächler, G., 1994. *Desertification and conflict. The marginalization of poverty and of environmental conflicts. Paper presented at the Almeria Symposium on Desertification and Migration.* Swiss Peace Foundation. Center for Security Studies and Conflict Research. ENCOP. Berne/Zurich., 29 págs.

Balairón, L., 1997. El clima mediterráneo y sus características en el contexto de la circulación general atmosférica. En *El paisaje mediterráneo a través del espacio y del tiempo. Implicaciones en la desertificación.* J.J. Ibáñez, B.L.Valero Garcés y C. Machado, Eds. Geoforma Ediciones., ISBN: 84-87779-30-1, Logroño, 131-160.

Balairón, L., 1998. Escenarios climáticos. En *Energía y Cambio Climático.* Ministerio de Medio Ambiente. Dirección General del Instituto Nacional de Meteorología, Serie Monografías, Madrid, 39-56.

Barbera, G.G.; López Bermúdez, F. y Romero Díaz, A., 1997. Cambios de uso del suelo y desertificación en el Mediterráneo: el caso del Sureste Ibérico. En: *Acción humana y desertificación en ambientes semiáridos.* J.M.García Ruiz y Pilar López Garcia, Eds. CSIC, Instituto Pirenaico de Ecología, ISBN: 84-921842-2-1, Zaragoza, 9-39.

Bie, S.W. y Imevbore, A.M.A., 1994. Executive Summary. In *Biological Diversity in the Drylands of the World.* International Panel of Experts Subgroup on Biodrversity. INCD. United Nations, UNESCO, Paris, 5-19.

Boer, M., 1999. *Assessment of dryland degradation.* Estación Experimental de Zonas Aridas/CSIC. Utrech Centre for Environment and Landscape Dynamics, Utrech University, 291 páginas.

Boer, M. y De Groot, R.S., Eds., 1990. *Landscape-Ecological impact of Climate Change.* IOS Press, ISBN 90 5199 023 5, Amsterdam. 428 págs.

Boardman, J. Foster, I.D.L. Dearing, J.A., Eds., 1990. *Soil Erosion on Agricultural Land.* J.Wiley & Sons, Chichester. 687 págs.

Brandt, J. y Thornes, J. Eds., 1996. *Mediterranean Desertification and Land Use.* John Wiley & Sons, ISBN 0-471-94250-2, Chichester, 554 págs.

CCD (Convención de Lucha Contra la Desertificación), 1994. *Convención de las Naciones Unidas de Lucha contra la Desertificación en los países afectados por Sequía grave y/o Desertificación, en particular Africa.* Geneve Executive Center, Suiza, 71 págs.

CORINE, 1992. *CORINE soil erosion risk and important land resources.* Commission of the European Communities, DG-XII, EUR 13233 EN, Brussels, 97 pág & maps.

Charney, J.C., 1975. *Dynamics of deserts and drought in the Sahel.* Quatery Journal of the Royal Meteorology Society, 101: 193-202.

Rosson, P.R. y Rosemberg, N.J., 1989. *Nuevas estrategias agrarias.* Investigación y Ciencia, 158: 84-93.

Dregne, H.E., 1993. *Desertification of the Arid Lands.* Advances in Desert and Arid Land, Technology and Development. Vol.3 Harwood Academic Publisher, New York, 242 págs.

Earth Action, 1994. *Désertification: Una menace à la fertilité de la Terre.* Réseau de 900 organisations civiles réparties dans 119 pays. Fondé au Sommet de la Terre de Rio de Janeiro, juin 1992, 4 págs.

ENRICH/STAR, 1996. *Global Change and the Mediterranean Region.*Worshop. Working Group II: Climate and climate modelling. Toledo, Spain, 25-28 Sept., 1996. MEDIAS NewsLetter, 9: 10-26, May´97.

Fantechi, R. y Margaris, N.S., Eds., 1986. *Desertification in Europe.* Commission of the European Communities. D. Reidel Publishing Company, ISBN 90-277-2230-7, Dordrecht, 231 págs.

Fantechi, A.; Maracchi, G. y Almeida-Teixeira, M.E., Eds.1991. *Climatic change and impacts: A general introduction.* Commission of the European Communities, DG-XII, EUR 11943 EN, ISBN 92-826-0564-7, Brussels, 453 págs.

García Abril, A., Martín, M.ª.A., 1994. Medio Ambiente y Agricultura: Las posibilidades de futuro. *El Campo*, 131: 31-38.

García-Ruiz, J.M.; Gonzalez Rebollar, .L.; Ibañez Martí, J.J.; López García, P.; Martín Lou, M.A.; Puigdefábregas, J.; de la Rosa, D. y Rubio Delgado, J.L., 1996. *Programa Interáreas del CSIC sobre Desertificación en ambientes mediterráneos: Aspectos físicos, culturales, sociales y económicos.* Instituto Pirenaico de Ecología, CSIC, Zaragoza, 27 págs.

García-Ruiz, J.M. y López García, P., Eds., 1997. *Acción humana y desertificación en ambientes mediterráneos.* Instituto Pirenaico de Ecología, CSIC, ISBN: 84-921842-2-1, Zaragoza, 339 páginas.

GCTE, 1998. *Global Change and Terrestrial Ecosystems.* A concise Guide. International Conference, Barcelona, Mars 1998, CSIRO Wildlife and Ecology. Lyneham Act 2602, Australia, 23 págs.

Guerrero Campo, J., 1998. *Respuesta de la vegetación y de la morfología de las plantas a la erosión del suelo.* Publicaciones del Consejo de Protección de la Naturaleza de Aragón., Serie: Investigación, Zaragoza., 257 págs.

Ibáñez, J.J.; Gonzalez Rebollar,J.L.; García Alvarez, A. y Saldaña, A., 1997. Los geosistemas mediterráneos en el espacio y en el tiempo. En *La evolución del paisaje mediterráneo en el espacio y en el tiempo.* Implicaciones en la desertificación. JJ.Ibáñez,B.L.Valero Garcés y C. Machado, Eds. Geoforma Ediciones, ISBN: 84-87779-30-1, Logroño, 27-130.

Iglesias Picazo, A., 1995, El clima y las regulaciones de la Política Agraria Común. *El Boletín,* 26: 15-20, Ministerio de Agricultura, Pesca y Alimentación, Madrid.

INCD, 1994a. *Elaboration of an International Convention to Combat Desertification in Countries Experiencing Serious Drought and /or Desertification.* Draft final negociating text of the Convention. A/AC.241/15/Rev.6; PAR 94-132, United Nations, Paris, june 1994, 57 págs.

INCD,1994b. *Simposio Internacional sobre Desertificación y Migraciones.* Ministerio de Asuntos Exteriores., CSIC., Almería, 9-11 febrero.

IPED, 1994. *Biological Diversity in the Drylands of the World.* International Panel of Experts Subgroup on Biodiversity, INCD, United Nations, UNESCO, Paris, 220 págs.

Jiménez Díaz, R.M., 1998, Concepto de sostenibilidad en agricultura. En: *Agricultura sostenible,* R.M. Jiménez Díaz y J. Lamo de Espinosa, Cordinadores. Ediciones Mundi-Prensa, Madrid, 3-13.

López Bermúdez, F., 1992. La erosión del suelo, un riesgo permanente de desertificación. *Ecosistemas,* 3:10-13.

López Bermúdez, F., 1994. Désertification et migration. *Sécheresse,* vol 5, 4: 276-277.

López Bermúdez, F., 1995. Desertificación: una amenaza para las tierras mediterráneas. *El Boletín,* 20:38-48. Ministerio de Agricultura, Pesca y Alimentación, Madrid.

López Bermúdez, F., 1996. La degradación de tierras en ambientes áridos y semiáridos. Causas y consecuencias. En: *Erosión y recuperación de tierras en áreas marginales.* T. Lasanta y J.M. García-Ruiz, Eds. Instituto de Estudios Riojanos, Sociedad Española de Geomorfología, Geoforma Ediciones, ISBN: 84-89362-09-2, Logroño, 51-72 págs.

López Bermúdez, F., 1997. Gli indicatori della desertificazione nei Paesi Mediterranei dell´Europa. *Genio Rurale,* 6: 36-39.

López Bermúdez, F., 1999. Indicadores de la desertificación: Una propuesta para las tierras mediterráneas amenazadas. *Murgetana,* 100: 113-128.

López Bermúdez, F. y Romero Díaz, M.A., 1998. Erosión y desertificación. Implicaciones ambientales y estrategias de investigación. *Papeles de Geografía,* 28: 77-89.

López Bermúdez, F. y Barberá, G.G., 2000. Indicators of Desertification in Semiarid Mediterranean Agroecosystems of Southeastern Spain. In *Indicators for Assessing Desertification in the Mediterranean,* G.Enne, M.D'Angelo & C. Zanolla, Eds., Obsservatorio Nazionale sulla Desertificazione. European Commission, DG-XII, Porto Torres, Cerdeña, Italia, 164-176.

López Cadenas, F. Dirección y coordinación, 1994. *Restauración hidrológico forestal de cuencas y control de la erosión*. Tragsatec, Ediciones Mundi-Prensa, Madrid., 902 págs.

Linés, A., 1990. *Cambios en el Sistema Climático*. Instituto Nacional de Meteorología. ISBN: 84-7837-056-0, Madrid, 125 págs.

Mainguet, M., 1990. La désertification: une crise autant socio-économique que climatique. Sécheresse, 1-3: 187-195.

Mairota, P., Thornes, J.B. y Geeson, N., Eds., 1998. Atlas of Mediterranean Environments in Europe. Wiley & Sons, ISBN: 0-471-96092-6, Chichester, 205 págs.

Martín de Santa Olalla, F. Coordinador, 1994. *Desertificación en Castilla-La Mancha*. El proyecto EFEDA. Ediciones de la Universidad de Castilla-La Mancha, ISBN: 84-88255-53-5, Cuenca, 254 págs.

MOPT, 1992. *Medio Ambiente en España*. Monografías de la Secretaría de Estado para las Políticas del Agua y el Medio Ambiente, ISBN: 84-7433-866-2, Madrid, 311 págs.

Moreno, J.M. y Fellous, J.L., Eds., 1997. *Global Change and the Mediterranean Region*. Comité IGBP España, Report of the ENRICH/START Internactional Workshop, Toledo, September, 1996, 78 págs.

Morgan, R.P.C., 1986. *Soil Erosion and Conservation.*.Logman Scientific & Technical. Essex. England., 298 págs.

Pickup, G., Griffin, G.F., Morton, S.R., 1994. Desertification and Biodiversity in the Drylands: Australia. In: *Biological Diversity in the Drylands of the World. IPED*. United Nations, UNESCO, Paris, 57-76.

PNUE, 1991. *Situation en ce qui concerne la désertification et la mise en oeuvre du plan d'action des UN pour lutter contre la désertification*. Rapágort du Directeur Exécutif. Nairobi, Kenya.

PNUE, 1995. *Thematic Report on Desertification*. Agenda, draft report prepared by UNEP as Task Manager for Chapter 12, submitted to the Secretariat of the CSD. Nairobi, Kenya.

Porta, J., López-Acevedo, M., Roquero, C., 1994. *Edafología para la Agricultura y el Medio Ambiente*. Ediciones Mundi-Prensa, Madrid., 807 págs.

Puigdefábregas, J., 1995a. Erosión y Desertificación. *El Campo*, 132: 63-83.

Puigdefábregas, J., 1995b. Desertification: Stress Beyond Resilence, Exploring a Unifying Process Structure. *Ambio*, Vol. 25, 4: 311-313.

Puigdefábregas, J., 1998. Variabilidad climática y sus consecuencias sobre la sostenibilidad de los sistemas agrarios. En *Agricultura sostenible*, R.M. Jiménez Díaz y J. Lamo de Espinosa, Coordinadores, Mundi-Prensa, Madrid, 41-70.

Rojo Serrano, L., 1998. Algunas líneas de acción a desarrollar en el PAND. Dirección General de Conservación de la Naturaleza, Ministerio de Medio Ambiente, Madrid (documento inédito).

Rojo Serrano, L., Sánchez Fuster, M.C., 1997. *Red de Estaciones Experimentales de Seguimiento y Evaluación de la Erosión y Desertificación*. Proyecto Lucdeme, Dirección General de Conservación de la Naturaleza, Ministerio de Medio Ambiente, ISBN: 84-8014-040-2, Madrid, 121 págs.

Rubio, J.L., 1992. Desertificación. Un término complejo. *Quercus*, 80: 20-21.

Rubio, J.L., 1995. Desertification: Evolution of a concept. In *Desertification in a European Context: Physical and Socio-Economic Aspects*. R. Fantechi, D. Peter, P, Balabanis & J.L. Rubio, Eds. European Commision, DG-XII, EUR 15415 En: ISBN 92-827-4163-X, Brussels, 635 págs.

Scoging, H., 1991. Desertification and its management. In *Global Change and Challenge. Geography for the 1990s*. R.Benet & R.Estall, Eds. Routledge. London. 57-79.

Thomas, D.S.G., Middleton, N.J., 1994. *Desertification Exploding the Myth*. J. Wiley & Sons. ISBN: 0-471-94815-2, Chichester, 177 págs.

UNCED, 1992. *Report of the United Nations Conference on Environment and Development at Rio de Janeiro.* Managing Fragile Ecosystems. Combating Desertification and Drought, Chapter 12, UN, New York.

UNCOD, 1977. *Desertification its causes and Consequences.* U.N. Conference on Desertification. Nairobi, Kenya. Published by Pergamon Press, New York, 448 págs.

UNEP, 1992. *United Nations Environmental Programs.* Report of the Executive Director. Status of Desertification and Implementation of the United Nations Plan of Action to Combat Desertification, UNEP/GCSS III/3, Governing Council, Third Special Session, Nairobi, Kenya.

UNEP, 1996. *Status of Desertification and Implementation of the United Nations Plan of Action to Combat desertification.* Part. IV. Financing the Plan of Action to Combat Desertification. Desertification Costs, UNEP/GRID Sioux Falls, 10 págs.

CAPÍTULO II
EL CAMBIO CLIMÁTICO COMO CONTEXTO DE LA DESERTIFICACIÓN

Luis Balairón Ruiz

1. Introducción 41
2. Causas del cambio climático: los forzamientos radiativos 44
3. El sistema climático 48
   3.1. Características generales 48
   3.2. La simulación del clima mediante modelos 50
   3.3. Escenarios climáticos y escenarios de emisiones, concentraciones y forzamientos 51
4. Consecuencias del cambio climático 53
   4.1. Impactos, vulnerabilidad y adaptación 53
   4.2. Impactos climáticos en Europa 54
   4.3. Modelos y escenarios aplicables a la cuenca mediterránea y a la península Ibérica 56
   4.4. Conclusiones 59
5. Actuaciones ante el cambio climático 59
   5.1. Introducción 59
   5.2 El objetivo de la Convención Marco sobre el cambio climático: el artículo 2. El Protocolo de Kioto 60
   5.3. Implicaciones de los acuerdos de Kioto según la sensibilidad del sistema climático 61
   5.4 Opciones e instrumentos de respuesta 62
   5.5. Conclusiones acerca de las políticas de actuación 64
6. Referencias bibliográficas 64
   6.1. Glosario y Abreviaturas 66

1. Introducción

El clima ha cambiado en los últimos cien años. La temperatura media mundial de la atmósfera en superficie, uno de los mejores indicadores disponibles de este cambio, ha variado entre 0,3 y 0,6 °C (IPCC, 1996). La década de los años 90 ha sido la más cálida del siglo XX. El año 1998 ostenta —a falta del dato del año 2000— el valor absoluto más alto de la temperatura media mundial registrada en el período instrumental y 1999 ha sido el vigésimo primer año consecutivo con una temperatura superior a la media del período de referencia 1961-90, a pesar del enfriamiento producido por el prolongado episodio de La Niña (WMO, n.° 913).

La explicación más verosímil para este aumento son los incrementos de concentraciones de gases de invernadero que se han producido en nuestra atmósfera, como consecuencia de actividades humanas, junto a otros factores como son las variaciones de radiación solar liberada y los mecanismos que controlan la *variabilidad climática natural*.

Sabemos, no obstante, que el clima es cambiante intrínsecamente. Y aunque es frecuente que la pregunta más popular es la de si es verdad que el clima está cambiando *(variabilidad observada)*, la preocupación científica esencial —sin olvidar la cuestión anterior—, se centra en determinar qué parte de ese cambio se debe a los cambios de composición de la atmósfera *(variabilidad inducida* por actividades humanas) y en anticipar qué cambios del clima podemos esperar *(escenarios futuros)*, como respuesta de nuestro *sistema climático* a las distintas posibilidades de evolución de la composición atmosférica.

En la actualidad, conocemos una gran cantidad de interrelaciones entre partes del sistema climático y en algunos casos sabemos cuantificarlas, con mayor o menor grado de certidumbre. También conocemos mejor los cambios del pasado. Sabemos que el clima siempre está cambiando, en escalas de tiempo muy distintas y sabemos que la interacción de los cambios a distinta escalas de espacio y de tiempo producen respuestas que calificamos de no lineales, es decir que no son proporcionales a las causas y cuyo comportamiento presenta variaciones bruscas, discontinuidades y respuestas caóticas que resumimos al calificar el sistema como muy complejo.

Los conocimientos sobre los cambios del siglo XX y anteriores han permitido reconstruir las variaciones de la temperatura mundial media en superficie, en el

Hemisferio Norte, durante el último milenio (Fig. 2.1). Los datos instrumentales más recientes se han podido unir a otros procedentes de archivos naturales como las bandas coralinas, los anillos de los árboles, los testigos de hielo como el de Vostock o los sedimentos lacustres. Incluso teniendo en cuenta las diferencias existentes en la distribución regional y los desfases entre las evoluciones anuales y estacionales, se aprecian comportamientos consistentes relativos al periodo 1961-90. Para ello se han realizado suavizados al comportamiento de 50 años de anomalías, y se ha tenido en cuenta que los errores en el periodo 1000-1500 son superiores a los del resto del milenio.

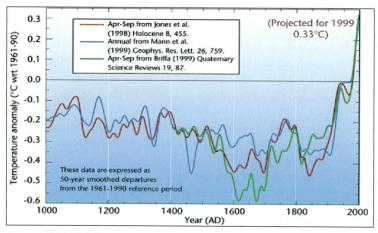

Fuente: WMO n.º 913

Fig. 2.1. Variaciones de la temperatura media de la atmósfera en superficie desde el año 1000 hasta el presente.

Es evidente, en este contexto, que el siglo XX ha sido excepcionalmente cálido y que en los siglos XIX y XX se produce un cambio climático brusco. Existe, no obstante, una incesante actividad para revisar críticamente la percepción globalizada de episodios como el Óptimo Medieval (900-1200 aproximadamente) y la Pequeña Edad del Hielo (1550-1850 aproximadamente), a partir de datos procedentes de zonas no europeas (tropicales, asiáticas y norteamericanas).

La observación de comportamientos del clima en el pasado ha permitido conocer otros cambios de clima bruscos, posibles sin la intervención del hombre, e identificar a veces algunos mecanismos causales. Así que, en la actualidad, no es la rareza de los cambios observados la que nos lleva a pensar que somos los responsables, sino la comprensión y simulación de procesos que demuestran que algunas perturbaciones o «forzamientos» en los intercambios de radiación tierra-espacio justifican cambios similares a los observados. La predicción totalmente fiable no está aún a nuestro alcance, pero los avances realizados demuestran que el sistema es sensible a perturbaciones como las que ha sufrido hasta ahora desde el comienzo de la era industrial y denotan que el sistema puede experimentar cambios sin precedentes en su rapidez, como respuesta al aumento de gases de efecto de invernadero en la atmósfera y, en cualquier caso, han transformado la hipótesis de que la acción humana puede alterar el clima mundial de forma irreversible, en la hipótesis más verosímil, aún considerando sus incertidumbres.

Los fundamentos de un cambio climático que no sea consecuencia de la variabilidad natural del clima se encuentran en la intensificación potencial del efecto de invernadero. Intensificación derivada del incremento continuo y creciente de las concentraciones de gases diferentes del vapor de agua: el dióxido de carbono, el metano y el óxido nitroso, el ozono troposférico y otros gases procedentes del desarrollo industrial y agrícola mundial, que contribuyen directa o indirectamente a incrementar el desequilibrio del balance de energía planetario. La restauración del equilibrio radiativo se traduce en un calentamiento adicional de las capas bajas y un enfriamiento de las capas altas de la atmósfera. Esta respuesta inicial se ve modificada por un elevado número de procesos de retroalimentación que tienen lugar en el sistema climático. Los mejores escenarios globales disponibles, procedentes de modelos acoplados océano-atmósfera, son simulaciones de climas de respuesta a incrementos de las concentraciones del CO_2 del 1% anual con presencia de aerosoles de sulfato. Los resultados actuales presentan pocas discrepancias en cuanto a los valores, promediados espacialmente, de las temperaturas y mantienen diferencias en cuanto a su distribución regional. En cuanto a la precipitación se mantienen las discrepancias en lo que se refiere tanto a los valores como a su distribución regional.

En el caso de la península Ibérica, los valores de cambio de la temperatura se encuentran entre los 2 °C a los 2,5 °C para el período 2050-2070. Los cambios de la precipitación son tan variables que a veces presentan tendencias de signo contrario según las hipótesis utilizadas en el experimento para «forzar» el modelo o según el propio modelo. En cualquier caso, ni los descensos ni los aumentos de la precipitación superan, en promedio, el valor 10%.

Nuestro planeta es habitable gracias al efecto de invernadero. Este efecto hace posible que, en la actualidad, el promedio de la temperatura en superficie sea de unos 15 °C, 33 °C más de los –18 °C que caracterizarían una superficie sin atmósfera o sin los gases responsables del efecto.

Sin embargo, la revolución industrial, a finales del siglo XVIII, marcó el inicio de una época caracterizada por la acumulación creciente de gases de invernadero en nuestra atmósfera. Según el balance de los años 80 (IPCC-96), en la actualidad, cada año emitimos unos 5.500 millones de toneladas de carbono procedentes de la quema de combustibles fósiles y 1.600 procedentes de la deforestación tropical. Los ritmos de absorción de los sumideros naturales, distintos de la atmósfera, no son capaces de compensar las emisiones y como consecuencia de ello la atmósfera «almacena» concentraciones cada vez mayores.

Los principales gases naturales con efecto de invernadero en la atmósfera terrestre son el vapor de agua, el dióxido de carbono (CO_2), el metano (CH_4) y el óxido nitroso (N_2O). Los tres últimos han incrementado sus concentraciones un 30%, un 145% y un

TABLA 2.1

Fuentes y sumideros de CO_2: balance anual promedio de la década 1980-89.
(Valores en GtC —gigatoneladas de carbono—).

Fuentes de CO_2	
1. Emisiones procedentes de combustibles fósiles y producción de cemento	5,5 ± 0,5
2. Emisiones netas procedentes de los cambios de uso del suelo en los trópicos . .	1,6±1,0
3. *Emisiones totales antropógenas (1+2)*	*7,1±1,1*
Sumideros de CO_2	
4. Almacenamiento en la atmósfera	3,3±0,2
5. Absorción oceánica	2,0±0,8
6. Absorción por reforestación en el Hemisferio Norte	0,5±0,5
7. *Sumidero no justificado: 3-(4+5+6)*	*1,3±0,5*

Fuente: IPCC, 1996.

15% respectivamente, en relación con sus valores preindustriales (1870 aproximadamente) y ya durante el siglo XX, se han introducido en la atmósfera nuevos gases, estrictamente «antropogénicos» o no naturales, como los Clorofluorocarbonos (CFC), los Hidro-FCs, los compuestos perfluorados como el hexafluoruro de azufre (SF_6) y el perfluoroetano (C_2F_6).

Si el desarrollo mundial, el crecimiento demográfico y los modelos de consumo energético no se modifican sustancialmente, antes del 2050 las concentraciones de gases de invernadero aumentarán hasta duplicarse, en términos de CO_2 equivalente, en relación con el nivel preindustrial.

Este aumento debería producir una intensificación del efecto de invernadero, en base al principio de conservación de la energía que rige el Balance Mundial de Radiación. Sin embargo el calentamiento inicial teórico no es suficiente para determinar la respuesta real: el ritmo, la distribución geográfica y las modificaciones que experimentarán finalmente la temperatura y otras variables, depende de la actuación de numerosos y complejos procesos que tienen lugar en el Sistema Climático.

2. Causas del cambio climático: los forzamientos radiativos

La temperatura efectiva del planeta es la necesaria para que se mantenga el equilibrio entre la energía solar recibida y la energía infrarroja emitida por el sistema Tierra-Atmósfera. La radiación media de onda corta recibida del Sol es $S_o(1-\alpha)/4$ donde S_o (en W/m^2) es la denominada «constante solar» —no es constante realmente— y α es el *albedo* o fracción de la radiación reflejada por el sistema Tierra-Atmósfera. El factor 4 se introduce para tener en cuenta la forma esférica del

TABLA 2.2
Evolución y características de los gases de efecto de invernadero considerados en el protocolo de Kioto.

	CO_2	CH_4	N2O	CFC-11	HCFC-22	CF_4	SF_6
Nivel preindustrial	~280 ppmv	~700 ppbv	~275 ppbv	Cero	Cero	Cero	Cero
Concentración en 1994	358 ppmv	1720 ppbv	312 (*) ppbv	268 (*) pptv	110 pptv	72 (*) pptv	3-4 pptv
Tasa de aumento (**)	1.5 ppmv/a	10 ppbv/a	0.8 ppbv/a	0 pptv/a	5 pptv/a	1.2 pptv/a	0.2 ptv/a
	0.4%/a	0.6%/a	0.25%/a	0%/a	5%/a	2%/a	~5%/a
Permanencia (años)	50-200 (***)	12 (****)	120	50	12	50,000	3,200

Notas: El CO_2 (dióxido de carbono), el CH_4 (metano), el N_2O (óxido nitroso), el SF_6 (hexafluoruro de azufre) y el CF_4 (perfluorocarbono, o PFC) están cubiertos por el Protocolo de Kioto. El CFC-11 y el HCFC-22 (un sustituto del CFC) son también sustancias que agotan el ozono y, por ende, están abordadas en el Protocolo de Montreal, más que en los acuerdos sobre cambio climático. 1 ppbv = 1 parte por millón en volumen; 1 ppbv = 1 parte por mil millones, por volumen; 1 pptv = 1 parte por billón, en volumen.

(*) Estimado a partir de datos de 1992-1993.
(**) Las tasas de crecimiento del CO_2, CH_4, N_2O representan el promedio calculado durante el decenio que comienza en 1984; las tasas de crecimiento de los halocarbonos se basan en los últimos años (decenios de 1990)
(***) No puede definirse una duración de vida única para el CO_2, debido a las diferentes velocidades de absorción por los diversos procesos de sumidero.
(****) Se ha definido como el tiempo de ajuste que insume tomar en cuenta el efecto indirecto del metano en la propia duración.
Este cuadro está adaptado de «Climate Change 1995», IPCC Working Group I, página 15.

planeta. La energía de onda larga, infrarroja, emitida al espacio para compensar la energía recibida, es proporcional a la cuarta potencia de la *temperatura efectiva* T_e *(grados K) de radiación del sistema —Ley de Stefan-Boltzmann—*.

En el equilibrio:

$$S_o(1-\alpha)/4 = \sigma T_e^4 \text{ (}\sigma \text{ es la constante de Stefan-Boltzmann,}$$
$$\text{cuyo valor es } 0.567.10^{-7} \text{ Wm}^{-2} \text{ K}^4\text{)}$$

Las cantidades de ambos miembros de la ecuación, promediadas en períodos largos, son del orden de 240 W/m², considerando un albedo actual del 30% y un valor para $S_o/4$ de 340 W/m². Para estos valores, el valor de Te obtenido de la ecuación anterior corresponde a 255 K (–18 °C), que sería la temperatura de la superficie de la Tierra si ésta careciese de atmósfera.

Sin embargo, la atmósfera terrestre incluye en su composición algunos gases como el vapor de agua, el dióxido de carbono (CO_2), el metano (CH_4) y otros, presentes en proporciones muy pequeñas (el CO_2 se mide en partes por millón en volumen, págmv), poco eficientes para absorber radiación solar, pero capaces de absorber una gran parte de la radiación de onda larga terrestre en algunas de sus bandas de emisión. Estos gases devuelven la radiación absorbida, en parte hacia la superficie, produciendo un calentamiento adicional de ésta, y en parte hacia el espacio, reequilibrando el balance global de radiación.

La temperatura media observada en superficie T_s es de 15 °C (288 K), por lo que el calentamiento adicional es de 33 °C. Este calentamiento es el que conocemos como efecto de invernadero y como gases de efecto invernadero a los gases que lo producen.

Hay que señalar que, en promedio, para el conjunto del sistema Tierra-atmósfera, la temperatura sigue siendo T_e, que por ello se denomina con frecuencia temperatura equivalente.

La situación descrita sería estable si los parámetros que intervienen fueran estables. De hecho lo son, en cierta medida, según las escalas de tiempo consideradas para su cómputo.

Podemos decir, a partir de lo anterior, *que cualquier causa que altere el equilibrio del balance radiativo descrito, actuando sobre los procesos de emisión, absorción o transmisión de la radiación entrante o saliente, será una causa potencial de cambio climático.*

Existen causas externas al sistema, como son las variaciones de la emisión solar, los meteoritos y los parámetros orbitales —excentricidad, oblicuidad y precesión—, con períodos de 110.000, 41.000 y 20.000 años, respectivamente,

Existen también causas internas al sistema, como son el vulcanismo, los cambios de las concentraciones de gases de efecto invernadero, la presencia en la atmósfera de aerosoles —partículas en suspensión de origen diverso— y los cambios de albedo (tanto por ciento de radiación solar reflejada).

El concepto que cuantifica este desequilibrio es el de *forzamiento radiativo*. Se define como el cambio en la radiación neta descendente, en W/m^2, que tiene lugar en la tropopausa —cima de la troposfera o capa atmosférica en que tienen lugar los fenómenos de tiempo y clima— cuando opera alguna de las causas citadas. Este concepto comporta ventajas muy notables, al facilitar la comparación entre sí, en un período determinado, de dos causas de cambio climático, o al considerar simultáneamente varias causas que actúen al tiempo.

En particular, el forzamiento debido a una duplicación hipotética de los gases de efecto invernadero respecto al nivel preindustrial sería de unos 4 W/m^2. Esto reduciría la radiación saliente a unos 236 W/m^2.

Para comparar los forzamientos que se han introducido en el sistema climático desde el período preindustrial hasta nuestros días, en la figura 2.2 se representan los cambios debidos a los gases invernadero, a las variaciones de ozono estratosférico y troposférico, a los aerosoles troposféricos y a la radiación solar, en este caso medida desde 1850 hasta ahora.

El forzamiento acumulado para cuatro de los gases de efecto invernadero es de 2,5 W/m^2, muy superior al resto de los forzamientos considerados. En conjunto los forzamientos positivos suponen unos 3,5 W/m^2 frente a unos forzamientos negativos de 1 W/m^2, determinados con una gran incertidumbre que podría elevar, hasta duplicar ese valor, debido al escaso conocimiento que tenemos de la acción indirecta de los aerosoles de sulfatos en el balance de radiación.

Los forzamientos radiativos para los gases de efecto invernadero se obtienen en función de las concentraciones inicial C_o y final C_t del período considerado $[\Delta Q = f(C_o, C_t)]$ y constituyen la forma más objetiva de medir el grado de perturba-

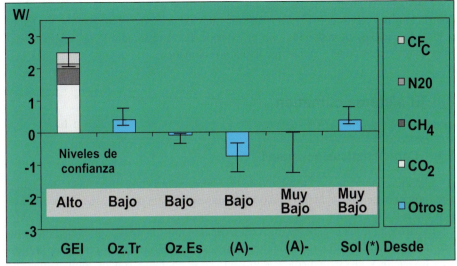

Fuente: IPCC, 1995

Fig. 2.2. Forzamientos radiativos medios mundiales (W.m^{-2}) debidos a cambios en las concentraciones de gases de invernadero y aerosoles desde la época industrial hasta 1992 y de la radiación solar emitida desde 1850 hasta 1992.

ción que introducimos en el sistema y el punto de partida para simular los cambios en las variables climáticas.

La magnitud relativa decenal del forzamiento asociado al aumento de gases de efecto de invernadero promediado desde 1790 hasta ahora es muy superior al resto de los forzamientos. Es, por otra parte, creciente y acumulativo y no está sujeto a comportamientos episódicos como las erupciones volcánicas o las variaciones de signo opuesto, características de la actividad solar.

Los únicos forzamientos que han actuado simultáneamente y en sentido contrario, durante el mismo período, son los asociados a los aerosoles atmosféricos y al adelgazamiento de la capa de ozono, que reducen la entrada de radiación solar y ejercen un forzamiento negativo sobre el equilibrio final.

El mecanismo anterior afecta fundamentalmente al valor promedio de la temperatura de superficie. Otros mecanismos controlan la distribución geográfica de la misma. Podremos ser cada vez más capaces de predecirlos, mediante modelos conceptuales simples o mediante modelos con requerimientos muy altos de computación, hasta alcanzar un límite insuperable.

Es un sistema complejo por discontinuo, que puede producir retrocesos en los cambios de las variables observadas, incluso localmente de signo contrario al del cambio global; asimismo puede amplificar o reducir las respuestas iniciales, debido a la naturaleza no lineal de muchos de sus mecanismos. Por ello, podemos temer que la progresión prevista de esos cambios llegue a modificar el clima en el futuro de forma que la variabilidad natural quede hasta cierto punto «dominada» por la inducida.

Los cambios medios de las variables que definen el clima de la atmósfera están controlados por partes del sistema terrestre como los océanos, la vegetación, los hielos y los intercambios de radiación con el exterior. Es el resultado de las interacciones internas y extenas de un sistema que llamamos climático.

3. El sistema climático

3.1. Características generales

El clima observado es el resultado de las interacciones entre diferentes subsistemas que forman parte del Sistema Climático de nuestro planeta o entre este sistema climático y el espacio exterior.

La atmósfera; los océanos y otros almacenamientos de agua líquida que constituyen la hidrosfera; la cubierta de hielos y nieves que denominamos criosfera; la biosfera; los suelos y, en cierta medida, la litosfera en su conjunto, son los componentes del Sistema Climático.

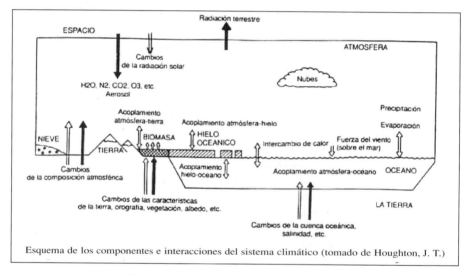

Esquema de los componentes e interacciones del sistema climático (tomado de Houghton, J. T.)

Fig. 2.3. Componentes del Sistema Climático.

Muchos de los procesos atmosféricos están «acoplados», es decir parcialmente regulados, por las interacciones con el resto de los subsistemas. El comportamiento del clima real y del simulado es consecuencia de la acción integrada de estos subsistemas.

En particular, los gases de invernadero emitidos a la atmósfera son absorbidos, almacenados y reemitidos, en diversa medida, por el resto de los subsistemas. Los procesos que controlan estos intercambios son los que determinan la concentración final y los tiempos de vida característicos de residencia de cada gas en cada depósito.

En escalas de tiempo situadas entre 10^2 y 10^3 años el acoplamiento determinante es el de la atmósfera y el océano profundo. El océano, además de ser uno de los depósitos principales de carbono, reduce el ritmo de calentamiento mediante la absorción de calor y sus procesos de mezcla y es decisivo para anticipar los cambios regionales de clima debidos al transporte de calor que tiene lugar a través de sus corrientes superficiales y profundas. En las latitudes altas, la consideración adicional del papel de los hielos es esencial para simular correctamente los cambios más probables y para reducir las incertidumbres.

La respuesta inicial, que tiende a calentar la atmósfera, se encuentra sometida a procesos que la amplifican o la reducen y que actúan de forma simultánea y asociada: son los procesos de *retroalimentación*.

La evaporación es un buen ejemplo de proceso de retroalimentación negativo y positivo: el aumento de temperatura produce más evaporación y facilita la formación de nubosidad que, por una parte, reduce la radiación disponible y genera un enfriamiento y, por otra parte, aumenta el efecto de invernadero por ser el vapor de agua el gas natural más activo en inducir dicho efecto; esto produce un calentamiento.

La abundancia y complejidad de estos procesos anula la eficacia de los razonamientos singulares y aislados y obliga a simular mediante modelos el comportamiento del sistema, para disponer de una herramienta de comprensión, diagnóstico y anticipación.

Las retroalimentaciones en las que intervienen el vapor de agua y las nubes responden instantáneamente al cambio climático y las que afectan a los hielos marinos responden en algunos años: todas ellas son calificadas como *rápidas*.

Otras como la fusión de hielos continentales o la disolución de sedimentos de carbonato en el océano se califican como *lentas*.

Estos forzamientos ejercen su influencia en períodos de tiempo muy diversos y en la actualidad se introducen en los modelos como perturbaciones del balance de radiación, a través de las parametrización de los procesos radiativos, cuantificando la perturbación independientemente de cuál sea su origen.

Este hecho permite integrar todos los efectos radiativos que podamos cuantificar. Entre ellos las concentraciones de gases de efecto de invernadero antropogénicos, las variaciones de la radiacion solar recibida, las concentraciones de aerosoles sullfurosos, los efectos de las erupciones volcánicas o las modificaciones del albedo planetario (fracción de la radiación solar reflejada).

Su acción conjunta y compleja es la que domina el resultado final de la perturbación introducida por el aumento de gases de invernadero.

Para el propósito de estudiar los cambios de clima, conviene alejarse de las definiciones operativas más comunes, cuya validez está implícitamente limitada a algunos decenios. Esta es una escala de tiempo apropiada a la duración de una vida humana, pero poco adecuada para el estudio de los cambios de clima a largo plazo y poco adecuada también para comprender el comportamiento atmosférico en las escalas inferiores a las estrictamente climáticas y las meteorológicas (diarias).

La utilización de los conocimientos climáticos para la planificación y, en particular, para la gestión de los recursos naturales exige una concepción del clima muy rigurosa con las escalas de validez espaciales y temporales.

Tal como hemos indicado, el clima es el resultado de la interacción de los subsistemas que componen el sistema climático: atmósfera, hidrosfera, criosfera, biosfera y litosfera. Al simular el clima correspondiente a períodos comprendidos entre 10^2 y 10^3 años, deberíamos considerar, de ser posible, los subsistemas atmosfera-océano-criosfera-biosfera-suelo. En la actualidad se consideran de forma acoplada los dos/tres primeros, que por otra parte determinan la marcha general del clima en esta escala, y separadamente se considera la influencia parcial de los subsistemas restantes. Esta limitación es una fuente de incertidumbre en cuanto a las posibles «sorpresas» climáticas que podrían afectar al ritmo del cambio climático, a su distribución regional y a la evaluación de los impactos en ecosistemas naturales.

3.2. La simulación del clima mediante modelos

Los modelos más complejos son los de circulación general (MCG) que simulan el funcionamiento acoplado de la atmósfera y de los océanos mediante cálculos de variables en celdas de una red y de flujos verticales y horizontales entre las mismas, siendo las resoluciones características de los MCG de unos 400 a 250 km. Resoluciones inferiores, de unos 200 km, se consideran de alta resolución y los modelos que se denominan «regionales», que simulan el clima en áreas subcontinentales, tienen resoluciones inferiores a los 100 km.

Las primeras generaciones de estos modelos simulaban y simulan el clima de «equilibrio» asociado a una hipotética duplicación «brusca» de las concentraciones de gases de efecto de invernadero respecto a la que existía en la época preindustrial. La simulación de la «transición» real, no brusca, hasta el nuevo estado de equilibrio se obtiene mediante métodos de interpolación y se considera que se alcanzarían valores en torno al 70% de los valores de equilibrio. Este concepto ha ocasionado no pocas confusiones y falsas contradicciones en la divulgación de los primeros resultados. Los modelos acoplados océano-atmósfera más avanzados (unos diez en todo el mundo), introducen como perturbación radiativa aumentos anuales del 1% de CO_2 a escala planetaria y presencia de aerosoles, cercanas a la situación real y sus resultados se pueden utilizar directamente.

Las estrategias de experimentación más recientes, como la del Centro Hadley, desarrollan conjuntos de integraciones con diversos condicionantes y enfoques. En cuanto a las simulaciones mismas, se producen escenarios de clima con la hipótesis de que no hay aumento de concentraciones —simulación de control—; con la hipótesis de que sólo hay aumento de concentraciones de gases de efecto de invernadero (GEI o GHG en inglés) y bajo la hipótesis más realista de que se emiten GEI y existen aeroles de sulfato presentes en la atmósfera, concentrados regionalmente en las zonas mundiales de emisión (Asia y áreas muy industrializadas de países desarrollados).

Los resultados anteriores sirven también como resultados que «dirigen» el comportamiento de otros modelos de mayor resolución pero restringidos a zonas geográficas que denominados *regionales*, en referencia a áreas subcontinentales (el mediterráneo, el SW de Europa, Indostán, etc.).

Los resultados obtenidos trasmiten por sí mismos las virtudes y las limitaciones de la modelización actual: es capaz de simular la evolución de variables promediadas en

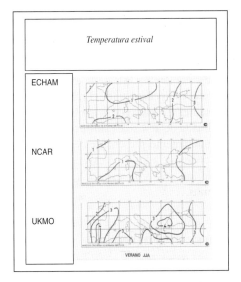

Fig. 2.4. Cambio de la temperatura estival
(Época duplicación-aproximada: 2060).

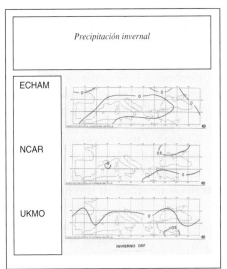

Fig. 2.5. Cambio de la precipitación invernal
(Época duplicación-aproximada: 2060).

zonas extensas y la consideración conjunta de muchos experimentos y modelos demuestra que «imitan» no demasiado mal las respuestas del mundo real. La limitación mayor es la dispersión que presentan los resultados cuando se consideran a escala local.

En las Figuras 2.4 y 2.5, donde se presentan los resultados para el entorno del 2060 de tres modelos globales en una ventana regional sobre el mar Mediterráneo, se reflejan las discrepancias de sus resultados. Es preocupante que el modelo que presentaba mejores resultados en la comparación con las observaciones, sea el que produce calentamientos estivales más notables sobre la península ibérica.

3.3. Escenarios climáticos y escenarios de emisiones, concentraciones y forzamientos

De lo anterior se deduce que existe una «cadena» de escenarios a construir que involucra a un gran número de modelos y de área de conocimiento:

ESCENARIOS DE EMISIONES → ESCENARIOS DE CONCENTRACIONES →
→ ESCENARIOS DE FORZAMIENTOS → ESCENARIOS DE TEMPERATURAS

Los escenarios de emisiones se basan en conjuntos de hipótesis sobre crecimiento demográfico, crecimiento de la economía mundial, evolución de las tecnologías y modelo de consumo de energía.

Los escenarios de concentraciones se basan en el conocimiento actual y en los modelos asociados de los ciclos del carbono y otros ciclos biogeoquímicos.

Las relaciones entre emisiones y concentraciones son complejas. Para abordar este problema, el IPCC ha utilizado varios modelos de ciclo del carbono que han servido para elaborar escenarios diversos estabilización futura, utilizados para las negociaciones del protocolo de Kioto (IPCC, 1997).

Los escenarios de forzamiento son los de menor incertidumbre. Sus valores estimados se obtienen a partir de los valores de las concentraciones iniciales y finales.

Finalmente los escenarios de temperaturas se calculan a partir de la evolución de los forzamientos que se introducen en los modelos como perturbación. En los modelos más complejos se han comenzado a obtener directamente a partir de la evolución de las concentraciones de gases y de la carga futura estimada de aerosoles sulfurosos.

En 1992 el IPCC reformuló los escenarios inicialmente presentados en su primer informe de evaluación estableciendo con mayor coherencia las hipótesis condicionantes. La Tabla 2.3 resume las hipótesis de tres de los seis propuestos y la figura 2.6 muestra la evolución de las emisiones de los mismos.

TABLA 2.3
Hipótesis de los Escenarios del IPCC de 1992 (IS92).

Escenario	Población	Crecimiento Económico	Abastecimiento de Energía	Forzamiento CO_2 (W/m^2)
IS92 a	13.000 millones en el 2001: Banco Mundial - 91	1990-2025: 2.9% 1990-2100: 2,3%	12.000 EJ petróleo convencional 13.000 EJ gas natural Descenso costes energía solar: 0,075 $ EEUU / kWh 191 EJ biocombustibles a 70 $ EEUU el barril (1barril=6 GJ)	4.35
IS92 c	6.400 millones en el 2100 Caso medio-bajo Naciones Unidas	1990-2025: 2.0% 1990-2100: 1.2%	8.000 EJ de petróleo bruto 7.300 EJ gas natural Descenso costes energía nuclear: 0,4% anual	1.82
IS92 e	11.3 millones en el 2100 Banco Mundial - 91	1990-2025: 3.5% 1990-2100: 3.0%	18.400 EJ petróleo convencional Gas natural como en IS92a Eliminación Energía nuclear: 2075	6.22

Los resultados globales para temperatura y elevación del nivel del mar, obtenidos con diversos modelos, con una sensibilidad de 2,5 °C, para cada uno de los escenarios de forzamientos correspondientes a las emisiones a, c y e anteriores, permiten comprobar que las reducciones de la temperatura son moderadas en relación al esfuerzo que se debería realizar (0,5 °C en la temperatura y 10 cm en el nivel del mar, para el año 2100).

En 1994 se realizó una evaluación crítica de los escenarios IS92 que motivó la creación de un grupo especializado del IPCC, en 1996, con el mandato de desarrollar una tercera generación de escenarios, que recogieran la experiencia y los avances científicos adquiridos en esta materia. Tras un proceso abierto de evaluación durante 1998, a comienzos de 1999 se hicieron públicos como «SRES preliminares» (SRES son las siglas de «Special Report on Emission Scenarios») y en mayo de 2000 han sido formalmente aprobados en la XVIª Sesion Plenaria del IPCC. Estos escenarios están siendo utilizados en la preparación del Tercer Informe de Evaluación sobre cambio climático, previsto para el 2001.

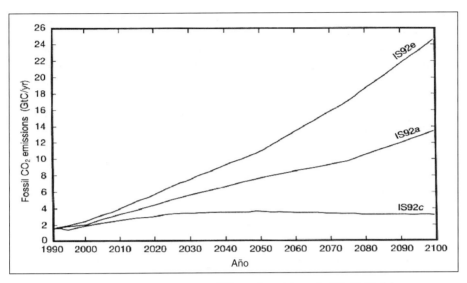

Fig. 2.6. Escenarios IS92a,c,e de emisiones de CO_2 (GtC/año).

4. Consecuencias del cambio climático

4.1. Impactos, vulnerabilidad y adaptación

En el pasado, y en la actualidad, la actividad humana ha inducido cambios y ha añadido tensiones (stress) a escala local en los sistemas naturales. Desde hace 200 años, como consecuencia del crecimiento demográfico y económico, y de las revoluciones tecnológicas, ha extendido su influencia hasta incidir en la escala mundial, al aumentar las concentraciones naturales de los gases de efecto de invernadero.

La respuesta más probable del sistema climático a esta alteración de la composición de la atmósfera, se traduce en un cambio climático superpuesto a los cambios naturales del clima y caracterizado por el aumento de la temperatura media de superficie, el aumento de la precipitación media total y el aumento del nivel medio del mar.

Sin embargo, la mayor parte de los sistemas son sensibles no sólo a la magnitud de los cambios, si no a los ritmos y a las características de estos cambios. En particular, el conocimiento de las implicaciones potenciales del cambio climático en ambientes mediterráneos plantea problemas que son consecuencia de la inmadurez y de las incertidumbres presentes en los escenarios de cambio climático a escala regional o subcontinental, que no se presentan de igual manera en la escala global.

Algunos de estos problemas son los siguientes:
- La escasa disponibilidad y fiabilidad de escenarios con resoluciones entre 50 y 100 km.
- La superposición de otros cambios globales naturales, independientes de la actividad humana. En el área mediterránea tiene una incidencia especial la evolución natural de la desertización, como proceso global autorregulado y que puede inte-

raccionar con el cambio climático. Los vínculos de esta interacción apenas están esbozados en la actualidad.
- La superposición de otros cambios locales relacionados con la actividad humana directa, como son los derivados de prácticas agrícolas y ganaderas, industriales o turísticas. Todos ellos inciden en lo que conocemos como «desertificación», como concepto diferenciado de la «desertización».

A pesar de las carencias de este marco de referencia, o precisamante por ello, es necesario aumentar la actividad metodológica de diagnóstico y prevención de los riesgos que amenazan a los ambientes mediterráneos como consecuencia del cambio climático.

Un paso previo a la adopción de medidas es la evaluación de la vulnerabilidad y los análisis de riesgos. La vulnerabilidad, como daño recibido por el sistema potencialmente, exige el estudio de la sensibilidad del sistema, es decir de su grado de respuesta a un cambio unitario en las condiciones climáticas. Por otra parte, la vulnerabilidad y la sensibilidad están condicionadas por su capacidad de recuperación o de adaptación al cambio.

Los análisis de riesgo, a su vez, exigen conocer la definición precisa del riesgo y la susceptibilidad, en términos de probabilidad, de una zona definida a dicho riesgo. Por último, parece necesario abordar de forma crítica los conceptos de irreversibilidad y la definición de umbrales de riesgo para afrontar con rigor los problemas de la prevención mediante la adaptación al cambio y la reducción de la actividad humana inductora de los cambios locales.

En cualquier caso, los conocimientos acumulados en este tiempo nos enseñan a mirar de otra forma el clima. En el camino recorrido para responder se han mejorado conceptos y descripciones. Como en otros casos, se han producido nuevas preguntas y se han destruido respuestas anteriores que parecían sólidas. El intento mismo de responder ha revolucionado nuestras ideas del clima y ha acelerado el proceso de conectar ideas surgidas en áreas del conocimiento humano muy diversas, hasta entonces separadas.

Con frecuencia «la sociedad» exige una respuesta definitiva o se nos pregunta si alguna vez la habrá. Es difícil concebir la respuesta actual como definitiva, sin embargo, es importante entender que lo esencial es reformular la pregunta adecuadamente, es decir, científicamente.

No se trata de predecir el futuro, sino de acotar lo más posible los valores de la respuesta del clima a las alteraciones de alguna parte del sistema: en definitiva, de conocer su *sensibilidad a los forzamientos*.

En todo caso prevalece la idea de que es necesario desarrollar metodologías de estudio de impactos y aplicarlas a los supuestos disponibles, con el fin de disponer de impactos potenciales y de su valoración económica. Esto hace posible el inicio de estudios de coste-beneficio para optimizar los momentos de intervención o las estrategias de adaptación al cambio y limitación de emisiones.

4.2. Impactos climáticos en Europa

En Europa nos encontramos en un contexto climático caracterizado por una alta variabilidad espacial y temporal de la precipitación, más acentuada aún en la vertiente mediterránea. En cuanto a la magnitud del aumento, los cambios previstos de temperatura y del aumento en el nivel del mar son, a título orientativo, similares a los valores medios mundiales.

En lo que sigue se resumen las conclusiones propuestas por el grupo II del IPCC, sobre los impactos climáticos para Europa.

Ecosistemas

Fragmentados, alterados y limitados a suelos pobres son muy sensibles al cambio climático. Las praderas podrían desplazarse como respuesta a los cambios en la distribución y volumen de precipitaciones. Algunas especies y tipos de bosques se podrían ver amenazadas si el desplazamiento de las zonas climáticas es más rápido que la capacidad de migración de aquellas. Esto se agrava en el caso de las especies situadas en altitudes elevadas.

Hidrología y recursos hídricos

Durante este siglo la mayor parte de Europa ha experimentado aumentos de temperatura superiores al promedio mundial, con mayores precipitaciones en la mitad norte y disminuciones en la mitad Sur de la región. Esta tendencia aparece con frecuencia en los modelos de la primera generación, pero se complica cada vez más en los experimentos más recientes. La incertidumbre a este respecto aumenta notablemente al considerar escenarios con aerosoles.

No obstante, es obvio que los riesgos de sequía e inundaciones deben valorarse a partir de la superpoblación o del alto nivel de ocupación existente en algunas zonas.

La reducción del volumen de nieves afectaría a la gestión de los recursos. Sin embargo, la reducción de agua disponible para riego podría compensarse con una política de consumo más eficiente en el sector agrario.

Sistemas costeros

Son las zonas más importantes desde los puntos de vista ecológico y económico en cuanto a la vulnerabilidad. Por lo general, los asentamientos y la explotación de posibilidades económicas han debilitado su capacidad de resistencia y pueden tener, en muchos casos, menor adaptabilidad ante cambios de clima o aumentos del nivel del mar. En general, los planificadores tendrán que hacer frente a las mareas y a los cambios de precipitación y a los cambios de velocidad y dirección de viento dominantes. Por otra parte, se podría abordar la respuesta con costes asumibles en las zonas menos urbanas, salvo en los ecosistemas donde la propia intervención protectora podría ser perjudicial.

Otros impactos

Los cambios en los valores máximos de consumo de energía, en la modificación de las demandas de refrigeración y calefacción, el aumento de las enfermedades trasmitidas por vectores, son temas que deberían ser mejor conocidos para poder desarrollar más estudios de impacto potencial.

4.3. Modelos y escenarios aplicables a la cuenca mediterránea y a la península Ibérica

En la actualidad disponemos de una jerarquía de modelos climáticos y de un conjunto de enfoques y técnicas de trabajo para mejorar los resultados iniciales, que producen una gran cantidad de tipos de escenarios climáticos de diferente utilidad (Henderson-Sellers, 1995). Los modelos más sencillos cero-dimensionales y los unidimensionales de balance de energía (EBM) son muy útiles para comprender el problema de la intensificación del efecto de invernadero y para estudiar el efecto de las retroalimentaciones básicas. Sin embargo, para conocer la distribución espacial y temporal del cambio de temperatura a escala global necesitamos recurrir a modelos de circulación general, acoplados, de la atmósfera y el océano. Estos modelos son tridimensionales y tienen en cuenta las relaciones dinámicas y termodinámicas presentes en cada subsistema así como

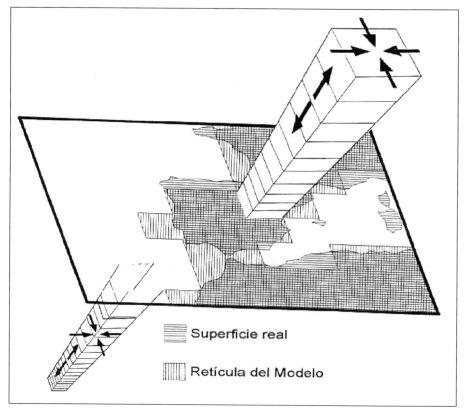

Fig. 2.7. Esquema de celdas de un modelo climático tridimensional.
Adaptación de un esquema del proyecto LINK (CRU y Hadley Center, 1994).

en las interacciones entre ellos. La figura 2.7 muestra un esquema de las celdas de cálculo utilizadas.

No obstante, los resultados de modelos climáticos de circulación tienen resoluciones típicas superiores a los 250 km, insuficientes para abordar estudios de impactos climáticos detallados. En consecuencia, en la etapa actual conviene avanzar en el desarrollo y puesta a punto de metodologías de estudio de impactos y en su aplicación progresiva a los conjuntos de escenarios que estén disponibles, de forma que se produzca un avance en paralelo de ambas actividades.

Los escenarios disponibles corresponden a algunos de los experimentos más completos, producidos a lo largo de los últimos tres años en centros especializados en la investigación del cambio climático a escala global: el Max Planck Institute de Hamburgo, el Centro Hadley del Reino Unido y el centro de investigaciones NCAR de los Estados Unidos.

Se han estudiado los comportamientos para el momento de la duplicación del dióxido de carbono del cambio de la temperatura en verano y de la precipitación en invierno, por su representatividad para el área peninsular.

En el caso de la temperatura estival, las simulaciones del clima observado, presentan un máximo realista de temperatura sobre el mediterráneo y captan bien la estructura general del campo. El UKMO acierta con los valores medios y los otros dos modelos sobreestiman la temperatura observada. El cambio climático que producen no presenta estructuras similares entre sí (Figs. 2.4 y 2.5).

En el momento de la duplicación (no se produce en el mismo momento para los tres experimentos), el cambio que se produce es inferior a los 2 grados centígrados en invierno y varía entre 2 y 4 grados, en verano, para el experimento Hadley y entre 1 y 2 grados para los otros dos experimentos.

En lo que se refiere a la precipitación, dos de los modelos reflejan la estructura observada y se alejan notablemente en el otro (NCAR). El resultado que ofrecen en cuanto al cambio de precipitación media para invierno es muy diferente entre sí. Si bien puede observarse, y así ocurre en otros experimentos anteriores, que la línea de cambio nulo (0 mm/día) se sitúa sobre el borde norte mediterráneo y atraviesa parte de la península en los dos modelos de mejor comportamiento respecto al clima observado (UKMO y ECHAM) (Figs. 2.4 y 2.5).

Para acelerar el proceso de validación e intercompración de los modelos existentes, se han desarrollado numerosas programas y proyectos. Dos de los más relevantes, por su carácter de iniciativas estables a largo plazo, son el CMIP (Coupled Model Intercomparison Project) promovido en 1995 por el Programa Mundial del Clima, en cuya fase CMIP1 han participado 18 modelos acoplados y el Centro de Distribución de Datos, creado en 1997 por el IPCC, en el que se facilita la información para la investigación de los resultados de experimentos realizados con algunos de los modelos más potentes existentes en la actualidad. La figura 2.8 muestra de forma sintética las series hasta el año 2100 de los resultados de ocho experimentos, para las anomalías de temperatura y precipitación anuales medias en el Hemisferio Norte. Los experimentos que se comparan, responden a la hipótesis de forzamientos para aumentos anuales del 1% compuesto, de los gases de invernadero, y para la evolución de aerosoles de sulfato prevista en el escenario IS92a (hipótesis denominada GSa).

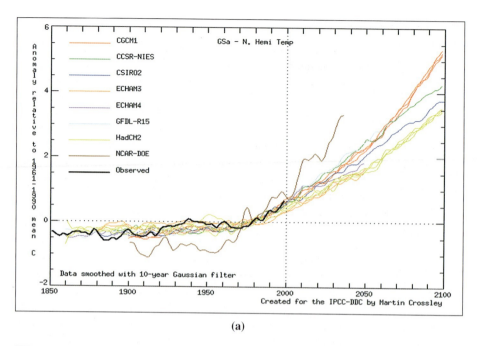

(a)

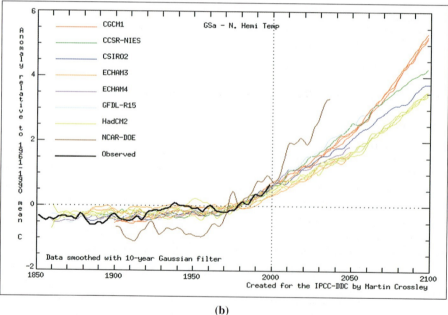

(b)

Fig. 2.8. Respuestas de siete experimentos con modelos globales acoplados de océano-atmósfera a un escenario de forzamientos de gases de invernadero y de aerosoles de sulfato (GSa) en el Hemisferio Norte para: (a) la anomalía de la temperatura anual media del aire en superficie —en °C— y (b) la anomalía de la precipitación anual media —en%— respecto al periodo de referencia 1961-1990.

4.4. Conclusiones

- Los modelos 3D de circulación general acoplados Océano-Atmósfera del sistema climático, aún plantean problemas en cuanto a las distribuciones geográficas de la precipitación debido a la inconsistencia de los resultados entre distintos modelos. Son más consistentes en la distribución de la temperatura en la que, a veces, alcanzan cotas muy altas de habilidad para simular el clima observado.
- Las técnicas dinámicas de obtención de escenarios climáticos con distribuciones geográficas detalladas de las variables (resolución inferior a 100 km) han experimentado un desarrollo extraordinario durante la presente década. Se han superado problemas iniciales de desajuste con el clima observado cuando se realizan promedios zonales, pero aún están lejos de la madurez.
- Para tomar en consideración los estudios de impacto detallados es preferible partir de resultados de modelos globales y proceder a mejorar la resolución mediante técnicas estadísticas denominadas de «down scaling». El Instituto Nacional de Meteorología ha desarrollado tres de estas técnicas y las ha aplicado a las salidas de un experimento del Centro Hadley, que considera una atmósfera con un aumento anual del 1% del CO_2 compuesto y con una carga realista de aerosoles.
- Para las evaluaciones y las tomas de decisiones de políticas preventivas, es mejor basarse en resultados de modelos simples o en los promediados de resultados de modelos globales, que adopten las series de temperatura media mundial como índices de caracterización del cambio climático. Este enfoque es el seguido por el IPCC en las evaluaciones y recomendaciones utilizadas en las negociaciones de la Convención Marco sobre Cambio Climático.

5. Actuaciones ante el cambio climático

5.1. Introducción

La respuesta internacional al problema del Cambio Climático ha atravesado por diversas fases de actividad, muy diferentes tanto en su intensidad como en su naturaleza.

Durante los años 70 y 80 se produjo un crecimiento de la conciencia pública medioambiental por una parte, y del conocimiento científico por otra, que ha posibilitado la convergencia de ambos y la respuesta política nacional e internacional a un problema de dimensiones mundiales y cuyo conocimiento y solución reclama la participación de la casi totalidad de las disciplinas científicas, socioeconómicas y políticas.

Con frecuencia, este proceso de convergencia se presenta como un proceso asociado a fechas de reuniones internacionales, de forma algo arbitraria pero que resulta útil siempre que se entienda como síntesis didáctica y no como descripción analítica.

Entre la Conferencia Mundial de Estocolmo sobre Medio Ambiente de 1972 y la Primera Conferencia Mundial del Clima (OMM-PNUMA) de 1979, y a pesar de la existencia de reuniones científicas como la de Villach de 1975, existe una escasa conciencia sobre la posibilidad de que la contaminación local tenga efectos planetarios.

Durante la década de los años 80 se produjeron numerosas reuniones que plasmaron sus resultados en declaraciones e informes (Toronto, La Haya, Informe Brundtland...) se desarrollaron programas de investigación como el Programa Mundial del Clima, iniciado en 1979, y se crearon otros nuevos como el Programa Internacional de Geosfera-Biosfera o los Programas Marco de la Comisión Europea (iniciados en 1986).

Sin embargo, es en 1988 cuando se produce un hecho cualitativamente diferente a los anteriores, al crearse el Grupo Intergubernamental de expertos sobre el Cambio Climático (IPCC) como cuerpo asesor de Naciones Unidas, apoyado por dos de sus agencias especializadas (OMM y PNUMA), que funciona con continuidad y que agrupa con mecanismos muy flexibles a una extensa representación de la comunidad científica. El IPCC se organiza inicialmente en tres grupos que tienen como objetivos asesorar a la comunidad internacional sobre los fundamentos científicos (I), los impactos socioeconómicos (II) y las estrategias de respuesta (III).

El IPCC se ha convertido de hecho en el principal apoyo del Cuerpo Asesor (Subsidiary Body for Scientific and Technological Advice) de que se ha dotado la Conferencia de las Partes de la Convención Marco sobre el Cambio Climático de Naciones Unidas.

Su propuesta, incluída en el Primer Informe de Evaluación (1990), de elaborar un instrumento legal de negociación fue aceptada por Naciones Unidas y se llevó a la práctica durante los años 91 y 92 mediante la creación del Comité Intergubernamental de Negociación de una Convención Marco sobre el Cambio Climático. Esta Convención fue presentada y aceptada en 1992, en la Conferencia Mundial sobre el Medio Ambiente y Desarrollo (Cumbre de Río).

A partir de su aprobación en junio de 1992 y hasta el mes de marzo de 1995, en que se celebró la primera Conferencia de las Partes de la Convención en Berlín, la actividad negociadora se redujo notablemente. Posteriormente, han tenido lugar tres Conferencias de las Partes. Es en la última de ellas (cumbre de Kioto) donde han abordado realmente los protocolos de desarrollo de la Convención.

Durante este período, el IPCC ha elaborado un Segundo Informe de Evaluación y ha producido otros informes parciales o especializados bajo demanda de los órganos de la Convención. Para el año 2001 está prevista la publicación del Tercer Informe de Evaluación.

Es razonable pensar, dentro de este esquema, que durante los primeros años del próximo siglo su actividad fundamental estará orientada a la Revisión de los protocolos, en función de los resultados que se obtengan e, incluso, de la propia Convención.

5.2. El objetivo de la Convención Marco sobre el Cambio Climático: El artículo 2. El Protocolo de Kioto

El cumplimiento del objetivo último de la Convención Marco sobre el Cambio Climático, expresado en el Artículo 2, es lograr «*la estabilización de las concentraciones de gases de efecto de invernadero en la atmósfera a un nivel que impida interferencias antropógenas peligrosas en el sistema climático*».

Por otra parte, el Artículo 3.3 orienta la acción del artículo anterior, para que se puedan adoptar decisiones en un contexto de incertidumbre científica, y dice que las

Partes de la Convención deberían: «*tomar medidas de precaución para prever, prevenir o reducir al mínimo las causas del cambio climático y mitigar sus efectos adversos. Cuando haya amenaza de daño grave o irreversible, no debería utilizarse la falta total de certidumbre científica como razón para posponer tales medidas, teniendo en cuenta que las políticas y medidas para hacer frente al cambio climático deberían ser eficaces en función de los costos, a fin de asegurar beneficios mundiales al menor costo posible (...) y deberían tener en cuenta los distintos contextos socioeconómicos, ser integrales, incluir todas las fuentes, sumideros y depósitos pertinentes de gases de efecto invernadero y abarcar todos los sectores económicos.*»

La evolución demográfica y el desarrollo socioeconómico previsibles durante el siglo XXI son las interferencias más importantes, capaces de perturbar el equilibrio radiativo tierra-atmósfera de forma creciente y poco reversible.

La tarea del IPCC es proporcionar la base científica que necesitan los responsables políticos y planificadores para interpretar adecuadamente la idea de «interferencia antropógena peligrosa» en el sistema climático que establece la convención.

La Tercera Conferencia de las Partes (COP-3), celebrada en diciembre de 1997 en Kioto, tuvo como resultado la aprobación del conocido «Protocolo de Kioto» cuya finalidad es desarrollar y aplicar mecanismos que intenten reducir las emisiones mundiales de gases de invernadero.

Los elementos de negociación de las posteriores Conferencias de las Partes han tratado sobre los ritmos de reducción (fechas y tasas), el número de gases a incluir en los acuerdos, los compromisos de los países en desarrollo y los mecanismos de aplicación conjunta para los países. El acuerdo alcanzado en Kioto consistió en una reducción promedio de las emisiones de los países industrializados del 5,2% para el período 2008 al 2012, en relación a las emisiones de 1990 para los tres gases comunes (CO_2, CH_4 y N_2O) y en relación a 1995 para los HFCs, PFCs y SF6. Japón, EEUU y la Unión Europea deberán reducir sus emisiones en un 6%, 7% y 8% respectivamente. A algunos países industrializados se les permitió aumentar sus emisiones o estabilizarlas (caso de las economías en transición).

5.3. Implicaciones de los acuerdos de Kioto según la sensibilidad del sistema climático

En el escenario IS92a el valor final del aumento de temperatura sería del orden de 2 grados para una sensibilidad media y la influencia de la adopción de medidas como las consideradas, superiores a las de los acuerdos adoptados en Kioto sería la reducción del aumento en medio grado. La magnitud de la reducción depende de la sensibilidad.

En el caso del escenario IS92c la subida queda muy atenuada y alcanza 1,1 grados para el año 2100, para una sensibilidad media, con una reducción inferior a las dos décimas de grado.

En cuanto a la subida del nivel del mar para una sensibilidad media, la elevación es del orden de los 50 cm y la influencia de la reducción es del orden de los 10 cm para el escenario IS92a. La elevación para el escenario IS92c es de unos 35 cm y la influencia de la reducción de unos 3 cm.

Una conclusión importante de esta evaluación es que las medidas adoptadas al principio son determinantes para la eficacia de la medida a medio y largo plazo, pero al mismo tiempo debe reconocerse que la carga esencial de la reducción, que ahora recae en los países desarrollados, pasa después a ser una carga de los países en desarrollo.

5.4. Opciones e instrumentos de respuesta

a) *Enfoques*

La complejidad del problema del cambio climático, las incertidumbres que persisten y la necesidad de adoptar medidas sin esperar a la certeza total, exigen una estrategia de respuestas múltiples. Una taxonomía de las opciones de respuesta adaptada de M. Grubb (1991/IPIECA), vigente hoy y coincidente con la aplicada por el IPCC, es la que distingue dos opciones básicas y las desarrolla como sigue:

Opciones de respuesta

Adaptación (Convivir con el cambio): Adaptación activa (Cosechas, planificación territorial, etc.), Ingenieria climática (espejos espaciales, secuestro CO_2, etc.), Mejora del conocimiento (Investigación, Educación, Desarrollo institucional, etc.)

Limitación (Frenar el cambio): Absorción (Mejora de sumideros), Reducción (Limitación de emisiones).

La adaptación entendida como convivencia con el nuevo clima tal y como se presente no es exactamente una opción si no una necesidad. Tiene más sentido si se entiende como adopción de medidas preventivas que puedan reducir los impactos negativos en las cosechas, en las costas, en la gestión de recursos hídricos y otros. Las soluciones basadas en la ingeniería climática aún pertenecen al mundo de la ciencia ficción: espejos espaciales, reflectores oceánicos, polvo estratosférico, etc. En la mayoría de los casos plantearían problemas de incertidumbre asociados con su propio impacto global.

En un contexto de incertidumbres la adaptación plantea la necesidad de estimar los impactos y sus costes, así como los costes de la no adaptación. Existe, no obstante, un amplio consenso acerca de la necesidad de actuar y tomar decisiones sin esperar la eliminación de las incertidumbres.

En este sentido, las opciones relacionadas con la mejora del conocimiento cumplen varias funciones. La investigación reduce las incertidumbres en cuanto a qué, cuando, cómo y dónde se producirá el cambio. La educación y formación de la opinión públicas facilitan la toma de decisiones y la aplicación de políticas. El desarrollo institucional permite que se optimicen los procesos de la toma de decisiones, que se aprovechen los recursos existentes y se identifiquen los que se necesitan adicionalmente.

Con frecuencia, la mejora del conocimiento se ha considerado como una opción más. Sin embargo, en sentido estricto, su papel es reducir las incertidumbres y se tiende a simplificar las estrategias en adaptación y reducción.

La reducción o limitación se refiere a las medidas que moderan el crecimiento de las concentraciones de gases de efecto de invernadero (GEI). Incluye la mejora de los sumideros de CO_2 y otros gases GEI, así como las medidas de reducción directa de las emisiones. Esto implica una atención muy superior a la actual sobre el mantenimiento y la recuperación de la masa boscosa y de la cubierta vegetal, por un lado, y la actuación sobre los sectores más tradicionales de la economía: construcción, transporte, industria, generación de electricidad y consumo doméstico.

b) Instrumentos para un acuerdo

- Cuotas no negociables de emisiones

Inicialmente deseables, es cada vez más claro que responden al planteamiento menos realista y que será muy difícil alcanzar un acuerdo global de este tipo. Es necesario estudiar otras opciones más flexibles.

- Tasas e incentivos fiscales

Tasas e incentivos como subsidios son conceptos que han sido objeto de numerosos debates, con el resultado preliminar de ser instrumentos de aplicación difícil y que produce resultados no deseados. Sin embargo, podrían ser instrumentos futuros si se perfecciona su definición, sus condicionantes y sus mecanismos de aplicación. Presentan problemas muy diferentes según el ámbito geográfico, su naturaleza general o particular y su integración en el sistema fiscal preexistente.

- Permisos negociables de emisiones

Suponen fijar una cantidad de carbón que puede ser emitida y no sobrepasada por un conjunto de países miembros del acuerdo. Se establecen entonces permisos o títulos parciales, cuya suma debe ser igual al total del acuerdo, que pueden ser negociados entre los componentes del acuerdo, sin sobrepasar la emisión total final.

- Compensaciones externas e internas

Tiene similaridades con lo anterior, pero permite que se compensen las emisiones excesivas propias con inversiones que supongan una ahorro de emisiones en el propio país o en otro país según el tipo de acuerdo.

- Regulaciones internacionales

Es la vía que se sigue hasta la fecha a través de la Convención Marco citada o a través de negociaciones parciales, en el seno de agrupaciones de interés económico común, como son las de la Unión Europea.

- Información y educación públicas. I+D y proyectos de demostración

Poco desarrolladas hasta ahora, están llamadas a tener un protagonismo no desdeñable para aplicar las políticas generales, una vez que se formulen e intenten aplicarse realmente. Pueden introducir modificaciones de varios puntos porcentuales en la contabilidad final.

- Análisis integrado

Una limitación en los análisis de implicaciones es la consideración del CO_2 equivalente, como indicador integrador y simplificador. Sin embargo, el objetivo final de frenar el proceso de cambio climático se puede afrontar con mayor corrección conceptual, utilizando la medida del forzamiento radiativo total, que es el agente causante real. Este enfoque inicial de los Estados Unidos, durante la primera etapa de negociaciones previas a la Convención, fué abandonado por la dificultad de aplicar y establecer las metodologías necesarias para cuantificar las emisiones y las absorciones de cada país.

Por el momento este enfoque ha fracasado, debido a la inmadurez de las metodologías de contabilidad de emisiones y de cuantificación de la capacidad de absorción de los sumideros, que haría muy dificil la aplicación de la correspondiente contabilidad por países.

Sin embargo, la investigación y los estudios en esta dirección podrían convertirse en instrumentos negociadores que permitan un debate más racional y objetivo, aunque no sirvan como instrumentos de acuerdo final.

5.5. Conclusiones acerca de las políticas de actuación

El trabajo realizado hasta la fecha por el IPCC y otras consideraciones adicionales conducen a la formulación de algunos criterios relativos a las políticas de actuación:

- Valorar la incidencia de los escenarios de emisiones en las previsiones de aumento de la temperatura media de la atmósfera y de subida del nivel del mar, en función de la «sensibilidad» supuesta del sistema climático.
- Considerar la influencia en la determinación de los costes de mitigación de los diversos escenarios de estabilización asociados a los perfiles de las concentraciones de CO_2. Este ejercicio debería mejorarse ampliándolo a otros gases de los presentes en el acuerdo de Kioto.
- Desarrollar metodologías para estimar los costes de los impactos sin actuación y los costes de mitigación de los mismos y, como consecuencia, la relación coste-beneficio de la actuación.
- Recuperar el concepto de actuación integrada mediante la introducción de conceptos como los de «cartera de medidas» que permitan singularizar y diversificar las políticas en cada país, en función de sus circunstancias.
- Establecer como objetivo final la reducción de los forzamientos radiativos y no exactamente la reducción de emisiones de gases.
- Explicitar la importancia de actuar secuencialmente tanto por parte de los países desarrollados como por parte de los países en desarrollo: la adopción de medidas de intervención progresiva y plenamente asumidas permiten avanzar con más rapidez que los objetivos excesivamente ambiciosos que bloquean las negociaciones o las actuaciones de los sectores socioeconómicos de cada país.

6. Referencias bibliográficas

Almarza, C. y Balairon, L., 1991. *Climatología. Atlas Geográfico Nacional.* Ed.CNIG-IGN, Madrid, España.

Balairón, L., 1997. El clima mediterráneo y sus características en el contexto de la circulación general atmosférica. En *El paisaje mediterráneo a través del espacio y del tiempo. Implicaciones en la desertificación.* Ibáñez, J.J., Valero Garcés, B.L., Machado, C., Eds. Geoforma Ediciones, ISBN:84-87779-30-1, Logroño, España, 131-160.

Balairón, L., 1998. Escenarios climáticos. En *Energía y Cambio Climático.* Ministerio de Medio Ambiente, Dirección General del Instituto Nacional de Meteorología, Serie Monografías, Madrid, 39-56.

Barnett, T.P., 1999. Comparison of Near-Surface Air Temperature Variability in 11 Coupled Global Climate Models. *Journal of Climate*, 12, 511-518.

Bell, J.; Duffy, C. y Covey, L.C., Sloan and the CMIP investigators, 2000. Comparison of Temperature Variability in Observations and Sixteen Climate Model Simulations. *Geophysical Research Letters,* Vol. 27, 2; 261-264.

Berger, A., 1980. The Milankovitch astronomical theory of palaeoclimates: a modern review. *Vistas in Astronomy*; 24, 102-122.

Carlson, T.N., 1979. Mont. Weath. Review, 107: 322-325.

Cubasch, U.; Von Storch. H.; Waszkewitz J. y Zorita, E., 1999. *Estimates of Climate Change in Southern Europe using diferente downscaling techniques.* Technical Report n.°183, Max Planck Institute, Hamburg, Germany.

Gates, W.L., 1992. AMIP: The Atmospheric Model Intercomparison Project. Bull. *Amer. Meteor. Soc.* 73: 1962-1970.

Giorgi, F. y Mearns L.O., 1991. Approaches to the Simulation of Regional Climate Change. *A review. J. Geophys. Res.,* Vol. 29 pp. 191-216.

Grubb, M.J., 1991. What you don´t know can hurt you: scale and timing of options in responding to climate change. En *Global Climate Change.* Flanery, B.P., Clark R. (Editors). Ed. IPIECA, London, U.K.

Henderson-Sellers, A. y McGuffie, K., 1987. *A Climate Modelling Primer.* Ed. J. Wiley & Sons Ltd. (Versión en español: Ed. Omega. Barcelona. 1990).

Herderson-Sellers, A. y McGuffie, K., 1995. Global climate models and 'dinamic' vegetation changes. *Global Change Biology* 1: 63-76.

IPCC *Climate Change, 1990.* Eds. J.T. Houghton et al., Cambridge University Press, Cambridge, U.K. (Edición en español, 1992: MOPT-INM, Madrid, España).

IPCC *Climate Change, 1994.* Eds. E.T. Houghton et al., Cambridge University Press, Cambridge, U.K.

IPCC *Second Assesment Report,* 1996. Ed J.T. Hougton y otros. Cambridge University Press, Cambridge, U.K.

IPCC, 1997. *Informe Técnico* III, Ed. J.T. Hougton y otros.

IPCC, 2000. *Special Report on Emission Scenarios.* Ed. IPCC.

IPCC, 2000. *Special Report on Land Use Change and Forestry.* Ed. IPCC.

Kellogg, W.W., 1977. *Effects of Human Activities on Global Climate.* WMO, Technical Note n.° 156.

Nicholson, S.E. y Flohn, H., 1980. African Environmental and Climatic Changes and The General Atmospheric Circulation in Late Pleistocen and Holocen. *Climate Change* 2: 313-348.

Peshy, A. y Velichko, A.A., 1990. (Editors). Palaeo-climatic and palaeo-environment reconstruction from the late Pleistocene to Holocene. In: *Palaeo-geographic Atlas for the Northern Hemisphere.* Budapest, Hungary.

Sircoulon, J., 1990. *Impact possible des changements climatiques à venir sur les ressources en eau des regions arides et semi-arides.* WMO/TD-N 380.

U.N. *Conference on Trade and Development, 1992.* Combating Global Warming. Ed. United Nations, N. York, USA.

WMO n.° 913, 2000. *WMO Statement on the status of the Global Climate in 1999.* Geneve, Switzerland.

Referencias del IPCC: Los informes del IPCC están editados por «Cambridge University Press» y en España se distribuyen a través de Mundi-Prensa. El Primer Informe de Evaluación fue traducido y editado por el Instituto Nacional de Meteorología. Agotado en la actualidad puede accederse al mismo en la Biblioteca de dicho Instituto.

6.1. Glosario y abreviaturas

Cambio Climático: El cambio del clima, tal como se entiende en relación con las observaciones efectuadas, se debe a cambios internos del sistema climático o de la interacción entre sus componentes, o a actividades humanas. En general, no es posible determinar claramente en qué medida influye cada una de esas causas. En las proyecciones de cambio climático del IPCC se suele tener en cuenta únicamente la influencia ejercida sobre el clima por los aumentos antropógenos de los gases de efecto invernadero y por otros factores relacionadoss con los seres humanos.

Cambio climático (según la CMCC): Cambio del clima atribuido directa o indirectamente a actividades humanas que alteran la composición de la atmósfera mundial, y que viene a añadirse a la variabilidad natural del clima observada durante períodos de tiempo comparables.

Forzamiento radiativo: Mide en términos simples la importancia de un posible mecanismo de cambio climático. El forzamiento radiativo es una perturbación del balance de energía del sistema Tierra-atmósfera (en Wm^{-2}) que se puede producir por causas diversas y en particular a partir de un cambio en la concentración atmosférica del dióxido de carbono o en la energía emitida por el Sol. El sistema climático responde al forzamiento radiativo de manera que se restablezca el balance de energía. Un forzamiento radiativo tiende, si es positivo, a calentar la superficie y, si es negativo, a enfriarla. El forzamiento radiativo suele expresarse en terminos de valor medio mundial y anual. Una definición más precisa del forzamiento radiativo, tal como se emplea en los informes del IPCC, es la de perturbación del balance de energía del sistema superficie-troposfera, dejando un margen para que la estratosfera se reajuste a un estado de equilibrio radiativo medio mundial. Se denomina también «forzamiento del clima».

Período de vida: En términos generales, el período de vida es el promedio de tiempo que un átomo o molécula permanece en un depósito dado (por ejemplo, la atmósfera, o los océanos). Conviene no confundir con el tiempo de respuesta de una perturbación de la concentración. El CO_2 no tiene período de vida único.

Sensibilidad del clima: Generalmente, el término sensibilidad del clima suele hacer referencia al cambio a largo plazo (en condiciones de equilibrio) de la temperatura media de la superficie mundial a raíz de una duplicación de la concentración de CO_2 (o de CO_2 equivalente) en la atmósfera. En términos más generales, hace referencia al cambio, en condiciones de equilibrio, de la temperatura de la atmósfera en superficie cuando el forzamiento radiativo varía en una unidad (°C/W m^{-2}).

Abreviaturas y siglas esenciales

IPCC: Grupo Intergubernamental de Expertos sobre Cambio Climático, creado por Naciones Unidas en 1988.
CMCC: Convención Marco sobre el Cambio Climático.
ppmv/ppbv: partes por millón/por miles de millones en volumen.
IS92: Escenarios de referencia elaborados en 1992 por el IPCC.
GtC: Gigatoneladas —miles de millones— de toneladas de Carbono.
GEI: Gases de efecto de invernadero.

CAPÍTULO III
EL PAPEL DE LA POBLACIÓN EN EL PROCESO DE LA DESERTIFICACIÓN

Joaquín Saúl García Marchante

1. Introducción 71
2. La población en las civilizaciones preindustriales 73
3. La población mundial en el siglo XVIII 74
4. El binomio población - recursos 77
   4.1. La Revolución Industrial y los cambios demográficos (1850-1930) .. 77
   4.2. La ciudad industrial promotora de una nueva sociedad 78
   4.3. Los grandes movimientos migratorios transoceánicos 79
   4.4. El declive de la agricultura mundial 79
   4.5. El deterioro del medio: la desertificación 81
5. Crecimiento, crisis y recuperación demográfica en una región del interior de la Península Ibérica: Castilla-La Mancha 82
   5.1. Los espacios vacíos 82
   5.2. Componentes ambientales de los espacios vacíos 84
6. Referencias bibliográficas 86

> «Durante varios miles de años, parecía como si los hombres buscasen el paraíso terrestre desplazándose en busca de mejores condiciones de existencia, atraídos por la prosperidad aparente de pueblos que parecían haber triunfado y pretendiendo constituir ciudades, reinos o imperios, víctimas de la codicia de los bárbaros».
>
> P. GEORGE
> *Población y poblamiento*

1. Introducción

Respecto a la estancia del hombre sobre la Tierra, la tendencia predominante ha sido el incremento de su número. Incluso en el mundo moderno, después de 1650 este crecimiento ha ido a un paso rápido y cada vez más acelerado. De la observación de los comportamientos de las culturas preindustriales hemos deducido una sorprendente excepción a la regla: sus poblaciones aumentaron y disminuyeron de modo característico siguiendo una pauta cíclica (W. Petersen, 1968).

El desarrollo del mundo clásico como poder fue acompañado por un sustancial incremento demográfico. La despoblación del Imperio romano en su conjunto empezó probablemente en el siglo III. La población europea continuó descendiendo durante varios cientos de años hasta alcanzar su punto de inflexión hacia el año 600, fecha desde donde mantuvo sus bajas cifras demográficas hasta el año 950. En esta época Europa había desarrollado una fuerza suficiente para proteger sus fronteras, produciendose en los cuatro siglos siguientes lo que Russell llamó el *crecimiento medieval* (J. C. Russell, 1958).

Desde mediados del siglo XI hasta la epidemia de peste bubónica del siglo XIV que fue la más devastadora de la Historia, las poblaciones de Inglaterra y Francia se triplicaron. Tras la peste vinieron ochenta años de declive demográfico y fue desde 1430 hasta la actualidad cuando la población europea no ha dejado de crecer, aunque a diferente ritmo.

Los datos existentes para Asia, aunque de menor credibilidad, nos permiten afirmar la existencia de una pauta cíclica. En la reconstrucción que hace Ho de la historia de la población de China se aprecia un incremento irregular que va desde 65 millones en 1400 hasta 150 en el año 1600, y lo mismo en 1700, para pasar de 313 millones en 1794 a 430 en 1850 y 583 en 1953 (Ping-Ti Ho, 1953). En la actualidad la población de la República Popular de China es de 1.221,3 millones de habitantes con una densidad de 127,3 habitantes por km^2.

Deberíamos reflexionar sobre las causas de estos ciclos de incremento y descenso demográfico y si tienen relación con diferentes tendencias de la vida económica y social de los países consultados. La despoblación a finales del Imperio romano coincidió con la desintegración de la sociedad clásica y su punto más bajo coincidió con la Alta Edad Media.

El crecimiento poblacional desde el siglo X al XIV coincide con la más alta consideración de la cultura medieval, y la llegada del Renacimiento y la idea de la Europa moderna es coetánea a un ciclo de crecimiento de la población iniciado en el siglo XV (1430).

Estas cuestiones las pondremos en relación con la despoblación, que es un elemento atípico de la historia humana y constituye el rasgo más interesante de las culturas preindustriales.

2. La población en las civilizaciones preindustriales

El término *civilizaciones preindustriales* lo utilizamos para designar un tipo de sociedad basado en la agricultura y en el comercio, sin industria alguna, con una población urbana y una elevada cultura; pero con pocas de las características que definen a la ciudad en el mundo occidental. Estas sociedades, particularmente la antigua Roma, la Europa medieval, y China y la India clásicas, ofrecen ciertos elementos comunes.

La población del globo ha dado durante largo tiempo la impresión de flotar sobre un *espacio vital* demasiado amplio y subutilizado. Se puede explicar como una consecuencia de la lentitud del crecimiento global de la población de la Tierra, ya que tardó dos mil años en duplicarse, desde la época clásica hasta el siglo XVII.

Los desplazamientos y replanteamientos de equilibrios regionales fueron siempre acompañados de extraordinarios despilfarros demográficos, donde las guerras, las epidemias, el hambre, impedían que el crecimiento natural de la población durante uno y dos siglos fuera perceptible.

Del estudio de la geografía histórica demográfica se desprende que en cada momento histórico, de acuerdo con los periodos de desarrollo, aparecían áreas de prosperidad y áreas de desigual crecimiento demográfico, rodeados por espacios de gran movilidad geográfica donde se mezclan las razas.

Las formas de existencia de estas poblaciones están todavía estrechamente vinculadas a las condiciones naturales del espacio inmediato que serán más duras cuanto menor sea el nivel cultural del grupo.

La cultura mediterránea ha creado un sistema de utilización del suelo que se ha descrito como *civilización rural* —asociación de labores ligeras en las terrazas secas de las llanuras aluviales y en los pies de las vertientes para producir cereales y leguminosas; algunos prados en los fondos de los valles para alimentar al ganado bovino; terrazas en las vertientes donde se plantan olivos, almendros, higueras y viña y las zonas de matorral ganadas a los bosques primarios o secundarios donde se envían a pastar las ovejas y las cabras (*saltus*)— y que implica una sedentarización de las poblaciones que a menudo se asientan en las proximidades del mar aprovechando sus capacidades alimenticias (pescado, moluscos, crustáceos, mariscos).

Esta sedentarización en la riqueza provocó un doble proceso: una relativa fecundidad de la población y la necesidad de organización defensiva que crea las primeras formas de urbanización. Aunque nacieron sociedades comparables y coetáneas en la India y Extremo Oriente, la cultura mediterránea sigue siendo el dominio tipo de un campo organizado y encuadrado por una estructura urbana que domina y defiende una agricultura ya diferenciada, la estructura de las ciudades mediterráneas.

Este es el primer ejemplo en Europa de la coexistencia de un poblamiento rural, base de toda la producción y condiciones de vida de todo el pueblo, y de una vida urbana sustentada económicamente por la renta rural en su doble vertiente de dominio del territorio y de los centros de comercio y artesanado. Con el transcurso del tiempo este sistema se rompe cuando la ciudad se sale de su entorno y va a buscar nuevas bases económicas a través de una política de conquista.

Este proceso histórico desarrollado en la cuenca mediterránea y cuyos ejemplos son los momentos florecientes del mundo clásico heleno y romano, se produce a finales del XVIII y principios del XIX para el mundo musulmán donde las *medinas* musulmanas son duplicados de la antigua ciudad antes de la fase de las conquistas imperiales, dentro de un marco diferente de evolución histórica general.

Durante siglos la población se presenta muy asentada en el terreno, ocupando fracciones discontinuas separadas por zonas de bosques, de pastos, especialmente cuando la topografía del terreno contribuye a cerrar los paisajes naturales. Las llanuras son periódicamente devastadas y despobladas por las invasiones. La movilidad de la población es una constante desde el Paleolítico y va acompañada de masacres. Las epidemias acaban transformando en desiertos, espacios que durante ciertos periodos fueron ricos. La peste negra de 1347-48 aniquiló a dos tercios de la población europea, después de haber pasado por Asia.

Después de cada episodio de mortalidad catastrófica (invasión o epidemia) se producía una recolonización de las tierras más fecundas y más fáciles de trabajar, un importante incremento demográfico y surgían nuevas organizaciones políticas de dominio del territorio. Ejemplo distinto al caso mediterráneo es el nacimiento de las ciudades burguesas en Europa del Noroeste a partir del siglo XIII. Aquí la ciudad se añade a un poblamiento rural en lugar de confundirse con él. El control del espacio agrícola se ha efectuado durante mucho tiempo desde los castillos que dominan las ciudades.

En toda Europa y también en la India, las ciudades sólo retienen el cinco por ciento del total de la población. La ciudad es un lugar de prestigio y de lujo ligado a la vida de los dueños del suelo que propician con la acumulación de sus rentas agrarias el desarrollo del comercio y del artesanado; pero incluso las más populosas de entonces nos parecerían pequeñas ciudades a escala actual. En 1700, aparte de Londres, ninguna ciudad inglesa tenía más de cincuenta mil habitantes.

Todo parece indicar que en América (con alguna excepción), en África y en algunos países de Oriente Medio, la ciudad no es más que la capital del soberano, condenada a la decadencia y, a su muerte o a la extinción de su dinastía, a la desaparición en caso de revolución o de conquista.

Con la revolución burguesa surgida en el mundo anglosajón se crea una nueva generación de ciudades estabilizadas y fuertemente defendidas, consolidando a su vez las antiguas capitales señoriales. Esta relativa inestabilidad de las ciudades va ligada a la propia inseguridad del poblamiento que hace del campesino un ser continuamente amenazado, periódicamente expulsado y diezmado.

Si a ello unimos las deficientes condiciones sanitarias de la época, encontraremos las principales razones de la estabilidad numérica de la población en las sociedades de fecundidad cuasi natural, en donde normalmente ésta hubiera tenido que duplicarse en un plazo de veinticinco años.

En los países de Europa Occidental se estableció una cierta estructura del poblamiento asociando a una difusión de los campesinos sobre las tierras buenas y seguras, ciudades donde residían el poder secular y los representantes de la religión, lo que permitía su recuperación después de algún contratiempo.

En Europa Central la situación fue distinta siendo en parte desurbanizada como consecuencia de las continuadas incursiones turcas, por lo que sólo recuperó sus ciudades después de la reconquista. Las viejas ciudades forman un círculo alrededor del área conquistada por los turcos en el siglo XV.

La historia del poblamiento rural está hecha de movilidad y de inestabilidad. En muchos momentos históricos los campesinos aparecen como recién llegados en las tierras que ocupan y que empiezan a cultivar, lo que explica a menudo su inexperiencia. Por el contrario, la gran fuerza de las sociedades rurales de las montañas y de las zonas pantanosas reside en su perennidad.

Este puede ser el panorama de la distribución mundial de la población en la era de la agricultura, momentos antes de la Revolución Industrial. Los grandes grupos humanos tomaron posesión del *eukumene* en unas condiciones que iban a cambiar de modo radical en el XVIII.

3. La población mundial en el siglo XVIII

El siglo XVIII es un periodo de brusco crecimiento demográfico y también de importantes cambios tecnológicos y grandes reagrupaciones geográficas que marcarán las grandes líneas de la geografía de la población en el XIX. No se podrá generalizar porque se establecieron diferencias regionales y tipológicas en el poblamiento.

Europa ya está dividida, en Inglaterra los primeros efectos de la Revolución Industrial se dejan sentir en el medio rural y en los movimientos de población generados desde el campo a la ciudad. No sabemos si la afluencia de mano de obra en la industria es consecuencia de los *cercamientos y de la revolución agraria* o si la revolución agrícola no ha sido acelerada e impulsada por las necesidades de mano de obra de la industria.

La evolución demográfica permanece afectada hasta 1750, dañada por una serie de epidemias; pero el carácter dominante es la emigración hacia las regiones mineras y de industria textil, de campesinos pobres privados del disfrute de los bienes comunales. Es la primera manifestación del paso de un sistema de uso del territorio a otro. Es el paso de un poblamiento difuso, escalonado y discontinuo en razón de la pobreza de las montañas a otro concentrado, ligado a la presencia de la industria. Además, la población se desplazó desde regiones tenidas por ricas, desde el punto de vista agrícola, hacia las regiones pobres donde se encuentran los yacimientos mineros. Las ciudades crecen, en 1801 cinco de ellas ya tienen más de 50.000 habitantes, además de Londres, mientras un siglo atrás ninguna alcanzaba esa cifra.

En Francia, según estimaciones de M.J. Bourgois-Pichat ya había 27 millones de habitantes, cifra considerada entonces como de superpoblación, relacionada con su capacidad agrícola de sustento. Las regiones de vida rural tradicional, tanto de las montañas como del oeste, se encontraban sobrecargadas.

Las crisis y las epidemias eran frecuentes y trágicas hasta la mitad del siglo. Una parte de la población, los campesinos sin tierra, vivían en condiciones de insuficiencia alimentaria que harían de ellos las primeras víctimas de la escasez. La distribución geográfica de la población planteaba una dicotomía entre una Francia del oeste más desarrollada y poblada y la del centro y sureste de bajos rendimientos y menos población. Eran raras todavía las grandes ciudades, había sesenta con más de 10.000 habitantes; pero solo siete estaban por encima de los 50.000 habitantes, exceptuando París. La situación demográfica de los años 1770-80 correspondía a una máxima utilización de las tierras de cultivo y ganadería con un superpoblamiento crítico de las tierras del oeste, particularmente de la Bretaña a pesar del desarrollo del artesanado en el medio rural. La tensión se expresa en la afluencia de la población hacia las ciudades que son incapaces de absorber a los recién llegados y nace el miedo a las bandas de campesinos que piden trabajo y exigen limosna.

Los crecimientos de población más fuertes se registraron en esta época en Holanda y Bélgica, en donde se alcanzaban densidades límite en la relación población-recursos, incluyendo las posibilidades complementarias del comercio.

En Suiza se produjo una auténtica superpoblación que hace aparecer prematuramente actitudes malthusianas; mientras que en Alemania, que había sido afectada en los siglos anteriores por numerosas crisis demográficas, el crecimiento era más lento y no llegaba a saturar los espacios rurales vacíos, ni presionaba en las ciudades. Es más, las tierras situadas al este permanecían sensiblemente vacías y poco urbanizadas.

El imperio ruso, continuamente sacudido por crisis agrarias, hambres y epidemias, dobló su población en un siglo. El espacio rural aumentó gracias a la incorporación de las tierras ricas del sur; pero la presión demográfica continuó siendo muy fuerte, especialmente en la región de Moscú, donde crecen las ciudades sin que estén aseguradas las bases económicas de este crecimiento.

A finales del XVIII hay en Europa 160 millones de habitantes mal repartidos en relación con las posibilidades de explotación agrícola, con una economía de base exclusivamente agraria y con un embrión industrial que se manifiesta en talleres y manufacturas, si exceptuamos el caso de Inglaterra.

América del Norte está todavía muy poco poblada, los indios han sido ya exterminados y el número de negros oscila alrededor de medio millón, hombres en su mayor parte y cuyos efectivos se renuevan con las transferencias y no por crecimiento natural, como consecuencia del escaso número de mujeres entre los esclavos. Los blancos sólo constituyen pequeñas colectividades en Canadá y en los Estados Unidos. La fecundidad es elevada, especialmente en Canadá donde la tasa de natalidad se sitúa en 54% para el conjunto del siglo. Las características del espacio permiten mantener esos altos niveles biológicos.

América Central y del Sur desde la conquista española y portuguesa experimentan un retroceso importante en sus recursos humanos, sufriendo además los indígenas mortíferas epidemias a consecuencia de los gérmenes traídos por los conquistadores. México pudo tener más de seis millones de habitantes a mediados del XVI y cincuenta años después, menos de dos millones. La misma crisis se produjo en Perú y Bolivia.

Humboldt fijó para la América española de finales del XVIII, 16 millones de habitantes: 7,5 millones de indios, 5 millones de mestizos, 3 millones de blancos y menos de un millón de negros, lo que subraya el carácter destructor de la trata y la esclavitud. Brasil contaba con 2,5 millones en 1780. En conjunto, las tasas de natalidad eran muy altas y a pesar de la alta mortalidad, las poblaciones se duplicaban en treinta o treinta y cinco años.

Respecto a África, las cifras disponibles no son seguras, para el Norte (Egipto y el Magreb) se dan como buenas las de cinco o seis millones. La peste y las epidemias se suceden en Egipto y África Oriental con demasiada frecuencia, cada diez o doce años, sin darle tiempo a la población a recuperarse. África Occidental fue muy castigada por la trata, calculándose que en el transcurso del siglo perdió entre quince y veinte millones de vidas humanas. Siete millones de esclavos fueron embarcados para América y el resto murieron a consecuencia de las *razzias* o fallecieron por el camino. Las estructuras aldeanas y familiares fueron desorganizadas y la economía local rota, lo que multiplicó la escasez. La cifra de 95 millones de africanos resulta hipotética.

Asia es ya en el siglo XVIII el continente más poblado, aunque los efectivos de entonces fueran muy distintos a las cifras actuales y desde luego menos preocupantes. Se calculan algo más de 500 millones, distribuidos en 25 millones para Japón, 250 para la China y 200 para la India.

En conjunto, la población mundial con las cifras aproximadas que hemos utilizado, no alcanzaba los 850 millones de habitantes antes de la revolución industrial, poniendo de manifiesto grandes desigualdades de ocupación entre el continente americano y el asiático y, sobre todo, la diferente historia demográfica de cada uno de ellos. Hasta finales de siglo las diferentes poblaciones viven todavía en las relaciones geográficas salidas de la exclusividad de la economía agrícola y de edad milenaria, con la excepción de Gran Bretaña.

Después de siglos de inseguridad y movilidad, la población aparece relativamente estabilizada en Europa y el nacimiento de una estructura política de estados modernos puso fin al flotamiento geográfico de las poblaciones. El siglo XIX pondrá de nuevo en movimiento a la población europea y estimulará las grandes migraciones de europeos hacia América y Australia. Muy distintas serán las migraciones de los continentes dominados por Europa, en donde la población se moverá a finales del siglo presionada por altas concentraciones demográficas, China y la India.

4. El binomio población-recursos

Con el desarrollo de las sociedades industriales entramos en la historia reciente de la población mundial, puesto que a mediados del siglo XIX se inician los cambios tecnológicos que desencadenarán grandes movimientos demográficos interiores, continentales e intercontinentales y a su vez, los cambios en los comportamientos biológicos de la población con gran diversidad de tasas de fecundidad en el mundo.

4.1. La Revolución Industrial y los cambios demográficos (1850-1930)

Al principio la industria está limitada de medios de producción y atrae a enormes contingentes de mano de obra para trabajar en la mina, la fundición, la construcción de ferrocarriles y los trabajos complementarios que comportan las hilaturas, las fábricas de tejido de algodón, etc. El volumen de los transportes aumenta brutalmente, la navegación a vapor acerca a los puertos importantes contingentes de materias primas y los ferrocarriles transportan a granel en trenes completos los productos pesados, y en paquetería de mercancía los productos ligeros.

En todas partes hay necesidad de descargadores, de empleados del ferrocarril, de transportistas. Se inician grandes obras de construcción, fábricas, depósitos, muelles, almacenes, viviendas, que precisan importantes contingentes de trabajadores. Una parte de los empleos creados son de gran movilidad geográfica, como los trabajadores del ferrocarril y la construcción; pero no fue obstáculo dicha movilidad porque no se planteaba una salida temporal del medio rural, sino todo lo contrario, una vez arrancado de su tierra era muy difícil su vuelta.

Por otro lado, la apertura de mercados de comercio internacional de productos agrícolas había provocado sucesivas crisis y descorazonado a multitud de campesinos, siendo ésta otra de las causas del abandono de la agricultura y de la vida rural. Son efectos de repulsión que en la sociología de los movimientos migratorios intervienen de forma decisiva.

La población trabajadora europea se concentra en general en las regiones hulleras y mineras, en los conjuntos portuarios y en las grandes capitales. Cuantitativamente, todo ocurre como si la aparición de la industria hubiera hecho saltar el cerrojo que bloqueaba el crecimiento de la población (P. George, 1973). En un siglo la población de Europa Occidental crece un 100%. La nueva salubridad de la ciudad y el cese de la mortalidad catastrófica ocasionada por las epidemias que diezmaban a la población, son factores determinantes en el citado crecimiento.

Otro fenómeno general de este período fue el descenso de la tasa de la natalidad que se produjo antes en los países más industrializados frenando el crecimiento, y más tarde en aquellos de industrialización más lenta, lo que propició hasta principios del siglo XX elevadas tasas de crecimiento demográfico.

Por tanto, *la industria y la urbanización* comenzaron por absorber los excedentes de la población rural. Las distorsiones entre el número de emigrantes del campo y la capacidad de empleo de la industria, provocaron problemas sociales y oleadas de emigrantes hacia América.

4.2. La ciudad industrial promotora de una nueva sociedad

El fenómeno urbano es el hecho fundamental del mundo contemporáneo, donde se produce el desarrollo de la civilización actual configurando una nueva manera de vivir. Algunos estudiosos han llamado a este fenómeno contradictorio y ambivalente, por las opciones que permite afrontar a sus habitantes de *atracción y de rechazo* a la vez (E. Ander-Egg, 1979).

Las ciudades aumentan su tamaño y su población no sólo por el crecimiento vegetativo, sino porque son receptoras de un continuo fluir poblacional procedente del medio rural. Factores de índole económica, social y cultural concurren para que se dé este fenómeno. Al mismo tiempo, en las grandes metrópolis parece vivirse un tremendo deseo de retorno a la naturaleza.

Aunque el fenómeno es universal, se pueden establecer diferencias en los modelos de ciudad de los países desarrollados y de los no desarrollados. En los primeros como producto de la revolución industrial, y en la actualidad el conflicto urbano es una secuela de los mecanismos desencadenados en el siglo XIX.

Por el contrario, en la ciudad de los países no desarrollados, la urbanización es un fenómeno directamente demográfico en el sentido de que ésta resulta de la afluencia de poblaciones que el medio rural no puede alimentar en las condiciones técnicas y sociales del momento. Los factores y los problemas son también distintos.

Los dirigentes de la ciudad han tenido como estrategia la de mantener al más bajo nivel posible los precios de los productos agrícolas. La apertura de los mercados europeos a los productos agrícolas de ultramar fue uno de los medios de presión sobre los precios agrícolas de la producción. El progreso técnico ha sido más rápido en la industria que en la agricultura, a pesar de los cambios importantes que se han producido en ésta desde 1860, de modo que la productividad del trabajo ha aumentado con más lentitud.

Además el mundo agrario perdió sus reservas financieras en la medida en que las rentas de la tierra y los productos de la acumulación de esa renta, durante varias generaciones, fueron dedicados a la financiación de la industria y a la especulación comercial y colonial estimuladas por las perspectivas de la economía industrial. A la agricultura le faltaron en su momento los medios necesarios para efectuar su propia revolución tecnológica.

No han faltado opiniones respecto a que las transferencias de población del campo a la ciudad se han producido por el sistema de vasos comunicantes; pero son inexactas desde el punto de vista demográfico. Ciertamente el excedente de población del medio rural pasó a las ciudades; pero éstas no ofrecían las mejores condiciones de salubridad para el desarrollo normal de la vida y del trabajo diario en las nuevas actividades industriales. Ya en el siglo XX las ciudades consiguieron resolver las deficiencias, y aprovechando el flujo de jóvenes venidos del campo, alcanzaron tasas de natalidad bastante elevadas que aseguraron un crecimiento natural continuo.

4.3. Los grandes movimientos migratorios transoceánicos

El desequilibrio regional ocasionado por el impacto de la industrialización y el del crecimiento de la población son los desencadenantes de la gran emigración europea de la segunda mitad del XIX y las dos primeras décadas del XX hacia el continente americano y, en menor medida, hacia Australia. Por añadido se puede argumentar la necesidad de la nueva economía europea de garantizarse las bases de una expansión universal exportando hombres y negocios a otros continentes (P. George, 1973).

El desequilibrio regional se produce a consecuencia de la superación espacial de la revolución demográfica respecto de la industrial. Con el retroceso de la mortalidad catastrófica —desaparecen de toda Europa las epidemias— se desencadena un intenso crecimiento natural de la población con tasas entre el 1,5% y el 2% anual en Polonia, Hungría, Italia, España y Portugal. El resultado fue una fuerte presión sobre las ciudades que eran incapaces de absorber la demanda de trabajo por la lentitud de sus propios procesos de industrialización.

La emigración llega a ser una condición de supervivencia, no sólo para el individuo, sino para toda la familia. Cuarenta millones de europeos atravesaron el océano desde 1860 hasta 1920, con momentos intensos en los primeros años del siglo en que se contabilizaron un millón de personas al año.

Los primeros emigrantes pertenecían a aquellos países que antes habían iniciado el proceso de industrialización y que registraron las primeras crisis de subempleo. Diecisiete millones de británicos y seis de alemanes cruzaron el Atlántico en aquellos primeros años; pero la intensidad del proceso de industrialización en estos países frenó el movimiento migratorio, desplazándolo a aquellos con débil tejido industrial y potente contingente poblacional. Eslavos, rumanos, húngaros, rusos, españoles y portugueses en diferentes contingentes continuaron el movimiento transoceánico más importante de la Historia de la población mundial.

El final del periodo estuvo en el comportamiento de los países receptores, especialmente los Estados Unidos de América, estableciendo limitaciones a los emigrantes con un aparato legislativo duro que seleccionaba las entradas.

4.4. El declive de la agricultura mundial

Jane Jacobs escribe sobre Gales lo siguiente: «... sus campos están salpicados de casas desiertas; no se utilizan aquellos campos en los que antes crecían huertos y cereales o pastaban las ovejas» (J. Jacobs, 1985). Los campesinos galeses se marcharon porque se habían estado alimentando con la pobreza y la estrechez de la vieja economía abastecedora en la que se hallaban atrapados. De igual manera amplias áreas de Sicilia y España, que en otro tiempo estuvieron muy pobladas, permanecen ahora casi vacías. Incluso en los países ricos existen regiones abandonadas.

La diferencia entre las regiones estancadas que pierden población y aquellas en las que la gente se mantiene en ellas, reside en que los últimos en llegar pueden tener esperanza de conseguir algo mejor que lo que han dejado en sus lugares de origen y han tenido medios para salir.

Los pobladores de regiones estancadas —Haití, Etiopía— que son dos de los países más pobres del mundo, no cuentan con recursos para abandonar su lugar de origen, ni tienen donde establecerse. Igualmente ocurre en ciertas áreas de América Latina, la India, el Oriente Medio y los países mediterráneos de África. Si las gentes de todas las regiones estancadas tuvieran fácil acceso a los puestos de trabajo urbanos, aunque fuera a larga distancia, podemos casi asegurar que todas las regiones pobres existentes en la actualidad estarían perdiendo población a gran escala.

Esto no quiere decir que los habitantes de estas regiones se sientan poco atados a ellas o que sea un placer emigrar, con lo que significa de desarraigo cultural, familiar y espacial; pero es preciso escapar a la pobreza y alcanzar otros espacios con más oportunidades.

El efecto producido en el país receptor como consecuencia de la llegada de gentes atraídas por la oferta de trabajo en la ciudad y en la industria ya se ha descrito sucintamente; es necesario que analicemos a continuación la repercusión en las regiones origen por la pérdida de población.

Desde el punto de vista demográfico, el país emisor pierde a su población joven, son los jóvenes adultos varones quienes inician el proceso y a continuación las mujeres jóvenes y las parejas también jóvenes, por lo que la capacidad de mantenimiento de las tasas de natalidad se ve mermada drásticamente. Como la población general se ha envejecido, al analizar las tasas veremos que ha crecido la de mortalidad y por tanto aparecerá un crecimiento vegetativo negativo. Es decir, por primera vez esa región que había observado altas tasas de natalidad, y por ello una fuerte presión demográfica sobre sus recursos naturales, ve como se descomprime la situación.

El estadio siguiente es el abandono de las tierras de cultivo; algunas marginales puestas en producción como consecuencia de la presión demográfica sobre el territorio; el estancamiento de la economía que sigue en sus niveles de subsistencia y, por tanto, los que se quedaron siguen viviendo en la pobreza.

Desde el punto de vista ecológico, el abandono de las tierras de cultivo abre una puerta a la erosión, activada por la entrada de la mecanización en las actividades agrícolas y prepara el escenario de la desertificación. Estos países no son precisamente los más conscientes en la conservación del medio y lo que realmente necesitan es elevar su renta.

En los países en desarrollo hay más de mil millones de pobres y la gran mayoría de ellos reside en zonas rurales. El desarrollo de la agricultura puede contribuir a aliviar la pobreza de esas zonas, dado que su economía depende de la actividad agrícola. El creciente reconocimiento de la pobreza como la causa fundamental de los problemas del hambre y la malnutrición, asigna al desarrollo agrícola un papel decisivo en los esfuerzos por mejorar la nutrición mediante el aumento de la cantidad, la calidad y la variedad de los alimentos así como la creación de oportunidades que permitan a los pobres la posibilidad de obtener empleo y recursos económicos (N. Alexandratos, 1995).

4.5. El deterioro del medio: la desertificación

Es difícil determinar si existen relaciones sistemáticas entre el crecimiento económico global y los cambios en la distribución de los ingresos. Estudios comparativos realizados para América Latina indican que los periodos de recesión de los años ochenta tienden a asociarse con un aumento de la pobreza y un empeoramiento de la distribución de los ingresos.

En lo referente a la relación entre el crecimiento agrícola y la pobreza rural, la teoría parece indicar que es posible que el crecimiento agrícola se acompañe con un empeoramiento en la distribución de los ingresos, pudiendo incluso ocasionar el mayor empobrecimiento de algunos sectores de la población rural.

Por tanto podemos afirmar que la incidencia positiva del crecimiento agrícola sobre la población rural dependerá de la naturaleza de los procesos de crecimiento y de los factores estructurales en que se basa la organización social de las zonas rurales. Los sistemas de propiedad y tenencia de la tierra desempeñan una función decisiva a la hora de determinar la distribución de los beneficios y los efectos del crecimiento agrícola sobre la pobreza rural.

La creciente escasez y degradación de los recursos agrícolas y del medio ambiente relacionados directa o indirectamente con el proceso de satisfacer las necesidades de alimentos e ingresos en una población mundial en aumento, presenta una sólida contradicción de partida. De un lado se intenta conseguir el equilibrio entre población mundial y la disponibilidad de alimentos, y de otro la necesidad de evitar el deterioro del medio y fijar la población en el territorio.

No son situaciones contrapuestas, sino de difícil consecución, puesto que el incremento de la producción mundial de alimentos se consigue a expensas de alterar el equilibrio natural de las tierras agrícolas, donde el uso de productos químicos crea problemas en algún caso irreversibles. El regadío, los grandes movimientos de tierras para la preparación de las explotaciones, la deforestación, son actuaciones que al entrar en relación con otros factores ambientales generales como el calentamiento del globo, la escasez de precipitaciones y la erosión, ponen en peligro la continuidad de las condiciones ambientales.

Grandes espacios de Asia del Sureste, de China, de la región del Caspio, del borde del Sáhara y América del Sur presentan un elevado índice de desertificación como consecuencia de la coincidencia de gran parte de los factores a los que nos estamos refiriendo.

El caso de la cuenca mediterránea europea obedece principalmente a la sobreexplotación de acuíferos, a la salinización de los suelos, a los incendios forestales y al abandono de los cultivos de secano; mientras que las orillas africana y asiática del Mediterráneo se debe a un uso intensivo de las tierras marginales, por la necesidad de obtener recursos para la alimentación de la población creciente.

5. Crecimiento, crisis y recuperación demográfica en una región del interior de la Península Ibérica: Castilla-La Mancha

La comunidad autónoma de Castilla-La Mancha tiene 79.230 km^2 de superficie y 1.712.529 habitantes (Padrón, 1996) y constituye un espacio escasamente poblado, con una densidad de 21,6 h/km^2. Sus efectivos totales solo significan el 4,3% del total nacional, habiendo registrado su máximo en 1950 con el 7,8%, mientras su superficie significa el 16% de la española.

5.1. Los espacios vacíos

Probablemente los años setenta pasarán a la historia del siglo XX como la década en la que se rompieron las tendencias económicas expansivas surgidas tras la II Guerra Mundial, aunque la crisis económica ocasionada por el encarecimiento de la energía ya se percibía con anterioridad.

Algunos expertos en economía hablan de una mutación de la norma económica y no de una crisis. Lo cierto es que bajo el impacto de las nuevas tecnologías, esta nueva etapa histórica parece caracterizarse por el auge de las actividades económicas derivadas del tratamiento de la información y por el declive de las actividades industriales tradicionales.

Esta crisis o segunda revolución industrial impactó en el comportamiento de las variables demográficas en nuestro país, si bien es cierto que con retraso respecto al resto de países europeos desarrollados. El crecimiento urbano que había estado ligado a la industrialización se desvincula, se desacelera y diversifica según el tamaño y la localización de las ciudades.

Decayó también el fenómeno migratorio, respecto al registrado en la década anterior, en especial el de signo interprovincial o de larga distancia e incluso el intraprovincial. Las zonas de inmigración vieron reducida su capacidad de atracción, sin embargo, las zonas emisoras no habían perdido intensidad en su repulsión, dejando en la encrucijada a unos contingentes de población de características diferentes.

Así, por un lado aparecieron aquellos que ante el despido con indemnización regresaron a sus lugares de origen ocupándose en trabajos que no se correspondían con los realizados en la ciudad industrial, ni con los de la época anterior a su salida, generalmente la agricultura. Especialmente fue el sector servicios el que actuó como colchón para estos retornos de población.

Los jóvenes adultos, que no encontraban futuro en sus localidades de origen, carecían de alicientes para salir, ante los despidos, cierres y conflictos sociales en las zonas industriales del país, especialmente en Cataluña y el País Vasco; surgió así un colectivo que se acogía al subsidio de desempleo, que adquirió en los años sucesivos connotaciones sociopolíticas variadas. Esto fue creando contingentes de población nueva en el medio rural, integrados por los retornados y por los que no se podían marchar.

Desde el punto de vista demográfico, el rasgo más destacado de estas transformaciones fue *la caída de la fecundidad*, con un descenso importante del índice sintético respecto del de los años sesenta que había alcanzado el valor de tres hijos por mujer.

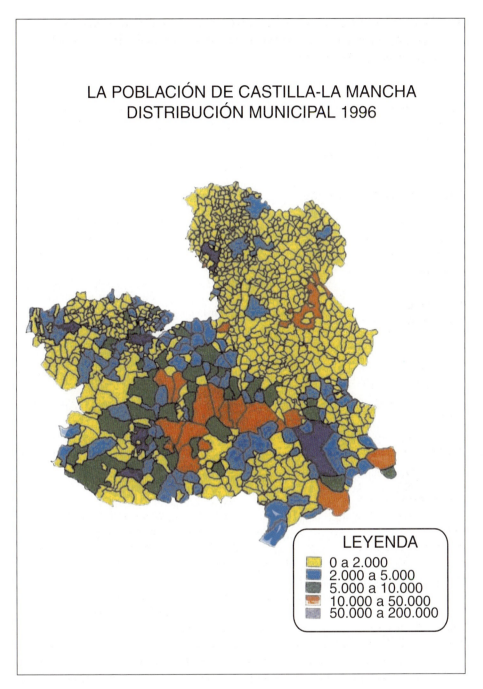

Fuente: INE. Elaboración propia.

Mapa regional de la distribución de la población municipal de 1996.

La esperanza de vida se incremento, al final de la década, en cinco años para los varones y 6,4 para las mujeres, situando a la población española en una favorable posición respecto de los países más avanzados de Europa, como consecuencia de la baja *tasa de mortalidad*.

La estructura de la población, como resultado de la incidencia de la natalidad, de la mortalidad y de los movimientos migratorios, reflejada en la pirámide de edades, constata la fotografía exacta de las características de la población y permite efectuar proyecciones a medio plazo.

En Castilla-La Mancha la sangría migratoria fue intensa, afectando especialmente al mundo rural, al más profundo, predominante en ese momento en el territorio. Al romperse la estructura de la población, especialmente en los municipios menores de 10.000 habitantes, aparece una población muy envejecida, con una proporción de personas mayores de sesenta años por encima del 15%. En el resto, la proporción se reduce situándose alrededor del 10%, en los municipios más dinámicos.

Igualmente sucede con los menores de 16 años que alcanzan valores por encima del 28% en los más dinámicos, mientras que no alcanzan el 24% en los regresivos. Esta relación se traduce en una *tasa de dependencia* más elevada en los municipios regresivos y especialmente desproporcionada por la carga de ancianos.

El *nivel de envejecimiento* (proporción de personas mayores de sesenta y cinco años) guarda una estrecha relación inversa con el tamaño de los municipios, variando desde el 22% que tienen los de menos de 500 habitantes hasta el 10% en los superiores a 50.000. En la tabla 1 vemos cuantitativamente la dimensión de este problema en Castilla-La Mancha.

Según el cuadro presentado sobre la distribución de la población regional en *grandes grupos de edad*, con datos del Censo de la Población de España de 1991, el 21,3% de la población tenía menos de 16 años y el 16,6% eran mayores de 65 años, lo que nos hace pensar que se trata de un conjunto demográfico relativamente joven, con bajos índices de envejecimiento y baja tasa de dependencia.

Por provincias, la de Cuenca es la que tiene la población más envejecida de las cinco, con el 18,5% de jóvenes y el 19,9% de mayores de 65 años, mientras la de Albacete presenta la estructura demográfica más joven, con el 22,6% de su población en edades inferiores a los 16 años y sólo el 14,5% con más de 65 años. Como se ha dicho anteriormente, influye de modo significativo la distribución territorial de la población, y esto se pone en evidencia con los dos casos extremos que resaltamos del cuadro. Mientras la población urbana de la provincia de Cuenca sólo significa el 27,3% del total (1996), la de Albacete alcanza el 63,8% (1996).

5.2. Componentes ambientales de los espacios vacíos

Ante el mapa regional de la distribución de la población municipal de 1996 se observa la consolidación del gran vacío al norte del eje imaginario Tarancón-Almansa, donde son excepción las capitales de provincia de Cuenca y Guadalajara y unos cuantos municipios dispersos, que no alcanzan los 5.000 habitantes, en el territorio alcarreño y en la comarca de la manchuela.

TABLA 1.
Distribución de la población de Castilla-La Mancha por edades.

Provincia	Jóvenes		Adultos		Viejos	
	Número de habitantes	%	Número de habitantes	%	Número de habitantes	%
Albacete	77.301	22,6	215.701	62,9	49.695	14,5
Ciudad Real	104.485	22,0	295.249	62,1	75.701	15,9
Cuenca	37.890	18,5	126.421	61,6	40.887	19,9
Guadalajara	27.807	19,1	89.816	61,7	27.970	19,2
Toledo	105.652	21,6	302.796	61,9	81.095	16,5
Castilla-La Mancha	353.135	21,3	1.029.983	62,1	275.348	16,6

Fuente: INE. Censo de la Población de España. 1991. T. III y II.

En la reflexión por la retención en el territorio del escaso número de habitantes que todavía queda en él, nos enfrentamos a los recursos disponibles y a la accesibilidad de los mismos. Un buen número de estos municipios ha sido incluido en los programas de desarrollo promovidos y financiados por las administraciones públicas, la UE, el Estado Español y la Junta de Comunidades, sin que se haya apreciado, en la mayoría de los casos, alguna recuperación que nos haga pensar en que al menos, a medio plazo, la población permanecería en esos espacios.

Los incentivos a la agricultura de montaña, a la ganadería, a la recuperación del patrimonio etnográfico, al turismo rural, a la protección del trabajo comunitario y la mejora de las infraestructuras para facilitar la accesibilidad, no parece romper la tendencia demográfica de atonía por parte de una población escasa, envejecida y no cualificada para afrontar iniciativas de desarrollo acordes con el fin de siglo.

Como aspecto negativo añadido a la desertificación de estas grandes áreas regionales, señalamos el riesgo de deterioro del alto valor natural de gran parte de ellas, que han llegado a su actual estado por la simbiosis existente desde el siglo XVIII entre el hombre y el medio. Así, el equilibrio en el uso del monte, la conservación de la pureza de las aguas y la pervivencia de especies animales ya desaparecidas en otros espacios, reflejan la trascendencia de la presencia del hombre en el medio.

La conservación de estos espacios requiere el control del hombre que conduce al equilibrio cultural. La Sierra de Ayllón, La Tejera Negra, Atienza, Molina de Aragón, el Alto Tajo, la Serranía de Cuenca y los cañones del Júcar, entre otros parajes de elevado valor, precisan de una atención especial.

Al sur del citado eje también aparecen amplios vacíos de cierta entidad; pero la situación nos parece diferente, menos grave. Los espacios deprimidos en la comarca de Talavera de la Reina orientan sus aspiraciones al gran núcleo que absorbe a su población o en su defecto a la capital de la región, atraídos por su dinamismo. Las distancias no son tan considerables y las comunicaciones permiten el contacto más frecuente con estas zonas de «segunda residencia» o de «fin de semana».

Lo mismo sucede con las tierras limítrofes de la provincia de Ciudad Real, las comarcas de los Montes, las de los Pastos y el borde con Sierra Morena, continuándose hasta las Sierras de Alcaraz y Segura, ya en la provincia de Albacete.

Aquí la depresión demográfica está menos marcada y la proximidad de conjuntos de población importantes, como Ciudad Real y Puertollano en el primer caso, y de Albacete y la cercanía del sureste murciano en el segundo, no hace suponer que de inmediato se agudice la desertificación.

El resto del espacio regional está fuera del riesgo de la desertificación, apareciendo concentrada la población, con todos los intervalos, en el interior del territorio y, periféricas a él, destacan las concentraciones urbanas de Albacete, Toledo, Ciudad Real y Puertollano, cuatro de las seis ciudades más populosas de la región.

Espacios como Cabañeros, las Tablas de Daimiel, las Lagunas de Ruidera y el Valle de Alcudia, no estarán en peligro por la ausencia de actividad humana comportadora de desequilibrio natural.

En las zonas de la región que están en trance de despoblación, algunas quedarán despobladas en muy pocos años, siendo necesario tomar en consideración su situación de atonía demográfica que se puede ir extendiendo a otras limítrofes. Es el estado que presentan otras muchas áreas rurales de España (J. García Fernández, 1996).

La presencia de la población en el territorio es siempre necesaria, no solamente por ser promotora de la dinámica económica que en el siglo XX ha cristalizado en el mundo urbano, sino porque es imprescindible en la conservación de los espacios naturales que han adquirido una alta valoración social, como consecuencia de la demanda de la sociedad urbana. En la región de Castilla-La Mancha el recurso más escaso es el hombre; por ello es necesario conservarlo y protegerlo.

6. Referencias bibliográficas

Alexandratos, N., 1995. *Agricultura mundial hacia el año 2000*. Estudio de la FAO. Ed. Mundi-Prensa, Madrid, 493 págs.
Ander-Egg, E. 1979. *La explosión demográfica. El proceso urbano*. Ed. Caja Ahorros de Alicante y Murcia, Alicante, 95 págs.
Bourgois-Pichat, J. 1978. *La demografía*. Ed. Ariel, 1.ª ed., Barcelona, 180 págs.
García Fernández, J. 1996. *El movimiento natural de población en Castilla y León*. Serv. de Publicaciones e I. C. de la Univ. de Valladolid, Valladolid, 222 págs.
George, P. 1973. *Población y poblamiento*. 1.ª ed. Ed. Península, Barcelona, 209 págs.
Ho, Ping-Ti. 1959. *Studies on the population of China, 1386-1953*. Cambridge.
Jacobs, J. 1985. *Las ciudades y la riqueza de las naciones*. Ed. Ariel, Barcelona, 263 págs.
Petersen, W. 1968. *La población. Un análisis actual*. Ed. Técnos, Madrid, 578 págs.
Russell, J.C. 1958. *Late ancient and medieval population*. A. Philosophical Society.

CAPÍTULO IV
LA OCUPACIÓN DEL TERRITORIO POR EL HOMBRE

Antonio Legorburo Serra

1. La explotación de los recursos naturales 89
   1.1. Situación inicial de equilibrio 89
   1.2. Los desequilibrios del siglo XX 90
2. La evolución de la población 93
   2.1. El incremento de la población 93
   2.2. Movimientos demográficos 94
   2.3. Las migraciones ambientales 96
3. El impacto de la población sobre el uso del suelo 97
   3.1. Impacto del incremento de la población 97
   3.2. Migraciones y usos del suelo 99
   3.3. La intensificación de la agricultura 100
   3.4. El turismo, «nueva presión» 104
4. Referencias bibliográficas 105

1. La explotación de los recursos naturales

1.1. Situación inicial de equilibrio

Hasta la primera revolución tecnológica, la del descubrimiento de la agricultura y la ganadería, el hombre vivía prácticamente como una especie animal más, en este caso una especie nómada, predadora, omnívora y generalista, que para sobrevivir practicaba la caza, la pesca y la recolección, pero que dependía a todos los efectos de la oferta de la naturaleza y de sus ciclos y que contaba sólo con su propia energía para sobrevivir (Rubio, 1991).

Con el tiempo, y gracias a las observaciones que se habían acumulado una generación tras otra, consiguió controlar la producción de determinadas especies vegetales y animales que le eran interesantes como alimento o como herramienta, favoreciendo su proliferación frente a sus competidores y predadores.

Esta nueva situación, aunque tenía todavía unas posibilidades limitadas, permitió que el techo de población fuese un poco mayor al garantizar de manera más efectiva la alimentación del grupo, techo que iría subiendo conforme se consolidaba el manejo de las nuevas técnicas. Además se produjo la aparición de los primeros asentamientos estables, pasando progresivamente de ser nómadas a tener hábitos sedentarios.

Este avance tiene sin embargo sus contrapartidas, ya que la agricultura supone la primera técnica que fuerza a la naturaleza. En algunos casos se han empleado técnicas agresivas con el entorno, tales como las quemas controladas de praderas y su uso agrícola intensivo lo que supone el agotamiento del suelo, temporal en el mejor de los casos, y obliga a la población a desplazarse a otras áreas para permitir la regeneración natural de esos suelo; en otros casos se han utilizado prácticas más respetuosas, como la agricultura en terrenos con rápida y natural regeneración (Valle del Nilo) o la utilización de prácticas agrícolas adaptadas a los ritmos de regeneración natural del suelo (barbechos mediterráneos) (Rubio, 1991).

Con el tiempo se fueron ampliando las técnicas disponibles con el descubrimiento del papel de los abonos (inicialmente orgánicos y disponibles en cantidad muy limitada) en la regeneración del suelo y con la comprobación de la utilidad del agua en la agricultura.

En algunas ocasiones se pudo forzar en ciertas zonas la intensificación de las prácticas agrícolas y ganaderas lo que desequilibró el medio natural, provocando la degradación de los recursos, en algunos casos hasta tal punto que obligó a abandonar esas tierras. Esta parece ser que fue la situación que se produjo en Mesopotomia, una intensificación de la producción agrícola como respuesta a un aumento de la población, con un uso intensivo e ineficiente del riego que provocó la salinización de los suelos, los cuales se convirtieron en no aptos para la práctica agrícola, y que provocó con el tiempo el desabastecimiento de la población y el derrumbamiento de una civilización (Hughes, 1980). Igualmente una excesiva carga ganadera provoca una mayor presión sobre los pastos, lo que acarrea su degradación progresiva, pudiendo llegar a un punto de imposible regeneración, especialmente en zonas frágiles.

A pesar de ello, aunque el riesgo de degradación de los recursos por su uso inadecuado siempre ha estado presente, en muchas circunstancias el hombre actuó adaptándose a los ritmos de la naturaleza, manteniendo un equilibrio adecuado durante siglos. De esta manera, los sistemas agropecuarios tradicionales, anteriores a la revolución industrial moderna, llegaron en bastantes casos a una convivencia armónica con la naturaleza, con unos costes ambientales bajos y sin producir graves desequilibrios, mediante el procedimiento de ensayo de opciones, comprobación de errores y selección de aciertos (Rubio, 1991).

En definitiva, las comunidades humanas en sus sucesivos papeles de cazadores, recolectores, pastores y agricultores a lo largo de siglos han estructurado y reestructurado el entorno y el actual modelo de explotación de los recursos es el resultado de la interacción, durante todo ese tiempo, de parámetros socioeconómicos, políticos y medioambientales que han condicionado los tipos de usos del terreno, los modelos de explotación de los recursos naturales, el número y distribución de la población y las pautas de desarrollo urbano e industrial que caracterizan el medioambiente contemporáneo (Brouwer *et. al.* 1991).

1.2. Los desequilibrios del siglo xx

A raíz de los adelantos técnicos, en los dos últimos siglos, pero fundamentalmente en el siglo xx, la explotación de los recursos naturales ha sufrido una modificación importante con la incorporación de la energía mecánica en sustitución de la animal. Además se han producido importantes avances en muchos campos de la ciencia y de la técnica (tales como la introducción de los productos químicos en la agricultura, tanto fertilizantes como plaguicidas, lo que permite una mayor intensificación y por tanto una mayor producción, pero que pueden contaminar a su vez acuíferos y suelos) que reunidos conllevan un crecimiento exponencial de la población, con un límite todavía no vislumbrado y un nivel desconocido hasta ese momento en el uso de los recursos naturales.

En este escenario hay ocasiones en que la intensificación de la actividad humana y la utilización inadecuada de los avances científicos y tecnológicos en la explotación de los recursos naturales fuerzan a la naturaleza por encima de su capacidad de reacción, provocando situaciones de desequilibrio.

Entre los responsables de estas situaciones de desequilibrio se señala en nuestro tiempo a la evolución de la población como el principal agente desestabilizador, fundamentalmente a causa del aumento de pobladores y de los movimientos migratorios, en unas ocasiones origen y en otras consecuencia de los desequilibrios del medio ambiente.

Otro gran desequilibrio surge en la relación entre la agricultura y el uso de los recursos naturales, y aunque la agricultura no es en sí misma una amenaza para el medio ambiente, su intensificación puede conllevar la realización de prácticas inadecuadas, cuyas consecuencias negativas no se manifiestan de manera inmediata, sino más bien al cabo de los años (López Bellido, 1998), provocando degradación de suelos y cubiertas vegetales, deforestación de amplias zonas, escasez de agua y contaminación de la misma, entre otros, y por tanto su papel en la degradación de los recursos naturales parece clara. Es el caso del mediterráneo europeo, trasladable a otras zonas frágiles del globo, donde el factor más significativo que favorece la degradación de los recursos es la creciente intensificación de la agricultura, con lo que significa de incremento de la mecanización, empleo masivo de productos químicos, sobrexplotación de determinados terrenos, con el consiguiente empobrecimiento de los suelos, y el aumento de los regadíos de manera no siempre bien planificada, entre otras acciones.

Otros factores favorecedores de desequilibrios son la expansión del turismo a lo largo de las zonas costeras, el despoblamiento de muchas zonas rurales, el abandono de los terrenos agrícolas aterrazados en zonas con elevadas pendientes, el abandono de cultivos tradicionales plurianuales (como el olivo, la vid, el almendro), el sobrepastoreo, la deforestación, la sobrexplotación de las aguas continentales, el incremento en el número y frecuencia de los incendios forestales, todo ello acrecentado por la sequía y ayudado por factores sociales, económicos y políticos (Pérez-Trejo, 1992; Grove, 96; Margaris *et al.*, 96).

A esta lista se pueden sumar otros como la inexistencia de una planificación global/mundial y sostenible de la gestión de los recursos naturales, los fenómenos de industrialización y expansión del turismo y de las áreas urbanas desorganizados y poco respetuosos con el entorno, la deficiente gestión de los residuos urbanos, industriales y agrícolas (que provoca la contaminación de suelos y aguas), el incumplimiento reiterado y no perseguido de la legislación y los acuerdos nacionales e internacionales respecto al medio ambiente.

Con todo ello tendremos, si no a todos, sí a los mayores responsables de la degradación de los recursos naturales.

La incidencia de estos factores varía en importancia según el entorno de que se trate; por ejemplo en el caso de las tierras áridas, a los cultivos abusivos, sobrepastoreo y deforestación se les atribuye alrededor del 80-90% de la degradación (Le Houérou, 1977, 1992), mientras que en el área mediterránea tienen mayor incidencia la salinización, los incendios y la erosión hídrica. Además su incidencia no es independiente, de modo que un factor desencadenante de degradación puede ir acompañado de otro u otros factores.

La situación actual es de claro desequilibrio en muchas áreas y según datos de la FAO (Alexandratos, 1995), la degradación de los suelos afecta a 1.200 millones de hectáreas en todo el mundo, 1/3 provocado por deforestación y sobrepastoreo y la mayor parte del resto causada por una mala gestión de los terrenos agrícolas; la erosión de los suelos por el agua y el viento es responsable de la degradación de algo más de 1.000 millones de ha.

En algunas zonas la degradación a que ha conducido ese desequilibrio es tan grande que no permite pensar en su regeneración. Muchos son los casos de superficies deforestadas o quemadas, suelos salinizados o erosionados, humedales desecados, acuíferos sobreexplotados, hábitats deteriorados o destruidos, terrenos abandonados, situaciones que se ignoran hasta que se crea una situación irreversible o cuando el remedio implica un coste de recuperación prohibitivo (López Bellido, 1998). Sin embargo, esta situación no está generalizada y los avances técnicos que se han seguido produciendo y la sensibilización ante el grave problema al que nos enfrentamos están consiguiendo situaciones de explotación sostenible de los recursos, lo que es deseable para la globalidad.

Se pueden citar algunos de los estudios efectuados sobre los modelos de explotación de los recursos y las consecuencias que han tenido sobre la degradación del entorno. Wasson (1994), tras los estudios realizados sobre la situación anterior y posterior a la ocupación europea en Australia, recomienda investigar la evolución histórica de la explotación de los recursos para tener un mejor conocimiento de la situación actual y de las posibles situaciones futuras, ya que la posición presente es el resultado de las variaciones de los usos de los recursos naturales y del clima durante siglos.

En Creta, Lyrintzis (1995) realizó un estudio histórico de los usos de los suelos en la isla y analizó el papel de las montañas en la conservación del medio y los problemas de su degradación como consecuencia de los tipos de usos a los que han estado sometidas. El equilibrio con el entorno se mantuvo hasta mediados del siglo XX, cuando los cambios socio-económicos promovieron el abandono de las prácticas agrícolas tradicionales en las montañas y como consecuencia de ello se produjo la degradación del medio. Esta descripción es aplicable a otras cordilleras mediterráneas.

Los estudios efectuados en Castilla-La Mancha (Martín de Santa Olalla, 1995) sobre la relación entre la utilización de los recursos naturales y la degradación en esa región de la Península Ibérica, señalan un proceso semejante al griego. Se observó que la superficie dedicada a cultivos mediterráneos de secano, como el olivo, la viña o los cereales de secano, cultivos tradicionales en la zona, disminuyó en favor de cultivos anuales de regadío, donde la incidencia de la degradación es mayor como consecuencia de la intensificación que conllevan.

Otros estudios se centran en otras zonas tales como la Cuenca Mediterránea (Pérez-Trejo, 1992), Rusia (Glazovsky, 1995) o África Subsahariana (Cour, 1995). La comparación entre ellos puede ser ilustrativa a la hora de establecer posibles escenarios futuros.

Del conocimiento que se va adquiriendo en relación con los procesos que degradan los recursos naturales puede concluirse que «las acciones destructivas se realizan con rapidez y sus efectos son inmediatos, su corrección, y vuelta a la situación anterior, es siempre muy lenta, cuando es posible» (Rubio, 1991).

2. La evolución de la población

2.1. El incremento de la población

Desde mediados del siglo XVIII, tanto el número total de habitantes del planeta como su tasa de crecimiento han mantenido una tendencia creciente hasta que en la segunda mitad del siglo XX esta tendencia se ha modificado, observándose una disminución de la tasa a partir de 1970. Para constatarlo basta con observar que entre 1750 y 1950 se pasaba de 771 a 2.515 millones de habitantes, con un incremento de unos 17 millones por año, tasa que alcanzó su máximo en la década de los setenta con un crecimiento de 59 millones por año, es decir un 2% anual (el máximo fue 2,06% entre 1965 y 1970), pero a partir de ese momento la tasa ha disminuido y para el tramo 1985-90 la cifra se ha situado en 1,73% por año, y ha continuado descendiendo para el período 1990-95 situándose en un 1,48% anual, por lo que la tendencia descendente se prevé que prosiga con cifras del 1,37% anual en 1995-2000 y del 0,45% para el periodo 2045-2050 (Muñoz, 1995; Naciones Unidas, 1997).

Sin embargo, debido al carácter acumulativo del aumento del número de habitantes, entre 1970 y 1990 se han incorporado del orden de 80 millones de habitantes por año (Muñoz, 1995) y las previsiones de las Naciones Unidas efectuadas en 1997, estimaban en 6.090 millones de habitantes la población del planeta para el año 2000 y en 9.370 millones para el año 2050 (Fig. 4.1), lo que significa un aumento de 80 millones de habitantes por año hasta el año 2025, con un descenso gradual hasta 41 millones entre 2045 y 2050 (Naciones Unidas, 1997).

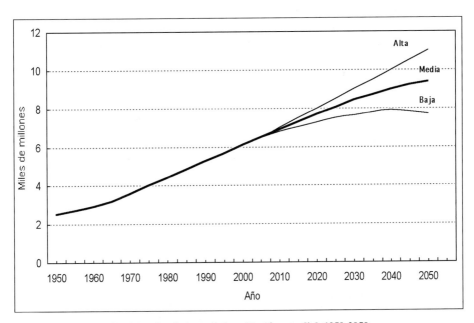

Fig. 4.1. **Crecimiento de la población mundial, 1950-2050.**
(Estimaciones con variantes de fecundidad alta, media y baja).

Un fenómeno adicional al incremento de la población global es el reparto desigual de este crecimiento, ya que entre 1950 y 1996 la población de las regiones menos desarrolladas aumentó en un 168%, mientras que en las regiones más desarrolladas el incremento fue tan sólo del 45%. Se prevé que estas cifras se sitúen entre 1996 y 2050 en torno al 79% de incremento en las zonas menos desarrolladas y alrededor del –1% en las zonas más desarrolladas (Naciones Unidas, 1997).

El mecanismo demográfico que da lugar a la situación descrita se basa en el continuo y cada vez más generalizado descenso de la mortalidad infantil a partir de 1950 en algunas áreas de los países pobres y en el mantenimiento de las tasas de fecundidad tradicional, lo que lleva a un aumento continuado de la población. Sin embargo este mecanismo no se mantiene indefinidamente y los grupos sociales tienden a frenar su ritmo de crecimiento con una disminución de la fecundidad como respuesta a los procesos de desarrollo y a la evolución social. El cambio de tendencia observado a partir de 1970 se puede interpretar como un primer indicio de una adaptación demográfica a escala global. Una imagen centrada en las distintas regiones nos hace describir diferentes estadios en este proceso y nos encontramos con esquemas más avanzados en esta adaptación en algunas regiones de América Latina y de Asia, además de las zonas desarrolladas, y vemos situaciones más retrasadas en casi todo el continente africano, especialmente en el área subsahariana (Tabah, 1989).

Lo alarmante de las cifras provocó durante unos años una discusión mundial sobre la necesidad de establecer el control de la natalidad y la planificación familiar en los países del Tercer Mundo, ya que el aumento excesivo de su población ponía en peligro el modelo de desarrollo a medio y largo plazo del resto del planeta. Una parte importante de los críticos de esta posición apuntaban precisamente al desarrollo, entendido como modernización social y económica, como motor de un cambio de las pautas reproductivas. Este debate entre planificación familiar y desarrollo alcanzó su culminación en la Conferencia Mundial de la Población de Bucarest de 1974, que finalizó con una visión integrada de ambas estrategias, plasmada en el Plan Mundial de Acción de Población (Muñoz, 1995).

Al final de los años setenta y durante los ochenta el debate se desplazó hacia las implicaciones de la población en el desarrollo y en el medio ambiente y este tema centró la atención de los expertos en la segunda conferencia mundial sobre la población de 1984 en México, de modo que el documento final actualizó las iniciativas del Plan Mundial con una sección dedicada a ello (Naciones Unidas, 1984). Sus conclusiones se vieron afectadas por nuevas circunstancias, tales como el debilitamiento de los defensores de las políticas de control de la natalidad, el cuestionamiento de la efectividad real de la planificación familiar y la discusión sobre las consecuencias negativas del crecimiento demográfico sobre el económico, así como la constatación de la crisis del modelo energético de los países desarrollados, que no hace posible su transposición a los países en desarrollo (Muñoz, 1995).

2.2. Movimientos demográficos

Paralelamente al aumento de la población, a lo largo de la historia, se ha venido produciendo el proceso de distribución y asentamiento de la población sobre el territorio. Este proceso constituye un fenómeno esencialmente geográfico que tiene en cuenta la fisiografía (clima, relieve, hidrografía, vegetación, entre otras), las vías naturales de comunicación, los recursos naturales, las características étnicas, psicológicas y culturales de los habitantes y sus actividades económicas, factores todos ellos que determinan una modificación del medio por la acción humana, que condiciona el hábitat (Ballester, 1979).

Las migraciones constituyen un elemento de este proceso de distribución de la población y se vienen produciendo desde los tiempos de los primeros pobladores, influyendo no sólo en la distribución de la población sobre el territorio, sino también en la explotación que se efectúa de los recursos naturales en cada entorno.

El interés que pueden despertar las migraciones en este análisis sobre la desertificación y la población estriba precisamente en esa influencia que ejercen sobre el uso de los recursos y también a que ciertas migraciones se encuentran en el origen o en el final de algunos procesos de degradación de los recursos naturales.

Las migraciones han movilizado en otras épocas y movilizan hoy grandes masas de personas por causas, en muchas ocasiones, ajenas a su voluntad. Se habla entonces de los desplazados y de los refugiados, en el primer caso para hacer referencia a aquellas personas impelidas a abandonar su región por desastres naturales como la sequía o la desertificación o por conflictos de tipo civil o de otra clase y en el segundo para señalar únicamente los desplazamientos no debidos a desastres de la Naturaleza. En cualquier caso, veremos que ambos tipos de movimientos migratorios tienen su influencia sobre el uso de los recursos naturales.

La población mundial de desplazados ha crecido desde 11,7 millones en 1986 hasta 18,9 millones en 1993, según reconoce el Alto Comisionado de las Naciones Unidas para los Refugiados (Watanabe, 1995) y la situación es especialmente grave en África, donde el 3% de la población tiene la condición de desplazado (Westing, 1992).

Casi la mitad de los desplazados del mundo se marcha hacia otro país diferente del suyo de origen, mientras que el resto realiza movimientos dentro de las fronteras de su propio país, por regla general desde el medio rural hacia las ciudades (Westing, 1992). El número de desplazados, tanto internos como hacia otros países, se estima que crece cada año en 3 millones de personas, de los cuales 1 millón por año corresponde a desplazamientos entre países, 1,5 millones por año es el incremento en desplazamientos internos y el resto es el aumento anual de refugiados salidos de sus países de manera clandestina (Westing, 1992). Todos estos desplazamientos se producen con mayor frecuencia en países en vías de desarrollo, donde además la frecuencia de desastres naturales suele ser muy elevada.

Las causas más importantes de estos movimientos migratorios pasan por la pobreza, el hambre, el desempleo, la búsqueda de oportunidades o de asilo, la reunificación familiar, el trabajo temporal, la huida de la persecución por motivos diversos (sociales, políticos, bélicos, de raza, de religión, de nacionalidad), los desastres naturales y el abandono de áreas degradadas que no suministran los adecuados medios de subsistencia (Lohrmann, 1995; Westing, 1995). Algunas de estas causas están muy ligadas, como es el caso del hambre y de la pobreza, y pueden tener su origen en una degradación de los recursos por causas naturales o antrópicas.

Algunas de las causas de las migraciones están muy extendidas por el mundo, tales como son los conflictos armados, las persecuciones y la búsqueda de oportunidades

(Westing, 1995), pero los grandes movimientos demográficos no están sólo causados por conflictos civiles o militares o por cuestiones económicas, en muchos casos detrás de las migraciones está la pobreza, a menudo provocada por la injusticia, pero también por el agotamiento de los recursos naturales y por procesos de degradación ambiental, entre los que la desertificación es uno de los más importantes (Puigdefábregas *et al.*, 1995).

Conviene señalar en este punto algunos datos para recalcar la gravedad de la situación creada. Según los datos aportados por la UNDP (1992), el margen entre ricos y pobres se abre cada vez más en la mayoría de los países del mundo; además los países pobres pierden alrededor de 500 mil millones de dólares al año a causa de las restricciones y desigual acceso a los mercados internacionales tanto comercial, como financiero y de trabajo, lo que representó en ese año diez veces la ayuda enviada a esos países (UNDP, 1992); a esto se añade que el abastecimiento de materias primas de los países industrializados proviene en su mayor parte de la explotación, a menudo sobreexplotación, de los recursos naturales de los países en desarrollo y de los países poco desarrollados (UNDP, 1992), no siendo raro que esa explotación la realicen empresas con pocas motivaciones por una gestión sostenible de los recursos o por los mismos estados que consiguen con ello unos ingresos importantes para sus haciendas, pero comprometiendo con ello su desarrollo futuro; por otro lado mil millones de personas dependen de la agricultura para vivir en las zonas secas todavía productivas, pero con el riesgo de sufrir la sequía o la desertificación (Cardy, 1995); otros mil millones de personas viven en barrios de chabolas de las ciudades y otros cien millones más en el mundo no tienen ningún refugio (100.000 personas en Bombay, pero hay 2 millones en Estados Unidos y 400.000 en el Reino Unido); y, como último dato, aunque se podrían añadir más, señalemos el que aporta el Ministerio de Medio Ambiente de la India que ha estimado que el número de nuevos refugiados por causas ambientales que llega cada mes a Delhi se acerca a treinta mil (Cardy, 1995).

2.3. Las migraciones ambientales

Tal es la importancia que tienen los desplazamientos por el agotamiento de los recursos naturales y por procesos de degradación ambiental, que Essam El-Hinnawi (1985) acuñó el término Refugiado Ambiental, definiéndolo como «aquella persona que se ha visto forzada a abandonar su hábitat tradicional, de manera temporal o permanente, a causa de un desastre medioambiental (natural o causado por el hombre) que compromete su existencia y/o afecta seriamente a su calidad de vida». Se entiende por desastre medioambiental a cualquier cambio físico, químico y/o biológico en el ecosistema o en los recursos, que los convierte, temporal o permanentemente, en incapaces para mantener la vida de los grupos humanos. Según esta definición no se pueden considerar refugiados ambientales aquellos desplazados por cualquiera de las otras causas mencionadas anteriormente tales como razones políticas, persecuciones, búsqueda de nuevas oportunidades de trabajo, búsqueda de asilo, etc.

Se pueden establecer tres categorías de refugiados ambientales atendiendo a las causas que han provocado su desplazamiento (El-Hinnawi, 1985). La primera incluye a aquellas personas que se han desplazado temporalmente a causa de un estrés medioambiental. Una vez que ha pasado el fenómeno y se han restablecido las condiciones originales, la población retorna a sus lugares de origen. Esta situación se da en casos de desastres naturales como terremotos o tornados o en el caso de accidentes ambientales.

En la segunda categoría se inscriben todos aquellos desplazados de manera permanente y reinstalados en nuevas áreas. Su desplazamiento está ocasionado por cambios permanentes, generalmente provocados por el hombre, que afectan a su hábitat original, un ejemplo de esta categoría es el caso de los afectados por el desastre de la central nuclear de Chernobil.

La tercera categoría de refugiados ambientales reúne a individuos o grupos humanos que se desplazan de sus hábitats originales, temporal o permanentemente, en busca de una mejor calidad de vida. Por regla general, estos desplazamientos sólo se producen cuando los recursos de su hábitat original están tan degradados que no pueden seguir manteniéndoles.

Todas estas causas provocan migraciones internas, pero la tercera es por regla general la que da lugar a las migraciones más allá de las fronteras de los países de origen, que por cierto son las únicas que dan lugar a los refugiados en sentido estricto según los términos de la definición oficial.

Estos flujos migratorios medioambientales son crecientes en varias regiones del globo y se presentan en un mayor número de países cada día, afectando cada vez a más personas, particularmente en los países pobres (Westing, 1990; Falkenmark, 1995; Diallo, 1995). Este tipo de migraciones están presentes en los desplazamientos internos desde las zonas rurales pobres de muchos países del Tercer Mundo hacia sus propias zonas urbanas y tienen un gran protagonismo en los movimientos migratorios entre países, como los ocurridos entre Etiopía y Sudán durante las sequías de los años 90 y como los que ya se producen desde el Norte de África hacia Europa y que pueden aumentar de manera dramática a más largo plazo si no cesa el gradual y continuo desabastecimiento de agua de esas regiones africanas (Falkenmark, 1995).

3. El impacto de la población sobre el uso del suelo

3.1. Impacto del incremento de la población

Hay opiniones que mantienen que los actuales índices de crecimiento de la población son la principal amenaza para el medio ambiente en muchas partes del mundo, pero también está muy extendida la opinión de que no sólo este aumento demográfico puede explicar la degradación de los recursos y la desertificación (Painchaud, 1995). A pesar de estas opiniones, el incremento de la población sigue siendo una de las causas de degradación del medio más frecuentemente citadas. Así, asociar la presión demográfica con la desertificación es atractivo ya que presenta un escenario lógico que sugiere que la degradación de los recursos es una consecuencia de la sobreexplotación. Sin embargo, este modelo simplista no tiene en cuenta que existen regiones densamente pobladas en las que se produce una degradación del medio relativamente pequeña, mientras que en algunas áreas escasamente pobladas se han ocasionado daños importantes. Una de las claves de todo ello está en la sensibilidad intrínseca del entorno, de modo que en áreas frágiles o marginales no se debe recurrir a que la densidad de población es alta para explicar los daños irreversibles (Pérez-Trejo, 1993). Además está el hecho expuesto por Redclift (1987) de que el problema no es tanto el incremento exponencial de la población, sino la relación entre éste y los modelos de población.

Ahondado en lo expuesto, parece evidente que el desarrollo de una población a largo plazo, y aún más a corto plazo, está estrechamente ligado con los recursos disponibles (Livi-Bacci, 1988). Esta aparente evidencia muestra ciertas debilidades. Por una parte, desarrollo demográfico y desarrollo de los recursos no son fenómenos autónomos y disociados, y las posibles repercusiones recíprocas son tan variadas como numerosas. Además, se constata que el paralelismo entre ambos desarrollos no es estricto, sino simplemente aproximado, de lo contrario no habría sociedades que se empobrecen y otras que se enriquecen frente al mismo incremento demográfico, o poblaciones que crecen mucho o poco frente al mismo grado de desarrollo. Por eso insistimos en que un incremento demográfico por si sólo no tiene porque redundar necesariamente en una degradación de los recursos.

Muchos son los factores que intervienen en la ecuación que liga el crecimiento demográfico y su impacto sobre el medio ambiente y aunque el listado no está todavía bien definido (población, producción, tecnología, energía, gestión de recursos, formas de organización social) su mayor complejidad estriba en las relaciones causales que unen a todos ellos. No se debe olvidar que si la presión demográfica deteriora el medio ambiente, éste a su vez es uno de los condicionantes de aquella, sin olvidar que los efectos negativos de un componente se pueden compensar con los positivos de otro (Muñoz, 1995).

Interpretaciones de esta relación sitúan en unos casos al incremento de la población como causa mayor del impacto ambiental y por tanto su control se hace necesario; otras interpretaciones argumentan que mayor población supone mayor capacidad para reducir el impacto, por lo que el control de la población no tiene sentido. En ambos casos nos encontramos con explicaciones extremas y diversas voces han apuntado el importante impacto que tienen en la relación el resto de factores nombrados. Por ejemplo, una gestión productiva y tecnológica deficiente puede ocasionar desastres en condiciones de crecimiento de población moderado (caso de los antiguos países socialistas) pero también en países con elevado crecimiento de la población (caso de Bhopal en la India).

Normalmente la presión de la población se traduce en la explotación de al menos tres grandes grupos de recursos, agua, suelo y combustibles fósiles y las previsiones de disponibilidad de estos recursos como resultado de la presión demográfica hablan en cualquier caso de reducciones.

Una secuencia típica de degradación de los recursos asociada a incrementos de la población y que inducen movimientos migratorios, es el que se produce en zonas áridas y semiáridas, con lluvias esporádicas y reducidas y vegetación escasa, que tradicionalmente mantenían un pastoreo extensivo y sostenible y una agricultura tradicional acorde con el entorno (Fig. 4.2). Con el tiempo, los recursos naturales se han visto explotados por encima del nivel de sostenibilidad por el aumento de la población y del pastoreo y la reasignación de usos de las tierras al pastoreo y a la agricultura intensivos. El resultado ha sido la degradación de los suelos (Westing, 1995).

3.2. Migraciones y usos del suelo

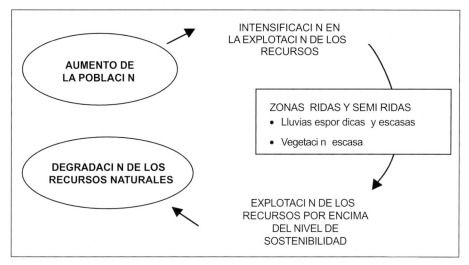

Fig. 4.2. Relación entre aumento de la población y degradación de los recursos en zonas áridas y semiáridas.

Los efectos de las migraciones no afectan sólo a los propios emigrantes, sino también a las áreas de partida y a las regiones receptoras.

Los lugares de salida de los desplazados están asociados a la degradación, lo que es obvio en el caso de desplazamientos por desastres naturales, pero también esta degradación se presenta muy frecuentemente en los lugares de origen de otros movimientos de refugiados, tales como la degradación ocasionada por destructivas operaciones militares, por la desaparición de infraestructuras, por el abandono de las tierras, etc. Al mismo tiempo, la pérdida de personas de una región degradada incluye la salida de potencial humano y de conocimientos, ambos necesarios para el desarrollo de programas de rehabilitación de esas zonas degradadas, reduciéndose la población a límites muchas veces residuales y reduciéndose en las mismas proporciones la capacidad de recuperación de la zona.

Las áreas receptoras, por su parte, tienen que tomar medidas para absorber, adaptar y proporcionar recursos (alimentos, agua, combustible), servicios y oportunidades de empleo dignos a los recién llegados, lo que con mucha frecuencia se desarrolla con discriminaciones por cuestiones étnicas, sociales y culturales (Diallo, 1995). Los grupos de desplazados, además, ejercen una pesada presión sobre los recursos naturales de las áreas destinatarias, que ya de por sí pueden ser escasos, dándose el caso de que además los destinos suelen ser también países en vías de desarrollo.

Las migraciones pueden ser masivas y repentinas y cuando los grupos llegan a una área en la que los recursos naturales ya son muy limitados, por su naturaleza o por su ya alta explotación, los esfuerzos para mantener a estas personas (alimentos, cuidado médico, agua, combustible) conducen a una reducción y degradación de los recursos, con los consiguientes efectos adversos no sólo sobre la población refugiada sino también sobre la población anfitriona (Watanave, 1995). Un efecto dramático se produce sobre el agua, ya que el aumento de necesidades de agua para abastecimiento de la población, disminuye su disponibilidad para la agricultura, y por otro lado aumenta el riesgo de contaminación del agua continental al aumentar la población, con los consiguientes riegos de incremento de las enfermedades y de la mortalidad (Falkenmark, 1995).

Una relación de los impactos medioambientales que las migraciones pueden producir en las regiones receptoras incluiría, sobreexplotación de la vegetación natural con el consiguiente aumento de la erosión y pérdida de suelo, contaminación de agua y suelos, disminución de los recursos hídricos, explotación no sostenible de los recursos, degradación de espacios y reservas naturales y mayor incidencia de varios tipos de enfermedades entre las poblaciones refugiada y local (Cardy, 1995).

No debemos olvidar que, en muchos casos, los campos de refugiados tienen una población de varios cientos de miles de personas (UNHCR, 1991) y las causas de las degradaciones medioambientales en estas situaciones son similares a las que pueden existir en poblaciones estables de tamaño similar. Los efectos son posiblemente más pronunciados debido a condiciones específicas que incluyen una densidad de población desproporcionadamente alta, la localización de los asentamientos en zonas ambientalmente frágiles, una infraestructura inadecuada y la poca motivación de los refugiados por conservar el entorno, debido al trauma del éxodo o de la guerra o simplemente porque no es su tierra.

En estas circunstancias, estamos ante un problema que se puede estar perpetuando y aún aumentando, migraciones como consecuencia de un entorno degradado que provocan una dramática presión sobre otro entorno, iniciándose de nuevo el proceso.

A raíz de la Conferencia de las Naciones Unidas sobre el Medio Ambiente y Desarrollo que se celebró en Río de Janeiro en 1992, se elaboró el Convenio Internacional para la Lucha contra la Desertificación (CIND), posteriormente aprobado en París en octubre de 1994. Uno de los aspectos abordados en el Convenio hace referencia al carácter planetario y estratégico de las relaciones entre degradación ambiental, desertificación y desplazamientos demográficos. Fruto de uno de estos trabajos es la Declaración de Almería (Puigdefábregas *et al.*, 1995) en la que se hace una descripción de la situación y de la posible evolución del fenómeno, así como de sus consecuencias y se dan pautas para el diseño de soluciones, que pasan por establecer programas de ayuda relacionados con el desarrollo local y proponer objetivos para futuras investigaciones sobre el tema.

3.3. La intensificación de la agricultura

El espacio agrícola mundial se extiende tan sólo sobre un 11% del total de tierras del planeta, lo que representa algo menos de 1.500 millones de hectáreas, por lo que el efecto negativo de la actividad agraria sobre el medio ambiente puede parecer en principio poco importante. Pero si a esta superficie le añadimos las zonas de pastos, buena parte de las cuales corresponden a antiguos bosques o matorrales, resulta que un tercio de la superficie terrestre se dedica a la actividad agrícola y/o ganadera. Como otro tercio de la superficie terrestre lo ocupan montes y bosques, sometidos a la explotación de sus recursos, finalmente la actividad agraria, en su triple faceta, agrícola, ganadera y forestal, es el uso del suelo más extendido en el medio rural del planeta (Molinero, 1990).

A la vista de estos datos, sí parece importante analizar la relación entre la agricultura y el medio ambiente, que, como señala López Bellido (1998), tiene una doble vertiente. En primer lugar, la actividad agrícola depende en gran medida de la capacidad de los recursos naturales para soportar dicha actividad y aunque la evolución de las técnicas agrícolas ha reducido esa dependencia (técnicas tales como el riego, la mejora genética, la lucha contra plagas y enfermedades, los cultivos protegidos, etc.), no la ha eliminado completamente y sigue siendo necesaria una buena planificación agrícola para conseguir un buen aprovechamiento de los recursos sin provocar efectos negativos sobre el entorno. Y en segundo lugar, la agricultura no tiene que ser necesariamente enemiga del medio ambiente, bien desarrollada puede mantener e incluso mejorar los recursos naturales, tal es el caso de algunos suelos de baja calidad de muchas zonas que han aumentado su fertilidad con la aplicación de prácticas agrícolas adecuadas.

Sin embargo, la observación del medio ambiente nos devuelve un panorama con mayores presiones cada día, donde la agricultura ejerce también sus tensiones que conviene analizar y corregir, sobre todo cuando se le exige que aumente su capacidad productiva paralelamente al aumento de la población, ya que la mejor garantía de conseguir elevar los niveles productivos agrícolas es la conservación de un medio ambiente sano (Molinero, 1990).

Existe además un gran desconocimiento sobre el alcance que a largo plazo pueden manifestar las agresiones infligidas en nuestros días al medio ambiente, muchas de las cuales no manifiestan daños a corto plazo, pero que se agravan con el paso de los años y no se les presta atención hasta que se llega a una situación irreversible o con un coste de reparación prohibitivo (López Bellido, 1998).

La intensificación de la agricultura llevada a cabo a partir de los años 50, fundamentalmente en los países desarrollados, ha traído consigo un mayor nivel de producción, pero también un mayor deterioro del medio ambiente, con actuaciones que han provocado efectos negativos sobre el medio ambiente, de las que destacamos (Molinero, 1990; López Bermúdez, 1995a; López Bermúdez 1995b; López Bellido, 1998):

1. Deforestación causada por la expansión de pastos y cultivos, aunque también por el aumento de incendios y para satisfacer las demandas de madera. Estimaciones basadas en estudios sobre los bosques de la época preagrícola (Williams, 1989) cifran en siete millones de km^2 el retroceso total de los mismos desde esa época hasta la actualidad, con diferentes fases de mayor destrucción hasta llegar al siglo XX, cuando mayor y más rápidamente se ha efectuado la destrucción del bosque como fruto de la explosión demográfica y de la consiguiente puesta en cultivo de nuevas tierras mediante el empleo de grandes máquinas.
2. Laboreo inadecuado que ocasiona la degradación del suelo y su erosión, tal como la excesiva mecanización, que favorece la destrucción de la estructura del suelo; el laboreo con máquinas pesadas, que conlleva su compactación; el laboreo en el sentido de la máxima pendiente y cultivos en hileras, que conduce a una mayor incidencia de la erosión hídrica; o el laboreo de tierras marginales, con suelos inapropiados para ese uso, que favorece su degradación.

3. Utilización prolongada y a gran escala de fertilizantes químicos y de productos fitosanitarios. Los primeros, fundamentalmente los nitrogenados, han ocasionado la contaminación del suelo, su acumulación en aguas subterráneas y superficiales, disminución de los microorganismos del suelo e inhibición de la fijación del nitrógeno. Los segundos han favorecido el incremento de la resistencia a ellos de plagas y enfermedades, la aparición de nuevas plagas, la contaminación de suelos y aguas y la bioacumulación en la cadena trófica, con los consiguientes riesgos para el hombre y la fauna.
4. Expansión inadecuada de los regadíos, con el empleo de sistemas no adaptados a las condiciones del suelo, que provocan su degradación; mal manejo del riego y deficiente conocimiento de las necesidades hídricas de los cultivos, que pueden traer como consecuencia el malgasto del agua o la salinización de los suelos; aumento de las superficies regadas y expansión de cultivos con requerimientos hídricos elevados, con la consiguiente sobreexplotación de las aguas superficiales y subterráneas y la salinización de pozos por intrusión marina en las zonas costeras. La Cuenca del Mar de Aral es un dramático ejemplo de ello, con una rápida salinización de los suelos, la desecación del mar, la disminución de pastos, el abandono de tierras de cultivo, la pérdida de biodiversidad, el agotamiento de recursos pesqueros y la reducción de la productividad de los ecosistemas (Glazovsky *et al.*, 1995).
5. Disminución de la variabilidad genética por la regresión de la utilización, casi desaparición en algunos casos, de especies y cultivares autóctonos y/o tradicionales en beneficio de aquellos producidos por las empresas de semillas, híbridos en muchos casos, con techos productivos mayores y con mayores resistencias a plagas, enfermedades y condiciones ambientales adversas.
6. Pastoreo excesivo, que reduce progresivamente el recubrimiento vegetal, aumentando así los efectos de la erosión hídrica y eólica. Este hecho es especialmente grave en regiones de equilibrio crítico, como es el Sahel, ya que la gran irregularidad de las lluvias no permite que los pastos soporten a los rebaños durante los años secos.
7. Disociación de la agricultura y la ganadería, lo que ha provocado por una parte la escasez de fertilizantes orgánicos en el campo y ha obligado al uso de los abonos químicos y por otra ha llevado a que la ganadería intensiva haya originado problemas de contaminación por el exceso de residuos.
8. Despoblación del medio rural, consecuencia de la mecanización de la agricultura, lo que conlleva el abandono de tierras de cultivo marginales, donde la maquinaria no tiene un fácil acceso; el abandono de prácticas de conservación del suelo, tales como muros de piedra en los cultivos en terrazas o en laderas o pequeños diques; el abandono de los sistemas tradicionales de aprovechamiento de la escorrentía estacional o episódica que circula por ramblas y otros cursos de agua temporales.

En los países en desarrollo a todo esto hay que unir el que, en su intento por paliar la falta de alimentos aumentando las producciones, hayan implantado modelos agrícolas propios de países desarrollados, en vez de introducir sistemas de explotación adaptados a las condiciones locales y por tanto viables a largo plazo (López Bellido, 1998). Los principales efectos negativos que se han producido son la deforestación indiscriminada, para aumentar la superficie cultivada, el consiguiente aumento de la erosión de los suelos deforestados y la salinización de los terrenos transformados en regadío.

Por lo que respecta a la Unión Europea, los problemas más evidentes ocasionados por la agricultura son la desaparición de especies animales y vegetales, la destrucción de espacios naturales valiosos y el aumento del riesgo de contaminación de las aguas superficiales y subterráneas (López Bellido, 1998). En el Tratado de Roma, entre los objetivos iniciales de la Política Agrícola Comunitaria (PAC) no se tuvieron en cuenta aspectos relacionados con el medio ambiente y se contemplaba como principal objetivo el aumento de la producción agraria para eliminar la dependencia del exterior. En posteriores documentos, tales como el Libro Verde redactado por la Comisión Europea en 1985, se plantearon por primera vez las interacciones entre la agricultura y el medio ambiente y se programaron acciones para reducir el impacto medioambiental negativo de la agricultura, tales como las prácticas compatibles con la protección del medio ambiente (suspensión temporal de la actividad agrícola, limitación en el uso de abonos químicos y plaguicidas, limitación de la carga ganadera, limitaciones sobre drenajes y regadíos y aumento de repoblaciones forestales), la compra o arrendamiento por parte de la Unión Europea de tierras con fines ecológicos, el establecimiento de una red de espacios protegidos con corredores ecológicos, todo ello complementado con medidas de compensación a los agricultores afectados.

El siguiente debate en el ámbito agrícola de la Unión Europea se centró, por una lado, en los sistemas agrícolas con limitación del uso de sustancias químicas de síntesis (fundamentalmente con medidas para reducir la contaminación por abonos nitrogenados), en sistemas de homologación de productos fitosanitarios para su uso en la agricultura ecológica y en programas de extensificación de la agricultura. En segundo lugar se debatió sobre el impuesto ecológico, tema muy controvertido, que supondría añadir una tasa o impuesto a los fertilizantes nitrogenados y otros productos químicos, lo que provocaría un aumento de los costes de producción, con el consiguiente riesgo para la competitividad de la agricultura europea. Y en tercer lugar se planteó el papel de los agricultores como guardianes del medio ambiente, con las consiguiente ayudas por cumplir ese papel (Smith, 1991). La reforma de la PAC de 1991 contempla, además de otras medidas, una serie de actuaciones para mejorar el medio ambiente, como son la reducción de la intensificación de la agricultura, la retirada de tierras y la disminución del uso de productos agroquímicos.

Haciendo un estudio retrospectivo de la aplicación, se acepta que la aplicación de estas políticas ha agrandado las diferencias entre los estados del Norte y los del Sur, ya que al tener mayores producciones y estar la Política Agrícola Común (PAC) orientada hacia una política de precios, los primeros han recibido una parte importante de las ayudas, mientras que los segundos han asistido al despoblamiento de sus zonas rurales y al abandono de las tierras agrícolas, con las consecuencias que eso tiene. Las nuevas políticas dirigidas a las cuotas a la producción, primas a la superficie y a las cabezas de ganado, entre otras, han tenido consecuencias negativas para el medio ambiente, ya que han supuesto una intensificación de muchas explotaciones. A todo esto hay que añadir la existencia de muchas regiones de la UE con grandes limitaciones físicas y socioeconómicas para la intensificación agrícola y que siguen gestionándose por sistemas extensivos, que son poco tenidos en cuenta en la planificación agrícola comunitaria (López Bellido, 1998).

Este repaso nos hace ver la necesidad de un planteamiento urgente a nivel Europeo y Mundial de la gestión agraria, para evitar, o al menos paliar, las graves agresiones que esta actividad está causando al medio ambiente.

3.4. El turismo, «nueva presión»

Aunque no sea el turismo un movimiento migratorio en el sentido estricto del término, sí que supone el desplazamiento temporal de grupos humanos más o menos numerosos con efectos directos e indirectos sobre los recursos naturales. Por ello no podemos dejar de tenerlo en cuenta en este capítulo, si bien de manera somera.

En las últimas décadas estamos asistiendo a una nueva presión sobre los recursos naturales ejercida por la acción de la actividad turística, no como un agente causante directo de procesos de desertificación, pero sí como un agente que ocasiona un impacto significativo sobre el medio ambiente, particularmente respecto a los modelos de uso del suelo y a la disponibilidad de agua (Pérez-Trejo, 1993).

En determinadas zonas, como el área mediterránea europea, la presión ejercida por el turismo es un hecho importante ya en nuestros días y en el futuro se podría manifestar como un problema en otras zonas, como puedan ser el mediterráneo africano o las costas occidentales de África Central, que hoy día por circunstancias diversas y locales no han alcanzado un desarrollo turístico elevado. También el desarrollo incontrolado del turismo en zonas rurales puede tener consecuencias desastrosas sobre el medio ambiente.

Los cambios más inmediatos que se observan en los recursos naturales por la acción del turismo hacen referencia a los usos del suelo y el efecto más llamativo es el que produce la especulación urbanística que conduce a que áreas dedicadas a tareas agrícolas y forestales vayan siendo ocupas paulatinamente por zonas urbanizadas (un ejemplo lo tenemos en las costas levantinas de la Península Ibérica). En los terrenos aún cultivados de las zonas afectadas por esta regresión, se observa además como se van reemplazando los cultivos más tradicionales de la zona por otros más acordes con los gustos de los turistas (Pérez-Trejo, 1993), con el consiguiente impacto negativo sobre la biodiversidad.

Otro efecto que provoca el incremento del turismo es la atracción que ejerce sobre mano de obra procedente de otras actividades, debido a los altos salarios que se reciben en comparación con cualquier otra actividad económica. En la mayoría de las ocasiones esta mano de obra procede de la agricultura, lo que conduce en determinadas zonas a un progresivo abandono de las tierras agrícolas y de las tareas de mantenimiento agrícola y forestal, con el consiguiente efecto sobre el aumento de la erosión al ir desapareciendo las terrazas de sujeción en zonas de elevada pendiente y con el aumento de los incendios forestales, al no realizarse tareas de limpieza y aclareo suficientes en los montes (Pérez-Trejo, 1995).

Pero tal vez el efecto más grave sobre los recursos naturales de este crecimiento del turismo sea el aumento del consumo de agua y la competencia que se establece por su uso entre los distintos sectores económicos.

En primer lugar, el consumo de agua por parte de la actividad turística es muy elevado, lo que conduce irremediablemente a la reducción de los niveles freáticos si no se ponen limitaciones al consumo; mayor gravedad tiene esta situación en zonas costeras, donde esa reducción de los niveles freáticos conduce a la intrusión marina y la consiguiente salinización de las aguas subterráneas, lo que las convierte en inutilizables tanto para el consumo humano como para el uso agrícola.

En segundo término, la competencia por el uso del agua conduce a un reparto del recurso entre las distintas actividades económicas que puede ser perjudicial para el uso agrícola y otras actividades frente a la turística, ya que el beneficio que se obtiene por el uso del agua es en esta última actividad, sino mayor, si más rápido de obtener, desplazando de esta manera la actividad de los sectores con beneficios más lentos, como la agricultura o la actividad forestal, hacia el turismo. Además, ante el aumento de la demanda, se puede provocar un aumento del precio del agua, elevándose los costes de producción a niveles sólo abarcables por actividades intensivas como el turismo, lo que desequilibra aún más la situación entre actividades económicas.

Para terminar, y solo a modo de comentario, nos gustaría señalar que en el caso del turismo rural, cada día más de moda, el problema radica en la mala utilización que de los recursos naturales hacen personas poco o nada respetuosas con el entorno, con el aumento de riesgos tales como incendios, destrucción de plantas y animales, daños graves a parajes protegidos y a entornos de difícil acceso, competencia por el uso del agua, contaminación de aguas y suelos, por nombrar algunos.

Este panorama y las previsiones de crecimiento de la actividad turística reclaman la necesaria planificación del desarrollo de este sector, evitando que se repitan modelos incontrolados, como los que se pueden observar a lo largo de las costas del mediterráneo europeo, por citar un ejemplo.

4. Referencias bibliográficas

Alexandratos, N. 1995. *World Agriculture: Towards 2010*. A FAO Study. Organización de las Naciones Unidas para la Agricultura y la Alimentación, John Wiley & Sons, Roma.
Ballester Ros, I. 1979. La despoblación del campo y el estancamiento de la infraestructura rural. Información Comercial Española. *Revista de Economía*, 549:41-58.
Brouwer, F. M. y Chadwick, M. J. (Editores) 1991. *Land use Changes in Europe*. Kluwer Academic Publishers, Dordrecht.
Cardy, F. 1995. Environment and forced Migration: A review. En: *Desertification and Migrations*. Puigdefábregas, J. y Mendizábal, T. (Editores). Desertificación y Migraciones. International Symposium on Desertification and Migrations. Ministerio de Asuntos Exteriores y Geoforma Ediciones, Logroño, pp. 261-280.
Cour, J. M. 1995. The case of Sub-saharian Africa. En: *Desertification and Migrations*. Puigdefábregas, J. y Mendizábal, T. (Editores). Desertificación y Migraciones. International Symposium on Desertification and Migrations. Ministerio de Asuntos Exteriores y Geoforma Ediciones, Logroño, pp. 235-260.
Diallo, H. A. 1995. Presentación del International Symposium on Desertification and Migrations. En: *Desertification and Migrations*. Puigdefábregas, J. y Mendizábal, T. (Editores). Desertificación y Migraciones. International Symposium on Desertification and Migrations. Ministerio de Asuntos Exteriores y Geoforma Ediciones, Logroño, pp. 19-26.
El-Hinnawi, E. 1985. Environmental Refugees. UNEP.

Falkenmark, M. 1995. Coping with growing water scarcity. The key to stop desertification driven environmental disruptions. En: *Desertification and Migrations*. Puigdefábregas, J. y Mendizábal, T. (Editores). Desertificación y Migraciones. International Symposium on Desertification and Migrations. Ministerio de Asuntos Exteriores y Geoforma Ediciones, Logroño, pp. 31-40.

Glazovsky, N. F. y Shetakov, A. S. 1995. Environmental migrations caused by desertification in Central Asia and Rusia. En: *Desertification and Migrations*. Puigdefábregas, J. y Mendizábal, T. (Editores). Desertificación y Migraciones. International Symposium on Desertification and Migrations. Ministerio de Asuntos Exteriores y Geoforma Ediciones, Logroño, pp. 147-158.

Grove, A.T. 1996. The Historical Context: Before 1850. En: *Mediterranean Desertification and Land Use*. Brant, C.J. y Thornes, J.B. (Editores) John Wiley & Sons Ltd. Chichester: 13-28.

Hughes, R. D. 1980. *La ecología de las civilizaciones antiguas*. México.

Le Houérou, N. H. 1977. The nature and causes of desertification. En: *Desertification,* M. H. Glants (Editor), Boulver, Westview Press: 17-38.

Le Houérou, N. H. 1992. An overview of vegetation and land degradation in world arid lands. En: *Degradation and restoration of arid lands.* Texas Technical University: 127-163.

Livi-Bacci, M. 1988. *Ensayo sobre la historia demográfica europea. Población y alimentación en Europa.* Editorial Ariel, Barcelona.

Lohrmann, R. 1995. The need for enhanced international cooperation in addressing environmental migration issues. En: *Desertification and Migrations*. Puigdefábregas, J. y Mendizábal, T. (Editores). Desertificación y Migraciones. International Symposium on Desertification and Migrations. Ministerio de Asuntos Exteriores y Geoforma Ediciones, Logroño, pp. 225-233.

López Bellido, L. 1998. Agricultura y Medio Ambiente. En: *Agricultura Sostenible.* Jiménez Díaz, R.M. y Lamo de Espinosa, J. (Coordinadores) Agrofuturo, Life y Ediciones Mundi-Prensa, Madrid: 15-38.

López Bermúdez, F. 1995a. Desertificación: una amenaza para las tierras mediterráneas. *El Boletín, MAPA,* 20: 38-48.

López Bermúdez, F. 1995b. Las sequías: ¿un riesgo de desertificación para las tierras mediterráneas en el siglo XXI?. *El Boletín, MAPA,* 26: 32-44.

Lyrintzis, G. y Papanastasis, V. 1995. Human activities and their impact on land degradation Psilorites Mountain in Crete: A historical perspective. *Land degradation and Rehabilitation,* 6: 79-93.

Margaris, N.S.; Koutsidou, E. y Giourga, Ch. 1996. Changes in Traditional Mediterranean Land-Use Systems. En: *Mediterranean Desertification and Land Use.* Brant, C.J. y Thornes, J.B. (Editores) John Wiley & Sons Ltd. Chichester: 29-42.

Martín de Santa Olalla Mañas, F. J. (Coordinador). 1996. *Desertification processes in the Mediterranean Area and their interlinks with global climate.* Final Report of EFEDA-II Project, Subgroup II: Vegetation, Soil Physics, Inventory and Impacts (EU Contract n.° EV5V-CT93-0272). Albacete. (No publicado). 243 págs.

Molinero, F. 1990. *Los espacios rurales. Agricultura y Sociedad en el mundo.* Editorial Ariel S.A., Barcelona.

Muñoz Pradas, F. 1995. *Explosión demográfica y crisis ecológica.* Arbor. Ciencia, Pensamiento y Cultura, 594: 23-41.

Naciones Unidas. 1984. Población, recursos, medio ambiente y desarrollo: aspectos destacados de los problemas en el contexto del Plan de Acción Mundial sobre Población. *Boletín de Población de las Naciones Unidas,* 17:1-16.

Naciones Unidas. 1997. *Informe sobre la situación social en el Mundo.* Nueva York.

Painchaud, P. 1995. The population/environmental equation: implications for future security. En: *Desertification and Migrations*. Puigdefábregas, J. y Mendizábal, T. (Editores). Desertificación y Migraciones. International Symposium on Desertification and Migrations. Ministerio de Asuntos Exteriores y Geoforma Ediciones, Logroño, pp. 301-311.

Pérez-Trejo F. 1992. *Desertification and land degradation in the European Mediterranean.* European Commission, Directorate-General XII Science, Research and Development. Report EUR 14850 EN, Bruselas.

Pérez-Trejo F. 1995. A methodological framework for managing the impact of migration on land degradation and desertification. En: *Desertification and Migrations*. Puigdefábregas, J. y Mendizábal, T. (Editores). Desertificación y Migraciones. International Symposium on Desertification and Migrations. Ministerio de Asuntos Exteriores y Geoforma Ediciones, Logroño, pp. 53-67.

Puigdefábregas, J. y Mendizábal, T. 1995. Prólogo. En: *Desertification and Migrations*. Puigdefábregas, J. y Mendizábal, T. (Editores). Desertificación y Migraciones. International Symposium on Desertification and Migrations. Ministerio de Asuntos Exteriores y Geoforma Ediciones, Logroño, pp. 7-9.

Redclift, M. 1987. *Sustainable Development: exploring the contradictions.* Methuen, London.

Rubio Recio, J. M., 1991. Significado de lo biológico en el medio ambiente y la acción humana sobre el mismo. *Lurralde: Investigación y Espacio*, 14: 9-15

Smith, J. 1991. *L'Avenir de l'Agriculture Européenne.* Club de Bruxelles, Bruselas.

Tabah, L. 1989. *De una transición demográfica a otra.* Boletín de la Población de las Naciones Unidas, 28: 1-6.

UNDP. 1992. *Human development report 1992.* Oxford University Press.

UNHCR. 1991. *Some environmental considerations in refugee camps and settlements.* Rapágort n.° 10. Autumn.

Wasson, R. J. 1994. Living with the past: uses of history for understanding landscape change and degradation. *Land degradation and Rehabilitation*, 5: 79-87.

Watanabe, K. 1995. The World refugee situation and the environment. En: *Desertification and Migrations*. Puigdefábregas, J. y Mendizábal, T. (Editores). Desertificación y Migraciones. International Symposium on Desertification and Migrations. Ministerio de Asuntos Exteriores y Geoforma Ediciones, Logroño, pp. 295-300.

Westing, H. A. 1991. Our place in nature: reflections on the global carrying-capacity for humans. En: *Maintenance of the biosphere.* Polunin, N. y Burnet, J. H. (Editores). Edinburgh University Press, págs: 109-120.

Westing, H. A. 1992. Environmental refugees: a growing category of displaced persons. *Environmental Conservation, Ginebra*, 19: 201-207.

Westing, H. A. 1995. Socio-political dimension of desertification-induced population movements. En: *Desertification and Migrations*. Puigdefábregas, J. y Mendizábal, T. (Editores). Desertificación y Migraciones. International Symposium on Desertification and Migrations. Ministerio de Asuntos Exteriores y Geoforma Ediciones, Logroño, pp. 41-52.

Williams, M. 1983. Deforestation: past and present. *Progress in Human Geography*, 13, 2: 176-208.

CAPÍTULO V
AGRICULTURA Y PROCESOS DE DEGRADACIÓN DEL SUELO

Joan Carles Colomer Marco
Juan Sánchez Díaz

1. La degradación del suelo 111
2. Procesos de degradación 112
   2.1. Agricultura y erosión 115
   2.2. Intensificación de la agricultura y procesos de degradación 118
3. Evaluación de la degradación del suelo 124
4. Referencias bibliograficas 128

1. La degradación del suelo

Degradación del suelo se define como «un proceso que rebaja la capacidad actual y potencial del suelo para producir (cuantitativa y/o cualitativamente) bienes o servicios» (FAO/PNUMA, 1980). El proceso incluye una serie de cambios físicos, químicos y/o biológicos en las propiedades y procesos edáficos que llevan a una disminución de la calidad del suelo.

El concepto de calidad del suelo en ocasiones viene referido a un uso o propuesta particular. Así, desde una perspectiva puramente agronómica, la degradación del suelo se traduce en una disminución de la productividad como consecuencia de cambios adversos en el estado nutricional y en la materia orgánica del suelo, en los atributos estructurales, y en las concentraciones de electrolitos y elementos tóxicos del suelo (Lal *et al.*, 1990).

Si bien la función productiva del suelo ha sido, y es, utilizada por la humanidad desde tiempos remotos (la visión del suelo como medio de crecimiento para las plantas es, quizás, la más antigua que el hombre ha tenido sobre el suelo), ésta no es la única, y actualmente, se tiende a considerar otras funciones que toman en cuenta aspectos más globalizadores del suelo. En este sentido, Blum y Aguilar (1994) consideran que el suelo desempeña 6 funciones básicas, no siempre complementarias, que entran en competición cuando el hombre utiliza el territorio:

- producción de biomasa, suministrando alimentos, energía renovable y materias primas como base para la vida humana y animal,
- actuar como filtro, medio tamponador (*buffer*) y transformador para proteger el medio ambiente de la contaminación, especialmente las aguas subterráneas y la cadena alimentaria,
- servir como medio protector de los numerosos organismos del suelo y como reserva genética,
- como soporte físico para el desarrollo de las actividades socioeconómicas e infraestructuras,
- como fuente de materias primas, suministrando agua, arcilla, arena, gravas, minerales y otros,
- como medio protector de la herencia cultural que contiene en forma de evidencias arqueológicas y paleontológicas.

La armonización ecológica y espacial de todas ellas define el uso sostenible del territorio (Blum *et al.*, 1994).

Acorde con este carácter multifuncional del suelo Doran *et al.* (1994) definen la calidad del suelo como «la capacidad de un suelo de funcionar dentro de los límites del ecosistema para sostener la productividad biológica, mantener la calidad medioambiental y promover la salud de las plantas y animales», que es la definición posteriormente adoptada por la Sociedad Americana de la Ciencia del Suelo (SSSA, 1997).

En cualquier caso, concebimos el suelo en relación a su capacidad para servir a nuestras necesidades, interviniendo elementos de juicio social que perciben la «degradación» en relación con alguna propuesta/uso determinado (Blaikie *et al.*, 1987; Van der Leeuw, 1995).

Se tratan a continuación los principales procesos de degradación que, a nuestro juicio, afectan o pueden afectar a corto/medio plazo al suelo, en relación con la agricultura, y se abordan desde una doble perspectiva. Por un lado, viendo el papel que la agricultura ha jugado en el desencadenamiento de los diferentes procesos de degradación del suelo y, por otro, estudiando los efectos que cada uno de ellos tiene sobre esta actividad.

2. Procesos de degradación

Los procesos de degradación son los mecanismos responsables de la disminución de la calidad del suelo. Son múltiples los mecanismos implicados y frecuentemente interactuantes, lo que ha llevado a establecer diferentes agrupaciones (tabla 5.1). Normalmente se ha separado en procesos de degradación física, química y biológica atendiendo a la naturaleza de las propiedades del suelo afectadas. Sin embargo, esta distinción resulta un tanto arbitraria y poco satisfactoria, puesto que, muy frecuentemente, se producen de manera simultánea. El suelo constituye un sistema dinámico y complejo en el que los diferentes componentes interaccionan entre si, de forma que las alteraciones que se produzcan en uno de ellos van a provocar cambios en el resto. Así, la disminución del contenido en materia orgánica conlleva la pérdida de nutrientes y el deterioro de la fertilidad del suelo, a la vez que provoca importantes cambios en las propiedades físicas, dado el papel que juega en la formación y estabilización de los agregados, que pueden acentuar los procesos erosivos. De la misma forma, el proceso de alcalinización va acompañado de fuertes cambios en las propiedades físicas y químicas del suelo, alterando drásticamente la actividad microbiana.

Procesos como la erosión, salinización, lixiviación, acidificación, etc., son procesos que de forma natural se están produciendo, sin que requieran la intervención humana. Sin embargo, consideramos que estos mismos procesos causan degradación cuando han sido acelerados o inducidos por la acción humana.

La agricultura es sin duda alguna la actividad humana que mayor incidencia ha tenido sobre los suelos. Cuenta a su favor el largo periodo de tiempo desde que se viene desarrollando y la gran extensión del territorio que ocupa. Sin embargo, el

TABLA 5.1
Procesos de degradación del suelo agrupados según diversos autores.

Fuente	Tipos	Procesos
FAO/PNUMA (1980)	1 Erosión hídrica 2 Erosión eólica 3 Exceso de sales	• Salinización. • Sodificación.
	4 Degradación química	• Lixiviación de bases. • Acumulación de elementos tóxicos (p.e. metales pesados).
	5 Degradación física	• Apelmazamiento. • Encostramiento. • Reducción de la permeabilidad. • Compactación. • Falta de aireación. • Degradación de la estructura. • Limitaciones a la radicación.
	6 Degradación biológica	• Pérdida de materia orgánica.
Yassoglou (1987)	1 Pérdida de volumen	• Erosión. • Compactación. • Encharcamiento.
	2 Degradación de la estructura	• Erosión. • Rotura mecánica. • Alcalinización. • Encharcamiento. • Pérdida de materia orgánica. • Impacto de las gotas de lluvia. • Sedimentación.
	3 Pérdida de materia orgánica y disminución de la actividad biológica	• Erosión. • Manejo exhaustivo. • Excesivo drenaje.
	4 Degradación química	• Lavado de bases. • Acidificación. • Salinización. • Alcalinización. • Carbonatación. • Contaminación química. • Fertilización inadecuada. • Erosión. • Sedimentación.
	5 Deterioro de la fertilidad	• Erosión. • Lavado de bases. • Fijación. • Volatilización. • Manejo exhaustivo.

TABLA 5.1
Procesos de degradación del suelo agrupados según diversos autores. *(Continuación)*

Fuente	Tipos	Procesos
Lal *et al.*, (1990)	1 Degradación física	• Compactación. • Laterización. • Erosión y Desertificación.
	2 Degradación química	• Reducción de la Fertilidad. • Acidificación. • Sodificación. • Acumulación de compuestos tóxicos.
	3 Degradación biológica	• Disminución de la materia orgánica. • Reducción de la macro y microfauna del suelo.
UNEP (1992)	1 Por desplazamiento del material	• Erosión hídrica. • Erosión eólica.
	2 Deterioro interno del suelo 2.a Por procesos físicos	• Compactación. • Sellamiento superficial. • Encostramiento superficial. • Sodificación. • Encharcamiento. • Aridificación. • Subsidencia de suelos orgánicos.
	2.b Por procesos químicos	• Salinización. • Pérdida de nutrientes. • Pérdida de materia orgánica. • Acidificación. • Contaminación.

mayor impacto, tanto sobre el suelo como sobre el medio ambiente, se ha producido a partir de la segunda mitad de este siglo con la intensificación de las prácticas y el desarrollo tecnológico.

En el ámbito mediterráneo, es la erosión hídrica el principal proceso de degradación que aparece ligado a la agricultura, hasta tal punto que se puede decir, tal y como apunta Rosselló (1993), que, desde su aparición en el neolítico, «erosión y agricultura quedarían hermanadas para siempre». El carácter global y la irreversibilidad del proceso, a escala humana, hacen que constituya uno de las más graves problemas que amenaza a nuestros suelos.

Los problemas de salinización no son nuevos en el mediterráneo, pero la fuerte expansión que ha experimentado la agricultura de regadío en los últimos años, se ha visto acompañado por un incremento de los suelos afectados por sales.

La aplicación de fertilizantes y plaguicidas han introducido nuevos problemas, algunos conocidos, como la contaminación de aguas de consumo humano por nitratos, otros desconocidos, como los efectos que puedan tener los más de 1.000 principios activos presentes en los plaguicidas. La acumulación de metales pesados en el suelo, actualmente un problema real en países del norte de Europa (como en Holanda, Alemania), representa una seria amenaza, que de no tomarse en consideración será una realidad a medio plazo.

2.1. Agricultura y erosión

La *erosión hídrica* constituye el principal proceso de degradación que afecta a los suelos en el ámbito mediterráneo, y representa una de las formas más completas de degradación que engloba tanto la degradación física del suelo como la química y la biológica.

No se trata de un fenómeno reciente, sino más bien crónico en la cuenca mediterránea, siendo objeto de debate el papel que ha desempeñado la actividad humana en tiempos históricos, principalmente con el desarrollo de la agricultura. Frente a los argumentos climatogénicos, que apuntan a los cambios climáticos como la causa desencadenante de los procesos erosivos en tiempos históricos, se presenta la hipótesis antropogénica que relaciona los ciclos de agradación-incisión fluviales con las fluctuaciones de población y alternancias en las estrategias de utilización del suelo (Mateu, 1992). La creciente presión antrópica que se ha ejercido en la cuenca mediterránea, durante el último tercio del Holoceno, hace difícil separar el componente natural o climático, del artificial o antrópico, al explicar la evolución del paisaje (Rosselló, 1993), por lo que cada vez más se enfatiza la conveniencia de investigar posibles convergencias y divergencias a escala regional (Mateu, 1992).

La eliminación de la vegetación para la puesta en cultivo altera el equilibrio natural, dejando la superficie del suelo expuesta a los agentes erosivos e interrumpiendo el aporte de restos vegetales al suelo. A menos que se realicen prácticas de manejo como la aplicación de enmiendas orgánicas o de residuos de cosechas, con la puesta en cultivo, el suelo recibe menos aportes por parte de las plantas cultivadas a la vez que se produce una rápida mineralización del humus, favorecida por la acción de laboreo y por las altas temperaturas. Se inicia así un proceso de disminución progresivo del contenido en materia orgánica del suelo que provoca un rápido deterioro de su fertilidad y estructura, con lo cual se disminuye la infiltración y aumenta la escorrentía incentivándose los procesos erosivos (ver Fig. 5.1).

Los escasos contenidos en materia orgánica (y la abundancia de partículas de limo superficial) propician la formación de costras y sellado de los horizontes superficiales, que deterioran las propiedades físicas, así como la respuesta hidrológica del suelo, intensificándose los procesos erosivos (Rubio *et al.*, 1996; Ibañez *et al.*, 1997).

Si bien la agricultura parece haber sido una de las principales causas que ha contribuido a la deforestación del paisaje mediterráneo, Dupre (1990) apunta que éstas han podido ser múltiples y variadas (pastoreo, carboneo, minería, industria, guerras, crisis económicas, etc.) según la zona y las condiciones socio-económicas del momento.

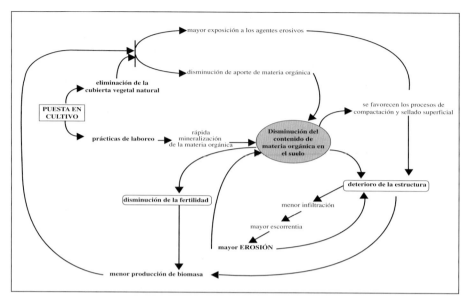

Fig. 5.1   Cambios producidos en el suelo como consecuencia de la puesta en cultivo.

Si la expansión de la agricultura ha desempeñado un papel importante en la incentivación de los procesos erosivos en el ámbito mediterráneo, el abandono de los cultivos puede ser otro factor desencadenante.

La construcción de terrazas con el fin de aumentar la superficie de suelo productivo, un rasgo característico del paisaje mediterráneo en las zonas de relieve más ondulado, o en las montañas, ha sido una práctica que se viene realizando desde hace unos 3.000 años (Yaalon, 1997). El abandono agrícola, y de las prácticas de conservación y mantenimiento que requieren estas estructuras, ha desencadenado, en repetidas ocasiones a lo largo de la historia, fuertes procesos erosivos como evidencian los estudios de Van Andel *et al.* (1986) realizados en Grecia, y Naveh *et al.* (1973) llevados a cabo en Israel. El desmoronamiento de bancales, con fuerte desarrollo de morfologías erosivas, es un rasgo característico de nuestro paisaje, siendo una consecuencia directa del rápido proceso de abandono de tierras de cultivo de mitad de siglo.

Contrariamente a lo que pudiera pensarse, el abandono de las tierras no siempre favorece la restauración del paisaje (Puigdefábregas, 1992). Los estudios de García-Ruiz (1991) y García-Ruiz *et al.* (1994, 1996), llevados a cabo en los Pirineos centrales ponen de manifiesto que los procesos erosivos tras el abandono dependen de:

- las características del suelo, en muchos casos empobrecidos tras largos periodos de cultivo, lo que dificulta la colonización, que avanza muy lentamente, acentuándose la erosión durante los primeros años de abandono,
- las características del manejo a que se vean sometidas las parcelas tras el abandono, que ejercen un control parcial de los rasgos de la colonización vegetal.

En ambientes semiáridos, con precipitaciones escasas, irregulares y de gran intensidad el problema se agrava. Las prácticas de manejo se encuentran ausentes y las características de los suelos no son favorables o dificultan la colonización vegetal. Estos suelos pobres, desarrollados sobre un depósito cuaternario, de poco espesor, sobre un basamento detrítico con dominancia de arcillas o directamente formados sobre éste son fácilmente destruidos. En estos ambientes, el papel de la litología es determinante en la aparición de la morfología erosiva acusada, sobre todo si está ligada a la pendiente.

No obstante, se ha de tener en cuenta que en determinadas zonas el abandono de cultivos de secano en suelos profundos ha permitido una recolonización de la vegetación natural, un aumento de la biomasa y de la actividad biológica y por tanto una mejora de la estructura del suelo.

La erosión hídrica actúa de manera selectiva arrastrando las fracciones más finas del suelo (arcillas, materia orgánica y otras fracciones coloidales) provocando la pérdida de nutrientes, el deterioro de la estructura, la reducción de la profundidad efectiva del suelo y la disminución de la capacidad de retención de agua y nutrientes del suelo. Todo ello lleva a una disminución de la productividad del suelo que afecta negativamente al crecimiento y vigor de las plantas.

La disminución del contenido en materia orgánica, a través de los mecanismos anteriormente señalados, y de la productividad, disminuyendo la cobertura vegetal y por tanto el papel protector que ejerce sobre el suelo, generan bucles de retroalimentación positiva que van a reforzar aún más los procesos erosivos, como se puede observar en la figura 5.1.

Una de las manifestaciones más características en las tierras de cultivo de secano es la decapitación de horizontes superficiales en las zonas topográficamente elevadas, exponiendo el subsuelo relativamente infértil, lo que se traduce rápidamente en un desigual desarrollo de los cultivos (presencia de «calvas»), fenómeno que no sólo se da en topografías con declives más o menos acusados, sino también en terrenos particularmente llanos (Gallardo *et al.*, 1990).

Los regueros y cárcavas, frecuentes sobre todo en campos en barbecho tras episodios de lluvia de elevada intensidad, característicos del clima mediterráneo, son eliminados por la acción del laboreo, impidiendo su evolución (Gallardo *et al.*, 1990). No obstante, representan importantes pérdidas de suelo que pueden alcanzar valores superiores a 750 t/ha durante un único episodio de lluvia (De Alba, 1997). No ocurre así en los campos abandonados, fundamentalmente en zonas de terrazas, donde la situación inestable de las mismas acentúa esta morfología.

A partir de los datos obtenidos en parcelas experimentales de diferentes países del ámbito mediterráneo (Portugal, España, Francia, Italia y Grecia), con una variabilidad manifiesta en cuanto a precipitación, pendiente, características litológicas y edáficas de las parcelas, con diferentes usos representativos de la región mediterránea (cereales de secano, viñas, olivos, etc.), Kosmas *et al.* (1997) concluyen:

- De los usos estudiados, el cultivo de la vid crea las condiciones más favorables para la generación de escorrentía y pérdida de suelo, con valores que oscilan entre 67 y 460 t·km^{-2}·año^{-1}. El escaso papel protector que ejerce el cultivo durante la mayor parte del año y las prácticas de manejo que se realizan se apuntan como responsables.
- Los valores de pérdida de suelo encontrados para los cereales de secano oscilan entre 15 y 90 t·km^{-2}·año^{-1}, observándose que el periodo más crítico para que se

produzca la erosión va desde principios de octubre a finales de febrero, cuando el suelo se encuentra desprotegido. En este sentido, indican el papel protector que ejerce la presencia de piedras en los suelos estudiados, por lo que se pueden obtener tasas de erosión mayores cuando éstas estén ausentes.

- Las tasas de erosión más bajas se presentan en las parcelas con olivos, con valores inferiores a 3 t.km^{-2}.año^{-1}, e incluso nulos. Sin embargo, indicar que estos valores son escasamente representativos al haberse obtenido únicamente a partir de los datos de 6 parcelas experimentales de la región de Spata (Atenas, Grecia) en los que el olivo se presenta en condiciones seminaturales. De todas formas, pone en evidencia el papel protector frente a los procesos erosivos que ejerce la presencia de una vegetación anual y de residuos de plantas sobre el suelo.

Además del impacto *in situ* que produce la erosión del suelo, se generan una serie de consecuencias directas, derivadas del transporte y sedimentación del material movilizado, como la rotura de canales y diques, la obstrucción de infraestructuras de riego, colmatación de embalses, contaminación con agroquímicos, e indirectas, como el aumento de la escorrentía superficial en las laderas, de la torrencialidad de los canales, así como de los caudales de cursos fluviales y del riesgo de inundación (De Alba, 1997).

En España, el fenómeno de la erosión hídrica reviste gran importancia estimándose que en el 18% del territorio nacional (9,16 millones de hectáreas) la erosión se manifiesta con alta intensidad (tasas de pérdida de suelo superiores a 50 toneladas por hectárea por año), encontrando que cerca de la mitad de la superficie se encuentra afectada por algún tipo de erosión. Las zonas más afectadas se localizan en la mitad SE, principalmente Andalucía con un 6,9%, la Comunidad Valenciana con un 2% y Castilla-La Mancha y Extremadura con un 1,9% cada una en términos absolutos (MOPT, 1992).

2.2 Intensificación de la agricultura y procesos de degradación

Los cambios socioeconómicos del presente siglo han llevado a una progresiva intensificación de la producción agraria que, en los países del mediterráneo septentrional, se ha reflejado en una contracción del espacio propiamente agrario, mediante abandono de las zonas de escasa productividad o con difícil acceso y mecanización, que va quedando limitado a las zonas más fértiles de vegas y terrazas fluviales, a las fincas cercanas a los pueblos y a las llanuras fácilmente mecanizables (Gómez, 1997).

Los elevados consumos de agua, la fuerte mecanización y la utilización de productos agroquímicos, constituyen elementos característicos de esta nueva agricultura, llamada industrial o química, y han propiciado, por una parte, un incremento significativo de la producción agrícola, y por otra, un aumento de la presión que la actividad agrícola ejerce sobre el medio ambiente en general, y sobre el suelo en particular.

Regadío y salinización

La rápida expansión que ha experimentado la agricultura de regadío en las últimas décadas, ha ido acompañada de un incremento de los problemas de salinización. En el caso español se pasa de tener una superficie de regadío de 1.950.000 ha en 1961 a 3.603.000 ha en 1997 (según datos de Faostat Agriculture Database, FAO, 1999, acceso internet *http://appgs.fao.org/*), con claros ejemplos de salinización del suelo inducida por la puesta en regadío como en el sistema Flumen-Monegros (Huesca), donde son ya 38.000 las hectáreas afectadas por salinidad edáfica, y en los llanos de Urgell (Lleida). Se estima que la superficie de riego afectada en el valle del Ebro es del orden de unas 320.000 ha (Balsa *et al.*, 1991), y en Castilla-La Mancha, Artigao *et al.* (1995) evidencian una incipiente salinización en regadíos de la zona de Barrax (Albacete). Se considera que el 25% de la superficie bajo riego en la Europa Mediterránea está afectada por salinización en grados moderado a severo (WRI-IIED-UNEP, 1988).

Junto con el agua de riego se incorporan sales que, a menos que sean lavadas y eliminadas a través del drenaje, tenderán a acumularse en el suelo. El problema adquiere especial relevancia en las condiciones ambientales mediterráneas, particularmente en las zonas áridas y semiáridas, por la elevada evapotranspiración que se produce durante los meses de verano, que es cuando más riegos requieren los cultivos, favoreciendo el movimiento ascendente de las sales y su acumulación en superficie.

La situación generalizada de coincidencia de áreas de gran concentración urbana e industrial con las zonas de mayor desarrollo de agricultura de riego, también está contribuyendo a agravar más el problema (Plá, 1991). Esta situación, típica de las zonas costeras, ha promovido la sobreexplotación de los acuíferos litorales favoreciendo la penetración de agua marina, que ha llevado a un deterioro de la calidad de las aguas subterráneas. Este es un hecho alarmantemente repetido en el litoral valenciano (Ferrer, 1991).

Las prácticas de riego en condiciones inadecuadas de drenaje, el empleo de aguas con elevados contenidos en sales, generalmente subterráneas o provenientes de efluentes urbanos e industriales, el manejo de fracciones de lavado bajas, por razones de economía de agua y también por control del drenaje (Llorca, 1991), o la presencia de materiales con cierta cantidad de sales solubles precipitadas, que pueden actuar como centros de redistribución de sales (Porta *et al.*, 1994), llevan a la acumulación de sales en el suelo afectando al desarrollo del cultivo.

Los efectos varían dependiendo del tipo de sales (generalmente compuestas de los cationes Ca^{2+}, Mg^{2+} y Na^+, y de los aniones HCO_3^-, Cl^- y SO_3^{2-}), de la acumulación preferencial de unos u otros compuestos y de la concentración total que alcancen. Así, se distinguen tres procesos en relación a la acumulación de sales en el suelo (Porta *et al.*, 1994): *salinización* como el proceso por el cual se acumulan sales más solubles que el yeso, se trata normalmente de cloruros y sulfatos de calcio y magnesio, *sodificación*, proceso por el cual aumenta el contenido de sodio intercambiable, y *alcalinización*, en el que además de aumentar el sodio intercambiable, se acumula carbonato sódico, provocando un incremento de pH del suelo a valores alrededor de 10. Los problemas que generan cada uno de los procesos, así como los métodos para su prevención, manejo y recuperación difieren en cada caso (Plá, 1991).

La presencia de sales solubles en el suelo afecta negativamente al crecimiento de las plantas, variando de unos cultivos a otros, provocando una reducción drástica del rendimiento, que puede llegar a ser nulo. Son diversos los mecanismos implicados y en muchos casos pueden actuar de manera simultánea.

Las sales en solución disminuyen el potencial osmótico del agua del suelo, lo que dificulta su absorción por parte de la planta y provoca el estrés hídrico (sequía fisiológica). Además, se pueden presentar efectos de toxicidad específica o desequilibrios nutricionales en la planta por la acumulación selectiva de electrolitos en la solución del suelo. En presencia de altos contenidos en Na^+, tanto en solución como en la fase de intercambio, se produce un deterioro de las propiedades físicas del suelo. Éste se puede producir bien por dispersión de las partículas de arcilla o por hinchamiento de las mismas al humedecerse, dependiendo de los contenidos en sodio que se alcancen, el contenido y tipo de arcillas presentes y el pH del suelo. La destrucción de la estructura favorece el sellado superficial, restringiendo los movimientos de aire y de agua en el suelo, y dificulta el desarrollo y profundización radicular. Todos estos cambios afectan a la actividad de las raíces de las plantas y de los microorganismos del suelo (Gupta et al., 1990).

El drenaje de zonas, originalmente encharcadas, para su puesta en cultivo, puede llevar también a procesos de salinización del suelo. Esta práctica, común en muchas zonas de marjal de la costa mediterránea, ha llevado, como en el caso del *Prat de Cabanes-Torreblanca* (Castellón), a un aumento de la salinidad por la transformación en sulfatos, principalmente yesos, de los materiales sulfurosos que se han podido acumular en condiciones de anaerobiosis (Batlle-Sales et al., 1994). En ausencia de carbonatos, se produciría una fuerte acidificación del medio. El riego en estas zonas representa un problema añadido ya que la presencia del nivel freático próximo a la superficie impide el drenaje efectivo del suelo.

Además, en estas zonas, donde es frecuente la presencia de *suelos orgánicos*, el drenaje conlleva un incremento de la mineralización de la materia orgánica y la consolidación de los materiales, lo que provoca la pérdida de volumen y la compactación del suelo (fenómeno de subsidencia).

La tendencia al incremento de áreas de riego y la competencia creciente por el uso de aguas de buena calidad tenderán a agravar el problema en el futuro (Plá, 1991). A esto habría que añadir los posibles efectos del cambio climático. En este sentido, Szabolcs (1990, 1991) estima que en los próximos 50-70 años el área de suelos afectados por sales en la Europa Mediterránea se duplicará por dicha causa, siendo la Península Ibérica la zona más afectada.

Fertilizantes y plaguicidas: contaminación

La utilización masiva de productos agroquímicos (fertilizantes inorgánicos y plaguicidas principalmente) es una práctica común en la agricultura actual, alcanzando su mayor impacto en las zonas de regadío, donde la mayor intensificación ha requerido de la aplicación de mayores dosis de estos productos.

El consumo de fertilizantes minerales a nivel español se ha incrementado en más del doble en los últimos 40 años (Fig. 5.2), alcanzando los mayores valores a finales de los 80, con un consumo total de fertilizantes de 2.093.799 toneladas en 1988, y durante esta década, donde se alcanzan 2.164.000 de toneladas en 1996. De todos ellos, los fertilizantes nitrogenados son los de más amplia utilización.

Por otra parte, el área de tierras cultivadas a sufrido ligeras variaciones durante éste periodo (según la misma fuente), por lo que las dosis de fertilizantes aplicadas por unidad de área son cada vez mayores (tabla 5.2). Aunque en promedio las dosis de fertilizantes nitrogenados no alcancen valores superiores a 50 kg/ha, en las zonas de regadío se aplican dosis mucho mayores.

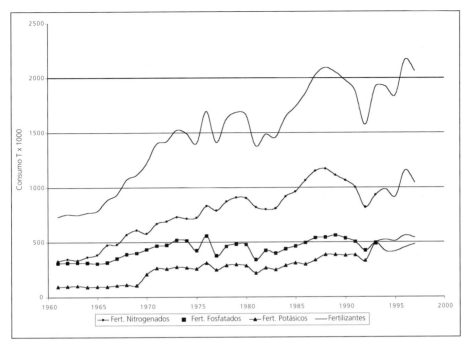

Fuente: Organización de las Naciones Unidas para la Agricultura y la Alimentación (FAO, Faostat Agriculture Database, 1999).

Fig. 5.2   Evolución del consumo de fertilizantes en España desde 1961 a 1997.

TABLA 5.1
Consumo de fertilizantes en España en los años 1961 y 1997
y promedios de las dosis aplicadas agrupados por décadas.

Tipo de fertilizantes	Consumo 1961 (toneladas)	Promedio de las dosis aplicadas (kg/ha)				Consumo 1997 (toneladas)
		61-69	70-79	80-89	90-97	
Nitrogenados (N)	327.178	21,0	36,1	47,4	49,6	1.041.900
Fosfatados (P_2O_5)	307.978	16,2	22,6	22,8	25,6	540.200
Potásicos (K_2O)	94.700	4,8	12,8	14,7	21,0	479.400
Total	729.856					2.061.500

Fuente: Organización de las Naciones Unidas para la Agricultura y la Alimentación -FAO, Faostat Agriculture Database, 1999. Los promedios anuales se han calculado tomando en cuenta el total de hectáreas de tierras arables y cultivos permanentes tomados de la misma fuente.

El desconocimiento de las necesidades nutricionales del cultivo y/o de las características del suelo ha llevado a la aplicación de dosis en exceso de productos fertilizantes, que si bien pueden no haber tenido un efecto sobre la productividad, si pueden haber afectado a otras funciones del suelo.

Un ejemplo claro es el producido por el abuso de los fertilizantes nitrogenados. Dada la alta solubilidad de estos compuestos, el exceso es fácilmente lavado provocando problemas de eutrofización en las aguas superficiales y la contaminación de los acuíferos subterráneos. En la Comunidad Valenciana, Llopis et al. (1991) observan que entre 1968 y el periodo 1981-1984 se produce un aumento de las concentraciones de nitratos en las aguas de consumo público. Se llegan a alcanzar concentraciones superiores a 200 mg/l en las proximidades de Valencia, Castellón, Torreblanca, Vinaròs, Gandía, Dénia, siendo habituales concentraciones superiores a 100 mg/l y escasas las inferiores a 50 mg/l (Morell, 1991), que es el límite máximo admitido por la reglamentación técnica sanitaria para el agua de consumo humano. La principal causa de la excesiva presencia de nitratos se atribuye a la contaminación de los acuíferos por actividades agrícolas.

La aplicación de dosis excesivas de fertilizantes al suelo puede afectar también a la producción. El rendimiento de un cultivo no aumenta proporcionalmente con la cantidad de nutrientes que se incorporan al suelo, sino que a partir de una determinada concentración el rendimiento se mantiene constante, y concentraciones superiores pueden producir efectos negativos, bien por ser tóxicos para el cultivo o por originar desequilibrios nutritivos al establecerse competencias por parte de otros elementos (Felipó et al., 1987). Sendra et al. (1993) obtienen los mejores rendimientos, en cultivos de arroz en Valencia, con dosis de 150 Kg N/ha, observando un descenso de la producción al aumentar las dosis. En este mismo estudio, se pone de manifiesto la falta de respuesta del arroz a la fertilización fosforada, dado el alto nivel de fósforo asimilable presente en el suelo. Sin embargo, constituye una práctica común en la zona.

En el caso de los fosfatos, su movilidad en el suelo es menor que la de los nitratos al quedar retenidos en los constituyentes del suelo, principalmente la materia orgánica, los minerales de arcilla, iones Ca y los óxidos e hidróxidos de Fe y Al. Sin embargo, la aplicación reiterada de dosis excesivas de fertilizantes fosfatados lleva a una disminución de la capacidad de retención del suelo, afectando a su función filtrante. A largo plazo, se puede llegar a la saturación completa de la capacidad de retención, facilitando el lavado de los fosfatos y la eutrofización de las aguas (De Haan, 1987).

La contaminación de las aguas superficiales por fósforo está muy poco estudiada en España y tiene más importancia en las zonas de agricultura extensiva donde los procesos de erosión son más frecuentes, puesto que el P es transportado a los cursos de agua en forma absorbida a las partículas más finas del suelo que son más fácilmente arrastradas por la erosión (Ramos, 1992).

La utilización creciente de plaguicidas con el fin de proteger los cultivos y asegurar una buena calidad de las cosechas, presenta una serie de efectos adversos que dependen en gran medida del comportamiento del plaguicida en el suelo (De Haan, 1987), y que vendrá determinado por la naturaleza química y propiedades del compuesto, de la forma en que se aplique, de las condiciones climáticas —humedad, temperatura—, de las características del suelo, de la población microbiana, etc. (Felipó et al., 1987).

La Agencia Europea para el Medio Ambiente (Stanners et al., 1995) sostiene que el uso de plaguicidas puede llevar a:
- la destrucción de parte de la microfauna y mesofauna y de la microflora del suelo, que puede conducir a un deterioro físico y químico,
- efectos en la disponibilidad de la materia orgánica, especialmente por la utilización de herbicidas (se ha observado que muchos plaguicidas reducen, en un espacio relativamente corto de tiempo, los procesos de mineralización y nitrificación),
- una disminución de las cosechas, en cultivos en rotación, por la presencia residual de herbicidas,
- y, a la contaminación de aguas subterráneas por lavado de los plaguicidas.

La gran variedad de productos utilizados y la falta de datos reales de consumo de plaguicidas hacen difícil una valoración correcta de los impactos que ejercen sobre el medio ambiente, existiendo actualmente un insuficiente conocimiento del comportamiento de estos compuestos en el suelo.

Un problema añadido a la utilización de productos agroquímicos es que junto con ellos se incorporan al suelo metales pesados tales como Cd, Cr, Pb, Zn, Cu, Co, etc, que se presentan como impurezas o formando parte de los componentes de fertilizantes y plaguicidas. La acumulación de estos elementos en los horizontes superficiales del suelo constituye un importante riesgo de contaminación de los terrenos de cultivo (Ortiz, 1990), por su potencial toxicidad.

Gimeno et al. (1996) encuentran que el Zn, Mn, Co y Pb son los principales metales que se incorporan al suelo como impurezas como consecuencia de la aplicación de fertilizantes y plaguicidas en el cultivo del arroz en Valencia, siendo los superfosfatos los que presentan mayores niveles de Cd, Co, Cu y Zn (tabla 5.3).

La contaminación del suelo por metales pesados puede ocasionar una disminución en la producción de cosechas. Boluda et al. (1993) encuentran que el contenido en Cd,

TABLA 5.3
Contenido de metales pesados (mg. kg^{-1}) en fertilizantes y plaguicidas, y estimación del total incorporado al suelo (g. ha^{-1}. año^{-1}) por la aplicación de productos agroquímicos en el cultivo del arroz.

	Cd	Co	Cu	Ni	Pb	Zn	Fe	Mn
Fertilizantes								
Sulfato de cobre	0,21	0,06	255×10^3	0,60	11,0	21,4	–	–
Sulfato de hierro	0,03	1,35	0,30	0,50	10,0	13,3	201×10^3	220
Urea	0,01	0,05	0,40	–	–	–	–	–
Superfosfato	2,22	4,50	12,5	–	–	50	–	–
Plaguicidas								
Antracol	1,94	1,85	–	0,75	5,00	274×10^3	$0,275 \times 10^3$	15
Satur-G	1,48	1,81	13,00	12,25	10,00	55,00	$10,20 \times 10^3$	205
Ordram	1,38	0,17	–	14,25	7,50	32,50	$10,10 \times 10^3$	195
Total incorporado	1,47	3,05	8.933	1,26	3,09	1,137	40.201	60,49

Fuente: Gimeno et al., 1996.

Cu, Ni, Pb y Zn en la fracción disponible del suelo, y el contenido total en Pb, Cu y Zn en el suelo muestran una correlación negativa con el grado de desarrollo de las plantas de arroz de los arrozales del Parque Natural de L'Albufera de València (medido a partir de la respuesta espectral del cultivo). Además, la actividad microbiana del suelo se ve afectada, inhibiendo los procesos que tienen lugar en el suelo.

Esta no es la única fuente de contaminación de metales pesados en los suelos agrícolas, sino que éstos pueden incorporarse al suelo a través de la aplicación de lodos residuales, abonos orgánicos, aguas residuales, o bien, por deposición atmosférica.

El comportamiento y disponibilidad de los metales pesados en el suelo viene determinado en gran medida por los procesos de adsorción (al complejo de cambio, o formando complejos con la materia orgánica) y precipitación (en forma de óxidos e hidróxidos, o junto con los carbonatos), y se encuentran fuertemente afectados por las condiciones del medio (pH, aireación). En general, se puede afirmar que la disponibilidad es mayor en suelos ácidos que en suelos neutros o alcalinos, y que cuanto mayor es el contenido de óxidos de hierro y manganeso, de materia orgánica y de carbonato cálcico en el suelo, menor es su disponibilidad al predominar los proceso de adsorción y precipitación (Boluda, 1992).

Los cambios que se puedan producir en las condiciones del suelo (p.e. por cambios de uso) pueden llevar a la movilización de estos compuestos, aumentando la biodisponibilidad de los metales pesados, por lo que pueden ser introducidos en la cadena alimenticia o bien ser lavados y contaminar las aguas de consumo, pudiendo afectar a la salud humana.

3. Evaluación de la degradación del suelo

La intensa labor llevada a cabo durante los últimos 20 años por diversas organizaciones internacionales (entre ellas UNEP, FAO, WMO, UNESCO y ISSS) para valorar de forma sistemática la extensión global que alcanzan los procesos de degradación (p.e. FAO/PNUMA, 1980; FAO/UNEP, 1984; Oldeman et al., 1991) contrasta con los escasos resultados obtenidos, no existiendo actualmente criterios satisfactorios globalmente aceptados, ni estudios de detalle que hayan permitido una correcta valoración de los distintos procesos de degradación. Sanders (1992) realiza una revisión de los estudios que a nivel internacional se han llevados a cabo y sostiene que algunos de los problemas encontrados vienen motivados por:

- La escasa información disponible, muchas veces basada en estimaciones subjetivas y cualitativas, o bien, los datos que se encuentran son difícilmente comparables.
- La necesidad de definir claramente qué se está midiendo. No es raro encontrar trabajos en los que diferentes aspectos de la degradación como son el *estado actual* (en el que se encuentran los suelos), la *tasa* (a la que se está produciendo) y el *riesgo* (de que se produzca la degradación), se mezclan y confunden, proporcionando resultados confusos y engañosos.
- La complejidad del proceso en cuestión. La interacción frecuente entre los distintos procesos de degradación hace que sea difícil separarlos, y a la vez dificulta presentarlos de manera conjunta.

Las observaciones y mediciones directas, el empleo de las técnicas de teledetección, la aplicación de modelos matemáticos y la evaluación por métodos paramétricos, tal como apuntaba FAO/PNUMA (1980), siguen siendo los principales métodos que pueden contribuir a la evaluación de la degradación de los suelos. Sin embargo, las técnicas de teledetección, en las que inicialmente se pusieron grandes expectativas, han proporcionado escasos resultados. Tal como sugiere Sanders (1992), una posible razón viene del problema de distinguir los cambios que se producen como consecuencia de la degradación de aquellos motivados por las variaciones estacionales y anuales.

La medida de la degradación de los suelos plantea una serie de problemas técnicos y metodológicos en relación a la escala espacial y temporal (Stocking, 1987). Los procesos de degradación se dan en tasas, grados y frecuencias variables en el espacio y en el tiempo, por lo que estos aspectos han de ser tenidos en cuenta en el diseño del plan de medidas. A diferentes escalas concurren e interaccionan diferentes procesos y mecanismos, de ahí, que encontremos, por ejemplo, que la magnitud de los resultados de la pérdida de suelo es dependiente de la escala de medida (De Alba, 1997), lo que plantea serias dificultades cuando se quieren establecer comparaciones entre medidas llevadas a cabo a distintas escalas. «Nuestra comprensión de cómo conjugar y/o extrapolar los resultados de parcelas experimentales y microcuencas con los obtenidos a nivel de grandes cuencas hidrográficas o para periodos de tiempo prolongados es muy limitada» (Ibañez *et al.*, 1997). Ello lleva a que en ocasiones se cuestione la representatividad de las medidas realizadas, o bien, explica que a partir de los mismos datos se pueda llegar a interpretaciones distintas, e incluso contradictorias.

No es tarea fácil. Los diferentes procesos de degradación (p.e. erosión, salinización, acidificación) son procesos que se están produciendo de forma natural, estando sujetos a variaciones estacionales, anuales, etc, y que en el ámbito mediterráneo, muestran una gran variabilidad. Separar, a corto plazo, los cambios producidos por las variaciones naturales de aquéllos inducidos por la acción humana entraña una seria dificultad.

Además, se presenta el problema de la *significación* de los datos. Tal como señala Stocking (1987), las medidas han de prestar un servicio, y no tienen valor intrínseco a menos que sean utilizadas. Para ello, los datos deben de presentarse de forma que resulten operativos para quienes los van a utilizar. En los estudios de degradación, la utilidad de las medidas es de vital importancia puesto que a partir de ellas se van a derivar una serie de decisiones que pueden permitir establecer medidas correctoras, evaluar los usos del territorio, diseñar y mejorar planes de conservación, planificar proyectos de recuperación de zonas degradadas, etc. Este mismo autor pone como ejemplo las tasas de erosión del suelo. Los estudios de erosión se han centrado fundamentalmente en cuantificar la pérdida de material en $t.km^{-2}.año^{-1}$ (o en mm de suelo erosionado). Esta medida tiene poco significado real para el agricultor o el evaluador, no dice cuan serio es el problema, ni si puede ser ignorado o no. La tasa de erosión, por si sola, representa una pobre medida de la pérdida de productividad del suelo. La relación entre ambos depende de las características del suelo. Mientras que unos suelos pueden experimentar descensos drásticos de su productividad con sólo pequeñas tasas de erosión, otros pueden soportar elevadas tasas viendo afectada su productividad mínimamente. El concepto, no exento de crítica, de *soil loss tolerance* (o factor T) fue propuesto por la *U.S. Soil Conservation Service* con el fin de dar solución a este problema.

Las observaciones y mediciones directas representan la única verdad terreno (p.e. tasas de erosión medidas *in situ*) y servirán para evidenciar los distintos procesos de degradación, y para comprobar y contrastar los resultados obtenidos mediante los otros métodos. Los problemas que plantean y el elevado coste en tiempo y dinero que representan, han promovido la utilización de métodos paramétricos (p.e. la ecuación universal de pérdida de suelo-USLE) y el desarrollo de índices que, a pesar de los problemas que presentan (Westman, 1985, Suter, 1993), tienen la ventaja de ser simples y de sintetizar la información haciendola más manejable y comprensible para aquéllos que la vayan a utilizar. Esta misma simplicidad ha llevado en ocasiones a un uso generalizado e indiscriminado de los métodos paramétricos, con independencia de las condiciones para las que se generaron y con escaso contraste de los resultados obtenidos (sirva la misma USLE de ejemplo, p.e. Wischmeier, 1976).

El desarrollado de índices de degradación plantea algunas dificultades dada la multiplicidad de factores físicos, químicos y biológicos que controlan los diferentes procesos así como su variación tanto en el espacio como en el tiempo. En los intentos llevados a cabo por Sánchez *et al.* (1996, 1997 y 1998) en Castilla-La Mancha se pone de manifiesto, por una parte, la dificultad de distinguir, mediante la aplicación de índices, procesos naturales de inducidos, y por otra, la necesidad de tomar en consideración otros aspectos del suelo que no sea únicamente su función productiva.

El concepto de calidad del suelo se ha sugerido como una herramienta que permita evaluar los cambios que se produzcan como consecuencia de las actividades humanas e integrar en un índice (índice de calidad del suelo) aspectos tanto cualitativos como cuantitativos que engloben distintas funciones del suelo (Granatstein *et al.,* 1992).

El concepto en sí, constituye un elemento de referencia común a los distintos procesos de degradación, permitiendo una valoración conjunta de todos ellos y aglutinando las complejas interacciones que se establecen entre los diferentes componentes físicos, químicos y biológicos del suelo.

Sería necesario establecer un proceso uniforme que permitiese seleccionar criterios específicos de calidad del suelo para cada situación concreta, puesto que es impensable que un único índice pueda ser aplicable para todos los sistemas de cultivo o todas las zonas geográficas (Granatstein *et al.,* 1992). Destacan las propuestas de Karlen *et al.* (1994a y 1994b) y Doran *et al.* (1994), que definen el índice de calidad como una función de las distintas funciones del suelo, relacionando cada una de ellas con propiedades cuantificables del mismo. El esquema seguido proporciona la flexibilidad necesaria para su aplicación en un amplio rango de ambientes ecológicos y de situaciones socioeconómicas.

Aunque la utilización de criterios disminuye la subjetividad, también es cierto que cualquier intento de definir un índice de calidad presenta la dificultad inherente de que no existe forma objetiva de hacerlo, puesto que la calidad del suelo no es objetivamente medible, y ha de tener en cuenta la naturaleza cualitativa del mismo.

En el caso español, la falta de datos representa un grave problema para llevar a cabo una correcta valoración de los procesos de degradación del suelo. España es el país de la Unión Europea en el que la cartografía de suelos (pre-requisito para los estudios de degradación) cubre un menor porcentaje de su territorio (Ibañez *et al.*, 1991), con un 10% a escalas comprendidas entre 1:20.000/1:50.000 y un 20% en escalas 1:200.000/1:300.000 (Dudal *et al.*, 1993). El nivel de conocimiento es muy bajo si se compara con países como Irlanda, Grecia o, sobre todo, Portugal, donde la cartografía de suelos a escala 1:50.000 cubre el 80% de la superficie del país. A esto habría que añadir que muchas veces la información no ha sido publicada, encontrándose dispersa y de difícil acceso y una falta de coordinación en la elaboración por lo que los resultados frecuentemente no son comparables ni homologables. Por otra parte, tal como apunta Ibañez *et al.* (1997), la cartografía edafológica (realizada) no es adecuada para el análisis espacial de los procesos, entre otras razones, porque tradicionalmente las propiedades analizadas son perdurables en el tiempo, mientras que, en gran medida, las necesarias para estudiar la degradación de los suelos, son más dinámicas y temporalmente variables.

Por último, es interesante señalar la distinta percepción que se tiene del problema de la degradación del suelo, según se considere desde una perspectiva global o local. A escala global, y desde cualquier ámbito (social, político, científico, ...), la degradación se ve como un serio problema que amenaza la propia subsistencia de la humanidad. Sin embargo, a nivel local, el agricultor difícilmente percibe el problema de la degradación como algo real. Los efectos que los distintos procesos de degradación puedan tener sobre la productividad rara vez se ponen de manifiesto, salvo casos extremos, puesto que la tecnología tiende a enmascarar la disminución de la productividad. Las labores de cultivo eliminan los rasgos erosivos tales como regueros y cárcavas efímeras. Los problemas de salinización no son tomados en cuenta hasta que se detectan serios problemas para el desarrollo de las plantas. La acumulación de metales pesados en el suelo se empezará a ver como un problema real cuando tenga efectos directos en la producción, o se acumulen en las plantas en niveles tales que impidan su consumo.

Ello se puede explicar en parte porque, hasta hace bien poco, se ha potenciado desde todos los ámbitos la intensificación de la producción agrícola, prestando escasa atención a los problemas medioambientales que ésta generase. La preocupación por los problemas de degradación del suelo en Europa no surge tanto por los problemas que éstos han generado sobre la agricultura (como pudiera ser un descenso de la producción), sino por los problemas que ésta ha generado sobre el medio ambiente (contaminación de acuíferos, eutrofización de aguas superficiales, colmatación de embalses, utilización de plaguicidas, introducción de elementos tóxicos en la cadena trófica, ...), hecho que se recoge en la reforma de la Política Agrícola Comunitaria de 1992, donde la protección medioambiental constituye una parte integral de sus objetivos. Ello ha llevado a una confrontación entre agricultura y medio ambiente, y ha obligado a formular nuevos planteamientos (o quizás no tan nuevos) que permitan la integración y armonización de ambos aspectos (a la vez que hace frente al problema de los excedentes comunitarios): la agricultura sostenible.

Difícilmente se podrán incorporar cambios de conducta (incorporación de medidas preventivas, técnicas correctoras, o planes de conservación) a menos que los problemas de degradación se perciban a nivel local como un problema real, y es desde este nivel donde se debe hacer frente a los problemas de la degradación del suelo.

4. Referencias bibliográficas

Artigao, A., Guardado, R.; Tébar, I.; Sánchez, J.; Boluda, R.; Morell, C. y Colomer, J.C., 1995. *Influence of irrigation on soil degradation in the EFEDA-Barrax area, Castilla-La Mancha, Spain.* EFEDA Science Conference. Poster Abstracts, 11-13 December, Berlin (inédito).

Balsa, J. y Montes, C., 1991. La conservación de humedales en zonas semiáridas: Los Monegros. *Quercus,* 64: 36-44.

Batlle-Sales, J., Abad-Franch, A., Bordás, V. y Pepiol, E., 1994. Soil transformations in salt-stressed lagoon ecosystems. Ponencias del seminario Ecosistemas afectados por sales: agricultura y ecología. Universidad Internacional Menendez y Pelayo, Valencia, tomo II, 7025/1 13-21.

Blaikie, P. y Brookfield, H., 1987. *Land degradation and society.* Development Studies, Methuen, London, 296 págs.

Blum, W.E.H. y Aguilar, A., 1994. A concept of sustainability and resilience based on soil functions: the role of ISSS in promoting sustainable land use. In: *Soil Resilience and Sustainable Land Use.* D.J. Greenland and I. Szabolcs (Editors), CAB International, Wallingford, UK, pp. 535-542.

Boluda, R., 1992. *Metales pesados en el suelo.* Ponencias del seminario Contaminación, protección y saneamiento de suelos. Universidad Internacional Menendez y Pelayo, Valencia, 712/5 1-19.

Boluda, R.; Andreu, V.; Gilabert, M.A. y Sobrino, P., 1993. Relation between reflectance of rice crop and indices of pollution by heavy metals in soils of Albufera Natural Park (Valencia, Spain). *Soil Technology,* 6: 351-363.

De Alba, S., 1997. Metodología para el estudio de la erosión en parcelas experimentales: relaciones erosión-desertificación a escala de detalle. En: *El paisaje mediterráneo a través del espacio y del tiempo, Implicaciones en la desertificación.* J.J. Ibañez, B.L. Valero y C. Machado (Editores), Geoforma Ediciones, Logroño, España, pp. 259-293.

De Haan, F.A.M., 1987. Effects of agricultural practices on the physical, chemical and biological properties of soil: part III-Chemical degradation of soil as a result of use of mineral fertilizers and pesticides: aspects of soil quality evaluation. In: H. Barth and P. L'Hermite (Editors), *Scientific Basis for Soil Protection in the European Community.* Elsevier Applied Science Publishers Ltd., England, pp. 211-236.

Doran, J.W. y Parkin, T.B., 1994. Defining and assessing soil quality. In: J.W. Doran, D.C. Coleman, D.F. Bezdicek and B.A. Stewart (Editors), *Defining Soil Quality for a Sustainable Environment.* SSSA Special Pub. 35, Soil Science Society of America, Madison, WI, pp. 3-21.

Dudal, R.; Bregt, A.K. y Finke, P.A., 1993. *Feasibility study of the creation of a soil map of Europe at scale 1:250.000.* DG XI, Task Force European Environment Agency. Commission of the European Communities, Leuven, Wageningen, 69 págs.

Dupre, M., 1990. Historical antecedents of desertification: climatic or anthropological factors? In: *Strategies to Combat Desertification in Mediterranean Europe.* J.L. Rubio y R.J. Rickson (Editors), Commision of the European Communities, Directorate General Agriculture, Luxembourg, EUR 11175 en/es, pp. 2-39.

FAO/PNUMA, 1980. *Metodología provisional para la evaluación de la degradación de los suelos.* Organización de las Naciones Unidas para la Agricultura y la Alimentación, Roma, Italia, 86 págs.

FAO/UNEP, 1984. *Provisional methodology for assessment and mapping of desertification.* Food and Agriculture Organization, Rome, Italy.

Felipó, M.T. y Garau, M.A., 1987. *La contaminació del sòl: procés de degradació del medi edàfic i de l'entorn*. Quaderns d'Ecologia Aplicada, 12, Diputació de Barcelona, Servei del Medi Ambient, 85 págs.

Ferrer, J., 1991. La intrusión marina. En: *El Medio Ambiente en la Comunidad Valenciana*. Generalitat Valenciana, Agencia del Medio Ambiente, 2.ª edición, pp. 224-225.

Gallardo, J., Ortega, A. y Rodriguez, M., 1990. *Erosión en suelos agrícolas, ganaderos y forestales*. I Jornadas Hombre y Medio Ambiente, Ayuntamiento de Alcobendas, Madrid, pp. 365-373.

García-Ruiz, J.M., 1991. *Consecuencias ambientales del abandono agrícola*. Ponencias del seminario Procesos de Desertificación en Condiciones Ambientales Mediterráneas, Universidad Internacional Menendez y Pelayo, Valencia, tomo I, 704/5 1-22.

García-Ruiz, J.M., Lasanta, T., Ruiz-Flaño, P., Martí, C., Ortigosa, L. y González, C., 1994. Soil erosion and desertification as a consequence of farmland abandonment in mountain areas. *Desertification Control Bulletin*, 25: 27-33.

García-Ruiz, J.M., Ruiz-Flaño, P. y Lasanta, T., 1996. Soil erosion after farmland abandonment in submediterranean mountains: a general outlook. En: *Soil degradation and desertification in mediterranean environments*. J.L. Rubio and A. Calvo (Editors), Geoforma Ediciones, Logroño, España, pp. 165-183.

Gimeno, E., Andreu, V. y Boluda, R., 1996. Heavy metals incidence in the application of inorganic fertilizers and pesticides to rice farming soils. *Environmental Pollution*, 92 (1): 19-25.

Gómez, A., 1997. *El paisaje agrario desde la perspectiva de la ecología*. Colección Conferencias en el Centre, 34, ciclo Agricultura y Ecología, Fundación Bancaja, pp. 145-182.

Granatstein, D. y Bezdicek, D.F., 1992. The need for soil quality index: local and regional perspectives. *American Journal of Alternative Agriculture*, 7(1-2): 12-16.

Gupta, R.K. y Abrol, I.P., 1990. Salt-affected soils: their reclamation and management for crop production. *Advances in Soil Science*, 11: 223-288.

Ibañez, J.J.; Rubio, J.L.; López-Lafuente, A. y Monturiol, F., 1991. Soil mapping in Spain. En: *soil survey a basis for european soil protection*. J.M. Hodgson (Editor), Soil and groundwater research report I: Proceedings of the meeting of European Heads of Soil Survey, 11 to 13 december 1989, Silsoe, UK. Commission of the European Communities, Directorate-General for Science, Research and Development, Environmental Research Programme, EUR 13340 en, pp. 81-90.

Ibañez, J.J.; González-Rebollar, J.L.; García-Álvarez, A. y Saldaña, A., 1997. Los geoecosistemas mediterráneos en el espacio y en el tiempo. En: *El paisaje mediterráneo a través del espacio y del tiempo, Implicaciones en la desertificación*. J.J. Ibañez, B.L. Valero y C. Machado (Editores), Geoforma Ediciones, Logroño, España, pp. 27-130.

Karlen, D.L.; Wollenhaupt, N.C.; Erbach, D.C.; Berry, E.C.; Swan, J.B.; Eash, N.S. y Jordahl, J.L. 1994a. Crop residue effects on soil quality following 10 years of no-till corn. *Soil & Tillage Research*, 31: 149-167.

Karlen, D.L.; Wollenhaupt, N.C.; Erbach, D.C.; Berry, E.C.; Swan, J.B.; Eash, N.S. y Jordahl, J.L., 1994b. Long-term tillage effects on soil quality. *Soil & Tillage Research,* 32: 313-327.

Kosmas, C.; Danalatos, N.; Cammeraat, L.H.; Chabart, M.; Diamantopoulos, J.; Farand, R.; Gutierrez, L.; Jacob, A.; Marques, H.; Martinez-Fernandez, J.; Mizara, A.; Moustakas, N.; Nicolau, J.M.; Oliveros, C.; Pinna, G.; Puddu, R.; Puigdefábregas, J.; Roxo, M.; Simao, A.; Stamou, G.; Tomasi, N.; Usai, D. y Vacca, A., 1997. The effect of land use on runoff and soil erosion rates under Mediterranean conditions. *Catena*, 29: 45-59.

Lal, R. y Stewart, B.A., 1990. Soil degradation: a global threat. In: R. Lal and B.A. Stewart (Editors), Soil Degradation. *Advances in Soil Science*, vol. 11, pp. xiii - xvii.

Llopis, A. y Ruiz de la Fuente, S., 1991. Contaminación por nitratos en las aguas de consumo público. En: *El Medio Ambiente en la Comunidad Valenciana*. Generalitat Valenciana, Agencia del Medio Ambiente, 2.ª edición, pp. 230-233.

Llorca, R., 1991. Agua, riego y salinización. En: *El Medio Ambiente en la Comunidad Valenciana*, Generalitat Valenciana, Agencia del Medio Ambiente, 2.ª edición, pp. 222-223.

Mateu, J.F., 1992. Morfogénesis mediterránea en tiempos históricos: limitaciones de un debate geoarqueológico. En: *Estudios de Arqueología Ibérica y Romana (homenaje a Enrique Plá Ballester), num. 89,* Servicio de Investigación Prehistórica, Diputación Provincial de Valencia, Serie de trabajos varios, València, pp. 671-686.

MOPT, 1992. *Medio Ambiente en España, 1991.* Ministerio de Obras Públicas y Transporte, Monografías de la Secretaría de Estado para las Políticas del Agua y el Medio Ambiente, 278 págs.

Morell, I., 1991. Contaminació de les aigües subterrànies. En: *El Medio Ambiente en la Comunidad Valenciana.* Generalitat Valenciana, Agencia del Medio Ambiente, 2.ª edición, pp. 226-229.

Naveh, Z. y Dan, J., 1973. The human degradation of mediterranean landscapes in Israel. In: *Mediterranean Types Ecosystems: Origen and Structure.* F. di Castri y H.A. Mooney (Editors), Chapman and Hall, London, pp. 373-390.

Oldeman, L.R.; Hakkeling, R.T.A. y Sombroek, W.G., 1991. *World map of the status of human-induced soil degradation.* An explanatory note. ISRIC/UNEP, Wageningen, 34 págs.

Ortiz, R., 1990. Mecanismos y procesos de degradación del suelo con especial referencia a las condiciones ambientales mediterráneas. En: *Degradación y Regeneración del suelo en Condiciones Ambientales Mediterráneas,* J. Albaladejo, M.A. Stocking y E. Díaz (Editores), CSIC, pp. 47-68.

Plá, I., 1991. *Salinización del suelo y desertificación.* Ponencias del seminario Procesos de Desertificación en Condiciones Ambientales Mediterráneas, Universidad Internacional Menendez y Pelayo, Valencia, tomo II, 704/10 1-36.

Porta, J.; López-Acevedo, M. y Roquero, C., 1994. *Edafología para la agricultura y el medio ambiente.* Ediciones Mundi-Prensa, Madrid, 807 págs.

Puigdefábregas, J., 1992. Mitos y perspectivas sobre la desertificación. *Ecosistemas*, 3: 18-22.

Ramos, C., 1992. Impacto ambiental de los fertilizantes minerales. En: *Ponencias del seminario Contaminación, protección y saneamiento de suelos.* Universidad Internacional Menendez y Pelayo, Valencia, 712/10 1-18.

Rosselló, V.M., 1993. Sedimentos, ambiente, hombre. En: *Estudios sobre Cuaternario* (Conferencia inaugural de la Reunión), 7-8: 7-14.

Rubio, J.L. y Calvo, A., 1996. Mechanism and processes of soil erosion by water in Mediterranean Spain. En: *Soil degradation and desertification in mediterranean environments.* J.L. Rubio y A. Calvo (Editors), Geoforma Ediciones, Logroño, España, pp. 37-48.

Sánchez, J.; Boluda, R.; Morell, C.; Colomer, J.C. y Artigao, A., 1996. *Assessment of soil degradation within the EFEDA area.* International Conference on Mediterranean Desertification, 29 October-1 November 1996, Creta - Hellas.

Sánchez, J.; Boluda, R.; Artigao, A.; Colomer, J.C.; Morell, C. y Tebar, J.I., 1997. Assessment of soil degradation in desertification threatened areas: a case study in Castilla-La Mancha (Spain). En: *Desertification processes in Mediterranean area and their interlinks with the global climate.* F. Martin de Santa Olalla (Editor) Final Report, EFEDA II, subgroup II: Vegetation, Inventory and Impacts, contract n.° EV5V-CT93-0272, pp. 19-58 (incluye 5 mapas).

Sánchez, J.; Boluda, R.; Morell, C.; Colomer, J.C. y Artigao, A., 1998. Degradation Index of Desertification Threatened Soils in the Mediterranean Region. Application in Castilla-La Mancha (Spain). In: *Degradation Processes and Conservation Measures.* A. Rodriguez,

C.C. Jiménez y M.L. Tejedor (Editors), The Soil as a Strategic Resource: Geoforma Ediciones, Logroño, España, pp. 441-448.
Sanders, D.W., 1992. International activities in assessing and monitoring soil degradation. American Journal of Alternative Agriculture, 7(1-2): 17-24.
Sendra, J.; Pomares, F.; Estela, M. y Tarazona, F., 1993. Efecto de distintas dosis de nitrógeno, fósforo, potasio y fraccionamiento del nitrógeno en el cultivo del arroz en Valencia. *Agricola Vergel*, XII, 136: 188-196.
SSSA, 1997. *Glossary of soil science terms 1996.* Soil Science Society of America, Madison, 138 págs.
Stanners, D. y Bourdeau, P. (Editors), 1995. Europe's environment. The Dobrís assessment. European Environment Agency, Copenhagen, 712 págs.
Stocking, M., 1987. Measuring land degradation. En: *Land Degradation and Society.* P. Blaikie y H. Brookfield, Development Studies, Methuen, London, pp. 49-63.
Suter, G.W., 1993. A critique of ecosystem health concepts and indexes. *Environmental Toxicology and Chemistry,* 12: 1533-1539.
Szabolcs, I., 1990. Impact of climatic change on soil attributes. Influence on salinization and alkalinization. In: *Soils on a Warmer Earth.* H.W. Scharpenseel, M. Schomaker y A. Ayoub (Editors), Developments in Soil Science, 20, Elsevier, pp. 61-69.
Szabolcs, I., 1991. Salinization potential of European soils. In: *Land Use Change in Europe: processes of change, environmental transformations and future patterns.* F.M. Brouwer, A. Thomas y M.J. Chadwick (Editors), Kluwer Academic Publishers, Dortrecht, The Netherlands, pp. 293-315.
UNEP, 1992. *World atlas of desertification.* Edward Arnold, Sevenoaks, Great Britain, 69 págs.
Van Andel, T.H.; Runnels, C.N. y Pope, K.O., 1986. Five thousand years of land use and abuse in the southern Argolid, Greece. *Hesperia*, 55: 103-128. (Traducción: Cinco mil años de uso y abuso de la tierra de la Argólida del Sur, Grecia. *Debats*, 21: 30-43).
Van der Leeuw, S.E., 1995. Social and natural aspects of degradation. In: *Desertification in a European context: Physical and socio-economic aspects (Final Report).* R. Fantechi, D. Peter y J.L. Rubio (Editors), Proceedings of the European School of Climatology and Natural Hazards Course, Directorate General for Science, Research and Development of the European Communities, EUR 15415 en, pp. 57-76.
Westman, W.E., 1985. *Ecology, impact assessment and environmental planning.* Wiley Interscience, 532 págs.
Wischmeier, W.H., 1976. Use and misuse of the universal soil loss equation. *Journal of Soil and Water Conservation*, 31: 5-9.
WRI-IIED-UNEP, 1988. *World resources 1988-89.* An assessment of the resource base that supports the global economy. Basic Books, New York, 372 págs.
Yaalon, D. H., 1997. *Soils in the mediterranean region*: what makes them different? Catena, 28: 157-169.
Yassoglou, N.J., 1987. The production potential of soils: part II- Sensitivity of the soil systems in Southern Europe to degrading influxes. In: *Scientific Basis for Soil Protection in the European Community.* H. Barth and P. L'Hermite (Editors), Elselvier Applied Science Publishers Ltd., England, pp. 87-122.

CAPÍTULO VI
LA UTILIZACIÓN DEL AGUA POR EL HOMBRE

Francisco Martín de Santa Olalla Mañas

José Arturo de Juan Valero

1. El agua como recurso natural 135
2. El agua en el mundo 137
   2.1. Una visión general 137
   2.2. Seguridad alimentaria y seguridad en el suministro del agua 140
   2.3. Impacto medio ambiental de la puesta en regadío 142
3. El agua en la Cuenca Mediterránea 143
4. El agua en España 147
   4.1. Situación actual 147
   4.2. Evolución de las demandas 148
   4.3. Evolución de recursos y balances 150
   4.4. Las transferencias de recursos hídricos 151
5. El agua subterránea 152
   5.1. Características generales 152
   5.2. Principales problemas del agua subterránea en España 154
6. Efectos del cambio climático en la disponibilidad del agua 156
7. Referencias bibliográficas 159

1. El agua como recurso natural

Donde el agua es abundante y limpia no se le da valor. Cuando escasea o es de mala calidad el hombre toma conciencia de que ha perdido algo que le era imprescindible.

En este capítulo vamos a intentar analizar las características de este recurso desde la perspectiva de su utilización en la agricultura.

El agua es un factor de producción y como tal tiene un valor económico; al mismo tiempo cumple otras muchas funciones, relacionadas o no con el proceso productivo agrícola que tienen que ver entre otros, con valores sociales, políticos, estéticos o emocionales. Intentar explicar sólo el valor económico del agua sería tratar de ocultar una parte importante de su naturaleza; los diferentes valores del agua, se entrecruzan constantemente formando a veces una maraña que dificulta la visión integral de las funciones que realiza y complica la adopción de criterios acertados en su gestión.

Zimmerman (1967), al estudiar los recursos naturales, destaca el hecho de que sean capaces de realizar una función que satisfaga una necesidad social. El agua permite la satisfacción de este tipo de necesidades cuando existe en volumen y calidad suficientes para poder hacerlo.

Si se reconoce esta función del recurso natural, el agua no puede ser entendida únicamente como un factor productivo y se explica mejor como un patrimonio o activo social (Sunkel y Leal, 1985). La noción del agua como activo social nos exige superar la existencia sobre la misma de una propiedad privada tal y como la trataba, al referirse a las aguas subterráneas, nuestra antigua Ley de Aguas y nos acerca al concepto, más acorde con sus funciones, de propiedad comunal (Aguilera, 1994), que en absoluto significa ausencia de propiedad ni está condicionando ningún tipo de fórmula que se utilice en su gestión.

Es un legítimo derecho del agricultor usar el agua como factor de producción con el cual logrará obtener cosechas en cantidad y calidad que de otra forma no habría obtenido. Contribuye así a su propio bienestar económico y, como consecuencia de ello, al de la colectividad a la que pertenece. Sólo le podemos pedir que sea eficiente en su uso, obteniendo la mayor producción posible por unidad empleada. En estos últimos decenios se ha desarrollado una cultura técnica y económica suficiente para evitar todo uso despilfarrador del agua en la agricultura cuando ésta es escasa. Únicamente las inevitables limitaciones económicas para disponer de las infraestructuras precisas o el tiempo necesario para que se produzca la formación del regante en las nuevas técnicas, puede permitir transitoriamente usos poco eficientes de un bien escaso.

Sucede, sin embargo, que cuando usamos el recurso por encima de sus posibilidades de renovación lo estamos agotando. En otras ocasiones parte del agua utilizada en el riego retorna al acuífero en condiciones inadecuadas de calidad. En ambos casos se está causando un daño que puede ser irreparable a este activo social. Por desgracia, estos daños tardarán, en algunos casos, un largo periodo en ser detectados. En ocasiones serán la generaciones futuras quienes carezcan de agua o dispongan de ella en condiciones de escasa calidad.

En otros casos no es necesario esperar mucho tiempo para poder apreciar los negativos efectos sobre el medio ambiente de un abuso en la utilización del agua. La desecación de una laguna, la pérdida de caudal de un río, la destrucción de un ecosistema por un vertido de residuos son hechos a los que por desgracia nos estamos acostumbrando y, en algunos casos, nos parecen inevitables.

Surge así un valor medioambiental del agua que con frecuencia entra en conflicto con su utilización económica como factor de producción.

Al tratar los valores medioambientales encontramos dificultad en definir parámetros objetivos con los que apreciarlos; a pesar de ello, todos percibimos que se va abriendo paso, a veces con enormes dificultades, una nueva cultura del agua, una nueva forma de mirar este recurso.

Armonizar los valores económicos con los de respeto al entorno, lograr una utilización sostenible del agua en la agricultura es uno de los desafíos mas apasionantes con los que el hombre se enfrenta al comienzo del nuevo milenio.

Algunas consideraciones al respecto. Primero, que se trata de un problema global. Bajo una u otra forma, el problema abarca a la casi totalidad de nuestro Planeta. A pesar de ello, demasiado frecuentemente tendemos a creer que únicamente sucede en nuestro entorno y lo atribuimos a nuestra propia torpeza o a la maldad de nuestros vecinos. La segunda es la gravedad del problema. La agricultura del futuro o es sostenible desde el punto de vista económico y medioambiental o no podrá perdurar. La tercera es que disponemos de herramientas adecuadas para solucionar el problema. El desarrollo tecnológico creado es capaz de afrontar con éxito este desafío.

A partir de estas consideraciones vamos a abordar los dos capítulos dedicados al agua en este libro sobre «Agricultura y Desertificación». El primero de ellos tratará de dar una visión general del uso del agua, con especial referencia a su utilización en la agricultura; en el segundo abordamos lo que a nuestro entender son los criterios básicos para su uso sostenible en el proceso productivo agrario. En ambos casos trataremos de hacer un esfuerzo para ver el recurso desde ambas perspectivas, su utilización como elemento productivo y su valor como recurso natural.

2. El agua en el mundo

2.1. Una visión general

La lluvia media anual sobre la superficie terrestre, continentes e islas, asciende a unos 110.000 km³. De éstos, aproximadamente 70.000 km³ vuelven a la atmósfera a través de procesos de evapotranspiración que tienen lugar sobre la cubierta vegetal, natural o cultivada en condiciones de secano. Esta cifra recibe, a veces, la denominación de «agua verde». De ellos, unos 18.000 km³ son usados por el hombre, en gran parte para procesos productivos agrarios, mientras que los 52.000 km³ restantes cubren las necesidades del resto de seres vivos existentes en esta superficie terrestre.

Los restantes 40.000 km³ corresponden al agua de ríos, lagunas, pantanos y acuíferos. Esta recibe la denominación de «agua azul», y como la anterior está muy desigualmente representada en el tiempo y en el espacio sobre la Tierra.

A grandes rasgos podemos señalar que aproximadamente 12.500 km³ de ella son, o pueden ser, accesibles para el hombre mientras que los restantes 27.500 km³ difícilmente lo serán de forma económica. De los primeros, ya se dispone de 6.780 km³, de los cuales realmente se usan 4.430, siendo preciso dejar que los restantes 2.350 fluyan por sus cauces naturales a fin de preservar las adecuadas condiciones ecológicas. Realmente, el hombre no llega a consumir los 4.430 km³, sino únicamente 2.285, retornando a la tierra los restantes 2.145 km³, con frecuencia bajo condiciones de peor calidad.

La Figura 6.1. sintetiza los datos antes referidos.

La agricultura, a nivel mundial, es la mayor consumidora entre los diferentes usos que el hombre da a este recurso. Como media consume cerca del 70%, existiendo, sin embargo, notable diferencia entre Continentes para los usos agrícolas, industrial y urbano, tal y como queda reflejado en la tabla 6.1. En las cifras totales que aparecen en dicha tabla no están deducidos los retornos de los diferentes usos.

En algunos países en vías de desarrollo y en zonas áridas, el uso agrícola supera el 90%. El agua usada en la agricultura permite regar unos 250 millones de hectáreas. En éstas se obtiene el 40% del conjunto de alimentos y fibras producidas, utilizando una superficie de, aproximadamente, el 17% del total de tierras aradas. Estas cifras permiten comprobar el papel tan crítico que el regadío supone desde el punto de vista de la seguridad alimentaria a nivel mundial.

El agua aplicada en el riego en gran parte es transpirada desde los estomas de los hojas o se evapora desde la superficie del suelo. Una escasa proporción es retenida por los cultivos.

La que no es efectivamente utilizada por las cosechas es recogida como agua drenada y con frecuencia su concentración en sales es más elevada que originalmente. Los consumos de agua por hectárea regada son muy variados dependiendo de las especies, técnicas de riego, ciclos productivos, condiciones climáticas, etc. No es raro encontrar volúmenes que oscilen entre los 2.000 y 20.000 m³ ha^{-1} año^{-1}.

Las producciones obtenidas por m³ de agua de riego también son muy diversas. En California, en EE.UU., la producción de un kilo de trigo requiere 1,3 m³ de agua,

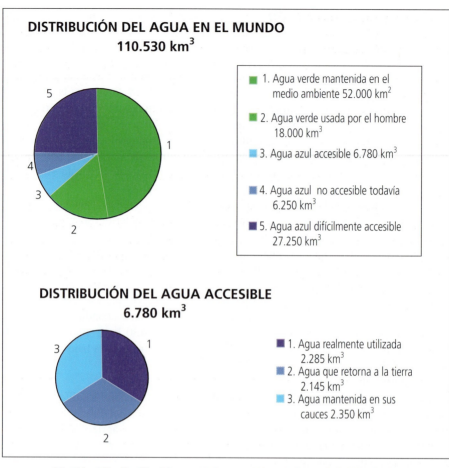

Fig. 6.1. Distribución del agua total y accesible a nivel mundial (FAO, 1997)

TABLA 6.1
Usos del agua en el mundo.

Continente	Agrícola (%)	Urbano (%)	Industrial (%)	Total km³ año⁻¹	Total m³ habit.⁻¹ año⁻¹
África	88	7	5	144	245
Asia	86	6	8	1.531	519
Antigua URSS	65	7	28	358	1.280
Europa	33	13	54	359	713
América del Norte y Central	49	9	42	697	1.861
Oceanía (incluida Australia)	34	64	2	23	905
América del Sur	59	19	23	133	478
Total mundial	**69**	**8**	**23**	**3.240**	**644**

Fuente: WRI, 1994.

un kilo de aceite de soja 4,2 m^3, un kilo de carne de vacuno 16 m^3 y uno de pollo 5,8 m^3. Una dieta típica de este Estado requiere 2.200 m^3 por persona y año, e incluye un 64% de carne. En Túnez, esta misma dieta requiere 1.100 m^3, y solamente comprende el 27% de carne (Barthelemy, 1993). La cifra de 2.000 m^3 por habitante y año tiene un alto valor de consenso como óptima desde el punto de vista de la seguridad alimentaria.

Tal y como muestra la tabla 6.2, los recursos mundiales de agua recogida por escorrentía, la denominada «agua azul», están muy desigualmente repartidos. Un tercio del total se recoge en Asia; sin embargo, por unidad de superficie América del Sur es la mejor dotada. Las cifras de Oceanía muestran situaciones muy dispares, desde el caso de Australia, con amplias zonas desérticas, a Indonesia, muy rica en este recurso.

Al relacionar estas cifras con el número de habitantes, las previsiones existentes sobre evolución demográfica en cada Continente permiten apreciar tendencias muy acusadas. Mientras que en Europa la situación no es abundante pero es estable, África ha tenido el año 2000 un tercio de disponibilidad por habitante y año que en 1960. Parece innecesario insistir que estas cifras, promedio por Continente, engloban situaciones muy dispares, dándose en su interior desde zonas muy húmedas a desiertos o, al menos, situaciones de aridez importante.

TABLA 6.2
Recursos mundiales de agua.

Continente	Escorrentía anual		Recusos hídricos por habitante 10^3 m^3 año^{-1}		
	Volumen km^3	Porcentaje	1960	1980	2000
África	4.570	10	16,5	9,4	5,1
Asia	14.410	32	7,9	5,1	3,3
Australia	348	1	28,4	19,8	15,0
Europa	3.210	7	5,4	4,6	4,1
América del Norte y Central	8.200	18	30,2	21,3	17,5
Oceanía	2.040	5	132,0	92,4	73,5
América del Sur	11.760	27	80,2	48,8	28,3
Total mundial	**44.538**	**100**	**13,7**	**9,7**	**7,1**

Fuente: Ayibotele, 1992; Gleick, 1993; Shiklomanov, 1996.

La lista de países en donde se prevé escasez de agua en el siglo XXI es muy amplia. Algunos, como Arabia Saudí, Emiratos Arabes o el Yemen, no superarán los 200 m^3 por habitante y año. En otros como Mauritania, Siria o Sudán la cifra de agua producida en el interior de sus fronteras es escasa, dependiendo por tanto su suministro del agua generada fuera de sus límites territoriales. Dentro de Europa, es llamativo el caso de Hungría que solo genera 591 m^3 por habitante y año dentro de su territorio, pero dispone de 11.326 m^3 incluyendo la recogida fuera de éste (FAO, 1997).

Por lo que respecta a las posibilidades de expansión del regadío en el mundo, un trabajo del Banco Mundial (World Bank/UNDP, 1990) indica que existe la posibilidad de incrementar la superficie de riego en 110 millones de hectáreas en los países en vías de desarrollo. En este trabajo se indica que el mayor potencial se encuentra en Asia, con 69 millones de hectáreas.

Si este incremento del riego se hiciera al ritmo de los últimos treinta años, la transformación se habría finalizado en el año 2015. Incluso al ritmo más lento con que se transformaron los regadíos en los años ochenta estaría finalizado en el 2025. Teóricamente estos nuevos regadíos permitirían la producción de 300 a 400 millones de toneladas de grano adicionales.

2.2. Seguridad alimentaria y seguridad en el suministro del agua

Se define la seguridad alimentaria como aquella situación en la cual la unidad familiar tiene asegurado el acceso, tanto desde el punto de vista físico como económico, y para todos sus miembros, a sus necesidades de alimentos y no existe el riesgo de que ésta pueda perderse (FAO, 1997).

Desde el punto de vista nacional, la seguridad alimentaria se adquiere cuando un país puede asegurar para sus ciudadanos el suministro de alimentos mediante una combinación óptima de sus propias producciones y de adquisiciones en el mercado mundial. En muchos países situados en regiones áridas, sus disponibilidades en recursos hídricos renovables están por debajo del nivel necesario para garantizar la seguridad alimentaria. Estos países corren el riesgo de no poder alimentar a su población en caso de guerra o embargo. Esta circunstancia les ha llevado en ocasiones a explotar sus recursos en aguas subterráneas no renovables y a producir alimentos a costes superiores a los existentes en el mercado mundial.

Detrás de las llamadas «guerras del agua» existe la natural ansiedad por parte de los gobiernos de poder proporcionar a su población una situación de seguridad alimentaria. La garantía de que esto no suceda la proporciona una situación económica suficientemente estable tanto a nivel nacional como internacional en la que cada economía genera el valor suficiente en exportaciones como para poder importar los alimentos que precise; al mismo tiempo, es necesario que en algunos lugares del mundo exista la cantidad de agua suficiente de forma accesible, para que se produzcan los alimentos que el conjunto de la población mundial requiere.

Shuval (1996) ha llevado a cabo un estudio sobre cual es el mínimo de agua compatible con este nivel de seguridad. Propone la cifra de 125 m^3 por habitante y año que se descompone en 100 m^3 para cubrir las necesidades urbanas e industriales y 25 m^3 para una producción mínima de hortalizas y carne. Si tenemos en cuenta que del agua utilizada en los usos urbano e industrial, al menos se recupera el 65%, el agua total que de hecho existe en esta situación alcanza la cifra de 195 m^3 por persona y año. Podríamos decir que esta cifra supone unos requerimientos mínimos de agua en una situación «sin agricultura».

En el mundo existen ya situaciones de escasez de agua y, por tanto, de inseguridad alimentaria. De ordinario se dan en países en desarrollo, en zonas áridas con tasas de incremento de la población muy altas, que tenderán a agravar el problema. Este hecho no se puede ignorar.

Las políticas de agua nacionales o regionales deben abordar estas cuestiones, respetando los legítimos derechos de las generaciones presentes, pero haciéndolos compatibles con los de las generaciones futuras y con el necesario mantenimiento de los ecosistemas.

Los principios que deben regir estas políticas fueron establecidos en el capítulo referente al agua en la Conferencia sobre Medio Ambiente y Desarrollo de Naciones Unidas (UNCED), en Río de Janeiro en 1992. El Banco Mundial publicó un documento que establece el marco para la política del agua a nivel mundial (World Bank, 1993). Como consecuencia de ello, muchos países han iniciado un proceso de revisión y reforma de sus políticas hídricas (FAO, 1995; FAO/UNDP, 1995). El establecimiento de esas políticas es, para cada nación o área geográfica, una situación de compromiso entre sus recursos físicos y sus objetivos de desarrollo social y económico.

En ocasiones, los suministros hídricos de un país se engloban en Cuencas Hidrográficas que van mas allá de sus límites territoriales. En el mundo más de doscientos ríos importantes cruzan la frontera de dos a más naciones, sin que en muchos casos se hayan establecido marcos legales estables para el uso conjunto de este recurso. En estas circunstancias se encuentran entre otros el río Jordán, el Eufrates, el Nilo, el Ganges y los ríos tributarios del mar del Aral entre otros. Los focos de conflicto que esta situación produce son bien conocidos.

La producción de alimentos se ve con frecuencia afectada por periodos de sequía prolongados que inciden negativamente a la producción agrícola. Mientras que la escasez de agua es una situación permanente en muchas áreas geográficas, la sequía es una situación transitoria, que sigue patrones de comportamiento complicados tanto desde el punto de vista estadístico como geográfico. La sequía es frecuente en muchos países de Africa y mitigar sus negativos efectos es una tarea prioritaria desde el punto de vista de la seguridad alimentaria.

Los efectos macroeconómicos de las sequías han sido con frecuencia infravalorados; sus consecuencias van mucho más allá del sector agrícola, afectando a muchos otros componentes del PIB. Se estima que la sequía que en los años 1991-1992 afectó a Zimbabwe produjo unos efectos negativos que doblaron su incidencia directa en la producción de alimentos (FAO, 1997). La sensibilidad a estos periodos de sequía varia con el grado de desarrollo de cada país y la adecuación de sus infraestructuras a estas situaciones. Una sequía similar a la anteriormente señalada apenas produciría una caída del 10% en la producción de alimentos en California (USA) y, probablemente, tendría nulos efectos en otros sectores productivos.

La adecuada regulación de las aguas subterráneas puede servir para paliar estos efectos. De ahí la gravedad de la sobreexplotación a que se someten muchos acuíferos, agotando así este recurso y privándolo de un insustituible valor como elemento natural de regulación.

2.3. Impacto medioambiental de la puesta en regadío

La utilización de agua para riego produce siempre un efecto sobre el medio ambiente que puede tener tanto elementos positivos como negativos. Los cambios en el uso del suelo, que normalmente aumentarán la fracción de suelo cubierta, el almacenamiento de agua en pantanos, y su distribución por canales y acequias puede modificar positivamente el paisaje. El agotamiento de los acuíferos, del caudal de base de los ríos o la contaminación de estos por abonos o productos fitosanitarios producen efectos negativos, a veces de difícil evaluación.

En el mundo existen abundantes ejemplos de ambos tipos de impactos. El río Colorado o el Nilo llegan prácticamente agotados a su desembocadura. Ese agotamiento conlleva, con frecuencia, una elevada concentración de solutos que dificulta o imposibilita la vida en sus aguas.

Estudiar el caudal mínimo que debe permanecer en un río resulta a veces complejo. En algunos casos, como en el Estado de California, buena parte de este caudal proviene de los retornos de los usos industriales o urbanos convenientemente depurados. Por desgracia, acciones similares no es posible tomarlas en países en vías de desarrollo que no disponen de las infraestructuras precisas y que tienen demandas crecientes para uso urbano. Algunos autores (Postel *et al.*, 1996) han estudiado el conflicto entre el uso del agua por el hombre y su mantenimiento en el medio ambiente, y dan valores mínimos de compatibilidad de usos.

Uno de los procesos más dramáticos de desecación a nivel mundial es el que se ha producido en el mar Aral. Este lago, el cuarto más extenso del planeta, a perdido las tres cuartas partes de su volumen y la mitad de su superficie. Antes de 1960 los dos ríos tributarios principales suministraban un promedio de 55 km^3 de agua al año. En la década de los ochenta fue únicamente de 7 km^3. Estos ríos están secos la mayor parte del año. En gran medida han desaparecido los humedales e incluso se ha perdido una importante actividad pesquera allí existente. La razón de este hecho hay que buscarla en las extensas superficies puestas en riego de arroz y algodón. Las condiciones sanitarias en la zona son, así mismo, muy insatisfactorias (FAO, 1997).

Por el contrario la puesta de riego puede frenar un proceso de degradación. Por ejemplo, detrás de muchos procesos de deforestación esta un mero problema de supervivencia. Para alimentar una aldea de 1.000 habitantes en Laos se hace preciso roturar cada año un mínimo de 200 hectáreas de selva en las que se obtiene una escasa producción de 600 kg de cereal por hectárea. Como el suelo tarda en recuperar su fertilidad original del orden de 5 años, la aldea necesita disponer de 1.000 ha para este proceso. La puesta de riego de 100 ha dedicadas al cultivo del arroz con una producción tan modesta como 2.400 kg. ha^{-1} puede evitar este proceso de destrucción (FAO, 1997).

Un impacto muy negativo de la práctica inadecuada del riego lo constituye la salinización de las tierras. Se considera que en el mundo existen entre 20 y 30 millones de hectáreas de riego afectadas severamente por problemas de salinidad, y al menos entre 60 y 80 millones de hectáreas más sufren procesos de encharcamiento.

Detrás de estos procesos de salinización y encharcamiento pueden existir causas muy diversas. La más común tiene su origen en el uso de agua de deficiente calidad unido a un sistema de drenaje inadecuado. La rehabilitación de estos suelos a través del cambio del sistema de riego, la mejora de la calidad del agua o el establecimiento de una red de drenaje son procesos costosos pero inevitables. Si no se adoptan medidas de corrección severas, gran parte de esta superficie estará fuera de la producción en un plazo de tiempo que no será largo.

Las partes altas de las cuencas juegan un papel decisivo en la protección del suelo y en la recogida de agua evitando arrastres y frenando procesos de erosión. Con frecuencia estas cuencas altas han sufrido deforestaciones importantes por causas muy diversas que se han unido al abandono de estos lugares por una población que vive en condiciones marginales. En estas circunstancias debe diseñarse una política que incentive la permanencia de un nivel mínimo de población en esas áreas y estimule el mantenimiento de la cubierta vegetal. Este incentivo puede consistir, en ocasiones, en el establecimiento de pequeños perímetros de riego dedicados a cultivos de huerta para autoconsumo. Se considera que hoy todavía viven en estas cuencas altas 200 millones de personas. Si los beneficios que puedan originar su permanencia en estos lugares solo revierten en los habitantes de aguas abajo el sistema se hace insostenible; sólo será sostenible en la medida en que se repartan con equidad estos beneficios.

3. El agua en la Cuenca Mediterránea

La agricultura de regadío es una tradición multisecular en la práctica totalidad de los países que integran la Cuenca Mediterránea. Egipto y Mesopotamia son los orígenes de una técnica que se fue extendiendo al resto de la Cuenca. En la actualidad, para muchos países ribereños, no existe verdadera agricultura si no es de regadío.

La demanda de agua está en crecimiento, tanto debido al aumento de la población, en particular en las países del sur, como al incremento de la actividad económica y, en general, al aumento del nivel de vida. A este aumento cuantitativo se une de ordinario una demanda de agua de mejor calidad. Disponer de este recurso en las condiciones necesarias supone un desafío al que necesariamente se debe responder en los próximos años.

La tabla 6.3 refleja algunos datos básicos referentes al Producto Interior Bruto y a la Población para los quince países que en este análisis incluimos.

La población en 1995 de los mismos era de 397 millones de habitantes y se estima que alcanzará 523 el año 2025 (World Bank, 1996), lo que supone un incremento medio superior al 30%. Los actuales niveles de renta por habitante oscilan en la proporción de 1 a 32 entre el más pobre (Albania) y el más rico (Francia). Los mayores incrementos de población se esperan precisamente en los países con más bajo nivel de renta, Turquía, Siria, Argelia, Marruecos y Egipto, mientras que algunos de los países de niveles de renta más alto tendrán incrementos negativos, España e Italia entre ellos.

TABLA 6.3

Países de la Cuenca Mediterránea. Producto Interior Bruto (PIB). Datos de población.

País	PIB ($)	Población total × 10³		Población urbana total × 10³		Población urbana (%)	
	1994	1995	2025	1995	2025	1995	2025
Francia	23.420	57.981	61.247	42.203	50.055	73	82
Italia	19.300	57.187	52.324	38.101	39.895	67	76
Israel	14.530	5.629	7.808	5.098	7.308	91	94
España	13.440	39.621	37.571	30.292	31.886	76	85
Grecia	7.700	10.451	9.868	6.817	7.805	65	79
Libia	6.125	5.407	12.885	4.649	11.951	86	93
Turquía	2.500	61.945	90.937	42.598	79.102	69	87
Líbano		3.009	4.424	2.622	4.154	87	94
Túnez	1.790	8.896	13.290	5.093	9.784	57	74
Argelia	1.650	27.939	45.475	15.591	33.675	56	74
Siria	1.413	14.661	33.505	7.676	23.311	52	70
Marruecos	1.140	27.028	40.650	13.071	26.917	48	66
Yugoeslavia		10.849	11.478	6.134	8.479	57	74
Egipto	720	62.931	97.301	28.170	60.159	45	62
Albania	380	3.441	4.668	1.285	2.661	37	57

Fuente: World Bank, 1996.

La importancia relativa de la agricultura en la economía de estos países es también muy diversa. En general, en los de mayor desarrollo, ésta no supera el 5% del Producto Interior Bruto y emplea a menos del 15% de la población. Por el contrario en Albania aún supone el 55% del PIB y emplea al 55% de la población. En los países Arabes estas cifras oscilan entre el 15 y el 30% respectivamente. La tendencia en todos los casos es a que disminuya la importancia relativa del sector primario en el conjunto de la economía (World Bank, 1996).

El desarrollo tanto de la industria como de los servicios, incluso en países que todavía no han alcanzado un nivel de renta alto, supone también un aumento considerable de la demanda de agua. Como también se puede apreciar en la tabla 6.3, hay pocos países donde la población urbana no alcance al menos el 50% del total. En el año 2025 no existirá ninguno en esas circunstancias. La necesidad de asegurar agua suficiente en cantidad y calidad a estos núcleos urbanos es evidente. En la actualidad, más de seis millones de habitantes en ellos no tienen asegurado el suministro de agua potable. (Wolter *et al.*, 1997).

El desarrollo del turismo es notable en toda la Cuenca Mediterránea y, muy posiblemente, lo será más en el futuro, sobre todo en la medida en que algunos países alcancen una deseable estabilidad política. El desarrollo de esta actividad supone un incremento importante de la demanda de agua tanto global como estacional, que compite con la demanda para la agricultura.

La tabla 6.4 muestra los recursos hídricos disponibles en los diferentes países de la Cuenca. En el caso de Israel, Siria y Egipto, estos incluyen una participación significa-

TABLA 6.4

Recursos de agua en los países mediterráneos.

País	Totales, hm³ año⁻¹	m³ habitante⁻¹ año⁻¹
Francia	170.000	2.880
Italia	179.400	3.133
Israel (*)	1.670	275
España	113.000	2.836
Grecia	45.200	4.275
Libia	600	93
Turquía	183.762	2.712
Líbano	4.407	1.340
Túnez	4.120	425
Argelia	14.300	459
Siria (*)	26.260	1.515
Marruecos	30.000	1.012
Yugoeslavia	139.000	5.877
Egipto (*)	58.300	843
Albania	44.500	12.280

(*) Incluyen una participación significativa en recursos generados fuera de sus fronteras.
Fuente: Wolter, H.W. *et al.*, 1997.

tiva en recursos generados fuera de sus fronteras. Tanto Israel como los países del Norte de Africa se encuentran por debajo de la cifra crítica de 1.000 m³ por habitante y año. En las restantes las cifras de suministro son aceptables e incluso existen disponibilidades para afrontar un aumento de la demanda (FAO, 1997).

Los métodos no convencionales de suministro de agua, reutilización y desalación, tienen únicamente importancia en Israel, en donde alcanzan el 13% del total.

La tabla 6.5 muestra la proporción en que participa la agricultura, la industria y los usos domésticos en el total del uso del agua en cada país. (Wolter *et al.*, 1997).

Únicamente en Francia y en la antigua Yugoeslavia, en ambos casos debido a que sólo una parte reducida del territorio tiene características mediterráneas, la proporción consumida por la agricultura es reducida. En el resto de los países oscila entre el 60 y el 94% del total.

La misma tabla 6.5 muestra la superficie ocupada por el regadío en cada uno de los países. En 1993 algunos países con niveles de renta relativamente bajos tenían ya más de la octava parte de su superficie cultivada bajo riego. En Israel el regadío ocupa el 41,4% de ésta. Argelia y Libia han tenido un incremento de la superficie de regadío superior al 200% entre 1980 y 1993 (FAO, 1995). Durante este mismo periodo la expansión en la producción agrícola ha sido importante en muchos de los países en vías de desarrollo de esta región, lo que parece relacionar de forma directa ambos fenómenos, mayor superficie de riego y mayor producción agrícola. Destacamos en este sentido los países del Magreb y Turquía (FAO, 1995).

En líneas generales la situación de estos regadíos, tanto desde el punto de vista económico como medioambiental, parece sostenible, aunque existen notables excepciones que revisten por lo general un carácter puntual.

TABLA 6.5
Uso del agua en los países mediterráneos. Superficie regada.

País	Total hm^3	Distribución del uso (%)			Superficie de riego (1993) × 10^3 ha
		Agrícola	Urbano	Industrial	
Francia	40.000	15	16	69	1.480
Italia	56.200	59	14	27	2.710
Israel	1.760	79	16	5	193
España	30.500	79	14	7	3.350
Grecia	6.950	63	8	29	1.327
Libia	4.600	87	11	2	470
Turquía	31.600	72	16	12	4.186
Líbano	1.293	68	28	4	87.5
Túnez	3.075	89	8	3	385
Argelia	4.500	60	25	15	555
Siria	14.410	94	4	2	1.013
Marruecos	11.045	92	5	3	1.258
Yugoeslavia	8.770	12	16	72	152
Egipto	55.100	86	6	8	3.246
Albania	200	76	6	18	350

Fuente: Wolter, H.W. *et al.*, 1997. Datos de España tomados de MOPT (1993).

Es preciso sin embargo, hacer un notable esfuerzo para lograr una mayor eficiencia en el regadío, produciendo más con menos agua. Algunos de los perímetros irrigados tienen cientos de años de funcionamiento, aunque en otros se están utilizando las más modernas técnicas de riego.

La orientación productiva de muchos de estos regadíos se ha dirigido hacia las exportaciones, lo que en ocasiones ha dado lugar a que se haya tenido que importar productos básicos para la alimentación de la población.

En algunos países, Israel, Libia, Siria, Túnez y Egipto, prácticamente todos los recursos hídricos están comprometidos, mientras que en otros como Líbano y Turquía existe la posibilidad de duplicar la actual superficie regada (FAO, 1997). La limitación para ello es tanto económica como de competencia de la agricultura con otros sectores productivos por los recursos hídricos disponibles.

Existe la impresión, probablemente cierta, de que con un ahorro relativamente moderado de agua en el regadío, se pueden mejorar sensiblemente los ingresos de otros sectores. En este sentido hay que recordar que la demanda de agua para turismo tiene un periodo punta que coincide con las mayores necesidades de agua para riego. En Italia esta previsto para el año 2015 una reducción del consumo de agua en la agricultura del 59% actual al 49% (ANBI, 1992).

Desde el punto de vista de la gestión del recurso, las situaciones oscilan desde una intervención total del Estado en la financiación y administración del agua hasta la existencia de un mercado con mayor o menor grado de libertad. Prácticamente en todos los casos, el agua recibe algún tipo de subvención, por lo que raramente el usuario abona el coste total. Los regantes pagan en algunos países por volumen de agua consumido (Túnez y Norte de Italia) o por superficie regada, sistema que está más generalizando en la mayoría de los países de la Cuenca.

4. El agua en España

4.1. Situación actual

La precipitación media anual en el territorio español es de 670 mm, lo que equivale a un volumen de 340 km^3 de agua. Las pérdidas por evaporación son del orden de los dos tercios, quedando una aportación media anual de unos 114 km^3. De ellos, se estima que unos 30 km^3 corresponden a infiltración y recarga de acuíferos.

La escorrentía específica, resultado de dividir la escorrentía media total (114 km^3) por la superficie del territorio (505.000 km^2), es de 230 mm año^{-1}.

La disponibilidad de recursos naturales por habitante es de casi 3.000 m^3 anuales. En el conjunto de la Unión Europea, debido a su mayor densidad de población, es de alrededor de 2.500 m^3 por habitante y año.

Los recursos regulados de forma natural en la red hidrográfica peninsular, susceptibles de atender demandas de caudal uniforme con suficiente garantía de suministro, son unos 9.200 hm^3 anuales, el 8% de los recursos naturales.

Cuando se desciende al análisis de la situación por Cuencas Hidrográficas, aparece la gran irregularidad que caracteriza a nuestra hidrografía: la distribución espacial y temporal de lluvias y escorrentías.

Así, por ejemplo, las Cuencas de Galicia-Costa y Norte, con una superficie de 53.000 km^2 (10,6% del territorio nacional), suman una aportación media anual de 42.000 hm^3 (36,3% del total nacional). Las Cuencas del Sur, Segura y Júcar, con una superficie de 79.830 km^2 (15,8% del total), tienen una aportación media anual de 7.625 hm^3 (6,6%).

Hay por tanto una relación de 8 a 1 en las aportaciones por unidad de superficie entre estas Cuencas. Si la comparación se establece con unidades geográficas menores (Almería, Cuenca del Vinalopó en Alicante, etc.), esta relación puede ser de 20 a 1.

A esta irregular, y por tanto desfavorable distribución de los recursos, hay que añadir la gran demanda de agua para riego, muy superior a la que existe en el resto de Europa.

Según datos de la Memoria del Anteproyecto del Plan Hidrológico Nacional (MOPT 1993), que han sufrido algunas modificaciones en textos más recientes, Libro Blanco del Agua en España (MIMA, 1998) y el nuevo borrador del Anteproyecto del Plan Hidrológico Nacional (MIMA, 2000), la demanda actual para usos consuntivos (abastecimiento de la población, usos industriales y agrarios) asciende aproximadamente a 30.400 hm^3. La de abastecimiento es de 4.667 hm^3 y la específica para usos industriales de 1.643 hm^3. La superficie regada en España supera en la actualidad los 3,4 millones de hectáreas, con una demanda de 24.094 hm^3, casi el 80% del total correspondiente a usos consuntivos.

En cuanto a las demandas no consuntivas, las de refrigeración en circuito abierto son de 4.915 hm^3 año^{-1} y las de turbinación para producción eléctrica 16.000 hm^3, que prácticamente se recuperan al 100%. Los caudales mínimos que deben circular por los cauces de los ríos por razones ecológicas, unidos a otros requerimientos de esta naturaleza, arrojan una demanda total, para fines específicamente ambientales, del orden de 2.000 hm^3. El total de demandas consuntivas y no consuntivas, excluidas las hidroeléctricas, asciende a 37.323 hm^3 año^{-1}.

Frente a esta demanda, los recursos disponibles en régimen natural son, como hemos indicado, únicamente de 9.200 hm^3. Esta situación ha conducido a la realización de grandes obras de regulación que han modificado radicalmente el funcionamiento de nuestra red fluvial. En la actualidad hay más de mil grandes presas construidas en España, con una capacidad de embalse de unos 50.000 hm^3 y alrededor de un millón de pozos para extracción y aprovechamiento de aguas subterráneas. Esta cifra equivale al 40% de los recursos naturales, el mismo porcentaje que está disponible en el resto de Europa en régimen natural. De ellos, algo más de 5.500 hm^3 corresponden a extracciones directas de aguas subterráneas. En esta cifra están incluidos unos 1.000 hm^3 procedentes de la sobreexpotación de acuíferos. Esta se sitúa, salvo el caso singular de la Cuenca Alta del Guadiana, en las cuencas deficitarias que vierten al Mediterráneo y en las islas, especialmente Canarias.

En cifras medias y globales, el balance hídrico entre demanda y recursos utilizables es aparentemente equilibrado. Pero la situación es muy diferente de unas cuencas a otras. Mientras algunas son claramente excedentarias o susceptibles de pasar a serlo mediante obras de regulación, otras padecen déficits crónicos que obligan a utilizar dotaciones insuficientes con bajas garantías, a sobreexplotar acuíferos o a utilizar agua de calidad inadecuada. La suma de déficits locales asciende a 3.000 hm^3 año^{-1}, de los que 1.000 hm^3 corresponden a sobreexplotación de acuíferos.

La gravedad que reviste en España la violentas crecidas de los ríos, los desbordamientos y las inundaciones son una manifestación clara de la irregularidad pluviométrica e hidrológica de nuestro país. En los últimos cinco siglos se han producido un promedio de cinco inundaciones de importancia por año. El número de zonas de riesgo identificadas se eleva a más de 1.000.

Por lo que respecta a calidad del agua, la situación en España es más grave que en la mayoría de los países de la Unión Europea. Este hecho evidentemente no es debido a que los vertidos sean mayores o más contaminantes, sino a que no se han alcanzado los niveles adecuados de depuración. Los problemas de contaminación alcanzan también a numerosos acuíferos. La llegada a los embalses de agua con exceso de nutrientes está provocando importantes fenómenos de eutrofización que deterioran su calidad y la hacen inservible para algunos usos, en especial los de abastecimiento de las poblaciones.

Otro factor importante del deterioro ambiental es la disminución de caudales de los ríos por el uso exhaustivo de las aguas superficiales y la extracción excesiva de aguas subterráneas. La sobreexplotación de acuíferos, con el correspondiente descenso de los niveles freáticos da origen a la desecación de fuentes y manantiales, a la falta de alimentación de los ríos que pierden su caudal de base así como a la desecación de humedales, algunos de alto valor ecológico.

Este es a grandes rasgos el panorama del agua en nuestro país, lleno de claroscuros en el presente y de incógnitas para el futuro que trataremos de ir detallando en los apartados siguientes.

4.2. Evolución de las demandas

Por lo que respecta al abastecimiento de población, los ya citados documentos estiman una demanda de 5.347 hm^3 para el primer horizonte (diez años) y de 6.313

para el segundo (veinte años) lo que representa un incremento del 35,27% sobre la situación de partida. Este proceso se produce sobre todo por la mayor urbanización de la población en estos horizontes. Los mayores aumentos absolutos tienen lugar en las cuencas de Cataluña y Levante, aunque en cifras relativas son superiores los previstos en Galicia.

La demanda industrial corresponde a industrias no conectadas a las redes de distribución municipales. Las estimaciones son de 1.917 hm^3 en el primer horizonte y 2.063 hm^3 en el segundo. Estas cifras suponen un incremento del 25,26%. Los mayores aumentos se estiman en la Cuenca del Ebro y en Cataluña.

El mayor consumidor, con gran diferencia, es el regadío. Las dotaciones establecidas oscilan, como promedio, entre 8.800 m^3 ha^{-1} año^{-1} en las Islas Canarias y 5.752 m^3 ha^{-1} año^{-1} en las cuencas interiores de Cataluña. Los consumos excesivos que tienen lugar en muchas zonas se deben a factores tan diversos como: infraestructuras inadecuadas o mal conservadas, sistemas de gestión poco eficientes, falta de control de los caudales utilizados, precios muy bajos del agua y técnicas de riego incorrectas. La eficiencia global de estos regadíos es inferior a 0,47, según se estima por el Ministerio de Agricultura. Dentro de ellos existen del orden de 1.200.000 ha que corresponden a los denominados regadíos «Históricos» (anteriores a 1900), con eficiencias inferiores a 0,35. Unicamente unas 700.000 ha, que corresponden a regadíos de iniciativa privada con aguas subterráneas, tienen eficiencias que superan el 0,7 (MAPA, 1996).

Esta falta de eficiencia en el uso del agua, junto con las profundas transformaciones que están teniendo lugar en el sector agrario, conduce a abordar con suma prudencia las posibles ampliaciones de demandas de aguas para riego. Este es, sin duda, uno de los problemas más críticos con que se enfrenta la política hidráulica española. La definitiva redacción del Plan Nacional de Regadíos y del Plan Hidrológico Nacional deberá recoger las nuevas demandas para riego. Dado que no se dispone, en el momento de redactar este texto, de estos datos, nos referiremos, aunque con las mayores reservas, a los existentes en los documentos que venimos utilizando para estimar los consumos de agua en la agricultura en los diferentes horizontes. Las previsiones existentes son de 27.123 hm^3 año^{-1} en el primer horizonte y de 30.704 hm^3 año^{-1} en el segundo, lo que supone un incremento de la demanda para uso agrario del 27,43%. Los documentos de avances de los Planes antes indicados hacen pensar que es posible que finalmente no se alcancen estos volúmenes.

Las demandas para refrigeración y usos ambientales, sufrirán así mismo incrementos situándose en el entorno de los 7.500 hm^3 año^{-1} en el segundo horizonte, lo que supondrá un incremento del 8,45%.

Como consecuencia de todo ello, la evolución de la demanda de agua para usos consuntivos pasa de 30.408 hm^3 año^{-1} en la actualidad a 39.080 hm^3 año^{-1} dentro de 20 años, lo que supondrá globalmente un incremento del 28,52%. Las demandas totales, incluyendo las de uso no consuntivo, llegarán a ser de 46.580 hm^3 en esa fecha, con un incremento total del 24,80% sobre los 37.323 hm^3 actuales.

La figura 6.2 sintetiza la evolución de esta demandas. Llamamos la atención sobre la disminución progresiva de la proporción que supone la demanda agraria sobre el uso consuntivo, que pasa del 79,23% actual al 78,57% en el segundo horizonte.

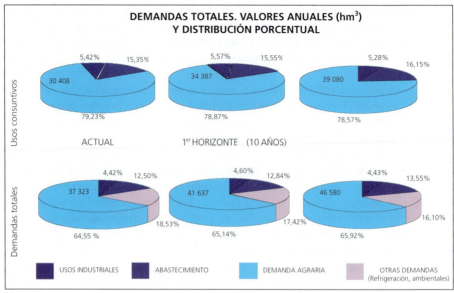

Fuente: MOPT, 1993; MIMAM, 1998; MIMAM, 2000)

Fig. 6.2. Demandas totales anuales.

4.3. Evolución de recursos y balances

Como ya hemos indicado, España dispone de 114.298 hm^3 de recursos naturales de agua, de los que 47.340 hm^3, es decir, el 41%, están disponibles, dado que su regulación está suficientemente garantizada. El porcentaje que supone los recursos regulados es muy variable para cada una de las Cuencas Hidrográficas, oscilando entre el 10% en las cuencas del Norte y Galicia hasta el 74% en la Cuenca del Júcar y el 113% en la del Segura. En esta última se están empleando anualmente más recursos de lo que recibe, debido a la alta sobreexplotación de los acuíferos.

La evolución prevista sobre la regulación de los recursos naturales, es de 54.031 hm^3 para los próximos veinte años, debido a una mejor regulación de los recursos superficiales y subterráneos a partir de las obras en estudio o en curso de ejecución.

Es interesante apuntar algunos datos relevantes sobre los balances hídricos en las diferentes Cuencas Hidrográficas:

- Las cuencas del Norte y de Galicia-Costa constituyen, merced a sus grandes recursos naturales, unas de las reservas del país a largo plazo. En el Duero existen unos excedentes importantes generados por embalses hidroeléctricos que están instalados en los tramos inferiores de la Cuenca. Se carece, sin embargo, de una regulación adecuada en la zona alta. En el Tajo se pueden hacer consideraciones similares a las del Duero. Esta Cuenca tiene además dos servidumbres importantes, el abastecimiento de la Comunidad de Madrid y la que supone el suministro del Acueducto Tajo-Segura. En la Cuenca alta del Guadiana son precisos recursos externos para colaborar en la recuperación de los acuíferos de la

Mancha, sobreexplotados en los últimos años y de algunas zonas húmedas de valor ecológico como son las Tablas de Daimiel. La Cuenca del Guadalquivir está en equilibrio, aunque con algunos déficit locales. La reserva de Doñana requiere aportes específicos para recargar el acuífero Almonte-Marismas. Las Cuencas del Sur, presentan situaciones muy diferentes en su extremo occidental en equilibrio, que en el oriental (Almería) con serios problemas en éste último para garantizar el importante desarrollo de la agricultura intensiva y la demanda del sector turístico.
- Las Cuencas del Segura y del Júcar presentan déficit crónicos que son bien conocidos. Muchas zonas subsisten en precario gracias a los trasvases existentes y a la sobreexplotación de sus acuíferos. En conjunto, parece imprescindible la aportación de recursos desde cuencas excedentarias en los volúmenes suficientes para, a su vez, liberar recursos hídricos para algunas zonas internas de estas cuencas, como es el caso de la Mancha Oriental en el río Júcar.
- La Cuenca del Ebro tiene unos recursos naturales que se aproximan a los 18.200 hm^3/año. Presenta déficits locales, pero aguas abajo de la confluencia con el Segre dispone de excedentes regulados que irán aumentando desde los 3.000 hm^3 actuales hasta los 4.900 previstos a largo plazo. Su estratégica situación y la práctica imposibilidad de atender con ellos demandas en la propia Cuenca, posibilita la solución de déficit en las Cuencas del Júcar y Segura, así como de las Cuencas internas de Cataluña. Estos excedentes constituyen una reserva de interés general del Estado. En los archipiélagos Balear y Canario el suministro para abastecimientos urbanos y turísticos sólo se podrá resolver mediante la desalación del agua del mar. Los retornos depurados podrán ser utilizados en la agricultura y otros usos.

4.4. Las transferencias de recursos hídricos

El Plan Hidrológico Nacional debe afrontar la eliminación de los déficits detectados en los balances, tanto globales como locales, incluyendo la sobreexplotación de los acuíferos y la recuperación de algunos enclaves de excepcional valor ecológico.

En conjunto la metodología necesaria para lograr este objetivo comprende a grandes rasgos dos fases:
- Cuantificación y explotación de los recursos hidráulicos que puedan incrementarse en cada cuenca.
- Diseño de un Sistema Integrado de Equilibrio Hidráulico Nacional (SIEHNA), así como de los trasvases zonales entre cuencas limítrofes.

A pesar del salto cualitativo que significa incrementar el conjunto de recursos regulados y procedentes de acuíferos en 6.691 hm^3 año $^{-1}$, tal y como hemos indicado, la situación de partida es tan desequilibrada que es preciso llegar a la conclusión de que la única solución global del problema proviene del aporte de recursos externos por transferencias desde las cuencas excedentarias.

La magnitud del problema no permite abordarlo mediante actuaciones locales por lo que es preciso acometerlo desde un verdadero SIEHNA que afecta a la práctica totalidad de las Cuencas Hidrográficas.

El primer esfuerzo que ha de realizar el SIEHNA es de identificación de las cuencas excedentarias. En el espacio orográfico que se extiende desde Galicia a Gerona existen dos zonas donde es posible captar recursos excedentes para enviarlos a las cuencas deficitarias; estas zonas son: la Cornisa Cantábrica, en las Cuencas Duero y Norte, y el curso inferior del Ebro aguas abajo de su confluencia con el Segre.

Sobre esta base es posible desarrollar el SIEHNA. Se trata en esencia de transferir agua desde la Cornisa Cantábrica (Norte-Duero), y desde la desembocadura del Ebro. Cada una de estas dos zonas alimenta a las zonas receptoras del sur y levante de la Península.

El SIEHNA ha sido fuertemente contestado desde diversas instancias sociales y políticas, y de forma muy especial por los Gobiernos Autónomos correspondientes a los territorios de las Cuencas Hidrográficas que deben ceder recursos. Aún siendo su coste elevado, creemos que la mayores dificultades para su puesta en práctica pueden provenir de una falta de solidaridad, probablemente fruto de una falta de cultura en el aprovechamiento de un recurso escaso y errático como es el agua de nuestro país. Hoy muchos creen que es una utopía pensar que algún día pueda llevarse a la práctica el SIEHNA.

El nuevo borrador del Anteproyecto de Plan Hidrológico Nacional (MIMAM 2.000) parece limitar sus ambiciones al trasvase de 1.000 hm^3 desde la desembocadura del Ebro a las zonas más deficitarias del Arco Mediterráneo. Incluso con esta importante reducción en la política de trasvases el número de escépticos no parece haber disminuido.

Si finalmente no se llevara a cabo ningún tipo de trasvase, desde nuestra modesta perspectiva, pensamos que España habrá errado en el camino para entrar en el siglo XXI afrontando correctamente uno de sus mas graves problemas estructurales: la corrección de su desequilibrio hídrico y como consecuencia de ello el desarrollo armónico y solidario de nuestro territorio. Este camino lo han sabido ver con claridad países de mayor desarrollo tecnológico desde Israel a Australia o el Estado de California en EE.UU.

5. El agua subterránea

5.1. Características generales

Prácticamente en cualquier sitio de la corteza terrestre hasta una profundidad de varios kilómetros hay agua subterránea dulce o salina. En el lenguaje hidrológico, sin embargo, sólo se suele denominar agua subterránea la que satura los poros o fisuras que tienen las rocas. Las formaciones geológicas que contienen o han contenido agua y por las cuales ésta puede fluir, son las que reciben el nombre de acuíferos.

La capacidad del subsuelo para almacenar y transmitir el agua depende de su porosidad y permeabilidad, es decir, de las dimensiones de los poros y fracturas y de las interconexiones y continuidad entre ellos. Un acuífero es simultáneamente almacén de agua y una vía de transporte de la misma. Las reservas del acuífero están constituidas por el volumen de agua que almacena, determinado por el nivel de saturación del terreno. El tiempo de renovación natural del agua en los acuíferos es muy variable, desde unos años hasta siglos.

El valor medio a largo plazo del agua que entra y sale de un acuífero, manteniéndose constante la profundidad de la capa saturada, es un parámetro de gran interés hidrogeológico, recibe la denominación de recarga media anual y se expresa de ordinario en hm^3 $año^{-1}$.

El origen principal de la recarga de un acuífero suele ser la infiltración por la lluvia, aunque también aquella puede producirse por aportaciones de cauces superficiales o subterráneos provenientes de otros acuíferos. Los ríos son los sistemas naturales de drenaje de los acuíferos que también pueden verter agua directamente al mar. Aproximadamente un tercio del agua de los ríos proviene de los acuíferos, que se convierten así en el elemento que da mayor estabilidad al caudal de los mismos.

Los acuíferos pueden recargarse artificialmente con aportes externos, técnica cada vez más extendida.

Como Margat (1996) indica, no existe un concepto uniforme sobre lo que se entiende por «recursos de agua subterránea» y como consecuencia de ello existe una gran disparidad de metodologías y resultados a la hora de evaluar tanto su montante como su utilización.

En la acepción más utilizada, se asimila el término «recursos de agua subterránea» al de recarga media anual de los acuíferos y el de «reservas de agua subterránea» a aquellas masas de agua que los acuíferos contienen y que suele ser de uno a tres órdenes de magnitud superiores a los recursos renovables medios (Llamas, 1997).

Según Margat (1991), el uso de agua subterráneas en la agricultura es muy importante tanto en aquellos países en vías de desarrollo, como en los industrializados. Algunos datos proporcionados por este autor, expresados en km^3 $año^{-1}$, son: India 150, Estados Unidos 101, China 75, la antigua Unión Soviética 40, Italia 12, Francia 7.

Por lo que respecta a España, el MOPT (1993) estima que la recarga o escorrentía subterránea es del orden de 20 km^3 $año^{-1}$. Este dato ha sido cuestionado por algunos autores (por ejemplo, Custodio, 1993). En lo que a su utilización se refiere, el Libro Blanco de las Aguas Subterráneas (MOPTMA y MINER 1994) estima que 1.080 hm^3 $año^{-1}$ se utilizan para abastecimiento urbano y una cifra que acota entre 3.500 y 4.700 hm^3 $año^{-1}$ se utilizan en regadío. Según algún autor (por ejemplo, Llamas, 1997) el error que pueden tener las cifras anteriores parece que puede ser importante, del orden del 20-30%.

España es el país más árido entre los quince que integran la Unión Europea. Sería lógico que fuera la región europea en la que la explotación del agua subterránea fuera más intensa. No sucede así. Según Llamas (1997) solamente dos o tres países de la UE hacen menos uso del agua subterránea que España.

La eficiencia del uso del agua subterránea en la agricultura española es mucho más alta que en el caso de aguas superficiales. Los regadíos con aguas subterráneas, unas 700.000 ha. de uso exclusivo, a las que habría que añadir 300.000 ha de uso mixto, consumen un promedio de 4.800 m^3 ha^{-1} $año^{-1}$. Los regadíos con aguas superficiales, 2.300.000 ha, consumen 20 km^3 de agua al año, lo que representa una dotación de media de 8.200 m^3 ha^{-1} $año^{-1}$, casi el doble que la anterior (Llamas, 1997). Los agricultores que utilizan el agua subterránea están, en general, más motivados para el ahorro del agua dado que estas transformaciones, en su gran mayoría, han sido financiadas por iniciativa privada.

La descripción ordenada y sistemática de los recursos de agua subterránea de un área geográfica requiere la previa identificación de los elementos que la integran. En la actualidad, y con referencia al territorio español, han sido definidas 442 unidades hidrogeológicas (DGOH-ITGE, 1988). La superficie total de interés hidrogeológico en nuestro país, como consecuencia de ello, resulta ser de 174.745 km^2. Cada una de estas unidades hidrogeológicas está caracterizada por sus parámetros mas significativos, tales como superficie permeable, infiltración, transferencias, bombeos, etc.

5.2. Principales problemas del agua subterránea en España

Tradicionalmente, el principal problema que se le ha atribuido a las aguas subterráneas ha sido el de la titularidad jurídica y, como consecuencia de ello, su sistema de gestión.

La Ley de Aguas de 1985 declaró de dominio público todas las aguas subterráneas renovables «independientemente de su tiempo de renovación». A pesar de ello la mayoría de los aprovechamientos de aguas subterráneas siguen hoy teniendo la calificación legal de dominio privado (Llamas, 1997). Solamente son de dominio público las solicitadas después del 1 de enero de 1986 y aquellas otras anteriores cuyos propietarios de acuerdo con una disposición transitoria optaron, antes del 31 de diciembre de 1988, por ceder a la Administración Hidráulica su derecho de propiedad a cambio de la denominada «protección administrativa». No existen en este momento datos fiables sobre qué proporción del conjunto de captaciones existentes en nuestro país se encuentran en cada una de las diferentes situaciones legales.

Sobre esta diversa y a veces confusa situación jurídica, la Ley de Aguas de 1985 trató de extender la experiencia de siglos existente en nuestro país sobre Comunidades de Regantes con aguas superficiales a los usuarios de aguas subterráneas. El desarrollo de las mismas ha tenido un proceso lento y en general no suficientemente apoyado hasta fechas recientes por las Confederaciones Hidrográficas. En los últimos tiempos parece que existe una mayor concienciación sobre la necesidad de contar con estas comunidades de usuarios para gestionar este recurso (Aragonés et al., 1996).

Desde el punto de vista de su explotación como recurso natural, los principales problemas que afectan a las aguas subterráneas son, en nuestra opinión, la sobreexplotación de los acuíferos, su contaminación, la intrusión salina y la afección que su explotación puede producir en los cauces fluviales y zonas húmedas, los llamados «humedales».

Todas estas cuestiones tienen, como podemos observar, un alto grado de impacto en el medio ambiente, que se superpone, con frecuencia de forma conflictiva, al impacto económico y social que se deriva del uso y con frecuencia del abuso de las extracciones en determinados acuíferos.

La Ley de Aguas española de 1985 es probablemente la primera ley que ha intentado formular de modo jurídico el concepto de sobreexplotación (Custodio, 1991). Esta definición queda reflejada en el artículo 171.2 del Reglamento del Dominio Público Hidráulico.

El propio concepto de sobreexplotación, y sobre todo su aplicación a casos concretos, ha sido ampliamente discutido por numerosos hidrogeólogos y ha dado lugar a debates científicos dedicados específicamente a este tema (Llamas, 1992).

En España, según el ya citado Libro Blanco de las Aguas Subterráneas (MOPTMA y MINER 1994), existe un total de 51 Unidades Hidrogeológicas en las que la relación bombeo/recarga supera la unidad. En estas Unidades se produce en conjunto un déficit de 710,7 hm^3 año^{-1}. En la fecha de edición de aquel texto, en otros 23 acuíferos este valor superaba el 0,8. Es muy posible que en la actualidad buena parte de ellos estén ya sobreexplotados. Más de un tercio del déficit producido por la sobreexplotación lo soporta la Unidad Hidrogeológica «Mancha Occidental» en la provincia de Ciudad Real. En cualquier caso, el descenso persistente de los niveles piezométricos en estos acuíferos es un claro exponente de la sobreexplotación, y hace imprescindible abordar con rapidez pero con eficacia este problema. Es importante corregir la explotación excesiva del agua subterránea en los sitios en que se ha producido, principalmente en las Cuencas del Segura, del Guadiana, del Vinalopó, posiblemente en el acuífero Mancha Oriental de la Cuenca del Júcar y en Canarias.

La contaminación de las aguas subterráneas es, según la Unión Europea, el problema más grave de la Política del Agua Comunitaria. Así se hace constar en el «Programa de acción para la gestión y protección integrada de las aguas subterráneas» que la Comisión presentó al Parlamento Europeo y al Consejo a finales de 1996. Los problemas de contaminación no están necesariamente ligados con el aprovechamiento de las aguas subterráneas. Países húmedos, en donde el regadío es casi simbólico como Alemania, Francia u Holanda, presentan grandes problemas de contaminación debido al uso intensivo de fertilizantes y pesticidas en la agricultura.

Básicamente, el origen de la contaminación es antrópico y puede ser debido no solo a la actividad agropecuaria sino también a la urbana o la industrial. Se suele distinguir entre contaminación puntual, debido a un foco localizado, o difusa cuando la entrada del contaminante se distribuye en una amplia zona del acuífero.

Se ha prestado especial importancia a la presencia de compuestos de nitrógeno en el agua subterránea. Aunque esta contaminación pueda responder a un origen puntual, son las prácticas inadecuadas de fertilización nitrogenada en la agricultura intensiva la causa más importante de este tipo de contaminación. En diferentes zonas de nuestro país el contenido de nitratos en el agua subterránea excede de los 100 mg l^{-1}, nivel considerado de alto grado de contaminación. Las actividades agrícolas pueden también contaminar, aunque en menor grado, por el uso de plaguicidas, fungicidas y herbicidas. El consumo de abono nitrogenado y fitosanitarios por hectárea es particularmente intenso en la Comunidad Valenciana, la Rioja, Murcia y Cataluña.

Las aguas residuales urbanas no depuradas pueden ser también un foco importante de contaminación, así como entre las actividades industriales, el almacenamiento y transporte de determinadas materias primas como son los carburantes y combustibles líquidos derivados del petróleo. En la industria agroalimentaria, un foco de contaminación es la eliminación de residuos de alcoholeras, almazaras, mataderos, etc.

La vigente Ley de Aguas introdujo el concepto de mantenimiento del caudal ecológico de los ríos. A pesar de las dificultades teóricas y prácticas que entraña su definición, y en general todo aquello que se refiere a las funciones y valores ecológicos del agua, es indudable que han aparecido unos nuevos parámetros y condicionantes en la política del agua en los países industrializados que con toda seguridad tendrán progresivamente un mayor peso.

La reducción o modificación sustancial de las aportaciones hídricas a zonas de valor ecológico, o simplemente recreativo, determina una grave alteración de estos parajes al ser el agua el factor que induce su estabilidad. En nuestro país son bien conocidos los casos del Coto de Doñana, las Tablas de Daimiel, el Lago de Bañola o las lagunas de Fuentelapiedra, Ruidera y Gallocanta. Las zonas húmedas, o «humedales», son el resultado de la interacción de múltiples factores que dan lugar a zonas de concentración de escorrentía. La delimitación y protección de estos espacios naturales está contemplada en la legislación española. El inventario y tipificación de los mismos, realizado por la DGOH (1990), incluye un total de 1.544 zonas húmedas en la España peninsular. Algunas son formaciones costeras (Mar Menor o Marismas del Guadalquivir), otras son lagos o lagunas y la gran mayoría (1.533) son humedales en sentido estricto. Un grupo significativo de los mismos, aproximadamente el 50%, están relacionados con acuíferos.

La superficie total de las zonas inventariadas, sin considerar el gran humedal que constituyen las Marismas del Guadalquivir, ha disminuido, desde que se conocen datos sobre las mismas, en unos 440 km^2 lo que supone el 35% de la superficie total máxima.

A principios de este siglo, la Ley del 24 de julio de 1918 fomentaba, por motivos sanitarios, la desecación de lagunas, marismas y tierras pantanosas. Así desaparecieron las lagunas de la Janda de Cádiz y las de Nava de Palencia.

Otras importantes pérdidas de superficie de humedales tienen su origen en las extracciones de agua subterránea. Es bien conocido el caso de las Tablas de Daimiel y los Ojos del Guadiana donde la extracción de las aguas subterráneas para riego, sin una planificación adecuada, ha afectado muy seriamente a estos parajes de alto valor ecológico.

La explotación de los acuíferos costeros supone siempre un cierto descenso de su nivel piezométrico. Cuando los niveles extraídos son superiores a las recargas se produce una salinización del acuífero como resultado del avance tierra adentro de agua del mar. De las 82 Unidades Hidrogeológicas costeras de la Península e Islas Baleares, el 58% presenta algún grado de intrusión marina (MOPTMA y MINER, 1994).

Un último problema al que debemos hacer referencia es el de la afección a cursos fluviales que en ocasiones conlleva la explotación de las aguas subterráneas. Como ya hemos indicado, la extracción de aguas subterráneas en la Mancha Occidental ha conducido a la desaparición desde 1980 de los Ojos del Guadiana. Los caudales que el río Júcar recibe a su paso por la Provincia de Albacete han sufrido una progresiva disminución desde 1981 que se ha atribuido a la explotación intensiva del acuífero Mancha Oriental (DGOH, 1993).

6. Efectos del cambio climático en la disponibilidad del agua

Es posible preguntarse cómo puede afectar el cambio climático a las disponibilidades hídricas y de qué instrumentos disponemos para responder a esta cuestión. En particular, es interesante precisar qué fiabilidad tienen las metodologías utilizadas en la actualidad cuando sus resultados se aplican a regiones concretas del Planeta, en donde la necesidad de responder a esta cuestión puede revestir tintes dramáticos. Tal es el caso de amplias zonas del Continente Africano, en donde será necesario duplicar en los próximos 20 ó 30 años el suministro del agua únicamente para mantener el nivel actual de consumo por habitante, por otro lado escasamente satisfactorio (Gleick, 1993). Tanto el Banco Mundial como la FAO, han establecido programas específicos para el estudio de diversas situaciones concretas, siendo dignas de mención las que se refieren al Africa Sub-Sahariana (World Bank/UNDP/ADB/EC/French Government, 1993).

A grandes rasgos los instrumentos que es posible utilizar comprenden las series históricas de datos observados, las analogías que se pueden establecer con los conocimientos que hoy tenemos del paleoclima en nuestro planeta y, desde fechas relativamente recientes, los resultados que proporcionan los Modelos de Circulación Global (GCM_S). Las limitaciones existentes para disponer de amplias series de datos, unido a las importantes variaciones que ha sufrido la cubierta vegetal, debido a los cambios en el uso del suelo, cuestionan la utilidad práctica de los dos primeros métodos y hacen que hoy los esfuerzos se centren en la utilización de los GCM_S con este fin (Hadley Centre, 1995). Por desgracia, los GCM_S de que se dispone actualmente no son herramientas fiables para predecir directamente datos de precipitaciones diarias o mensuales capaces de ser utilizadas como datos de entrada en los modelos hidrogeológicos en regiones concretas. La tabla 6.6 muestra un ejemplo de lo que acabamos de indicar.

TABLA 6.6
Comparación entre los datos de lluvia obtenidos y los que predicen tres GCMs sobre el Reino Unido (Arnell et al., 1990)

Fuente	Diciembre-Febrero (mm día^{-1})
Datos observados	2,5
GCM del Servicio Meteorológico del Reino Unido (Bracknell)	1,2
GCM del Centro de Investigación de la Atmósfera (Boulder, Colorado USA)	3,4-4,5
GCM del Instituto Goddard para Estudios Espaciales (Nueva York USA)	3,5-4,5

Sin embargo, existe un amplio consenso en que es únicamente cuestión de tiempo el que se corrijan estas deficiencias, en especial las que hacen referencia a la circulación sobre los océanos y la fase terrestre del ciclo hidrológico, aspectos éstos que al parecer no están todavía suficientemente bien tratados en los GCMs (Grotch, 1989, Rind et al., 1990, Kite et al., 1994).

Hulme et al. (1992) han preparado mapas referentes a la precipitación global, así como a los cambios estacionales producidos entre los periodos 1931-1960 y 1961-1990. Uno de los resultados más significativos se refiere al incremento que se ha producido de precipitaciones al norte de Rusia, en un 20%, y la disminución de éstas en el Africa Sahariana entre las latitudes 10° N y 30° N, entre un 20% y un 50%. Estos cambios son similares a los que estiman los GCMs para un situación de $2 \times CO_2$. A pesar de ello es tema de controversia si estos cambios han sido debidos fundamentalmente al incremento de gases invernadero producido durante estos años (Thomson, 1995).

Puede resultar ilustrador comparar estos resultados del pasado inmediato con la previsiones establecidas, referente a los cambios de precipitación media diaria para el periodo 1995-2045 (Hadley Centre, 1995). En líneas generales se observa una continuación de las tendencias observadas en los últimos años. Algunos mapas presentan una cierta atenuación de la sequía al norte del ecuador en el continente Africano, pero un incremento de ésta en la Cuenca Mediterránea, en América del Sur y en Australia.

Es interesante señalar que las variaciones negativas que puede provocar en el ciclo hidrológico el calentamiento de la atmósfera y, como consecuencia de ello, la posible disminución de las disponibilidades hídricas en algunas regiones, serán siempre más pequeñas que el aumento de la demanda de agua debido al incremento de población, los procesos de industrialización y urbanización, los cambios en los usos del suelo y, en general, la mejora general de los niveles de vida de la población. En cualquier caso, esta posible disminución de la oferta contribuirá a agravar aún más el problema creado por el aumento de la demanda. En este sentido, la agricultura, aún siendo la mayor usuaria del agua, es también la más sensible a estos cambios, debido a la prioridad que de ordinario se concede a otros usos, productores de bienes de mayor valor económico.

Las disponibilidades hídricas en una región concreta deben ser proporcionadas por un Modelo Hidrogeológico que represente adecuadamente las condiciones existentes en el espacio estudiado. Los más usados, los modelos determinísticos, son modelos «conceptuales» que simulan con mayor o menor grado de precisión los diferentes procesos físicos que conciernen a los flujos de agua en una cuenca hidrográfica. Para poder ser utilizados con cierto grado de fiabilidad necesitan un alto grado de calibración a partir de series amplias de datos recogidos. En la medida que las investigaciones en hidrología permitan definir mejor las características de la cuencas hidrográficas, las necesidades de calibrado podrán ir reduciéndose. La utilización de nuevas tecnologías, tales como la Teledetección y la incorporación de los datos a Sistemas de Información Geográfica, pueden potenciar en gran medida estos trabajos de investigación.

Es evidente que todos los datos de entrada deben introducirse en el modelo con niveles de precisión similares, y que todos los componentes del ciclo hidrológico deben ser incorporados a éste. Las escalas de tiempo son muy importantes en los modelos hidrogeológicos; por ejemplo, las lluvias de gran intensidad, que se producen sobre superficies relativamente reducidas en periodos de tiempo muy cortos en regiones semi-áridas, tienen gran influencia en la determinación de la escorrentia y la recarga de los acuíferos. Su efecto, sin embargo, puede tardar un largo periodo en ser apreciado debido a la lenta circulación del agua. El modelo debe reflejar adecuadamente este fenómeno (Evans, 1996).

De la misma forma, dentro de una misma cuenca la geología y la cubierta vegetal pueden variar sensiblemente, y esto debe representarse adecuadamente (Wigley y Jones, 1985).

En el último siglo las cuencas hidrográficas de los grandes ríos han sufrido importantes modificaciones debido a la acción del hombre, tales como la construcción de grandes embalses, derivación de aguas para riegos, trasvases entre cuencas, cambios en el uso del suelo etc. Estos cambios han afectado sustancialmente a los caudales de los ríos y, en general, a la hidrología de las cuencas.

Los estudios llevados a cabo en algunas grandes cuencas hidrográficas, como las del río Nilo, el mar Caspio, o el lago Chad han evidenciado de qué manera la hidrología de las mismas es altamente sensible a los cambios de clima (Evans, 1996).

De lo expuesto hasta aquí cabe deducir que la seguridad en el suministro hídrico, en la que debe basarse toda planificación hidrológica, requiere el conocimiento de amplias series de datos tanto de clima como de recursos de agua, lo cual, por desgracia, muchas veces no sucede. Este hecho es particularmente cierto en países en vías de desarrollo situadas en zonas áridas y semi-áridas. Estos datos al ser introducidos en el modelo deben tratarse a nivel regional, continental o incluso global; tiene poco sentido abordarlos únicamente a escala nacional o de cuenca hidrográfica como es habitual hacer en el presente.

El desarrollo de proyectos de investigación que contribuyan a hacer más fiables los datos de los GCMs y que permitan el acople de éstos para ser utilizados en los modelos hidrogeológicos debe continuar con más intensidad que lo ha sido en los últimos años.

En cualquier caso, incrementar la capacidad de almacenamiento y distribución de agua en regiones que aparecen como seriamente amenazadas, es una necesidad urgente para el desarrollo agrario y la seguridad alimentaria. Los cambios climáticos pueden agudizar la situaciones de carencia hoy existentes y las diferencias entre regiones ricas y pobres en recursos hídricos.

7. Referencias bibliográficas

Aguilera, F., 1994. Agua, economía y medio ambiente: Interdependencias físicas y la necesidad de nuevos conceptos. *Revista de Estudios Agrosociales*, 167: 113-130.

Aragonés, J.M.; Codina, J. y Llamas, M.R., 1996. Importancia de las Comunidades de Usuarios de Aguas Subterráneas (CUAS). *Revista de Obras Públicas*, 3355: 77-78.

Arnell, N.W.; Brown, R.P.C. y Reynard, N.S., 1990. *Impact of Climatic Variability and Change on River Flow Regimes in the UK*. Report No. 107, Institute of Hydrology, Dec. 1990, 154 págs.

Associazione Nazionale Bonifiche Irrigazioni (ANBI), 1992. *L'uso irriguo delle acque*. Edagricole, Bologna. Italia.

Ayibotele, N.B., 1992. *The World's Water: Assessing the Resources*. Keynote Paper at the International Conference on Water and the Environment (ICWE), Dublin, Ireland.

Barthelemy, F., 1993. *Water for a Sustainable Human Nutrition: Inputs and Resource Analysis in Arid Regions*. Ecole National du Génie Rural, des Eaux et Forêts, Montpellier, France.

Custodio, E., 1991. *Characterizacion of aquifer over-exploitation: comments on hydrogeological and hydrochemical aspects: the situation in Spain*. Proceed. IAH XXIII International Congress, Vol. I, 3-20.

Custodio, E., 1993. Comentarios del artículo de Arenillas: El Plan Hidrológico Nacional y las Aguas Subterráneas. *Revista de Obras Públicas*, Noviembre, pp. 101-104.

Dirección General de Obras Hidráulicas (DGOH), 1990. *Estudio de las zonas húmedas de la España peninsular*. Inventario y tipificación. Madrid, España.

Dirección General de Obras Hidráulicas (DGOH), 1993. *Estudio de seguimiento del impacto de las extracciones de aguas subterráneas en los acuíferos de La Mancha Oriental y los Caudales del río Júcar*. Informe 2802 del Servicio Geológico de la DGOH. Madrid, España.

Dirección General de Obras Hidráulicas (DGOH)-Instituto Tecnológico Geominero de España (ITGE), 1988. *Estudio de delimitación de las unidades hidrogeológicas del territorio peninsular e Islas Baleares, y síntesis de sus características.* Madrid, España.

Evans, T.E., 1996. The effect of changes in the world hydrological cycle on availability of water resources. En: *Global Climate Change and Agricultural Production.* F. Bazzaz and W. Sombroek (edit). Wiley. FAO. pp. 15-48.

FAO., 1995. *Water Development for Food Security.* WFS 96/TECH/2, Rome, Italy.

FAO./UNDP., 1995. *Water Sector Policy Review and Strategy Formulation a General Framework.* FAO Land and Water Bulletin No. 3. Rome, Italy.

FAO., 1997. *Food Production:* The Critical Role of Water. Technical Background Document 7. Rome, Italy.

Gleick, P.H., 1993. *Water in Crises-A Guide to the World's Freshwater Resources.* Oxford University Press. 473 págs.

Grotch, S.L., 1989. *A Statistical Intercomparision of Temperature and Precipitation Predicted by Four General Circulation Models.* DOE Workshop on Greenhouse-Gas Induced Climate Change. US Dept. of Energy, Univ. Mass. USA.

Hadley Centre, 1995. *Modelling Climate Change, 1860-2050.* Hadley Centre. UK Met. Office.12 págs.

Hulme, M.; Marsh, R. y Jones, P.P., 1992. Global Changes in a humidity index between 1931-1960 and 1961-1990. *Clim. Res,* 2: 1-22.

Kite, G.W.; Dalton, A. y Dion, K., 1994. Simulation of streamflow in a macroscale watershed using GCM data. *Water Research Paper,* 30 (5): 1547-1559.

Llamas Madurga, M.R., 1992. La sobreexplotación de aguas subterráneas: ¿Bendición, Maldición o Entelequia? *Tecnología del Agua,* 91: 54-68.

Llamas Madurga, M.R., 1997. *La gestión de las aguas subterráneas en el Mediterráneo: El caso español.* Conferencia Mediterránea del agua. Valencia.

MAPA, 1996. *Plan nacional de Regadíos.* Horizonte 2005. Ministerio de Agricultura pesca y Alimentación. Madrid.

Margat, J., 1991. *Les Eaux Souterraines dans le Monde.* R. 31780, Bureau de Recherches Geologiques et Minières. Departement de l'Eau, París, 42 págs.

Margat, J., 1996. *Les Eaux Souterraines dans le Bassin Méditerranéen, Plan d'action pour la Méditerranée.* Centre d'Activités Régionales du Blenbleu, Sophia-Antipolis, France, 98 págs.

MIMAM, 1998. *El Libro Blanco del Agua en España.* Ministerio de Medio Ambiente, Madrid (Texto no editado).

MIMAM, 2000. *Borrador del Anteproyecto del Plan Hidrológico Nacional.* Ministerio de Medio Ambiente, Madrid. (Texto no editado).

Ministerio de Obras Públicas, Transporte y Medio Ambiente (MOPT), 1993. *Memoria del Anteproyecto del Plan Hidrológico Nacional.* Madrid, 253 págs.

Ministerio de Obras Públicas, Transporte y Medio Ambiente y Ministerio de Industria y Energía (MOPTMA y MINER), 1994. *El Libro Blanco de las Aguas Subterráneas.* Madrid, 135 págs.

Postel, S.L.; Daily, G.C. y Ehrlich, P.R., 1996. Human appropriation of renewable fresh water. *Science,* 271: 785-788.

Rind, D.; Goldberg., R. y Hansen, J., 1990. Potential evapotranspiration and the likelihood of future drought. *J. Geophysical Res.,* 95 (D7): 9983-10004.

Shiklomanov, I.A., 1996. *Assessment of water resources and water availability in the world.* State Hydrological Institute. St. Petersburg, Russian Federation.

Shuval, H., 1996. *Sustainable water Resources Versus Concepts of Food Security, Water Security, Water Stress for Arid Wountries.* CFWA Workshop. Stockholm Environment Institute, New York, NY, USA.

Sunkel, O. y Leal, J., 1985. *Economía y medio ambiente en la perspectiva del desarrollo.* El Trimestre Económico, 52 (1): 205.
Thomson, D.J., 1995. The season, global temperature and precession. *Science* 268: 59-68.
Wigley, T.M.L. y Jones, P.D., 1985. Influences of precipitation changes and direct CO_2 effects on stream flow. *Nature,* 314: 149-152.
Wolter, H.W., Loseby M., 1997. *Water as the basis for sustainable development: Economic and social problems of irrigated agriculture in the mediterranean basin.* Conferencia Mediterránea del Agua. Valencia.
World Bank/UNDP, 1990. *A Proposal for an Internationally Supported Programme to Anhance Research in Irrigation and Drainage Technology in Developing Countries.* vol. II. Washington, DC, USA.
World Bank, 1993. *Water Resources Management: a World Bank Policy Paper.* Washington, DC, USA.
World Bank, 1996. *World Development Report.* Washington DC, USA.
World Bank/UNDP/ADB/EC/French Government. 1993. *Sub-Saharan Hydrological Assessment.* Washington DC, USA.
World Resources Institute (WRI). 1994. *World Resources, a Guide to the Global Environment.* Oxford University Pres. New York, NY, USA.
Zimmerman, E.W. 1967. *Introducción a los recursos mundiales.* H.L. Hunker (Edit). Oikos-tau-Barcelona.

CAPÍTULO VII
EL PAPEL DE LA CUBIERTA VEGETAL

Antonio Brasa Ramos
Francisco José Montero Riquelme
José Arturo de Juan Valero

1. Los cambios en la cubierta vegetal 165
2. Caracterización de la cubierta vegetal 166
   2.1. Parámetros estructurales relacionados con la arquitectura de la cubierta. 167
   2.2. Parámetros vegetales relacionados con el intercambio de agua 167
   2.3. Parámetros vegetales relacionados con el intercambio de energía ... 169
   2.4. Parámetros radiculares 170
3. El problema de la escala en la caracterización de la cubierta vegetal 170
4. Heterogeneidad espacial de las cubiertas vegetales 172
5. Referencias bibliográficas 173

1. Los cambios en la cubierta vegetal

Los cambios en los usos del suelo son el resultado de cambios en el tamaño y distribución de la población, las innovaciones tecnológicas y las políticas sociales (Coccossis, 1991). En las últimas décadas se han llevado a cabo importantes cambios en la distribución de usos del suelo. Amplias áreas cultivadas en secano se han transformado en regadío y grandes masas de cubiertas vegetales autóctonas han sido deforestadas para su uso agrícola como consecuencia de una intensificación de la agricultura que, aunque hayan mejorado las rentas de los agricultores, agrava los problemas de ordenación del territorio. La normativa impuesta por la Unión Europea en materia de Política Agraria Comunitaria, que incluye entre otras medidas subvenciones a la retirada de tierras, la potenciación de cultivos adaptados a las condiciones ecológicas del entorno y una concienciación creciente entre los regantes de que el agua es un bien escaso del que hay que obtener la mayor producción posible con el menor consumo, ha producido en los últimos años una cierta reordenación «natural» de las producciones.

Aparte de otro tipo de consideraciones, conviene resaltar el impacto que tales cambios pueden haber tenido sobre la erosión del suelo y la influencia de la vegetación sobre los procesos de desertificación que tienen lugar en zonas semiáridas. Dregne (1983) define la desertificación como el empobrecimiento de los ecosistemas terrestres por el impacto humano, si bien López Bermúdez (1995) matiza que la intervención del hombre es el resultado de la sobreexplotación, uso y gestión inapropiados de los recursos en medios frágiles afectados por la sequía y la aridez. Por lo tanto, combatir la desertificación contribuye al desarrollo sostenible en territorios áridos y semiáridos a la vez que se ayuda a mitigar problemas de escala global tales como el calentamiento de la Tierra y la pérdida de biodiversidad.

Los suelos muestran una gran variabilidad espacial en nuestro ámbito mediterráneo en concordancia con el clima y con el relieve. En estas condiciones, los suelos evolucionan muy lentamente por lo que si el medio natural cambia como consecuencia de actuaciones del hombre, las propiedades y las características macromorfológicas e incluso la tipología de muchos suelos puede variar enormemente, pudiendo llegar incluso a ser irreversible. La destrucción de la vegetación natural, la transformación en regadío, el pastoreo excesivo, prácticas de cultivo inadecuadas, el abandono de tierras cultivadas, el uso de aguas de riego de mala calidad, el abuso de productos químicos en el cultivo, entre otros, pueden llegar a disminuir la capacidad productiva del suelo y originar su degradación.

La cubierta vegetal juega un papel principal en el ciclo hidrológico. Charney (1975) afirma que existe una retroalimentación climática a largo plazo entre la atmósfera y la vegetación. El calor y el vapor liberados de la cubierta vegetal cambian la temperatura y la humedad del aire. A su vez estos cambios modulan los flujos de calor y vapor de agua del suelo y la vegetación, los cuales son especialmente sensibles a estos parámetros; en consecuencia, las cubiertas vegetales modifican su propio microclima y están continuamente adaptándose a cambios climáticos estacionales para conseguir su máximo de productividad. La productividad de los cultivos está íntimamente ligada a la influencia del microclima sobre procesos como la transpiración, la fotosíntesis y la respiración, que se llevan a cabo a través de los estomas de las hojas. La actividad estomática convierte de esta manera a la planta en un agente activo en la determinación de su propio microclima (Perrier y Tuzet, 1991).

A escala regional, cambios en las proporciones relativas de superficies vegetales inducen variabilidad espacial y temporal de diversas características terrestres. La degradación de la cubierta vegetal incrementa el albedo, es decir, la fracción de radiación reflejada hacia la atmósfera, lo que provoca una disminución de la radiación neta y como consecuencia disminuye la evapotranspiración, reduciéndose la formación de nubes y la lluvia, lo cual reduce aún más la vegetación (Rowntree, 1991). Se produce también una reducción en el almacenamiento de humedad en el suelo, un aumento de la escorrentía superficial y de los procesos de erosión hídrica, con lo que una parte pequeña del agua de lluvia es aprovechada por las plantas. En particular, en condiciones semiáridas, la evapotranspiración puede representar entre un 60 y un 80% del balance hídrico, siendo así esencial determinar la naturaleza e influencia de dicha cubierta en términos históricos y actuales, dado el papel principal que juega en la recarga de agua en el suelo (Wallace, 1994).

2. Caracterización de la cubierta vegetal

Caracterizar el comportamiento de la cubierta vegetal es uno de los principales objetivos en los estudios de los procesos que tienen lugar sobre la superficie terrestre. Mediante el estudio de parámetros característicos de la vegetación y su evolución a lo largo del ciclo vegetativo, es posible simular y predecir, es decir, *modelizar*, su crecimiento y desarrollo, así como su interacción con el suelo y la atmósfera que la rodean.

El conocimiento del comportamiento de la cubierta vegetal se sustenta en tres pilares básicos que son el suelo, la vegetación y la atmósfera, a partir de los cuales se han construido complejas teorías que tratan de proporcionar una base matemática y física a los procesos de intercambio que ocurren entre dichos componentes.

Para ello, se suelen seleccionar parámetros vegetales especialmente relevantes por su contribución en los procesos de intercambio de energía y agua. El tipo de parámetros a considerar dependerá de la escala a la que se realice la simulación y la complejidad del modelo. Podemos clasificar estos parámetros vegetales en varios grupos en función de su utilización con estos fines. Un primer grupo de parámetros estructurales relacionados con la arquitectura de la cubierta; un segundo grupo de parámetros vegetales relacionados con el intercambio de agua entre la cubierta vegetal y la atmósfera; un tercer grupo de parámetros relacionados con el intercambio de energía; y un cuarto grupo de parámetros radiculares relacionados con el intercambio de energía y materias entre la cubierta y el suelo.

De toda la relación de parámetros que se dará a continuación, los más comúnmente empleados son, del primer grupo, la altura de la vegetación, la superficie cubierta y el índice de área foliar; del segundo grupo, el coeficiente de rugosidad, el plano de desplazamiento cero, la resistencia estomática, la temperatura máxima, mínima y óptima para la conductancia y resistencia estomática, y la transpiración máxima en óptimas condiciones; del tercer grupo: la capacidad de interceptación de radiación y el albedo; y del cuarto grupo la distribución y densidad radicular.

2.1. Parámetros estructurales relacionados con la arquitectura de la cubierta

La cubierta vegetal constituye una entidad dinámica relacionada con la fenología de la planta, cuya funcionalidad está condicionada por la capacidad de interceptación de la luz por la superficie de acuerdo a la disposición espacial de las hojas (Monsi y Saeki, 1953; Ross, 1967; Cowan, 1968; Lang, 1973; Lang y Xian, 1986). La cubierta vegetal ejerce una función de regulación sobre factores tales como el estrés hídrico y el heliotropismo (Blad y Baker, 1972; Travis y Reed, 1983; Oosterhuis et al., 1985; Schwartz and Koller, 1986; Ehleringer y Hammond, 1987; Saugier y Katerji, 1991). El conocimiento de los parámetros estructurales de la cubierta vegetal para cada especie es indispensable para aplicaciones tan dispares como técnicas de mejora genética, estudios de teledetección o modelos de transferencia energética (Oker-Blom y Kellomaki, 1982; Goudriaan, 1988; Noilhan y Planton, 1989).

La mayor parte de estos parámetros no son estáticos, sino que cambian a medida que se desarrolla la vegetación. La altura de la vegetación afecta desde el punto de vista estrictamente físico al intercambio de energía y la capacidad de almacenamiento y transferencia de calor de la cubierta. La estructura foliar viene definida por la cantidad de hojas verdes de la planta y por la superficie ocupada por las mismas, que se expresa por medio del índice de área foliar (LAI). Este parámetro es uno de los más investigados en estudios de fotosíntesis y asimilación neta, transpiración, crecimiento y desarrollo y otros muchos procesos a nivel de la hoja, de la planta y de la cubierta (Martín de Santa Olalla y de Juan, 1993). Existen otras muchas propiedades menos utilizadas en modelos relacionadas con la estructura de la cubierta entre las que se encuentran el porcentaje de superficie cubierta, número de capas en la cubierta vegetal, factor de distribución angular de las hojas, índice de área de tallos, anchura de las hojas, etc.

2.2. Parámetros vegetales relacionados con el intercambio de agua

La transpiración es el proceso fisiológico que implica la difusión de vapor de agua a través de los estomas de las hojas de las plantas. Depende de la dotación energética, del déficit de presión de vapor entre la superficie evaporante y el aire y de la resistencia que oponen los tejidos vasculares vegetales. Al funcionar la hoja a modo de resistencia a la difusión de vapor, a medida que el área foliar aumenta, disminuye la resistencia estomática y la resistencia de la cubierta de manera inversamente proporcional a la radiación neta que incide sobre la cubierta. La apertura estomática controla las pérdidas de agua por evaporación a través de las hojas y el consumo de dióxido de carbono para la fotosíntesis.

La resistencia estomática depende de la resistencia en el interior de los estomas, la cavidad subestomática y la resistencia a la difusión de la pared de celulosa de las células del mesofilo. La transpiración cuticular puede suponerse despreciable. La apertura estomática es función de la conductancia estomática o de la resistencia a la difusión del vapor de agua. La determinación de estos parámetros indica el nivel de transpiración de la planta. El porómetro es el instrumento más utilizado actualmente para estudiar la difusión de gases a través de los estomas de las hojas, por medio de medidas de la resistencia estomática (s cm^{-1}), conductancia estomática (cm s^{-1}) o medidas directas de pérdida de agua (µg cm^{-2} s^{-1}).

La resistencia de la cubierta está relacionada con la disponibilidad hídrica. Para cubiertas vegetales cultivadas bien regadas y en buenas condiciones sanitarias se puede estimar la resistencia de la cubierta, r_c, dividiendo la resistencia estomática mínima, r_1, de una hoja individual por el índice de área foliar efectiva de la cubierta, de acuerdo a expresiones como las siguientes:

$$r_c = r_1 \frac{LAI}{LAI_m} \qquad \text{(Vidal y Perrier, 1990)}$$

$$r_c = \frac{r_1}{0,5\ LAI} \qquad \text{(Allen et al., 1989)}$$

donde LAI_m es el valor máximo del índice de área foliar alcanzado durante el ciclo vegetativo.

Se entiende por plano de desplazamiento cero (d) la altura de la capa de aire en régimen estacionario en la cubierta vegetal. Se han propuesto diversas expresiones para su estimación, dependientes de la altura de la cubierta (h) y de la fracción de superficie cubierta (f_c):

$$lg\ d = 0.9793\ lg\ h - 0.1356 \qquad \text{(Stanhill, 1965)}$$
$$d = 0.7 f_c\ h \qquad \text{(Saxton et al., 1974)}$$
$$d = 0.63\ h \qquad \text{(Monteith, 1975)}$$
$$d = 0.64\ h \qquad \text{(Houghton, 1985)}$$
$$d = 0.85 f_c\ h \qquad \text{(Abtew et al., 1989)}$$

La rugosidad superficial afecta a la tasa de transferencia de cantidad de movimiento entre el aire por encima de la cubierta y el del interior, donde se disipa por fricción por medio de pequeños torbellinos. Un aumento de la rugosidad genera un aumento de las turbulencias que a su vez incrementa la transferencia de cantidad de movimiento y la difusión turbulenta de calor y vapor de agua (Allen et al., 1989). La longitud de rugosidad (z_o) puede interpretarse como el tamaño de la turbulencia de aire más pequeña provocada por los elementos rugosos más pequeños que sobresalen de una superficie (Stigter, 1980). La longitud de rugosidad para la transferencia de cantidad de movimiento, z_{om}, es por lo general mayor que para la transferencia de vapor y calor, z_{oh} (Brutsaert, 1982).

La determinación de la longitud de rugosidad es necesaria para ajustar el perfil de velocidades de viento por encima de la cubierta vegetal. Se han propuesto numerosas expresiones para su estimación:

$$z_o = -d \qquad \text{(Sutton, 1949)}$$
$$lg\, z_o = 0.997\, h - 0.883 \qquad \text{(Tanner y Pelton, 1960)}$$
$$z_o = 0.04\, h1.417 \qquad \text{(Sellers, 1967)}$$
$$lg\, z_o = lg\, h - 0.98 \text{ (pradera) y}$$
$$lg\, z_o = 1.1\, lg\, h - 1.6 \text{ (maíz)} \qquad \text{(Saxton et al., 1974)}$$
$$z_o = 0.35\, (h - d) \qquad \text{(Monteith, 1975)}$$
$$z_o = 0.1\, h \qquad \text{(Houghton, 1985)}$$
$$z_o = 0.13\, (h - d) \qquad \text{(Abtew et al., 1989)}$$

La resistencia aerodinámica, r_a, a la transferencia de calor desde la superficie a una cierta altura z puede estimarse a partir de los parámetros anteriores de acuerdo con la expresión propuesta por Allen et al.,(1989):

$$r_a = \frac{\left[\ln\left(\frac{z_m - d}{z_{om}}\right)\right]\left[\ln\left(\frac{z_h - d}{z_{oh}}\right)\right]}{k^2 u_z}$$

donde z_m es la altura a la que se realizan las medidas de velocidad de viento, z_h es la altura a la que se realizan las medidas de humedad del aire, k es la constante de Von Karman para la difusión turbulenta (0.41) y u_z es la velocidad del viento a la altura z.

Otros parámetros menos utilizados, pero no menos importantes, son la velocidad del viento característica entre diferentes capas de la cubierta, el coeficiente de arrastre, la temperatura óptima para la conductancia y la resistencia estomática, el potencial hídrico de la hoja para el cierre estomático total, la humedad del suelo para el cierre estomático, la dependencia estacional de la actividad estomática, el potencial hídrico de la hoja antes de que comience la desecación, el factor de sensibilidad a la luz de la resistencia estomática, la resistencia cuticular al vapor de agua, la resistencia vascular de la planta y la transpiración máxima en óptimas condiciones, entre otros.

2.3. Parámetros vegetales relacionados con el intercambio de energía

Otro grupo de parámetros es el que constituyen diversas propiedades radiométricas relacionadas con el intercambio de energía entre la cubierta y la atmósfera: la capacidad de interceptación de la radiación, la reflectancia y la transmitancia de la hoja a la radiación fotosintéticamente activa (PAR), la radiación en el infrarrojo térmico y cercano, el albedo y la emisividad, entre otros.

Los fotones del sol son los responsables del proceso de producción de biomasa. Los cloroplastos de los tejidos vegetales capturan los fotones y convierten el agua y el dióxido de carbono en moléculas de carbohidratos mediante el proceso de fotosíntesis. Sólo los fotones con longitud de onda en la banda de la Radiación Fotosintéticamente Activa (PAR), comprendida entre los 400 y 700 nm, pueden hacerlo. Los de menor longitud de onda tienen demasiada energía, constituyendo la radiación ultravioleta, destructiva para los organismos biológicos. Los de mayor longitud de onda constituyen la radiación solar infrarroja de onda corta. La determinación de la cantidad de energía interceptada es indispensable para evaluar la capacidad de las cubiertas vegetales para convertir los fotones en biomasa.

El *albedo* es la relación entre la radiación electromagnética reflejada por la cubierta y la incidente sobre la misma (Jensen *et al.*, 1990). El albedo varía en función del tipo de cubierta y del ángulo de incidencia de la radiación, por lo que varía también a lo largo del ciclo vegetativo de la cubierta vegetal correspondiente. Se han propuesto numerosas ecuaciones empíricas para estimar el albedo en función del LAI (Martín de Santa Olalla y de Juan, 1993).

2.4. Parámetros radiculares

El cuarto grupo de parámetros característicos de la cubierta vegetal está relacionado con el sistema radicular: longitud radicular, densidad radicular, resistencia radicular a la actividad estomática, entre otros. Se requiere un crecimiento radicular vigoroso para que la cubierta aérea se desarrolle adecuadamente. Los daños biológicos, físicos o mecánicos a las raíces inducen una pérdida de funcionalidad en el potencial vegetativo de la cubierta. El sistema radicular juega un papel importante en el desarrollo de la planta a través de sus funciones de absorción, anclaje, almacenamiento, transporte y propagación.

El interés principal del estudio de las raíces de la cubierta vegetal es su relación con la absorción de agua y nutrientes. La mayoría de estudios realizados se refieren a la determinación del peso fresco o del peso seco, pero la eficiencia de la absorción radicular está más relacionada con la densidad radicular, entendida como la longitud de las raíces por unidad de volumen de suelo, la distribución radicular y el área radicular. Para estudiar las raíces se han desarrollado dos métodos principalmente: la determinación *in situ* y la utilización de isótopos radiactivos (Martín de Santa Olalla y de Juan, 1993). Actualmente se desarrollan los métodos de análisis mediante tratamiento digital de imágenes para medir la longitud de las raíces con apoyo de métodos de extrapolación geoestadísticos (Montero, 1998)

3. El problema de la escala en la caracterización de la cubierta vegetal

La escala de los procesos que tienen lugar sobre la superficie terrestre es muy variable tanto en el espacio como en el tiempo, aún cuando, en general, se observa que los procesos a gran escala espacial ocurren en largos períodos de tiempo, mientras que los procesos a escala reducida lo hacen en escalas de tiempo más breves.

Es importante también distinguir entre la escala a la que un proceso tiene lugar y la escala a la que se puede observar (Bloschl y Sivapalan, 1995). Aunque teóricamente los procesos deben observarse a la misma escala a la que suceden, esto no siempre es posible y podemos encontrarnos ante procesos a gran escala y, sin embargo, sólo disponer de datos puntuales con los que poder observar su comportamiento. Cuando la escala del proceso es mayor que las observaciones de que disponemos, los datos aparecerán como tendencias, mientras que si es menor, aparecerán como ruido o desviaciones. Los modelos son herramientas útiles para simular el desarrollo de procesos fundamentales, y para conocer la influencia de los diversos parámetros involucrados en ellos (Seguin e Itier, 1983), pero o son demasiado complicados para utilizarlos en estimaciones a largo plazo o son demasiado sencillos y necesitan otros ajustes (Ducoudré *et al.*, 1993).

La escala de trabajo en la confección de modelos es aquélla que define la comunidad científica involucrada, pero, en cualquier caso, siempre está relacionada con la aplicación específica del modelo en cuestión. Por lo general, la escala de los modelos no suele coincidir con la escala de las medidas, por lo que se requiere cambiar de escala para salvar el vacío existente. Cuando se lleva a cabo un cambio de escala, este cambio afecta no sólo a la concepción teórica del modelo, sino también a las variables consideradas y a los parámetros de entrada. Subir de escala consiste básicamente en distribuir y después agregar. Por el contrario, bajar de escala supone desagregar y luego individualizar. Distribuir la información puede hacerse mediante un esquema apropiado de interpolación, como puede ser el krigeado, mientras que individualizar es trivial porque implica seleccionar una parte de una cierta muestra ya identificada por desagregación. La agregación es también trivial para las variables de estado y parámetros de entrada, aunque no tanto para parámetros secundarios, pues el valor agregado depende de la interacción con el modelo. La heterogeneidad se ha intentado parametrizar por medio de métodos estadísticos más o menos complicados (Avissar y Pielke, 1989; Entekhabi y Eagleson, 1989; Famiglieti y Wood, 1991; Avissar, 1991, 1992; *i.a.*) asignándole un sólo valor o una función de densidad de probabilidad de sus características más representativas (Dolman, 1992; Bonan *et al.*, 1993). La desagregación suele realizarse mediante modelos estocásticos (Cain, 1998).

Otro enfoque para encontrar vínculos entre escalas es el uso de los conceptos de análisis dimensional y similitud, distribuyendo las variables de un proceso en grupos adimensionales y estableciendo vínculos entre ellos a través de la experimentación. Otra concepción de estos enfoques son los fractales, que pueden utilizarse para cuantificar la relación entre variabilidad a diferentes escalas, de manera que una vez calculada la variabilidad a una escala determinada, se extrapola a otras escalas mediante los fractales (Bloschl y Sivapalan, 1995). Igualmente, la teoría del caos podría constituir una buena herramienta para estudiar la variabilidad en la escala (Schertzter y Lovejoy, 1995).

Una manera de enfrentarse a la heterogeneidad de un modelo cuya escala es mayor que la del proceso que pretende representar es la utilización de parámetros efectivos.

Son parámetros de gran escala, o macroescala, que se van a utilizar en modelos de pequeña escala, o microescala. Un modelo de pequeña escala puede ser utilizado para modelizar procesos a gran escala siempre que los parámetros de gran escala sean representativos de los parámetros que definen los pequeños procesos que integran un proceso a gran escala. Por ejemplo, la resistencia de la cubierta usada en la ecuación de Penman-Monteith (Smith, 1991) es un parámetro efectivo que representa una amalgama de resistencias individuales de cada hoja, siendo ellas mismas el resultado de la interacción de las resistencias estomáticas de dentro de la hoja. Lo mismo puede decirse de la resistencia aerodinámica, que es una combinación de las resistencias de cada componente de la capa límite atmosférica.

4. Heterogeneidad espacial de las cubiertas vegetales

Los métodos más generalizados de aplicación de modelos a partir de medidas realizadas sobre la cubierta vegetal permiten obtener una estimación local que sólo puede considerarse representativa de la parcela donde se ha medido, y únicamente pueden aplicarse los resultados a zonas más extensas cuando son llanas y homogéneas.

Frente a los métodos tradicionales, la teledetección presenta una verdadera ventaja en cuanto a su potencial de captar la variabilidad espacial (Bailey, 1990). Las técnicas basadas en la teledetección ofrecen métodos para extender los modelos a zonas amplias, donde no se dispone de datos. La cuestión de cómo aprovechar la naturaleza espacial de los datos de teledetección para extrapolar medidas puntuales a una escala más regional ha sido estudiada por diferentes investigadores (Engman y Gurney, 1991).

A la escala regional, la superficie terrestre es muy heterogénea, como puede apreciarse cuando se examina un mapa topográfico, de suelos, o de cultivos y aprovechamientos. Para caracterizar los numerosos tipos de suelo y cubiertas vegetales existentes se han diseñado esquemas (Dickinson *et al.*, 1986; Sellers *et al.*, 1986; Avissar y Mahrer, 1988; *i.a.*) que requieren el conocimiento de un gran número de características de los mismos, tales como la resistencia —o la conductancia— estomática, la rugosidad superficial, u otras propiedades que influyen en el balance de energía y masa entre el suelo, la cubierta vegetal y la capa más baja de la atmósfera (Deardorff, 1978). Li y Avissar (1994) consideran que los parámetros más importantes en este tipo de esquemas son la conductancia estomática, la humedad de la superficie del suelo, el índice de área foliar (LAI), la rugosidad superficial y el albedo, aunque también tienen importancia la altura de la cubierta, el porcentaje de superficie cubierta por la vegetación o la distribución de raíces en la zona de actividad radicular. L´Homme (1992) y Braden (1995) asignan el control de la transferencia de energía en superficie a la resistencia aerodinámica, el albedo y la resistencia a la transferencia de calor latente. El LAI parece ser uno de los parámetros que con mayor sensibilidad influye en el intercambio de energía. Asimismo, la altura de la vegetación, que influye mucho en el intercambio de energía turbulenta y en la circulación atmosférica (Sud y Smith, 1985; Sud *et al.*, 1988), y el porcentaje de superficie cubierta por la vegetación, pueden variar enormemente.

Li y Avissar (1994) defienden que el flujo de calor latente es muy sensible a la variabilidad espacial, mientras que lo es menos el flujo radiativo emitido por la superficie terrestre, lo que según los mismos autores implicaría que las técnicas de teledetección basadas en la radiación térmica deberían ser especialmente sensibles para poder ser utilizadas en estudios de variabilidad espacial.

Numerosos autores han enfocado los estudios de extrapolación espacial por medio de esquemas unidimensionales de parametrización de la superficie terrestre (BATS, SiB, SWATRE, LAID), es decir, simulando los procesos de intercambio de calor y agua por debajo y sobre la superficie del suelo a través del conocimiento de la distribución vertical del contenido de agua y la temperatura de un determinado perfil del suelo, de los flujos de humedad y de calor entre las capas de dicho perfil, del balance de radiación sobre la superficie y el balance de energía en superficie a partir de la energía disponible y las tasas de flujo de humedad y calor subsuperficial (Dickinson, 1984; Sellers *et al.*, 1986; Avissar y Mahrer, 1988; Noihan y Planton, 1989; Braud *et al.*, 1993; Baastiansen, 1995; *i.a.*). La versatilidad de estos modelos permite su conexión con modelos atmosféricos de mesoscala o de circulación general de la atmósfera (GCM) para describir los efectos de la atmósfera sobre los procesos de intercambio de calor y agua a nivel de la superficie (Beljaars y Holtslag, 1991; Ducoudré *et al.*, 1993).

Sin embargo, pese a los avances realizados en los últimos años para la caracterización de la superficie terrestre, existen todavía numerosas incertidumbres en cuanto a la especificación de los tipos de parámetro a considerar. La escorrentía, la humedad disponible en el suelo o la fenología de la vegetación continúan siendo algunas de las cuestiones críticas para mejorar el funcionamiento de los modelos (Hutjes, 1999). Los esquemas de representación de la superficie terrestre son excesivamente simplistas en la asignación de un único valor proporcional a los tipos de cobertura vegetal presentes en cada celda o porción mínima de superficie considerada del modelo, independientemente de las acusadas discontinuidades en las cubiertas vegetales o los fuertes gradientes de humedad, relieve, etc., que se puedan presentar. El disponer de bases de datos de parámetros vegetales y de suelos anteriormente descritos tiene un valor incalculable para los estudios de los procesos a nivel de la superficie terrestre. Iniciativas científicas conjuntas tales como el programa CORINE o el sistema de información del Programa Internacional Geosfera-Biosfera (IGBP-DIS) constituyen las principales fuentes de datos de entrada a los modelos con amplia distribución espacial, lo que unido al conocimiento cada vez más profundo de los esquemas de funcionamiento al nivel de las plantas, contribuye día a día a desentrañar dichas incertidumbres.

5. Referencias bibliográficas

Abtew, W.; Alfaro, J.F. y Borrelli, J., 1989. Wind profile: Estimation of displacement height and aerodynamic roughness. *Transactions of the ASAE,* 32: 521-527.

Allen, R.G.; Jensen, M. E.; Wright, J.L. y Burman, R.D., 1989. Operational estimates of reference evapotranspiration. *Agronomy Journal,* 81: 650-662.

Avissar, R., 1991. A statistical-dynamical approach to parameterize subgrid-scale land-surface heterogeneity in climate models. *Surveys in Geophysics*, 12: 155-178.

Avissar, R., 1992. Conceptual aspects of a statistical-dynamical appoach to represent landscape subgrid-scale heterogeneities in atmospheric models. *Journal of Geophysical Research*, 97: 2729-2742.

Avissar, R. y Mahrer, Y., 1988. Mapping frost-sensitive areas with a three-dimensional local scale numerical model. Part I: Physical and numerical aspects. *Journal of Applied Meteorology*, 27: 400-413.

Avissar, R. y Pielke, R.A., 1989. A parameterization of heterogeneous land surfaces for atmospheric numerical models and its impact on regional meteorology. *Monthly Weather Review*, 117: 2113-2136.

Bailey, J.O., 1990. The potential value of remotely sensed data in the assessment of evapotranspiration and evaporation. *Remote Sensing Reviews*, 4: 349-377.

Bastiaansen, W.G.M., 1995. *Regionalization of Surface Flux Densities and Moisture Indicators in Composite Terrain*. Tesis Doctoral, Universidad Agrícola de Wageningen, Wageningen, Holanda.

Beljaars, A.C.M., Holtslag, A.A.M., 1991. On flux parameterization over land surfaces for atmospheric models. *Journal of Applied Meteorology*, 30: 327-341.

Blad, B.L. y Baker, D.G., 1972. Orientation and distribution of leaves within soybean canopies. *Agronomy Journal*, 64: 26-29.

Bloschl, G. y Sivapalan, M., 1995. Scale issues in hydrological modelling: a review. *Hydrol. Process.*, 9: 251-290.

Bonan, G.B., Pollard, D. y Thompson, S.L., 1993. Influence of subgrid-scale heterogeneity in leaf area index, stomatal resistance, and soil moisture on grid-scale land-atmosphere interactions. *Journal of Climate*, 6: 1882-1897.

Braden, H., 1995. Energy fluxes from heterogeneous terrain: averaging input parameters of the Penman-Monteith formula, *Agricultural and Forest Meteorology*, 75: 121-133.

Braud, I.; Noilhan, J.; Bessemoulin, P.; Mascart, P.; Haverkamp, R. y Vauclin, M., 1993. Bare-ground surface heat and water exchanges under dry conditions: observations and parameterization. *Boundary-Layer Meteorology*, 66: 173-200.

Brutsaert, W.H., 1982. Comments on surface roughness parameters and the height of dense vegetation. *Journal of the Meteorological Society of Japan*, 53: 96-97.

Cain, J.D., 1998. *Modelling Evaporation from Plant Canopies*. Report No. 132. Institute of Hydrology. Wallingford, R.U.

Charney, J.G., 1973. Dynamics of deserts and drought in the Sahel. *Quarterly Journal of the Royal Meteorology Society*, 101: 193-202

Coccossis, H.N., 1991. Historical land-use changes: Mediterranean regions of Europe. En: Land-use Changes in Europe. Brouwer *et. al.* (Editores). Kluwer Academic Publishers, 441-461.

Cowan, I.R., 1968. The interception and absorption of radiation in plant stands. *Journal of Applied Ecology*, 5: 367-379.

Deardorff, J.W., 1978. Efficient prediction of ground surface temperature and moisture, with inclusion of layer of vegetation. *Journal of Geophysical Research*, 83: 1889-1903.

Dickinson, R.E.; Henderson-Sellers, A.; Kennedy, P.J. y Wilson, M.F., 1986. *Biosphere-atmosphere transfer scheme (BATS) for the NCAR Community Climate Model*. NCAR Technical Note NCAR/TN-275+STR, Boulder.

Dolman, A.J., 1992. A note on areally-averaged evaporation and the value of efective surface conductance. *Journal of Hydrology*, 138: 583-589.

Dregne, H.E., 1983. *Desertification of the Arid Lands. Advances in Desert and Arid Land Technology and Development*. Vol. 3. Harwood Academic Publisher, Nueva York.

Ducoudré, N.I.; Laval, K. y Perrier, A., 1993. SECHIBA, a new set of parameterizations of the hydrologic exchanges at the land-atmosphere interface within the LMD Atmospheric General Circulation Model. *Journal of Climate*, 6: 248-273.

Ehleringer, J.R., y Hammond, S.D., 1987. Solar tracking and photosynthesis in cotton leaves. *Agricultural and Forest Meteorology*, 39: 25-35.

Engman, E.T., y Gurney, R.J., 1991. Evapotranspiration. *Remote Sensing in Hydrology*. Londres: Chapman and Hall, 85-102.

Entekhabi, D. y Eagleson, P.S., 1989. Land-surface hydrology parameterization for atmospheric general circulation models including subgrid-scale spatial variability. *Journal of Climate*, 2: 816-831.

Famiglieti, J.S. y Wood, E.F., 1991. Evapotranspiration and runoff from large land areas: land-surface hydrology for atmospheric general circulation models. *Surveys in Geophysics*, 12: 179-204.

Goudriaan, J., 1988. The bare bones of leaf-angle distribution in radiation models for canopy photosynthesis and energy exchange. *Agricultural and Forest Meteorology*, 43: 155-169.

Houghton, D.D., 1985. Handbook of Applied Meteorology, John Wiley and Sons, Nueva York.

Hutjes, R.W. A., 1999. BAHC revised agenda for 1998-2001. Biospheric Aspects of the Hydrological Cycle. A Core Project of the International Geosphere-Biosphere Programme (IGBP). *BAHC News*, 6: 3-7.

Jensen, M.E.; Burman, E.D. y Allen, R.G., 1990. *Evapotranspiration and Irrigation Water Requirements*. Manual of Practices no. 70, ASCE, Nueva York.

L´Home, J.P., 1992. Energy balance of heterogeneous terrain: averaging the controlling parameters. *Agricultural and Forest Meteorology*, 61: 11-21.

Lang, A.R.G., 1973. Leaf orientation of a cotton plant. *Agricultural Meteorology*, 11: 37-51.

Lang, A.R.G., Xian, Y., 1986. Estimation of leaf area index from transmission of direct sunlight in discontinuous canopies. *Agricultural and Forest Meteorology*, 37: 229-243.

Li, B., Avissar, R., 1994. The impact of spatial variability of land-surface characteristics on land-surface heat fluxes. *Journal of Climate*, 7: 527-537.

López Bermúdez, F., 1995. Desertificación: Una amenaza para las tierras mediterráneas, *El Boletín*, 20: 38-48.

Martín de Santa Olalla, F. y de Juan, J.A., 1993. *Agronomía del Riego*. Ediciones Mundi-Prensa y Universidad de Castilla-La Mancha, Madrid, 732 págs.

Monsi, M. y Saeki, T., 1953. Uber den lichtfaktor in den pflanzengesellschaften und seine bedeutung für die stoffproduktion. *Japanese Journal of Botany*, 14: 22-52.

Monteith, J.L., 1975. *Vegetation and the Atmosphere*. Volume 1. Academic Press, New York.

Montero, F.J., 1998. El viñedo en zonas semiáridas del Mediterráneo. En: *El Viñedo en Castilla-La Mancha ante el Siglo XXI*. F. J. Montero y A. Brasa (Editores). El Sector Vitivinícola y el Agua. Ediciones de la Universidad de Castilla-La Mancha, Cuenca, 15-36.

Noilhan, J. y Planton, S., 1989. A Simple parameterization of land-surface processes for meteorological models. *Monthly Weather Review*, 117: 536-549.

Oker-Blom, P. y Kellomaki, S., 1982. Effect of angular distribution of foliage on light absorption and photosynthesis in the plant canopy: theoretical computations. *Agricultural Meteorology*, 26: 105-116.

Oosterhuis, D.M.; Walker, S. y Eastham, J., 1985. Soybean leaflet movements as an indicator of crop water stress. *Crop Science*, 25: 1101-1106.

Perrier, A. y Tuzet, A., 1991. Land surface processes: description, theoretical approaches, and physical laws underlying their measurements. En: *Land Surface Evaporation: Measurement and Parameterization*. T. Schmugge y J. C. André (Editores), Springer-Verlag, Nueva York, 145-155.

Ross, Y.K., 1967. Role of solar radiation in the photosynthesis of crops. En: *Photosynthesis of Productive Systems.* Nichiporovich, A.A. (Editor), IPST, Jerusalén, Israel.

Rowntree, P.R., 1991. Atmospheric parameterization schemes for evaporation over land: basic concepts and climate modelling aspects. En: *Land Surface Evaporation: Measurement and Parameterization.* T. Schmugge y J.C. André (Editores), Springer-Verlag, Nueva York, 5-29.

Saugier, B. y Katerji, N., 1991. Some plant factors controlling evapotranspiration. *Agricultural and Forest Meteorology,* 54: 263-277.

Saxton, K.E.; Johnson, H.P. y Shaw, R.H., 1974. Watershed evapotranspiration estimated by the combination method. *Transactions of the ASAE,* 17: 668-672.

Schertzter, D. y Lovejoy, S., 1995. From scalar cascades to lie cascades: joint multifractal analysis of rain and cloud processes. En: *Space and Time Variability and Interdependencies in Hydrological Processes.* R.A. Feddes (Editor), Cambridge University Press, UK, 153-173.

Schwartz, A. y Koller, D., 1986, Diurnal phototropism in solar tracking leaves of Lavatera cretica. *Plant Physiology,* 80: 778-781.

Seguin, B. y Itier, B., 1983. Using midday surface temperature to estimate daily evaporation from satellite thermal IR data. *International Journal of Remote Sensing,* 4: 371-383.

Sellers W.D., 1967. *Physical Climatology.* University of Chicago Press, Chicago.

Sellers, P.J.; Mintz, Y.; Sud, Y.C. y Dalcher, A., 1986. A simple biosphere model (SiB) for use within general circulation models. *Journal of Atmospheric Science,* 43: 505-531.

Smith, M., 1991. *Report on the Expert Consultation on Procedures for Revision of FAO Guidelines for Prediction of Crop Water Requirements.* FAO, Roma.

Stanhill, G., 1965. *The concept of potential evapotranspiration in arid zone agriculture.* Acts du Colloque de Montpellier. UNESCO Rech. Zone Aride: 109-117.

Stigter, C.J., 1980. Assessment of the quality of generalised wind functions in Penman's equations. *Journal of Hydrology,* 45: 321-331.

Sud, Y.C.; Shukla, J. y Mitz, Y., 1988. Influence of land surface roughness on atmospheric circulation and precipitation: A sensitivity study with a general circulation model. *Journal of Applied Meteorology,* 27: 1036-1054.

Sud, Y.C. y Smith, W.E. 1985. Influence of local land-surface processes on the Indian monsoon: a numerical study. *Journal of Climate and Applied Meteorology,* 24: 1015-1036.

Sutton, O.G., 1949. *Atmospheric Turbulence.* Metheun and Co. Ltd., Londres.

Tanner, C.B., Pelton, W.L., 1960. Potential evapotranspiration estimated by the approximate energy balance method of Penman. *Journal of Geophysical Research,* 65: 3391-3413.

Travis, R.L., Reed, R., 1983. The solar tracking pattern in a closed alfalfa canopy. *Crop Science,* 23: 664-668.

Vidal, A. y Perrier, A., 1990. Irrigation monitoring by following the water balance from NOAA-AVHRR thermal IR data. I.E.E.E. *Transactions on Geoscience and Remote Sensing,* 28: 949-954.

Wallace, J.S., 1994. Procesos hidrológicos y degradación de las tierras secas. *Boletín de la Organización Meteorológica Mundial,* 43: 22-28.

CAPÍTULO VIII
DIVERSIDAD BIOLÓGICA Y DESERTIFICACIÓN

Pablo Ferrandis Gotor
Juan José Martínez Sánchez

1. Introducción 179
2. Niveles de diversidad biológica y su importancia 180
3. Pérdida de diversidad biológica: historia de las extinciones y principales causas de extinción 183
   3.1. Deterioro y fragmentación del hábitat 185
   3.2. Introducción de especies 185
   3.3. Sobreexplotación de plantas y animales 186
   3.4. Contaminación 186
   3.5. Cambio climático 186
   3.6. Agricultura intensiva 187
4. Técnicas de conservación de la diversidad biológica 188
   4.1. Conservación *ex situ* 188
   4.2. Conservación *in situ* 189
5. Referencias bibliográficas 192

1. Introducción

El vocablo diversidad hace referencia al rango de variación dentro de un conjunto. El término diversidad biológica, o biodiversidad, designa pues la variedad dentro del «mundo vivo»: indica el número, variedad y variabilidad de organismos vivos, tanto silvestres como domésticos, y de los ecosistemas de los que forman parte. En este sentido, la Conferencia de las Naciones Unidas para el Medio Ambiente y el Desarrollo (UNCED, 1992), definió la diversidad biológica como «la variabilidad de organismos vivos de cualquier clase, incluidos, entre otras cosas, los ecosistemas terrestres y marinos y otros ecosistemas acuáticos y los complejos ecológicos de los que forman parte; comprendiendo la diversidad dentro de cada especie, entre las especies y de los ecosistemas». Hoy en día, existe un acuciante problema de pérdida de biodiversidad a nivel global. La extinción de especies (inclúyase también subespecies y variedades dentro de una especie) o erosión genética afecta en mayor o menor medida a la práctica totalidad de los ecosistemas y hábitats del planeta, alcanzando, en algunos casos, tasas sólo comparables con algunas de las grandes extinciones ocurridas a lo largo de la Historia de la Tierra (WCMC, 1992).

El término de desertificación alcanzó por primera vez difusión mundial en la celebración de la Conferencia de las Naciones Unidas sobre Desertificación (UNCOD, 1977), organizada por el PNUMA (Programa de las Naciones Unidas para el Medio Ambiente; UNEP), en la que el fenómeno se definió como «la disminución progresiva o destrucción del potencial biológico del suelo, que en sus últimas instancias puede conducir a condiciones de desierto». Sin embargo, dicha acepción no considera de forma explícita la naturaleza antrópica de los factores últimos desencadenantes. Actualmente, la definición con mayor grado de aceptación sostiene que «la desertificación es un proceso complejo que reduce la productividad y el valor de los recursos naturales, en el contexto específico de condiciones climáticas áridas, semiáridas y subhúmedas secas, como resultado de variaciones climáticas y actuaciones humanas adversas» (UNCED, 1992; CCD, 1994). Es por lo tanto, un proceso de empobrecimiento de los ecosistemas terrestres por impacto humano (véase la revisión que al respecto hace López-Bermúdez en el Capítulo 1 del presente libro).

Ambos fenómenos degradativos, erosión genética y desertificación, caminan de la mano en las regiones áridas y semiáridas. La gran explosión demográfica, los profundos cambios registrados en la explotación de los recursos naturales y en el uso del suelo, el cambio climático, acentuados todos ellos a partir de la segunda mitad del siglo XX, han incidido de forma drástica sobre el medio físico y biótico de las regiones más secas, ya de por sí con frágil equilibrio impuesto por bajos balances hídricos. En efecto, el deterioro del medio físico como consecuencia de procesos más o menos avanzados de desertificación (pérdida de la estabilidad estructural del suelo, incremento en la intensidad de los procesos erosivos, perturbaciones en el ciclo hidrológico, aumento de la sequía y la torrencialidad, etc.; López-Bermúdez, 1996) se traduce en una reducción de la producción primaria neta de los ecosistemas y, en último término, en una severa restricción a la resilencia de las especies. La degradación del medio promueve cambios severos en la composición específica de las comunidades, conducentes al predominio (y consiguiente reducción de la diversidad) de especies xerófilas y frugales, generalmente con marcado carácter heliófilo y termófilo, acompañado, las más de las veces, de una reducción de la cubierta vegetal. El elemento higrófilo y poco frugal, exigente en agua y calidad del suelo, desaparece.

Recíprocamente, la reducción de la diversidad biológica asociada a todo proceso severo de regresión vegetal, patente en las etapas subseriales inferiores que generalmente corresponden a la vegetación de zonas sometidas a procesos avanzados de desertificación, constituye uno de los principales factores biológicos implicados en la degradación del suelo (López-Bermúdez, 1992). De acuerdo con la teoría de la sucesión ecológica, en ausencia de perturbaciones, las comunidades evolucionan gradualmente hacia una situación más o menos estable, la etapa climácica; a lo largo de dicha evolución se registran, entre otras regularidades manifiestas de la sucesión, un incremento de la producción primaria y de la biomasa, así como un aumento de la diversidad y complejidad en la estructura de las comunidades (Margalef, 1992; Begon *et al.*, 1997). Dicho incremento de la complejidad estructural puede interpretarse como un proceso de optimización en el aprovechamiento del espacio y, en última instancia, de la energía que ingresa en el sistema; el aumento de la diversificación de formas de vida y nichos ecológicos conduce a ello. Bajo estas condiciones, la protección que la cubierta vegetal ofrece al suelo, amortiguando la energía cinética de precipitaciones y viento (Morgan, 1997), se maximiza.

La retroalimentación entre los dos fenómenos hace que erosión genética y desertificación, agravadas por el cambio climático, sean problemáticas medioambientales inseparables en las regiones áridas, semiáridas y subhúmedas del Planeta.

2. Niveles de diversidad biológica y su importancia

La diversidad se puede definir en términos genéticos, de especies y de ecosistemas, de acuerdo con los tres niveles fundamentales de organización biológica, por lo que el concepto de diversidad abarca desde la variación genética interespecífica hasta la diversidad sistemática en el seno de las comunidades, además de la diversidad espacial a escala de paisaje.

Tal vez debido a que el mundo vivo es ampliamente considerado en términos de especies, la biodiversidad es comúnmente utilizada como un sinónimo de diversidad específica, en particular de riqueza específica, la cual es sinónimo de número de especies en una localidad o hábitat determinados. La discusión sobre la biodiversidad global es normalmente presentada en términos de número de especies de los diferentes grupos taxonómicos. En la actualidad hay descritas sobre la Tierra 1,7 millones de especies, aproximadamente, aunque las estimaciones sobre el total de especies que pudieran existir varían muchísimo (entre 12 y 118 millones; WCMC, 1992).

El nivel de especie es generalmente considerado como el más natural a la hora de considerar la biodiversidad. Las especies son el principal foco de evolución y la aparición y extinción de especies son los principales factores que afectan a la biodiversidad. Pero un sencillo conteo de especies sólo proporciona una indicación parcial de la diversidad biológica. Es necesario tener en cuenta la variabilidad intraespecífica: especies con grandes variaciones de individuos contribuyen más a la biodiversidad que especies cuyos individuos son muy parecidos entre sí. Por otra parte, también hay que considerar la jerarquía taxonómica. Un lugar con muchos taxones de alto rango (familias, órdenes) puede ser considerado como de mayor diversidad taxonómica que otro con muchas más especies pero todas ellas perteneciente a un mismo taxon superior. Además, la importancia ecológica de una sola especie puede tener un efecto directo sobre la estructura de la comunidad, y por tanto sobre la biodiversidad global. Por ejemplo, una especie arbórea de bosque tropical húmedo que soporte una fauna invertebrada endémica de un centenar de especies contribuirá de forma mucho más importante a la biodiversidad global que una especie alpina que no contenga especies asociadas a ella.

La valoración cuantitativa de la diversidad a nivel de comunidad, hábitat o ecosistema es problemática, ya que no hay una única definición de ecosistema a nivel global, y es más difícil en la práctica valorar la diversidad de ecosistemas. Así, la diversidad de ecosistemas es a menudo evaluada a través de medidas de diversidad específica. Se evalúa fundamentalmente la abundancia relativa de diferentes especies, teniendo en consideración los diferentes grupos taxonómicos y niveles tróficos. Un ecosistema hipotético que contenga solamente algunas especies vegetales será menos diverso que uno con menor número de plantas pero con herbívoros y predadores.

Son muchos los autores que, junto a los tres niveles comentados, consideran un cuarto: la diversidad cultural (WRI, IUCN y UNEP, 1992). De igual forma que los niveles anteriores, muchos de los atributos de las culturas humanas se interpretan como estrategias de «adaptación» a los problemas de supervivencia impuestos por determinados ambientes. La diversidad cultural se manifiesta a través de las diferencias de atributos (lenguaje, creencias religiosas, pintura, música, prácticas de manejo de la tierra y explotación de otros recursos, etc.) entre culturas. Se puede considerar que dicha diversidad tiene un componente biológico, en tanto y en cuanto las diferentes poblaciones y culturas humanas se han integrado en los ecosistemas a lo largo de la Historia mediante un proceso de evolución cultural, formando parte activa y transformadora de aquéllos.

Siguiendo este esquema, la Estrategia Española para la Conservación y Uso Sostenible de la Diversidad Biológica (MOPTMA, 1995) clasifica los componentes de la biodiversidad de la siguiente manera: ecosistemas y hábitats naturales (incluye grandes formaciones vegetales, hábitats naturales, paisajes agrarios, el medio marino), especies silvestres (terrestres y de agua dulce, cinegéticas y piscícolas, marinas) y otros recursos genéticos (plantas cultivadas, razas ganaderas, microorganismos, organismos modificados), además de diversidad cultural (conocimientos tradicionales).

La crisis medioambiental pone actualmente en riesgo, incluso, la propia sustentabilidad de los sistemas socioeconómicos tal y como hoy los conocemos. La preservación de la diversidad, impulsada a partir de la Cumbre de la Tierra (1992), se ha convertido en elemento indispensable a tener en cuenta en cualquier iniciativa conservacionista, al constituir ésta el mejor aval de fuente de riqueza sobre la que se sustenta el futuro de aquéllos. La sociedad humana, para su desarrollo, tiene la necesidad de explotar los sistemas naturales y extraer sus recursos. Esto, que ha sucedido siempre, ha llegado a tal extremo que está poniendo en peligro la existencia de los propios recursos, y en general de los diferentes elementos que conforman el mundo natural. Dichos recursos biológicos son imprescindibles para la humanidad, no sólo porque suministran alimentos, medicinas y productos industriales, sino porque proporcionan también, y cada vez más, beneficios de tipo ambiental, cultural, social y científico. Así, la conservación de la naturaleza no sólo es una obligación ética, sino que se ha convertido en una necesidad de supervivencia.

Gómez-Campo (1981) habla de varios tipos de razones para conservar la biodiversidad: científicas, de utilidad potencial (económicas), ecológicas y filosóficas. Las razones científicas hacen referencia al hecho de que cada especie tiene siempre un valor desde el momento en que está encuadrada en el amplio contexto de la evolución biológica, donde cada eslabón puede ayudar a explicar el origen o significado de los demás. Muchas especies extinguidas por el hombre podrían haberse estudiado hoy bajo diversos aspectos que requieren material vivo; y así, contribuir con datos importantes al mejor conocimiento de sus respectivos grupos taxonómicos. Por otro lado, desde el punto de vista ecológico, todas las especies son importantes ya que todas tienen una función en la trama de relaciones que constituye el ecosistema, de modo que la supervivencia de unas depende de las otras.

En lo que se refiere a la utilidad potencial de las especies, hay que tener presente que el hombre precisa continuamente nuevas fuentes de materias primas, como pueden ser aceites, fibras, principios activos medicinales, fuentes de energía, alimento, etc., y con frecuencia se ha dirigido a las especies silvestres para encontrar la solución a sus necesidades. Muchas especies pueden ofrecer una utilidad inmediata, otras llegarán a ofrecerla tras un adecuado proceso de selección y mejora. Por ello, si permitimos la desaparición de especies, estamos permitiendo la desaparición de una importante fuente de recursos que en definitiva constituyen un seguro de vida y bienestar. Los ejemplos sobre este punto son numerosos. Cerca de la mitad de los productos farmacéuticos de uso corriente, y a los que miles de seres humanos deben la vida (la quinina, por citar un ejemplo), provienen de las plantas. Numerosas especies vegetales, como los tojos (*Ulex* sp.), tobas (*Onopordum* sp.), o lechetreznas (*Euphorbia* sp.), han adquirido considerable importancia dentro del campo de la bioenergética, abriendo nuevas perspectivas en la solución de la crisis de los combustibles fósiles iniciada en la década de los setenta. En el caso de recursos alimenticios, las especies silvestres tienen una carga de genes favorables de adaptación al medio y de resistencia a sus condiciones adversas, la cual puede tener un gran valor para la mejora de las variedades comerciales más productivas, pero menos resistentes. Así, en la mejora del trigo se han obtenido grandes progresos utilizando genes procedentes de gramíneas espontáneas de los géneros *Aegilops* y *Agropyrum*. La gran epidemia de enanismo amacollante que asoló los arrozales del SE asiático entre 1974 y 1977 (las pérdidas ascendieron a 3 millones de toneladas), sólo pudo ser resuelta con la obtención de un cultivar resistente seleccionado a partir de una población de *Oriza nivara*, un pariente silvestre, procedente de un campo inundado de Uttar Pradest (India). Actualmente, todos los cultivares de arroz de alta productividad de Asia tropical llevan este gen. *O. nivara* no ha vuelto a encontrarse nuevamente en la Naturaleza (Hernández-Bermejo, 1997).

Por último cabe hablar de las razones éticas o filosóficas que nos deben hacer reflexionar sobre si el hombre tiene derecho a eliminar especies que le han precedido en el curso del largo y complejo proceso de la evolución biológica.

3. Pérdida de diversidad biológica: historia de las extinciones y principales causas de extinción

La pérdida de diversidad biológica (erosión genética) puede tener varias formas, siendo sin duda la más importante la irreversible extinción de especies. La extinción de especies es un proceso natural. Los fósiles registrados indican que todas las especies tienen una historia de vida finita. Las especies actualmente vivas en la Tierra no representan más de un 1% de las que han existido a lo largo de su Historia.

Las especies se extinguen cuando todos los individuos mueren sin producir descendencia. Desaparecen, en un sentido diferente, cuando una especie es transformada en otra a lo largo de la evolución, o dividida en dos o más linajes diferentes («pseudoextinción»). Siguiendo los criterios del WCMC (1992), los mecanismos fundamentales que afectan a la extinción se pueden agrupar en dos clases:

1. Procesos deterministas, con relación causa/efecto. Las glaciaciones y las intervenciones humanas directas son dos clásicos ejemplo de la bibliografía;
2. Procesos estocásticos, derivados de cambios o sucesos al azar. Según Schaffer (1987) se pueden distinguir cuatro tipos de procesos estocásticos:
    - 2.1. Incertidumbre demográfica: resultante de sucesos al azar en la supervivencia y reproducción de los individuos.
    - 2.2. Incertidumbre ambiental: debida a cambios ambientales impredecibles (clima, disponibilidad de comida, poblaciones de competidores, predadores o parásitos, etc.).
    - 2.3. Catástrofes naturales: inundaciones, fuegos, sequías. En realidad este tipo de catástrofes naturales tienen que ver con la incertidumbre ambiental.
    - 2.4. Incertidumbre genética: cambios al azar en la carga genética pueden llevar a la desaparición de una población.

Parece ser que tanto la incertidumbre demográfica como la genética sólo suponen un riesgo importante para las poblaciones relativamente pequeñas (decenas o centenares de individuos), mientras que no hay un tamaño crítico de población que garantice un alto nivel de seguridad ante la incertidumbre ambiental.

El conocimiento de los patrones de extinción a través del tiempo geológico se basa en el análisis del registro fósil, el cual representa sólo una pequeña muestra (solamente unas 20.000 especies) fuertemente sesgada, de los táxones que existieron. Los grupos mejor conservados han sido animales marinos, principalmente invertebrados, con exoesqueletos duros y fuertemente mineralizados. En base al registro fósil y a pesar de sus lagunas, se estima que los vertebrados tetrápodos sufrieron, al menos, seis extinciones masivas desde su aparición a finales del Devónico (345 m.a.) y los peces habrían sufrido ocho desde el Silúrico (400 m.a.). A veces coinciden estos períodos de extinción de peces con la extinción de otros organismos marinos. Seguramente la extinción más significativa fue la de finales del Pérmico (245 m.a.), cuando se estima que se extinguieron el 44% de las familias de peces y el 58% de las de vertebrados tetrápodos. A finales del Cretácico (66 m.a.) la extinción masiva afectó más a los tetrápodos (36 de las 89 familias estimadas) que a los demás grupos: fundamentalmente a familias de Dinosaurios, Plesiosaurios y Tperosaurios. A la mayoría del resto de vertebrados no les afectó.

En relación a las plantas vasculares, parece que se detectan diferencias en cuanto a los patrones de extinción al compararlos con los vertebrados (no obstante, aquí el registro fósil deja muchas lagunas). Al no coincidir claramente con los períodos de extinción de vertebrados, se piensa que las extinciones masivas de plantas, más raras que las de aquéllos, no se deberían a grandes catástrofes, sino a cambios climáticos graduales que favorecieron a formas más competitivas. La mayor excepción a esta hipótesis fue la catástrofe de finales del Cretácico, la cual tuvo una gran influencia sobre la estructura y composición de la vegetación terrestre y sobre la supervivencia de las especies. Alrededor del 75% de las especies que vivían en esa época se extinguieron. Durante el Terciario hay otros dos períodos de extinción: durante el Eoceno tardío y desde el Mioceno al Cuaternario, aunque este último fue más regional y a nivel de géneros principalmente.

Se puede decir, por tanto, que la extinción es un fenómeno natural e inherente al mismo proceso evolutivo. Sin embargo, el ritmo que las extinciones han adquirido en los últimos tiempos por causas atribuibles directa o indirectamente a la actividad humana es realmente preocupante. Sólo unas pocas especies (o incluso géneros) de la Era Secundaria han persistido hasta nuestros días. Ahora bien, si la tasa media de extinción que ha prevalecido en los últimos 130 m.a. (Cretácico inferior) fuera aplicada a los tiempos actuales, sólo una o dos extinciones deberían haber ocurrido en el último milenio. Sin embargo, la situación actual es bastante diferente. Así, Gómez-Campo (1981), considera que en los últimos 300 años se han extinguido otras tantas especies de vida animal superior y que para las plantas el ritmo de extinción ha sido, cuando menos, de igual magnitud. El WCMC (1992) estima que en las cuatro últimas décadas podrían haber desaparecido 484 especies animales. No obstante, estas cifras pueden resultar insignificantes si tenemos en cuenta que el Comité de Plantas amenazadas de la UICN (Unión Internacional para la Conservación de la Naturaleza) ha estimado que existen unas 20.000 especies de plantas con flores sobre las que se cierne algún tipo de amenaza (Heywood, 1994). Para el conjunto de la zona tropical y subtropical, unas 60.000 especies, el 25% de la flora mundial, habrán desaparecido o estarán en vías de desaparición en los próximos treinta años, a un ritmo de 2.000 especies por año.

A continuación se comentan las principales causas de extinción que, por acción del hombre, operan actualmente sobre las especies, de acuerdo con el Instituto de Recursos Mundiales, la Unión Internacional para la Conservación de la Naturaleza y el Programa de Medio Ambiente de las Naciones Unidas (WRI, IUCN y UNEP, 1992).

3.1. Deterioro y fragmentación del hábitat

La destrucción del hábitat es la principal causa de extinción de las especies. El aumento de la población mundial y la aplicación de los avances tecnológicos en la explotación de los recursos naturales han reducido drásticamente la superficie ocupada por los ecosistemas no perturbados. Uno de los ejemplos más dramáticos lo representa la deforestación de los bosques húmedos tropicales: según cálculos de la FAO (1990), la tasa de deforestación alcanzó en la década de los noventa los 16,8 millones de hectáreas anuales (32 ha/minuto); a este ritmo, la selva tropical africana habrá desaparecido completamente en unos 50 años. Otro ejemplo evidente lo constituye, como proceso degradativo de los ecosistemas terrestres que es, la desertificación: representa una de las principales causas de destrucción del hábitat en las regiones áridas del Planeta, afectando a más de 35×10^6 km^2.

La fragmentación del hábitat tiene consecuencias muy negativas para la supervivencia de las especies. El aislamiento de poblaciones que se produce como consecuencia de la fragmentación del hábitat provoca consanguinidad, sobre todo cuando las poblaciones aisladas están formadas por escasos individuos; éstas quedan acantonadas en determinadas áreas al no existir corredores naturales que permitan el contacto de unas poblaciones con otras, con el grave riesgo de sufrir reducciones críticas en su capacidad reproductiva y por consiguiente, en el reclutamiento de nuevos individuos, esencial para el mantenimiento demográfico.

Karr (1991) y Laurance (1991) han propuesto siete atributos vitales como indicadores de la sensibilidad de una especie a la fragmentación del hábitat: rareza, capacidad de dispersión, grado de especialización, localización del nicho ecológico, estabilidad de la población, nivel trófico, y potencial biótico. Laurance (1991) sugiere que la tolerancia a los hábitats modificados es la mejor garantía de supervivencia para una especie.

3.2. Introducción de especies

La desaparición de numerosas especies, particularmente animales, se deriva de las modificaciones biocenóticas originadas por la introducción en una comunidad de especies exóticas procedentes de otros continentes. Los seres vivos introducidos en una biocenosis nueva desprovista de sus predadores y competidores naturales se multiplican sin trabas en detrimento de las especies autóctonas, cuyo nicho ecológico se reduce considerablemente al no estar adaptados a la presencia del intruso, pudiendo llegar a ser totalmente desplazadas por el recién llegado. Dicho mecanismo de extinción es particularmente activo en las islas, debido al aislamiento y a la singularidad del proceso evolutivo insular (la introducción de ratas en las islas del Pacífico por los antiguos navegantes ha supuesto la extinción de numerosas aves en tan sólo dos siglos; en las Islas Hawaii, unas 86 especies vegetales introducidas amenazan con desplazar y llevar a la extinción a muchas especies nativas).

Además, existe el riesgo de introducción de nuevos parásitos y enfermedades junto con la especie alóctona. Los parásitos visitantes pueden resultar fatales para las poblaciones de especies nativas, que al no haber cohabitado nunca con ellos no han desarrollado, a lo largo de su historia evolutiva, defensas efectivas.

3.3. Sobreexplotación de plantas y animales

La explotación abusiva de recursos naturales produce, de forma directa, la extinción de especies, por agotamiento de sus poblaciones: la utilización del recurso (especies/poblaciones) supera su tasa de renovación. Son numerosos los casos registrados en los últimos 150 años acerca de extinciones de especies animales provocadas por su caza indiscriminada (la paloma migradora, *Ectopistes migratorius*, el dodo, *Raphus cucullatus*, la vaca marina de Steller, *Hydrodamalis gigas*, etc.).

Aunque entre las plantas es más frecuente la extinción debida a la destrucción o alteración del hábitat natural que a la explotación directa, también se conocen casos de desaparición de especies vegetales por su recolección abusiva (la menta de montaña americana, *Pycnanthemum monotrichum*, la cariofilácea *Silene hifacensis* en Alicante, etc.).

3.4. Contaminación

La emisión actual de contaminantes a gran escala afecta a todo tipo de ecosistemas; atmósfera, agua, y suelo reciben ingentes vertidos de distinta naturaleza: óxidos de carbono, de nitrógeno y de azufre, hidrocarburos y petróleo, halógenos y metales pesados, compuestos orgánicos de síntesis (plaguicidas y detergentes, entre otros), elementos radiactivos, etc. Los contaminantes afectan de muy distinta forma a los organismos: los hay que ejercen un efecto tóxico directo (saturnismo en las aves, fluorosis en los vegetales), otros actúan de forma indirecta, al alterar alguna propiedad fundamental del medio para el desarrollo de las funciones vitales (concentración de oxígeno en las aguas, solubilidad de cationes del suelo), mientras que otros tienen un efecto acumulativo, transfiriéndose de un nivel trófico al siguiente, con el consiguiente aumento de concentración en los organismos (DDT, metales pesados). Evidentemente, la contaminación reduce la calidad del medio, altera el delicado equilibrio de numerosos ecosistemas, impulsa de forma directa o indirecta el proceso de desertificación, y produce casos de intoxicaciones masivas (un caso reciente fue la muerte de 30.000 aves por ingestión de plaguicidas en el Parque Nacional del Coto de Doñana, 1985), promoviendo por todo ello la extinción de las especies.

3.5. Cambio climático

En relación al apartado anterior, y como resultado del vertido masivo de contaminantes atmosféricos, principalmente gases de efecto invernadero (CO_2, CH_4, CFCs, etc.) se están registrando cambios climáticos a nivel global. Todas las predicciones señalan hacia un calentamiento mundial de la atmósfera de entre 1 a 3 °C durante el siglo XXI. Sin duda, las modificaciones de uno de los factores ecológicos más importantes para el desarrollo de la vida como es la temperatura, han de hacerse notar sobre los organismos: las especies con menor amplitud en sus límites de tolerancia a modificaciones de la temperatura (estenotermas) podrían ver drásticamente reducidas sus poblaciones. Se estima que cada incremento de 1 °C desplazará los límites de tolerancia de las especies terrestres unos 125 km hacia los polos o, verticalmente, determinará un ascenso de 150 m en las montañas (WRI, IUCN y UNEP, 1992). Muchas especies vegetales no tendrán tiempo de adaptarse a estos cambios mediante una pronta redistribución.

Además, los cambios del medio físico asociados al incremento de la temperatura (incremento en la frecuencia de la torrencialidad, elevación del nivel del mar por deshielo de casquetes polares, etc.) afectarán directamente y de forma drástica a numerosos hábitats y a las especies que en ellos viven. Los procesos de desertificación en las regiones más secas se verán amplificados, mientras que muchos ecosistemas que albergan una elevada diversidad biológica sufrirán inundaciones. Se estima que en Estados Unidos, al menos 50 especies se encuentran actualmente en peligro por el aumento de nivel del mar (WRI, IUCN y UNEP, 1992). Muchas islas, con todos los táxones que en ellas viven, a menudo exclusivos por su aislamiento evolutivo, quedarán completamente sumergidas.

3.6. Agricultura intensiva

La agricultura intensiva desarrollada en el último siglo ha transformado radicalmente el panorama agrícola, tanto cuantitativa, como cualitativamente. Desde un punto de vista cuantitativo, la superficie roturada ha aumentado en el último siglo merced a la explosión demográfica y la incorporación generalizada de maquinaria a la agricultura en los países desarrollados, arrebatando más terreno a la vegetación natural mediante un proceso de deforestación que tanto ha contribuido a la ya mencionada degradación y fraccionamiento de los hábitats. Desde el punto de vista cualitativo, la agricultura intensiva a impuesto una fuerte selección artificial de ecotipos (subespecies, variedades, razas), en la búsqueda de aquéllos más productivos. El proceso selectivo ha sido de tal envergadura que, según estimaciones de la FAO (1996), a lo largo del siglo XX se ha perdido en el mundo alrededor del 75% de la diversidad genética de las especies cultivadas. Por citar algunos ejemplos, las variedades de trigo cultivadas en China se han reducido de 10.000 a 1.000 en tan sólo 50 años; durante este mismo período, Grecia ha visto reducidas sus variedades cultivadas de trigo en un 95%; en España las variedades de esta especie han pasado de 3.000 a 50 (véase la revisión que hace al respecto Hernández-Bermejo, 1997). A la infrautilización de la diversidad biológica en la agricultura (de las más de 250.000 especies de plantas superiores catalogadas, tan sólo diez constituyen el 70% de la base alimenticia de la humanidad; Hernández-Bermejo, 1997), hay que añadir ahora la drástica reducción de la diversidad genética intraespecífica.

Resulta fácil concluir que esta selección, aunque ha proporcionado al hombre los máximos niveles de producción registrados en toda su Historia, entraña graves riesgos, precisamente, para el abastecimiento de la población, al incrementar de forma alarmante la vulnerabilidad de los cultivos frente a plagas y enfermedades. La diversidad genética incrementa la probabilidad de resistencia frente al ataque de patógenos o de supervivencia ante cambios repentinos del medio (recuérdese aquí las predicciones acerca del cambio climático en años futuros). Tampoco se puede olvidar a los parientes silvestres de las especies cultivadas, portadores de genes resistentes: de no contar con los aportes de «genes silvestres», cultivos enteros podrían desaparecer (Vallecico y Vega, 1995). Tómese como ejemplo el caso del arroz comentado con anterioridad. La conservación de la diversidad intraespecífica en las plantas cultivadas, así como la de las especies silvestres emparentadas con ellas, es pues de crucial importancia en la prevención de crisis alimenticias a gran escala.

4. Técnicas de conservación de la diversidad biológica

De acuerdo con los tres niveles de la biodiversidad, las acciones emprendidas para su conservación pueden desarrollarse atendiendo a la diversidad genética, específica, o de los ecosistemas. Sin embargo, la más importante de ellas, acaso por la tangibilidad del concepto especie, sea la conservación de la diversidad específica, y en concreto la prevención de la extinción de especies. La múltiple faceta de la diversidad impone dos vías de trabajo: la conservación de hábitats o ecosistemas y la conservación de especies. Ésta última obliga a catalogar a las especies según su valor actual o potencial como recursos y al análisis exhaustivo del grado de amenaza al que están sometidos.

La conservación de las especies puede ser abordada por una combinación de dos grupos de técnicas: *ex situ* e *in situ*. La conservación de especies *ex situ* consiste en la conservación de los componentes de la biodiversidad fuera de sus hábitats naturales, mientras que la conservación *in situ* consiste en la conservación de los ecosistemas y de los hábitats naturales y el mantenimiento y recuperación de poblaciones viables de especies en los entornos naturales y, en el caso de las especies domésticas y cultivadas, en los entornos en que hayan desarrollado sus propiedades específicas. Ambos tipos de técnicas constituyen dos posibilidades independientes y complementarias, no contradictorias. En cualquier caso, la conservación *in situ* es la opción prioritaria porque de esa forma predomina la variación genética frente a la reducción obtenida por los sistemas de multiplicación controlada. Pero ésta no siempre es posible. Es entonces cuando se impone la conservación *ex situ* (Izco, 1997).

4.1. Conservación *ex situ*

La conservación *ex situ* de la fauna plantea muchos más problemas que la de la flora. La reintroducción en su medio natural de los individuos criados en cautividad se enfrenta a numerosos y, en muchos casos, insalvables obstáculos de adaptabilidad. De ahí que sólo nos refiramos en adelante a la conservación *ex situ* de las especies vegetales.

En la actualidad, dicha conservación se lleva a cabo fundamentalmente en jardines botánicos (la red mundial consta de aproximadamente unos 1.500; Izco, 1997), mediante la aplicación de técnicas que permiten el mantenimiento de colecciones vegetales fuera de su hábitat natural, bien sean ejemplares completos o partes de ellos. Es preciso señalar que el cultivo de los primeros muestra una clara limitación de cara a la conservación de la diversidad genética, ya que las técnicas sólo permiten mantener colecciones de unos pocos individuos. Sin embargo, puede resultar una solución transitoria (y complementaria) para preservar especies que se encuentren al borde de la extinción.

Dicha limitación se ha superado con el desarrollo de técnicas que permiten, hoy en día, el establecimiento de bancos de germoplasma, en los cuales se procede al almacenamiento estable y controlado de material genético contenido en células (polen), tejidos (meristemos) u órganos (frutos y semillas). De esta forma se puede guardar una representación muy alta de la variabilidad intraespecífica. Otras ventajas son: tecnología asequible, bajos costes económicos de las instalaciones, permanente disponibilidad de los materiales, conservación a largo plazo, posibilidad de cultivo.

Según la forma del material vegetal a conservar se pueden considerar varias técnicas de conservación de germoplasma vegetal:

- Colecciones en campo: se utilizan para la conservación de especies que no producen semillas (o raramente lo hacen), o para aquellas otras cuyas semillas son recalcitrantes (no se pueden conservar mediante deshidratación sin perder su viabilidad). Presentan el inconveniente ya comentado, la baja representación de la diversidad genética.
- Colecciones *in vitro*: cultivo de material vegetal en condiciones asépticas, en medio sintético y bajo condiciones ambientales controladas. Se emplea también para especies en las que la recolección y/o conservación de semillas es problemática. La variabilidad genética es baja, al trabajar frecuentemente con material clonado.
- Bancos de polen: la colección de polen presenta la gran ventaja de acaparar una gran diversidad en las muestras, ocupando al mismo tiempo poco espacio. La conservación se consigue almacenando las muestras en condiciones de baja temperatura y baja humedad. Es una técnica útil cuando es preciso realizar cruzamientos.
- Bancos de semillas: constituyen la forma más importante de conservación *ex situ* para las especies que poseen semillas de tipo ortodoxo (semillas que pueden ser desecadas hasta un 4% de humedad; son aproximadamente el 80% de la flora mundial). Las semillas se recolectan de plantas silvestres, y se almacenan en condiciones especiales de temperatura y humedad, en recipientes cerrados herméticamente, de forma que se frene el proceso progresivo de auto-envenenamineto que sufren las semillas con los productos de su metabolismo retardado y se asegure así su conservación durante muchos años (Gómez-Campo, 1981). La gran ventaja de estas colecciones es que permiten obtener, en cualquier momento, poblaciones de plantas vivas con sus características originales y efectuar reintroducciones en el caso de que una especie llegara a extinguirse en su hábitat natural.

4.2. Conservación *in situ*

La principal causa de extinción de especies animales y vegetales es la destrucción de sus hábitats, de ahí que el método más sencillo para la conservación de las especies sea la protección de sus hábitats por medio del control del uso del territorio. A este respecto Bevan (1977) señala «…si conservamos el hábitat de un componente, faunístico o florístico, estaremos contribuyendo ampliamente a conservar otros componentes del mismo hábitat, ya sean insectos, plantas o animales».

En la actualidad, la práctica totalidad de los países del mundo poseen redes de espacios protegidos (WCMC, 1992). Sin embargo, es necesario resaltar que, a menudo, los espacios naturales que reciben más cuidados, como es el caso de los parques nacionales, no son necesariamente los más ricos en especies amenazadas o endémicas. Con frecuencia se imponen criterios paisajísticos o cinegéticos, si no la presencia de grandes vertebrados, ornitofauna singular, etc. España no está exenta de este problema (aunque recientes actuaciones, como es la inclusión de Sierra Nevada en la Red de Parques Nacionales, contribuyen a corregir esta deficiencia histórica). Las posibles «áreas de protección de flora» tan necesarias en nuestro país (con la más rica diversidad florística de Europa, unas 8.000-9.000 especies, y el mayor número de endemismos, alrededor de 1.500, entre España peninsular y las islas Canarias) no tienen porqué coincidir necesariamente con ninguna de las figuras reconocidas en la Ley 4/89 de Conservación de Espacios Naturales y de la Flora y Fauna Silvestres. El nombre más apropiado parece ser el de «reserva botánica» o «microrreserva» (Gómez-Campo y Herranz, 1993).

Sin embargo, tan importante como el establecimiento de un espacio natural protegido para la conservación de las especies presentes en él, es su manejo y el uso del territorio. La conservación de algunas especies amenazadas está íntimamente ligada a prácticas tradicionales. Muchos de los endemismos presentes en nuestro país pertenecen a etapas pioneras y subseriales, lo que exige cierto grado de explotación artificial para evitar que, con la progresión ecológica, terminen siendo desplazadas por especies de etapas más avanzadas. Por ejemplo, en la reserva de la Encantada (Villarrobledo, Albacete), algunos de los endemismos presentes (*Sisymbrium cavanillesianum*, *S. austriacum* subsp. *hispanicum*, *Iberis crenata*, *Ziziphora acinoides*) son malas hierbas de cultivo que precisan que las tierras sean laboreadas para poder sobrevivir (Fotos 8.1 y 8.2; Gómez-Campo y Herranz, 1993).

Foto 8.1. Cultivos en barbecho con *Iberis crenata* en la reserva de La Encantada (Villarrobledo, Albacete; foto J. M. Herranz)

Foto 8.2. *Sisymbrium cavanillesianum* (izquierda) y *Ziziphora acinoides* (derecha), dos especies endémicas amenazadas que viven como malas hierbas asociadas al cultivo de cereales de secano (fotos: P. Ferrandis).

Evidentemente, en el ámbito mediterráneo, la protección de los hábitats naturales como estrategia de conservación de la diversidad, pasa, en muchos casos, por diseñar medidas efectivas en el control de los procesos de desertificación. La restauración hidrológico-forestal, la gestión sostenible del agua y del suelo, y la implantación de un sistema sostenible de pastoreo extensivo (véase López-Bermúdez, Capítulo 1) son algunas de las actuaciones imprescindibles para salvaguardar muchas de las manifestaciones vegetales asociadas a condiciones de aridez climática y/o edáfica (Foto 8.3), tan singulares en su composición específica como vulnerables al deterioro del medio natural.

Foto 8.3. Estepa yesosa en la comarca de Hellín (SE de Albacete). Las condiciones edáficas determinan una vegetación altamente especializada, exclusiva de este tipo de hábitat natural (foto P. Ferrandis).

5. Referencias bibliográficas

Begon, M.; Harper, J.L. y Townsend, C.R. 1997. *Ecología. Individuos, Poblaciones y Comunidades*. Omega, Barcelona, 886 págs.

Bevan, D. 1977. La protección de un monte compatible con el manejo de uso múltiple y el manejo de hábitats para conservación de insectos en peligro de extinción. En: *I Curso Sobre Manejo Integrado de Áreas Forestales de Uso Múltiple*. Vietma, M.G. y Bevan, D. (editores). ICONA, Monografía, 13: 7-25.

CCD (Convenio de las Naciones Unidas de Lucha contra la Desertificación). 1994. *Convención de las Naciones Unidas de Lucha contra la Desertificación en los Países Afectados por Sequía Grave y/o Desertificación, en Particular África*. Geneve Executive Center, Suiza, 71 págs.

FAO. 1990. *Interim Report on Forest Resources Assessment 1990 Project*. Committee on Forestry Tenth Session. FAO, Roma.

FAO. 1996. *Informe Sobre el Estado de los Recursos Fitogenéticos en el Mundo*. Roma.

Gómez-Campo, C. 1981. Conservación de recursos genéticos. En: *Tratado del Medio Natural*. Universidad Politécnica de Madrid, Madrid, Tomo II: 97-124.

Gómez-Campo, C. y Herranz, J.M. 1993. Conservation of Iberian endemic plants: The botanical reserve of La Encantada (Villarobledo, Albacete, Spain). *Biological Conservation*, 64: 155-160.

Hernández-Bermejo, J.E. 1997. La biodiversidad como recurso. Su papel en el marco de una agricultura sostenible. En: *El Campo y el Medio Ambiente. Un Futuro en Armonía*. Banco Central Hispano, Madrid, 107-122 págs.

Heywood, V.H. 1994. Jardines botánicos y la conservación de los recursos fitogenéticos: un panorama mundial. En: *Protección de la Flora en Andalucía*. Hernández-Bermejo, J.E. y Clemente, M. (editores). Junta de Andalucía, Sevilla, 119-123 págs.

Izco, J. 1997. *Botánica*. McGraw-Hill, Interamericana, 781 págs.

Karr, J.R. 1991. Avian survival rates and the extinction procces in Barro Colorado Island, Panama. *Conservation Biology*, 4: 391-397.

Laurance, W.F. 1991. Ecological correlates of extinction proneness in Australian tropical rain forest mammals. *Conservation Biology*, 5: 79-89.

López-Bermúdez, F. 1992. La erosión del suelo, un riesgo permanente de desertificación. *Ecosistemas*, 3: 10-13.

López-Bermúdez, F. 1996. La degradación de tierras en ambientes áridos y semiáridos. Causas y consecuencias. En: *Erosión y Recuperación de Tierras Marginales*. Lasanta, T. y García-Ruiz, J.M. (editores). Instituto de Estudios Riojanos, Sociedad Española de Geomorfología. Geoforma Ediciones, Logroño, 51-72 págs.

Margalef, R. 1992. *Ecología*. Omega, Barcelona, 255 págs.

MOPTMA, 1995. *Estrategia Nacional Para la Conservación y el Uso Sostenible de la Diversidad Biológica*. Centro de Publicaciones del MOPTMA, Madrid.

Morgan, R.P.C. 1997. *Erosión y Conservación del Suelo*. Mundi-Prensa, Madrid, 343 págs.

Schaffer, M. 1987. Minimum viable populations: coping with uncertainty. En: *Viable Populations for Conservation*. Soulé, M.E. (editor). Cambridge University Press, Cambridge, New York, 70-86 págs.

UNCED (United Nations Conference on Environment and Development). 1992. Managing Fragile Ecosystems. Combating Desertification and Drought. Río de Janeiro. UN, New York.

UNCOD (United Nations Conference on Desertification). 1997. Desertification: Its Causes and Consequences. Nairobi. Pergamon Press, New York, 448 págs.

Vallecico, C.G. y Vega, I. 1995. Conservando parientes silvestres de las plantas cultivadas. *Ecosistemas*, 14: 54-59.

WCMC (World Conservation Monitoring Center). 1992. *Global Biodiversity. Status of the Earth's Resources.* Groombridge, B. (editor). Chapman & Hall, London, 585 págs.

WRI (World Resource Institute), IUCN (World Conservation Union) y UNEP (United Nations Environment Programme). 1992. *Global Biodiversity Strategy: Guidelines for Action to Save, Study and Use Earth's Biotic Wealth Sustainably and Equitably.* WRI Publications, Baltimore, 260 págs.

CAPÍTULO IX
LA VEGETACIÓN NATURAL

Antonio del Cerro Barja
José Manuel Briongos Rabadán

1. Introducción 197
2. Causas de destrucción de los bosques 198
   2.1. Roturación de terrenos forestales para convertirlos en terrenos agrícolas y en pastizales 199
   2.2. Técnicas forestales no adecuadas 204
   2.3. Transformaciones de suelos forestales en suelos urbanos 207
   2.4. El carboneo de los montes 207
   2.5. La lluvia ácida 208
   2.6. Los incendios forestales: Causas y efectos 210
   2.7. El pastoreo excesivo 211
   2.8. Otras causas políticas, sociales y económicas 214
3. Conclusión 215
4. Referencias bibliográficas 215

1. Introducción

«Los Bosques son los acondicionadores de aire del mundo y el abrigo de la Tierra: sin ellos el mundo sería un lugar triste e inhóspito». Estas reveladoras palabras escritas por Hugh Johnson (1987), en una excelente obra de divulgación de carácter enciclopédico sobre el bosque mundial, resumen nítidamente la función de los bosques en la Tierra. Los inconmensurables conjuntos de árboles que forman los bosques del planeta son ecosistemas muy complejos y diversos, que además de producir materias primas (madera, leñas, resina, cortezas, corcho, frutos, etc.), liberan al aire del exceso de dióxido de carbono, oxigenan la biosfera, protegen contra la erosión eólica e hídrica, son excelentes reguladores del régimen hídrico y dan refugio a animales y a plantas, conservando así la biodiversidad, verdadero indicador del potencial genético, de la riqueza taxonómica y de la variedad de los ecosistemas.

Además de estas dos funciones productora y protectora, el bosque cumple una tercera función: la denominada socio-cultural, que en el momento actual es muy relevante y que se manifiesta en la proliferación de áreas recreativas en los bosques cercanos a las grandes concentraciones humanas, en la creación de reservas científicas para realizar tareas de investigación, en la protección de espacios naturales con figuras legales como los parques nacionales y naturales, en el establecimiento de cotos de caza y de pesca, reservas cinegéticas y aulas en la Naturaleza, de un enorme valor didáctico. En España la Ley 4/1989 de 27 de marzo de Conservación de los Espacios Naturales y de la Flora y Fauna silvestres crea el régimen jurídico que regula la protección de los recursos naturales.

Sin los bosques y las demás formaciones vegetales, no sería posible concebir vida en la Tierra. El bosque más grande del mundo es la taiga siberiana, cuya extensión es la misma que la de todos los Estados Unidos de América del Norte. La taiga es el bosque de coníferas circumpolar del hemisferio septentrional. Predominan en la taiga los abetos (especies del género *Abies*), las piceas (especies del género *Picea*), los pinos (especies del género *Pinus*) y los alerces (especies del género *Larix*). Las taigas euroasiática y norteamericana poseen una estructura similar, pero contienen especies distintas dentro de los mismos géneros de árboles. La variación de las especies es debido fundamentalmente a diferencias edáficas. Los pinos prefieren los suelos más ligeros y arenosos, mientras que las piceas crecen en los suelos más densos (Johnson, 1987).

Todos los componentes de un bosque, los árboles, los matorrales y las plantas herbáceas del sotobosque, los animales y el suelo, están interrelacionados entre sí y con la atmósfera, y mantienen un equilibrio fundamental de gases, agua y nutrientes (ciclos del agua, el carbono, el oxígeno y el nitrógeno).

El actual proceso de desertificación que sufren muchos lugares del planeta se debe en gran medida a que por causas naturales y antrópicas están desapareciendo los bosques de muchas regiones del Mundo. Este proceso, casi irreversible en grandes áreas áridas y semiáridas, es una seria amenaza para la sostenibilidad de los ecosistemas terrestres y para el mantenimiento de la vida. El probable fenómeno de cambio climático, que según algunos investigadores podría estar padeciendo la Tierra, unido a otros factores de naturaleza antrópica, pueden conducir a muchas regiones del Mundo hacia el desierto.

La deforestación, o proceso por el cual se están destruyendo los bosques de la Tierra por múltiples causas, es uno de los fenómenos que más rápida y decisivamente contribuyen a la desertificación. En el Segundo Informe sobre el estado actual del planeta elaborado por organización ecologista internacional WWF/Adena, se revela que la Tierra ha perdido el 30% de su riqueza natural desde 1970, a un ritmo anual del 1%. La estimación se basa en un índice que combina la pérdida de superficie forestal y la evolución de las poblaciones animales acuáticas, marinas y dulceacuícolas, con los datos que han suministrado 151 Estados. En ese mismo informe se pone de manifiesto que desde los años sesenta del siglo que ha concluido, se ha perdido un 10% de la cubierta forestal total del planeta, lo que representa la destrucción de 150.000 kilómetros cuadrados de superficie anuales, equivalente a casi la tercera parte de la extensión de España.

Una de las preocupaciones ambientales más importantes de este momento es la desaparición de los bosques tropicales pues, además de la extinción de especies vegetales y animales que supone, puede representar el 20% del dióxido de carbono total liberado a la atmósfera (Fisher, 1993). Un ejemplo lacerante de destrucción del bosque tropical es la deforestación que está sufriendo la Amazonia brasileña, el mayor bosque tropical de la Tierra. La tasa de deforestación de este pulmón terrestre es muy elevada. Según Cannell (1995), tomando como referencia diversos estudios realizados con imágenes de distintos satélites, en el período que va de 1978 a 1989, se esquilmaron cerca de 2,1 millones anuales de hectáreas forestales. En los últimos años que incluye Cannell en la publicación antes citada: 1991 y 1992, tomando como referencia a Skole y Tucker (1993), la tasa descendió a 1,1 millones de hectáreas por año, lo que todavía es muy significativo, ya que el área deforestada equivale a una superficie algo mayor que la provincia de Albacete.

2. Causas de destrucción de los bosques

Los bosques de la Tierra están degradándose y desapareciendo a una gran velocidad por diferentes motivos, pero fundamentalmente por intentar obtener pingües beneficios directos (materias primas) a corto plazo, olvidando que la peculiaridad más importante que diferencia los aprovechamientos agrícolas de los forestales es precisamente el plazo de formación de los respectivos productos: muy corto plazo en el caso de los productos agrícolas y medio, largo o muy largo en el caso de los productos forestales.

El ciclo de un año es muy común para las producciones agrícolas, mientras que el turno de 100 años es muy frecuente en la ordenación de bosques con aprovechamiento maderero en la selvicultura boreal. A los responsables de las administraciones forestales y ambientales mundiales les preocupa sobremanera, por su fragilidad y su escasa representación en la Tierra, la paulatina desaparición del bosque tropical, que continua a un ritmo frenético. Desde la Conferencia de las Naciones Unidas sobre el Medio Ambiente Humano (Estocolmo, 1972), los Estados y organizaciones supranacionales como la FAO o la UNESCO están seriamente preocupados con la evidencia de la limitación de los recursos naturales. El programa de investigación titulado «El hombre y la biosfera», lanzó entonces una alarma mundial de considerable magnitud acerca de la desaparición de las selvas tropicales húmedas.

Si bien esta alarma no se ha cumplido fielmente, no menos es verdad que estos ecosistemas de enorme relevancia ecológica han sufrido un deterioro espectacular, tal y como Cannell (1995) pone de manifiesto.

Algunos Estados, en cuyo territorio existen selvas tropicales, han adoptado medidas para protegerlas, además de alertar a la opinión pública sobre el riesgo que conlleva la desaparición de estos singulares ecosistemas. En Australia, uno de los pocos países desarrollados que albergan en su territorio selvas tropicales húmedas (rainforest), la preocupación es enorme y se manifiesta en hechos tan singulares como la instalación de dos relojes digitales en la terraza de un rascacielos del centro financiero y comercial de la ciudad de Sydney (Nueva Gales del Sur), que indican en cada minuto el incremento de la población humana mundial, y las hectáreas de bosques tropicales que desaparecen en el Mundo respectivamente, para llamar la atención de los ciudadanos de forma ostensible. La figura 9.1 refleja la evolución de la población mundial a lo largo de los dos últimos siglos de nuestra era, observando el fuerte incremento a partir del primer cuarto del siglo XX.

La única representación del bosque tropical que sobrevive en Australia se encuentra en el Estado de Queensland, en el Nordeste del país, y goza de gran protección por parte de las autoridades forestales. Sin embargo, en países muy próximos a Australia como Indonesia, los incendios devastadores de carácter intencionado amenazan seriamente la persistencia de estos frágiles, complejos y singulares ecosistemas.

A continuación se describen aquellas causas que más directamente han contribuido a la destrucción de los bosques desde el nacimiento de la agricultura, como recurso asociado al hombre desde hace aproximadamente 10.000 años, época en la cual la población estimada en La Tierra no superaba los cinco millones de habitantes.

2.1. Roturación de terrenos forestales para convertirlos en terrenos agrícolas y en pastizales

En muchas partes del Mundo, se practican sistemas de rozas de culturas primitivas que consisten en provocar incendios que arrasan el arbolado para implantar cultivos agrícolas o pastizales. Los pueblos contemporáneos que habitan en los bosques tropicales siguen realizando prácticas agrícolas ancestrales, tal como sucede en el

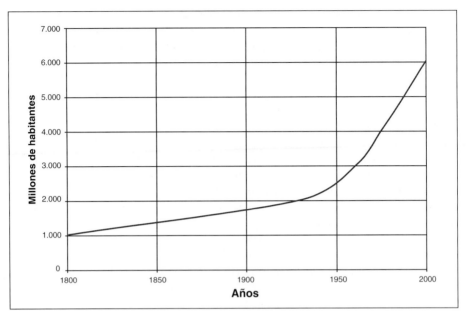

Fig. 9.1. Evolución de la población mundial a partir de 1800.

corazón de la selva del Mato Grosso en Brasil, donde los jóvenes y las mujeres de la etnia xingu siguen cultivando la batata, para lo cual cortan y queman el bosque (Johnson, 1987).

En el terreno incendiado se procede al cultivo de diversas especies agrícolas o se implanta un pastizal. Las cenizas procedentes de la combustión de la biomasa de los bosques son muy ricas en potasio, elemento que favorece el crecimiento de las especies herbáceas, sobre todo gramíneas y leguminosas que con frecuencia colonizan un terreno forestal tras un incendio. En experiencias llevadas a cabo en el Parque Natural de Tejera Negra (Guadalajara, España), Herranz et al. (1996) constataron la importancia de las leguminosas en la sucesión post-incendio. Ferrandis (1999) en estudios llevados a cabo en el Parque Nacional de Cabañeros, en el Centro de España, obtiene similares conclusiones en el caso de las gramíneas.

En España, tras La Guerra Civil acaecida entre 1936 y 1939, numerosos terrenos forestales arbolados o poblados de matorrales fueron roturados para la implantación de cultivos que sirvieron para la alimentación humana y animal, fundamentalmente de cereales y leguminosas, debido a la enorme escasez de alimentos que había en la posguerra, y la devastación producida por la contienda en casi todas las estructuras agrarias del país.

Los montes, concebidos como cubiertas vegetales permanentes, son capaces de producir beneficios directos (madera, leñas, resinas, frutos, cortezas, aceites esenciales, taninos, caza, pesca, etc.) e indirectos (conservación del suelo, regulación del régimen hídrico, creación de microclimas, recreo, etc.) estos últimos de muy difícil valoración económica. Al transformarse las zonas forestales en agrícolas, la consecuencia no es solo la eliminación de los vegetales proveedores de los beneficios directos, sino que tienen lugar una serie de cambios en el medio que son a menudo trascendentales.

Los cambios en el microclima creado por los bosques afectan al grado de insolación que reciben los suelos (es mucho mayor en los cultivos agrícolas que en las masas forestales), a la irradiación térmica y a la absorción fótica, las cuales influyen en el gradiente de temperatura y en la probable inversión térmica, desapareciendo así el efecto suavizador de los bosques sobre las temperaturas en los microclimas locales.

La destrucción de la cubierta arbórea produce asimismo una disminución del volumen de agua de infiltración, y un aumento de la evaporación superficial, lo cual disminuye o anula la evapotranspiración de los estratos de vegetación inferiores. Al destruirse los bosques, el viento aumenta su poder desecante al desaparecer la barrera mecánica que el arbolado ejerce frente al viento.

Las transformaciones de zonas forestales en agrícolas influyen también en la fauna y en la flora. La microfauna propia de las zonas boscosas desaparece, siendo sustituida por especies de amplia valencia ecológica, más afín al cultivo agrícola (Dávila, 1991). En cuanto a la variación que sufre la flora, hay que resaltar que la pérdida de diversidad es enorme: desaparecen las especies que componían el sotobosque, además de las asociadas a los claros, los linderos, las plantas parásitas, etc. Una vez implantado el cultivo agrícola, las malas hierbas y los matorrales que pueden instalarse van a tener el rango de competidores, y por lo tanto serán susceptibles de ser eliminados.

La pesca también se ve fuertemente impactada por la desaparición de los bosques; el medio acuático se altera al tener un mayor calentamiento, debido a que al no existir una cubierta que de sombra a los cursos de agua, hay más insolación. Los refugios de la fauna acuática se destruyen al producirse muy pocos residuos de origen vegetal, al no haber prácticamente vegetación ripícola y al no existir claroscuros originados por las sombras de los árboles. Asimismo la fauna invertebrada carece de reservas alimenticias y el agua tiene mayor turbiedad al incrementarse las partículas sólidas en suspensión que llegan desde las erosionadas laderas vertientes a los cursos fluviales.

Las transformaciones de suelos forestales en suelos agrícolas suponen un aumento del efecto de la escorrentía y de la erosionabilidad, pasando del 1% en los suelos forestales al 30% en los suelos agrícolas (García Camarero, 1989). En cuanto a los valores recreativo y paisajístico del bosque, hay que señalar que una vez que el bosque desaparece y se implanta un cultivo agrícola, éstos disminuyen notablemente. Las zonas agrícolas son muy homogéneas y prácticamente carecen de valor recreativo. En lo referente al paisaje habría que destacar que la apreciación por el hombre es subjetiva y aunque la mayoría de los visitantes prefiere los paisajes forestales a los agrícolas, cabe imaginar personas que disfrutan más de extensos cultivos que de bosques frondosos. En la fotografía 9.1 se aprecia cómo una tierra cultivada se asienta sobre un antiguo bosque de pino piñonero rompiendo la continuidad del paisaje forestal.

Una vez roturado un bosque, en definitiva, se pone fin a la capacidad de depuración de la atmósfera y del agua que este ejerce, por muy inapreciable que sea, frente a la contaminación de acuíferos y atmósfera derivados de las sustancias químicas (herbicidas, plaguicidas y fertilizantes) empleadas en la agricultura intensiva.

Todos los efectos negativos anteriores se pueden ver potenciados cuando la herramienta que se utiliza para la deforestación es el fuego. Esta práctica ancestral

Foto 9.1. **Roturación de un monte de pino piñonero en Honrubia (Cuenca).** (López Serrano, 1994).

todavía se utiliza en agriculturas muy pobres, y a los efectos señalados se unen las alteraciones físicas y químicas que experimenta el suelo tras desmantelarse la cubierta natural: disminución de la humedad, aumento de la compactación, modificación de la estructura coloidal, incorporación de potasio, calcio y fósforo, eliminación del nitrógeno, etc.

Las figuras 9.3 y 9.4 sintetizan gráficamente una estimación histórica (4.3) y prevista (4.4) para la totalidad de la superficie terrestre del planeta, del avance experimentado por el área dedicada a la agricultura y ganadería, en detrimento de otros ecosistemas naturales, con especial referencia al bosque arbolado.

Descendiendo en una escala geográfica menor, en España, aún hoy en día se producen roturaciones en terrenos forestales. Se localizan principalmente en Castilla y León y en Castilla-La Mancha, dos comunidades autónomas con un marcado carácter rural, contando con comarcas típicamente agrarias, como las situadas en las dos submesetas ibéricas (Tierra de Campos, La Bureba, La Mancha). Sirva como ejemplo indicativo el que refleja la figura 9.2 relativa a los ingresos por las roturaciones acaecidas entre los años 1991 y 1995, a nivel nacional comparada con las dos comunidades autónomas mencionadas.

Las roturaciones en España tienen un futuro incierto, pues la Política Agrícola Común (PAC) de la Unión Europea fomenta el abandono de tierras de cultivo y su transformación en terrenos forestales poblados de árboles o arbustos. En el capítulo XV se tratará más detenidamente el tema de las reforestaciones de tierras agrarias abandonadas, como una solución frente al fenómeno de la desertificación que se presenta inmediatamente después de producirse el abandono de los cultivos.

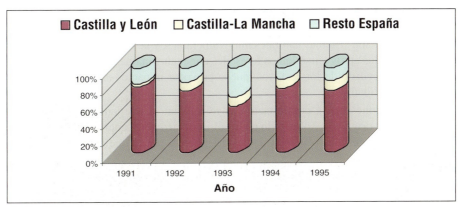

Fig. 9.2. **Reparto del valor de las tierras roturadas en España entre 1991 y 1995.**
(Anuarios de Estadística Agraria).

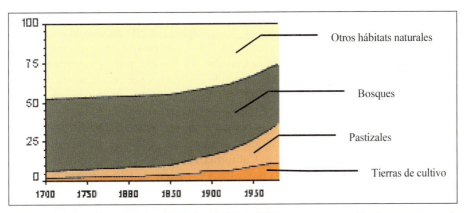

Fig. 9.3. **Estimación a nivel mundial de la pérdida de hábitat por la conversión de terreno natural a tierras de cultivo y pastizales, entre 1700 y 1980.** (Klein Goldewijk & Battjes, 1995).

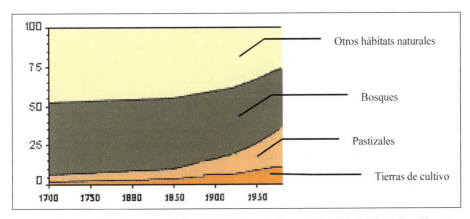

Fig. 9.4. **Estimación actual y prevista (1970 - 2050) a nivel mundial, de la pérdida de los diferentes hábitats naturales por la conversión a tierras de cultivo y pastizales.** (RIVM/UNEP, 1997).

2.2. Técnicas forestales no adecuadas

Los bosques son sistemas naturales muy vulnerables, y la aplicación de tecnologías sofisticadas en los aprovechamientos forestales que incluyan una gran mecanización, o el manejo inadecuado de los recursos, puede provocar impactos muy importantes de difícil reversibilidad.

Las actuaciones que a continuación se relacionan se pueden calificar de poco correctas, y han originado, sobre todo en los últimos cien años, enormes desequilibrios en los sistemas forestales más importantes del Mundo, por lo que deben prohibirse o evitarse en gran medida.

- **Excesiva tendencia a la repoblación con especies forestales exóticas y de crecimiento rápido**, que ha contribuido enormemente a la expansión de verdaderos cultivos forestales, caracterizados por su homogeneidad, cuya producción se utiliza principalmente como materia prima en las industrias de la celulosa y del papel. Efectuadas estas plantaciones en lugares donde tienen graves inconvenientes en su adaptación pueden llegar a esquilmar en poco tiempo los nutrientes del suelo. En España han desaparecido por este motivo en los últimos cincuenta años aproximadamente 2.000.000 ha de bosques de especies frondosas autóctonas en toda la Cornisa Cantábrica y Galicia, principalmente bosques de robles, hayas y castaños, que han sido sustituidos por plantaciones de eucaliptos (*Eucalyptus globulus* y *Eucalyptus camaldulensis* básicamente, cuya habitación originaria es Australia), y de coníferas. Repoblaciones con pinos gallegos (*Pinus pinaster* ssp. *atlantica*), con abetos de Douglas (*Pseudotsuga menziessi*), oriundos de América del Norte, con pinos de Monterey (*Pinus radiata*), cuyo hábitat natural es California, América del Norte, etc., han proliferado, provocando una pérdida paulatina y constante de la diversidad biológica. Se ha comprobado científicamente la disminución de especies vegetales y animales en estas repoblaciones. Estas plantaciones normalmente monoespecíficas son muy vulnerables frente a las enfermedades criptogámicas (fundamentalmente micosis, pero también virosis y bacteriosis), las plagas de insectos (coleópteros y lepidópteros fundamentalmente), y los incendios forestales. En el decenio de 1960-1970, una gran extensión de superficie de la Cordillera Cantábrica, principalmente en el País Vasco, fue repoblada con pino insigne (*Pinus radiata*) cuyas plantaciones están sufriendo fuertes ataques del lepidóptero conocido como «procesionaria del pino» (*Thaumetopea pytiocampa*), lo que se interpreta como una muestra de debilidad (García Camarero, 1989). Además desde hace aproximadamente 15 años estas plantaciones son el punto de mira de las asociaciones ecologistas que creen, no sin razón, que la desfiguración del bosque en la España eurosiberiana puede conducir a situaciones insostenibles y provocar la desaparición de nuestros valiosos bosques atlánticos autóctonos. No es un hecho tan extraño la destrucción de repoblaciones (siembras o plantaciones), sobre todo las de eucaliptos en Asturias y los incendios forestales intencionados en muchos lugares de Galicia, donde proliferan los bosques de *Pinus pinaster* ssp. *atlantica* en lugares donde no hace mucho tiempo vivían hermosos robledales y castañares.

- **Cortas a hecho y a matarrasa abusivas.** Las cortas a hecho, empleadas en algunos métodos de ordenación de montes altos productores de enormes cantidades de biomasa forestal (constituidos por árboles que proceden de semillas), consisten en aprovechar en uno o dos años consecutivos toda la superficie arbolada de los distintos tranzones en los que están divididos los montes, pero vigilando el proceso de regeneración natural, que debe iniciarse inmediatamente después de la corta, pues de lo contrario es preceptivo, en los bosques de especies que resisten los tratamientos selvícolas que prescriben los métodos de ordenación de división por cabida o por volumen, acudir a la repoblación forestal artificial.

Cuando estas cortas se realizan sin ningún programa de regeneración, el advenimiento de la desertificación no se hace esperar, como ha sucedido en Africa desde comienzos del siglo XX a causa del colonialismo europeo y por las actuaciones desmesuradas de las grandes empresas madereras, que han esquilmado la práctica totalidad de las zonas boscosas tropicales del continente, tal y como ha ocurrido en los bosques productores de maderas preciosas como la caoba *(Swietenia mahoganis)* y el ébano *(Dyospiros ebenum)* o de los okumes *(Aucoumea klaineana)* de Gabón, Guinea Ecuatorial y Congo, maderas todas ellas que alcanzan un enorme valor en el mercado mundial de los productos forestales.

La principal secuela de la desertificación sobrevenida son las hambrunas exterminadoras de millones de seres humanos cada año, fundamentalmente niños, al no disponer de terrenos fértiles ni de las lluvias necesarias para el desarrollo de los cultivos agrícolas esenciales para la alimentación. Entre 1950 y 1982, se ha destruido el 50% de las selvas tropicales del Mundo y las previsiones de los científicos son aterradoras; calculan que en la primera mitad del siglo próximo desaparecerán las selvas tropicales comercializables, y para entonces la Tierra sólo contará con 300 millones de hectáreas de bosques tropicales económicamente inaccesibles. Además, hay que tener en cuenta que los bosques tropicales suministran la madera necesaria para la calefacción y la cocina de los países en vías de desarrollo, y ésta se calcula que es el 90% del consumo de madera en estos países, convirtiéndose así la selva en un recurso esencial para la vida de millones de personas en el Tercer Mundo.

También se han cortado a matarrasa, es decir, en su totalidad y en uno o dos años sucesivos, muchos montes bajos de los países de la cuenca mediterránea (los individuos que los forman proceden de brotes de cepa o de raíz, denominados chirpiales), o sea aquellos pies cuya reproducción es agámica o vegetativa.

Sobre todo en España, los montes bajos se han cortado para el carboneo. A matarrasa se han esquilmado montes bajos de encina *(Quercus ilex)*, quejigo *(Quercus faginea)*, rebollo *(Quercus pyrenaica)*, roble albar *(Quercus robur)*, castaño *(Castanea sativa)* y haya *(Fagus sylvatica)*, principalmente. Las especies forestales que brotan de cepa, pueden continuar formando montes bajos mientras esta cepa conserve su vitalidad. Según la especie, la cepa es capaz sólo hasta determinadas edades. De esta manera, la del roble albar brota hasta los 150 años mientras que la de la encina lo hace generalmente hasta los 100 años (Ximénez de Embun, 1977). El número máximo de cortes que pueden darse a la cepa, a intervalos de 20 en 20 años es muy variable y va desde los 3 en el caso de las especies del género Fagus (hayas), hasta los 45 en el caso del quejigo o del alcornoque (*Quercus suber*). En el caso de los brotes de raíz, hay que tener en cuenta que ésta finaliza su capacidad de brotar a edades más tempranas que la cepa, y oscila entre los 40 años de las especies del género *Salix* (sauces) y los 80 años del rebollo o de la encina.

Cuando el hombre ha sobreexplotado estos montes bajos, la consecuencia no se ha hecho esperar: las cepas muestran síntomas inequívocos de decrepitud; las hojas se atrofian y endurecen, y se observa que están «reviejas» y secas, sin capacidad para seguir produciendo nuevos brotes; la cepa ha perdido su vitalidad por agotamiento.

El carboneo intensivo de estos montes, como más adelante se tratará, ha contribuido decisivamente a su desaparición. Los aprovechamientos de leñas también han incidido bastante en la desaparición de los montes bajos, bien para su uso como combustible o para la extracción de taninos como en el caso de las encinas y otras especies forestales.

- **Construcción de vías forestales y de vías de desembosque en terrenos susceptibles de ser erosionados**, cuya consecuencia ha sido la formación de barrancos y cárcavas, lo que ha provocado la desaparición de una cubierta vegetal estable y duradera, e incluso la destrucción de las propias vías.
- **Limpieza excesiva del sotobosque**. La eliminación del sotobosque existente en muchas masas forestales acentúa la erosión hídrica, pues los estratos arbustivo, de matorral y herbáceo desaparecen, dejando el paso expedito al agua percolada por el dosel arbóreo (en función de la especie, la percolación varía entre el 20% y el 65% de la lluvia total), lo que origina mayores escorrentías que si existiese un sotobosque capaz de realizar una importante intercepción del agua de la lluvia. El papel protector del bosque se fundamenta precisamente en la existencia de una estratificación aérea y subterránea (Pita, 1982), lo que significa que si ésta desaparece o se deteriora, también decrece el papel protector del bosque. Sin embargo en los bosques de climas secos, como ocurre en los bosques mediterráneos, la acumulación de un enorme volumen de residuos procedentes de trabajos selvícolas junto con la existencia de sotobosques esclerófilos, es una causa que favorece la propagación de los incendios forestales, debido al enorme poder combustible de los residuos secos y de los vegetales con estrés hídrico. Es cada vez más normal que en los bosques de climas húmedos y subhúmedos se dejen en el suelo del bosque todos los residuos procedentes de las operaciones selvícolas que se llevan a cabo en los aprovechamientos forestales (tocones, ramas, ramillos, hojas, restos de las infrutescencias leñosas, etc.), ya que su descomposición, humificación y mineralización enriquecen el suelo. Esta práctica comúnmente utilizada en los bosques de zonas frías y húmedas es una actividad causante de un impacto paisajístico notable, desagradable para los visitantes del bosque, pues adquiere un aspecto «sucio» y desordenado. Sin embargo lejos de alterar el equilibrio del ecosistema forestal, esta práctica lo refuerza.
- **Utilización de maquinaria sobredimensionada para el aprovechamiento forestal**. Las nuevas tecnologías utilizadas en los aprovechamientos forestales

actuales conllevan el uso de potentes y pesadas máquinas que trabajan en el interior de los bosques. Por una parte descarnan el suelo, y por otra lo compactan, acciones ambas que causan pérdida del suelo forestal y por tanto contribuyen a la desaparición del bosque.
- **Preparación no adecuada del terreno en las reforestaciones.** Los aterrazamientos, los acaballonados con desfonde, etc. han ocasionado una enorme erosión, destrucción de la estructura del suelo y pérdida de la fertilidad.
- **Realización de fajas siguiendo la línea de máxima pendiente**, como ocurre con los cortafuegos y con las líneas para la ubicación de puestos en las monterías, los denominados «cortaderos» en el lenguaje cinegético. Al dejar al descubierto mucho terreno y al arrancar parte del propio suelo contribuyen a la erosión y a la desertificación.
- **El abuso de poda en las frondosas**. La escasez y carestía de los combustibles en las épocas de penuria económica llevó a los campesinos a podar abundantemente las especies forestales frondosas. Las heridas que deja la poda son el sustrato idóneo para la proliferación de hongos, los cuales debilitan al árbol, que acaba siendo víctima de ellos y de los insectos oportunistas, fundamentalmente pequeños coleópteros que le atacan posteriormente.

2.3. Transformaciones de suelos forestales en suelos urbanos

En la actualidad, los bosques se han confinado en los terrenos más alejados, de peores accesos y donde los suelos son más pobres. Por lo tanto es muy infrecuente que en las áreas de montaña el terreno forestal se convierta en suelo urbano. Son áreas deprimidas montañosas, donde la población está envejeciendo y decreciendo continuamente. Sin embargo, el incremento del turismo en las zonas costeras ha forzado que muchos municipios reconviertan parte de su suelo forestal (montes públicos) en urbano, para el emplazamiento de urbanizaciones turísticas, que son mucho más rentables económicamente que las áreas forestales. No tienen en cuenta estas entidades locales la importancia ecológica de los bosques mediterráneos, que sólo con su mera presencia desempeñan un papel básico en el ecosistema. Muchas veces, cuando legalmente no es posible la recalificación de un suelo, se ha acudido a la provocación de incendios forestales, con la pretensión de que al convertirse las zonas quemadas en catastróficas, podrían ser urbanizadas sin dificultades burocráticas. Afortunadamente, la legislación prohibe en algunos lugares de España la urbanización en antiguos terrenos forestales incendiados, para detener una posible especulación urbanística.

2.4. El carboneo de los montes

La obtención del carbón vegetal a partir de la quema de montes es una práctica ancestral en nuestro país, donde la metalurgia necesitó desde hace mucho tiempo grandes cantidades de madera, leña y carbón vegetal.

Según Kollmann (1959), el carbón vegetal es el producto de la combustión incompleta de la madera. El carbón vegetal tiene mayor contenido en carbono que la madera y al ser inerte no se altera fácilmente en condiciones atmosféricas normales ni es atacado por hongos o insectos.

El carboneo ha llegado a deforestar montañas enteras en España (Bauer, 1980), sobre todo en Andalucía y Sierra Morena. También fue muy intenso en Alemania y Francia, países con mucha actividad metalúrgica.

De la época de los palafitos se conservan flechas cuyas puntas de piedra están sujetas al astil con alquitrán de madera, éste se obtuvo a partir de un proceso semejante a la carbonización. En los primeros ensayos para fundir el hierro se usó el carbón vegetal. En España el carbón vegetal se ha obtenido a partir de la quema de encinas, alcornoques, quejigos, rebollos, robles, castaños y hayas principalmente, lo que ha originado la paulatina destrucción de sus respectivos bosques. Pero también se ha obtenido en muchas ocasiones a partir de los residuos forestales obtenidos en las podas, sobre todo del olivo, de la encina y del alcornoque (Marcos, 1989) y entonces se convierte en una buena solución, al contribuir al aprovechamiento de restos orgánicos.

La materia prima empleada para obtener carbón vegetal procede de las operaciones selvícolas de limpia, poda, clara y clareo, así como apeo de los propios árboles.

Actualmente, en los países desarrollados prácticamente no se carbonea, pues se ha ido sustituyendo el carbón vegetal por el carbón mineral (lignito, hulla y antracita), por los derivados del petróleo (gasolina, gas-oil, fuel-oil), el gas natural y por otras fuentes de energía como la nuclear, hidráulica, térmica, eólica, etc.

En los países en vías de desarrollo, el carbón sigue siendo una fuente energética muy utilizada, lo que sigue siendo una amenaza para la conservación de los bosques autóctonos.

2.5. La lluvia ácida

Una consecuencia de la intensa actividad industrial en los países más desarrollados, es la emisión a la atmósfera de gases contaminantes, procedentes principalmente de la utilización de combustibles fósiles (carbón, petróleo y sus derivados) por las centrales termoeléctricas, los motores de los vehículos, las calefacciones de los millones de hogares concentrados en los entornos urbanos y periurbanos, etc., sin dejar a un lado las que proceden de las industrias químicas o de la agricultura intensiva.

Estos gases contaminantes están compuestos principalmente por dióxido de azufre, monóxido y dióxido de nitrógeno, dióxido de carbono, halocarbonos y otros productos no deseados. En 1990, la combustión de los combustibles fósiles, supuso más del 80% de las emisiones totales de CO_2 a la atmósfera (IPCC, 1992), y casi el 94% de las emisiones de dióxido de azufre en Europa (EEA, 1995).

Concretamente, la formación de la lluvia ácida es un fenómeno sinérgico, basado en que los dióxidos de azufre y de nitrógeno, combinados con el oxígeno de la atmósfera, se transforman en óxidos nítrico y sulfúrico, los cuales al reaccionar con el agua de la lluvia forman ácidos nítrico y sulfúrico respectivamente. Del mismo modo, pueden reaccionar con bancos de niebla, formando la niebla ácida, mucho más impactante que la propia lluvia ácida.

Uno de los efectos más patentes de la lluvia ácida es la acidificación de los suelos, y la defoliación de las plantas afectadas. Precisamente, los indicios del daño causado por estas deposiciones se detectan primero en las hojas de las plantas. Según sea el grado de exposición y la especie afectada, estos cambios se pueden producir en un lapso de pocas horas o en escasos días. Las hojas más vulnerables son las que están en plenitud de funcionamiento, mientras que las más viejas o las recién brotadas son más resistentes a este fenómeno. Este daño es de fácil detección observando la evidente diferencia cromática en las acículas de las coníferas afectadas: verdes en su base y un brillante color rojizo-anaranjado en su extremo terminal.

En la región canadiense de Quebec, se ha detectado que la niebla ácida que afecta a las masas de arce de azúcar (*Acer saccharum*) puede tener un pH de hasta 2,8 (Alcano *et al.*, 1996), lo que produce un aumento de hasta tres veces la acidez de las hojas, que es suficiente como para desestabilizar cualquier proceso implicado en el desarrollo de estas masas forestales.

La mayoría de los bosques situados en los países centroeuropeos están afectados por este fenómeno. Gran parte de los bosques de hayas y piceas de la antigua República Federal de Alemania presentan una fuerte decadencia, de difícil por no decir imposible recuperación. La figura 9.5, representa una estimación de las áreas europeas más susceptibles de ser seriamente afectadas por la acidificación en un futuro cercano: 2015, incluso adoptando las medidas correctoras para paliar este efecto.

Un informe relativamente reciente (1989) de la Convención de Ginebra, organismo dependiente del Programa de las Naciones Unidas para el Medio Ambiente, reveló que el 40% de los bosques españoles estaban potencialmente afectados por la lluvia ácida. Como ejemplo más relevante, las emisiones de la central térmica de Andorra (Teruel), en combinación con el régimen estacional de vientos en la zona, parece que son la causa de la defoliación que se está produciendo sobre una considerable extensión en los pinares de la comarca castellonense de L'Alt Maestrat (del Cerro, 1992).

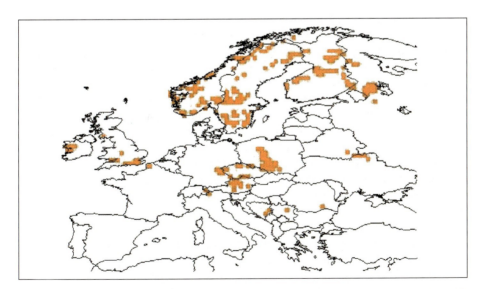

Fig. 9.5. Estimación de las zonas de Europa seriamente afectadas por la lluvia ácida en el año 2015, considerando incluso medidas correctoras. (Posch *et al.*, 1996)

2.6. Los incendios forestales: Causas y efectos

Los incendios forestales son la resultante de un complejo de causas naturales y socioeconómicas. La única causa natural responsable de los incendios en España es el rayo en concurrencia con las prolongadas sequías que cíclicamente se padecen, las altas temperaturas estivales y los fuertes vientos que se presentan en muchas regiones. Las causas socioeconómicas son por una parte las que contribuyen al incremento de la acumulación de combustibles ligeros muertos en el monte y, por otra, las motivaciones para el empleo del fuego. Las primeras son entre otras: la despoblación de las áreas rurales, el abandono de los usos tradicionales del mundo rural, la reducción del uso forestal productor de materias primas, el incremento de los usos recreativos y el crecimiento de la interfaz monte-terreno urbano. Vélez (1995) considera que las motivaciones para el empleo del fuego son las siguientes:
- La roturación con fuego para el cultivo agrícola posterior.
- Las quemas de pastos y matorrales para pastoreo, así como las quemas agrícolas para la eliminación de los restos de las cosechas y de las rastrojeras.
- Los conflictos manifestados con fuegos provocados en zonas de repoblación para cultivos forestales.
- Los conflictos derivados de las limitaciones de uso en los espacios protegidos (Parques nacionales, Parques y Reservas naturales).
- El mercado de trabajo en el propio sector forestal.
- El mercado de la madera.
- El proceso generalizado de urbanización del territorio.
- Las venganzas y el vandalismo.
- Otras motivaciones, como el contrabando (se provoca el incendio para distraer a la policía), el robo (para hacer salir a la gente de sus casas), la curiosidad (para ver actuar a los medios de extinción, que pueden llegar a ser espectaculares), etc.

Aparte de los directos como la pérdida de productos de toda índole (madera, leñas, frutos, resinas, caza, pesca, etc.), los indirectos representan cuantiosas pérdidas imposibles de valorar. De acuerdo con Vélez (1995), los principales efectos indirectos de los incendios forestales en España son:
- El incremento del riesgo de erosión hídrica y de inundaciones, pues las máximas precipitaciones en España se producen en el otoño, antes de que se inicie la regeneración natural de las plantas.
- El agravamiento del déficit de madera que es muy alto en España.
- El deterioro del paisaje, que tardará muchos años en recuperarse.
- El aumento de la sequedad de las tierras, al interferir la regulación del régimen hidrológico por la destrucción de la cubierta vegetal, con el consiguiente efecto desertificador.
- El incremento de las emisiones de dióxido de carbono a la atmósfera.
- La pérdida de vidas humanas por el fuego.

Los países de Europa más afectados por los incendios de bosques son los del Sur: Grecia, España, Italia, Francia y Portugal. Según datos facilitados por la Comisión Europea en 1996, en el período que va de 1989 a 1993, se produjeron en estos cinco países 225.000 incendios forestales, que afectaron a 224 provincias o departamentos. La superficie quemada se calculó en 2.600.000 hectáreas aproximadamente, lo que equivale a la superficie de 2,5 provincias de tamaño medio en España.

La tabla 9.1 refleja una estadística de los incendios forestales producidos en España durante el periodo comprendido entre 1987 a 1997, cuantificando la superficie forestal afectada (arbolada y no arbolada), y la estimación económica de las pérdidas totales en productos primarios y beneficios ambientales.

TABLA 9.1
Incendios forestales en España en el periodo 1987-1997: superficies afectadas y pérdidas económicas ocasionadas.

Año	Superficie afectada (ha)			Pérdidas (millones de pta.)
	Arbolada	Desarbolada	Total	
1987	48.993	97.669	146.662	37.659
1988	39.521	98.213	137.734	38.651
1989	182.369	244.199	426.568	94.462
1990	72.755	130.070	202.825	65.959
1991	116.512	142.906	259.418	90.799
1992	39.961	64.631	104.592	30.789
1993	33.388	55.879	89.267	27.888
1994	250.433	187.202	437.635	220.537
1995	42.389	101.095	143.484	43.046
1996	10.538	49.287	59.825	9.018
1997	21.326	77.177	98.503	19.419

Fuente: Ministerio de Medio Ambiente (1998). «Los incendios forestales en España durante 1997».

2.7. El pastoreo excesivo

En las regiones que circundan el mar Mediterráneo, el pastoreo ha sido una de las actividades agrarias más ancestrales que ha realizado el hombre. Según Alía (1991), el hombre fue primero ganadero y más tarde labriego. En España desde hace unos siete mil años, rebaños de ovejas, cabras y vacas han pastado en los bosques, aprovechando las hierbas espontáneas en régimen de semiestabulación o asilvestrados. La supresión por el diente del ganado de la cubierta vegetal leñosa y su regeneración, y la compactación del terreno producida por su pisoteo, han acabado con un gran número de bosques, siendo la cabra el animal más dañino sin ningún género de dudas. De hecho, administrativamente se ha considerado, a los efectos de valoración de la carga pastante en los montes, que una cabra en pastoreo equivale a 3 ovejas, por el mayor daño que ésta produce.

En España, los propietarios de rebaños, reunidos desde el siglo XIII en el Concejo de la Mesta, obtuvieron enormes privilegios para que sus rebaños pastasen y ramoneasen en los bosques (Bauer, 1980). Este pastoreo intensivo en el tiempo y en el espacio ocasionó daños inconmensurables a la riqueza forestal española.

Por otra parte, la gestión forestal está a menudo en confrontación directa con el pastoreo en los bosques. En muchos métodos de ordenación de montes está vetado el acceso del ganado en aquellas partes del monte que están en proceso de regeneración. Esto significa que se reduce la superficie pastoral y ocasiona frecuentemente graves enfrentamientos entre las administraciones forestales y los pastores. Sin embargo el núcleo del problema se encuentra en encontrar el difícil equilibrio entre comunidad forestal y la denominada «carga ganadera».

El número de cabezas de ganado que puede albergar un determinado espacio natural es un factor decisivo para la planificación forestal. En numerosas ocasiones, el ganado es una herramienta capital para la conservación de los ecosistemas, sobre todo en los denominados ecosistemas agrosilvopastorales, si bien la regeneración de las especies arbóreas exige el acotamiento al ganado en las zonas que tienen que ser regeneradas. En la fotografía 9.2 se muestra un monte bajo de encina degradado por un pastoreo excesivo.

El pisoteo del ganado provoca el hollado que acaba con la vida de las plántulas que están naciendo; los brotes tiernos de las plantas más jóvenes e incipientes son comidos por los animales. De esta forma, los daños del ganado son cuantiosos en los primeros años de la vida de un monte que se está regenerando, y aunque algunas plantas resisten al diente y al pisoteo de los animales, una vez que se desarrollan en altura (se convierten en

Foto 9.2. Monte bajo de encina en Melque (Toledo). (Del Cerro, 1991).

árboles), frecuentemente presentan portes defectuosos en forma de candelabro, debido a que los animales se comen las yemas apicales y el árbol se desarrolla sin guía terminal.

La duración del acotamiento es variable según la especie animal de la que se trate, para el pastoreo con ganado ovino es necesario acotar el terreno entre 5 y 10 años, que son los suficientes para que los brinzales escapen del diente de la oveja, en el caso de los ganados caprino y bovino, este periodo se alargaría entre los 15 y 25 años, por el mayor impacto de estos animales sobre la vegetación, debido al tamaño y a las rascaduras en el caso de las vacas y a la facilidad de acceso a cualquier parte de la planta en el caso de las cabras.

La práctica intensiva de la ganadería en los bosques ha arrasado con enormes superficies forestales, que no se han regenerado debido a que la compactación del terreno que producen los animales impide la germinación de las semillas y la infiltración del agua necesaria para el desarrollo de las plantas. Sin embargo la práctica racional de la ganadería juega un papel muy importante en el mantenimiento de la diversidad biológica. En las zonas húmedas el ganado controla la proliferación de la vegetación palustre y, por otro, reduce la importancia de fenómenos que aceleran el proceso de colmatación (Lazo, 1995). En los complejos procesos de dinámica de los pastos, tiene mucha influencia la dispersión de semillas por el ganado a través de sus excrementos. El ganado en régimen extensivo selecciona determinadas especies pratenses que son más palatables y dispersa sus semillas a través de sus heces fecales. El ganado así participa en la composición específica de los pastizales, igual que las aves dispersan con sus excrementos las semillas de aquellos frutos que les sirven de alimento (Malo y Suárez, 1995).

El pastoreo ha sostenido una lucha encarnizada con la agricultura y con los bosques (pastoreo *versus* bosques), aunque el pastoreo tradicional encontró fórmulas de coexistencia y colaboración entre los agricultores, los pastores y los leñadores. En España ha sido muy común el pastoreo del ganado en rastrojeras, barbechos, eriales, terrenos yermos, viñedos y montes arbolados. Aún hoy persiste la idea de que todo pastoreo en los bosques es pernicioso, existiendo una mutua desconfianza entre pastores y forestales. El pastoreo integrado en la agricultura y en los bosques es la solución definitiva a una polémica que se arrastra desde el Medievo. Hay que recordar además que muchos de los incendios forestales que se producen en zonas de climas secos y calurosos se deben a que los pastores provocan el fuego para obtener buenos pastos.

En algunos bosques mediterráneos, como los sabinares *(Juniperus thurifera)* del Sudeste español, la presencia del ganado ha tenido desde antaño dos efectos antagonistas, por una parte el pisoteo del ganado ovino ha sido un enemigo mortal, pues ha impedido la germinación de las semillas y por tanto la regeneración natural del sabinar, pero por otra, los gálbulos que ingieren los animales al atravesar el tracto digestivo son digeridos en parte y al ser devueltos con el resto de las heces al suelo, las semillas que contienen adquieren mas facilidad de germinación al acelerarse la escarificación de las cubiertas protectoras de los embriones. No obstante el balance final suele ser negativo para el sabinar, pues los pequeños brinzales son bastante apetecidos por cabras y ovejas, que los devoran abortando así la regeneración natural.

Por último es conveniente no pasar de largo la problemática de las dehesas de España (Andalucía y Extremadura principalmente) y de Portugal, que pobladas por encinas y alcornoques fundamentalmente, funcionan como complejos sistemas agrosilvopastorales, donde además de existir el pastoreo con ovejas, cabras, vacas y caballos, se aprovechan las bellotas por el ganado porcino, lo que se conoce por el nombre de montanera y se practica la caza mayor. Son frecuentes especies cinegéticas como el ciervo y el jabalí y en algunas ocasiones el gamo.

En opinión de Montoya (1987), las dehesas en el momento actual están muertas como sistema biológico. Esta opinión, que en la primera lectura puede parecer muy catastrofista, se basa en el hecho indiscutible de la falta de regeneración que sufren las dehesas y que si no se remedia pueden convertirse pronto en «ecosistemas muertos». El proceso de «fosilización» al que se ha aludido anteriormente no es irreversible, los profesionales del sector forestal deben de aplicar métodos de manejo que incluyan el fomento de la regeneración como un hito irrenunciable. Lo que parece evidente es que los sistemas de gestión basados en las máximas rentas dinerarias, pueden llevar a la dehesa a situaciones muy comprometidas El acotamiento intermitente de zonas al pastoreo y a la montanera y la protección especial de ciertos árboles denominados padres, que producen abundante fruto y que pueden así asegurar la persistencia de la especie, es una solución que hay que aplicar urgentemente en muchas dehesas. Además será necesario repoblar con plantas de vivero de calidad óptima y de la misma región o de regiones de procedencia con medios naturales similares al de la dehesa que deba regenerarse. Las mejoras de pastos que con frecuencia se acometen en las dehesas pueden ser consideradas a veces como una agresión directa a un ecosistema tan singular y peculiar como la dehesa. Si las dehesas españolas y portuguesas siguen envejeciendo sin que se adopten medidas urgentes para su conservación y regeneración, paulatinamente irán disminuyendo su densidad, convirtiéndose en montes cada vez más huecos, hasta que prácticamente desaparezcan los árboles y se haya dado un paso de gigante hacia la desertificación.

2.8. Otras causas políticas, sociales y económicas

Sobre todo en Europa, y más concretamente en el área mediterránea, ha habido un conjunto de causas que han contribuido de forma negativa a la degradación y desaparición de los bosques. De acuerdo con Bauer (1980), estas causas se sintetizan a continuación:

- Las continuas guerras e invasiones desde hace más de 3.000 años. Las grandes culturas históricas (persas, griegos, fenicios, cartagineses, romanos, otomanos, etc.) han librado constantemente batallas y emboscadas tanto para conquistar nuevas tierras como para defenderse de las invasiones de otros pueblos. Tampoco hay que olvidar la innumerable trama de guerras en las que han participado los principales reinos o estados europeos, dentro y entre los mismos, desde la Guerra de los 100 años, la Reconquista Española, la Guerra de los 30 años, las conquistas napoleónicas, hasta la 1.ª y 2.ª Guerras Mundiales, como ejemplos significativos.
- La industria naval (militar, mercante y pesquera), sobre todo en la edad moderna, con la era de los descubrimientos y conquistas en ultramar, donde esta industria esquilmó gran cantidad de bosques en busca de los mejores ejemplares arbóreos para la construcción de estos navíos.

- Particularizando para el caso de España, hay que hacer referencia a la política desamortizadora llevada a cabo por Mendizábal (1837) y Madoz (1855), que contribuyó sin quererlo a la desaparición de nuestros bosques. De esta manera, al subastarse públicamente en España 5,5 millones de hectáreas de montes públicos y 2,5 millones de hectáreas de montes pertenecientes a la Iglesia, estas acabaron engrosando los bienes de los propietarios particulares más pudientes, quienes talaron masivamente los bosques para obtener pingües beneficios (Bauer, 1980) y (Del Cerro, 1992).

3. Conclusión

El hombre puede y debe reducir las acciones que perjudican gravemente el funcionamiento global del ecosistema. Según López Bermúdez (1995), es el ser humano quien crea las condiciones que conducen a la desertificación, teniendo el clima y la recurrencia de las sequías sólo la calificación de condiciones favorables.

Gaia, el ecosistema global que forma la Tierra según denominación de Lovelock (Gribbin, 1987), exige para su desarrollo sostenible políticas racionales de aprovechamientos de los recursos naturales, una de las cuales es sin lugar a dudas la conservación y mejora de los grandes bosques, en especial de la Amazonia brasileña y de la Taiga siberiana, auténticos pulmones de nuestro planeta.

4. Referencias bibliográficas

Alcano, J., Krol, M. y Posch, M., 1996. An integrated analysis of sulphur emissions, acid deposition and climate change. *Water, Air and Soil Pollution,* 85: 1539-1550.

Alía, J., 1991. Datos históricos. En *El Queso Manchego.* Consejería de Agricultura. Junta de Comunidades de Castilla-La Mancha. Toledo.

Bauer, E., 1980. *Los montes de España en la Historia.* Servicio de Publicaciones Agrarias. Ministerio de Agricultura. Madrid.

Cannell, M., 1995. *Forests and the global carbon cycle in the past, present and future.* European Forest Institute. Joensuu. Finlandia.

Cerro, A. Del, 1992. Causas de la deforestación en el área mediterránea. En *Selvicultura Mediterránea.* Ediciones de la Universidad de Castilla-La Mancha. Cuenca.

Comisión Europea, 1996. *Les feux de forêt dans le Sud de l'Union Européenne.* Office des Publications officielles des Communautés européennes. Luxemburgo.

Dávila, M., 1991. *Las prácticas agrícolas y el medio ambiente.* Hojas Divulgadoras, 9/90. Ministerio de Agricultura, Pesca y Alimentación. Madrid.

EEA, 1995. *Environment in the European Union.* Report for the Review of the Fifth Environmental Action Programme. Copenhagen.

Ferrandis, P.; Herranz, J.M. y Martínez-Sánchez, J.J., 1999. Fire impact on a maquis soil seed bank in Cabañeros National Park (Central Spain). *Israel Journal of Plant Sciences,* 47: 17-26.

Fisher, M., 1993. *La Capa de Ozono.* La Tierra en peligro. McGraw-Hill. Madrid.

García Camarero, J., 1989. *Los Sistemas vitales Suelo, Agua y Bosque: Su degradación y restauración.* Hojas Divulgadoras, 3/89. Ministerio de Agricultura, Pesca y Alimentación. Madrid.

Goldewijk, C.G.M. y Battjes, J.J., 1995. *The IMAGE 2 Hundred Year (1890- 1990).* Data Base of the Global Environment (HYDE). Report No. 481507008. RIVM. Bilthoven, The Netherlands.

Gribbin, J. (Coordinador), 1987. *El planeta amenazado.* Ediciones Pirámide. Madrid.

Herranz, J.M.; Martínez-Sánchez, J.J.; De las Heras, J. y Ferrandis, P., 1996. Stages of plant succession in *Fagus sylvatica* L. and *Pinus sylvestris* L. forests of Tejera Negra Natural Park (Central Spain), three years after fire. Israel *Journal of Plant Sciences,* 44: 347-358.

IPCC, 1992. Climate Change 1992: *The Supáglementary Report to the IPCC Scientific Assesment.* Cambridge University Press. Cambridge.

Johnson, H. 1987. *El Bosque: Fauna, Flora y Recursos Económicos del Bosque Mundial.* Editorial Blume. Barcelona.

Kollmann, F., 1959. *Tecnología de la madera y sus aplicaciones.* Instituto Forestal de Investigaciones y Experiencias (IFIE). Madrid.

Lazo, A., 1995. El ganado como herramienta de conservación de espacios naturales. *Quercus,* 116: 31-33.

López Bermúdez, F., 1995. Desertificación: una amenaza para las tierras mediterráneas. *Boletín del Ministerio de Agricultura, Pesca y Alimentación,* 20/2/95: 38-48.

MAPA. 1996. *Anuario de Estadística Agraria.* Publicaciones del Ministerio de Agricultura, Pesca y Alimentación. Madrid.

Malo, J.E. y Suárez, F., 1995. La dispersión de semillas por el ganado a través de sus excrementos. *Quercus,* 116: 34-37.

Marcos, F., 1989. *El Carbón vegetal. Propiedades y Obtención.* Ediciones Mundi-Prensa. Madrid.

Ministerio de Medio Ambiente, 1998. *Los Incendios Forestales en España durante 1997.* Dirección General de Conservación de la Naturaleza. Madrid.

Montoya, J.M., 1987. La ordenación forestal de montes de frondosas mediterráneas. En *Conservación y desarrollo de las dehesas portuguesa y española.* Ministerio de Agricultura, Pesca y Alimentación. Madrid.

Pita, P.A., 1982. *Ordenación de Montes.* EUIT. Forestal. Universidad Politécnica de Madrid. Madrid.

Posch, M.; Hettelingh, J.P.; Alcamo, J. y Krol, M., 1996. *Integrated scenarios of acidification and climate change in Europe and Asia.* Global Environmental Change.

RIVM/UNEP, 1997. *The Future of the Global Environment: A model-based Analysis Supágorting UNEP's First Global Environment Outlook.* UNEP/DEIA/TR. 97-1.

Skole, D. y Tucker, C., 1993. Tropical deforestation and habitat fragmentation in the Amazon: satellite data from 1978 to 1988. *Science,* 260: 1905-1910.

Vélez, R., 1995. *Causas y efectos del riesgo de incendios forestales.* Madrid. (Informe inédito).

Ximénez de Embúm, J., 1977. *El monte bajo. Colección Agricultura Práctica, 15.* Ministerio de Agricultura. Madrid.

CAPÍTULO X
LOS SISTEMAS AGRARIOS

Francisco Montero Riquelme
Arturo de Juan Valero
Antonio Brasa Ramos
Antonio Cuesta Pérez

1. Introducción 219
2. Los Sistemas Forestales 225
3. Los Sistemas Agro-silvícolas 228
4. Los Sistemas Pratícolas y Pascícolas 233
5. Los Sistemas Agrícolas con laboreo habitual 236
6. Reflexiones para unos sistemas de cultivo del siglo XXI 242
7. Referencias bibliográficas 250

1. Introducción

El tema que tratamos en este capítulo es, posiblemente, la herramienta de mayor importancia con que cuenta el hombre para la aceleración de la degradación y erosión del suelo o, todo lo contrario, para la conservación de grandes superficies frente a los procesos de desertificación. La cubierta vegetal cultivada merece ser tratada especialmente en este libro de agricultura y desertificación, debido a que está considerada como la resultante de la actividad humana más responsable, cuando se ejerce sin buenas prácticas, de la pérdida de capacidad productiva de la tierra, además de inducir a ecosistemas cada vez más pobres, frágiles y vulnerables a los condicionantes ambientales de naturaleza climática y otras acciones humanas.

Conviene recordar, aunque sea muy someramente, lo que se viene entendiendo por agricultura. A tal, acostumbramos definir como la actividad que ejerce el hombre, haciendo uso deliberado de la tierra, para extraer bienes del suelo (alimentos, materias primas para la transformación y servicios), aprovechando la energía solar directamente con el cultivo de las plantas e indirectamente mediante la cría y explotación de los animales domésticos. Esquemáticamente, el proceso de producción agraria se puede expresar como recoge la figura 10.1.

De la propia figura que ilustra esquemáticamente la definición de agricultura, se pueden destacar dos aspectos que se consideran muy propios de esta actividad humana:

- En primer lugar, en la actividad agraria, frente a otras actividades desarrolladas por el hombre, el suelo es el lugar de producción, pero, sobre todo, es materia prima, de tal manera que su naturaleza —características geográficas, topográficas, físicas, químicas y biológicas, así como las condiciones macro y microclimáticas a que en particular está sometido— tiene una decisiva importancia.
- En segundo lugar, en la agricultura, se desencadenan una serie de procesos biológicos que se inician con la utilización de la energía solar, gratuita, inextinguible, y base y esencia del proceso. La agricultura es, prácticamente, la única actividad de importancia que la utiliza de manera prevalente.

Como consecuencia de la combinación y acción conjunta, en proporción muy variable, de los distintos factores, o medios, de producción (tierra, capital y trabajo), la agricultura proporciona una cubierta vegetal (biomasa, producción biológica) que, a lo largo de su crecimiento y desarrollo, y en un grado más o menos efi-

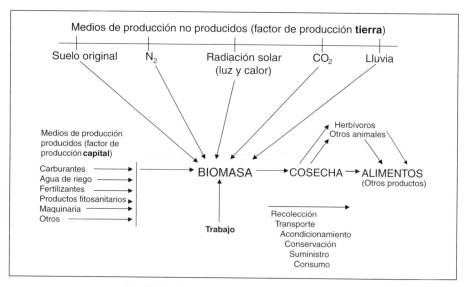

Fig. 10.1. El proceso de la producción agraria.

ciente, es capaz de actuar interceptando la lluvia, disminuyendo los efectos de la erosión y favoreciendo el aprovechamiento del agua. La cobertura vegetal superficial protege al suelo del impacto de la gota de lluvia, disminuye la energía del flujo de escorrentía, por el aumento de la rugosidad superficial, y aumenta el volumen de agua que se infiltra en el suelo. El sistema subterráneo de la cubierta vegetal actúa como una red que aumenta la resistencia del suelo al efecto constante que originan las láminas de agua que escurren por la superficie del mismo. En la tabla 10.1 se pone de manifiesto la importancia de la cobertura vegetal en las tasas de erosión en España.

Así como las cubiertas vegetales están condicionadas por la disponibilidad de agua, unida a condiciones adecuadas de temperatura ambiental, lo que obliga a elegir especies y variedades para los cultivos y a regular el suministro de agua a los

TABLA 10.1
Erosión *versus* usos del suelo (Soto, 1990; Díez y Almorox, 1994)

Usos del suelo	Pérdida t ha^{-1} año^{-1}	Porcentaje de superficie ocupada	Porcentaje de erosión	Relación con respecto al óptimo
Arbolado forestal, cc > 0,7	0,216	9,12	1,43	1,00
Pastizal permanente	0,446	4,13	1,39	2,06
Arboleda forestal cc = 0,2-0,7	0,452	11,95	3,92	2,09
Regadío	0,615	6,04	2,70	2,85
Arbusto y matorral	0,866	9,90	6,23	4,01
Cultivos herbáceos de secano	1,724	29,88	37,43	7,78
Cultivos arbóreos de secano	4,772	10,07	34,94	22,09

mismos, la vegetación modifica, a su vez, en variadas formas, el ciclo hidrológico. El obstáculo que suponen las partes aéreas de los vegetales para la llegada al suelo y para el escurrimiento de las aguas de precipitación, así como para su concentración en canales de corriente, da lugar a importantes modificaciones de retención, infiltración y escorrentía, en magnitud y tiempo. La formación de una cubierta vegetal exige el consumo de agua para la constitución y mantenimiento, y la producción viva ocasiona un consumo de agua por transpiración.

La disponibilidad de agua, unida a condiciones adecuadas de temperatura ambiental, es determinante de la actividad de las cubiertas vegetales. Las variaciones en esa disponibilidad global o en el ciclo anual y aún plurianual (fluctuaciones climáticas) dan lugar a las diferentes formas que pueden adoptar las plantas, determinantes, a su vez, de la estructura y aspecto de la vegetación, así como de su productividad, todo lo cual está limitado también por la disponibilidad de nutrientes minerales, y de espacio para las raíces y partes aéreas, así como de luz. El medio biofísico desempeña una función clara en lo que respecta al crecimiento y desarrollo de la cubierta vegetal (Fig. 10.2), pero también en lo que se refiere a su diversidad, estado y vulnerabilidad. De todos los factores ambientales, los de mayor grado de condicionamiento se recogen en la tabla 10.2.

Con el comienzo de la agricultura, hace 10-15.000 años, se inicia la alteración del equilibrio biológico natural; los hombres comienzan a influir de forma profunda sobre el ecosistema que les rodea, llegando a originar verdaderos ecosistemas artificiales (los denominados ecosistemas agrarios o agrícolas, dependiendo si se engloba o no la ganadería y los aprovechamientos forestales) en los que se puede apreciar claramente, como en los ecosistemas naturales, un flujo de materia

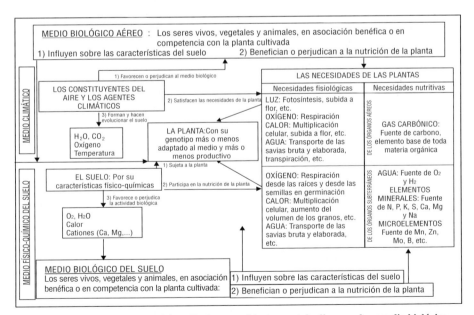

Fig. 10.2. Los componentes del medio de una cubierta vegetal: clima, suelo y medio biológico.

TABLA 10.2
Factores biofísicos condicionantes del crecimiento y desarrollo de las cubiertas vegetales.

MEDIO CLIMÁTICO

1. Factores termométricos:
   - Régimen de heladas invernales.
   - Reposo invernal.
   - Heladas primaverales.
   - Temperaturas medias primaverales.
   - Altas temperaturas estivales.
   - Duración del período vegetativo.
   - Oscilaciones termométricas.

2. Régimen pluviométrico:
   - Precipitación total y reparto periódico.
   - Lluvias primaverales.
   - Precipitaciones máximas ocasionales.
   - Período de sequía.
   - Diagrama ombrotérmico.

3. Régimen higrométrico:
   - Higrometrías medias por periodos.
   - Oscilaciones higrométricas por periodos.
   - Déficit de presión de vapor en periodos críticos.
   - Nieblas.

4. Insolación:
   - Intensidad luminosa por periodos.
   - Calidad luminosa.
   - Fotoperiodismo.
   - Nubosidad.

5. Régimen de vientos:
   - Dirección e intensidad.
   - Vientos dominantes.
   - Rachas y vendavales ocasionales.
   - Régimen primaveral.

6. Accidentes atmosféricos:
   - Tormentas.
   - Granizos.
   - Pedriscos.

MEDIO EDAFOLÓGICO

1. Profundidad y limitaciones del perfil del suelo.
2. Permeabilidad del suelo y limitaciones.
3. Niveles de carbonatos totales y caliza activa.
4. Grado de saturación por bases del complejo arcillo-húmico.
5. Fertilidad del suelo:
   - Contenido de materia orgánica.
   - Valor de relación C/N.
   - Estructura y estabilidad estructural.
   - Contenido de macro y microelementos.
6. Salinidad del suelo.
7. Características hidrológicas:
   - Capacidad del campo.
   - Punto de marchitez permanente.
   - Agua útil.

MEDIO BIOLÓGICO

1. Genotipo de las plantas.
2. Plagas y enfermedades.
3. Biomasa microbiana del suelo.
4. Microorganismos fijadores del nitrógeno.
5. Lombrices.
6. Adventicias y otras plantas.

y energía. Los sistemas agrarios se definen (Urbano y Moro, 1991) como ecosistemas formados por seres vivos (plantas de cultivo y animales domésticos) que se desarrollan en un medio determinado (clima, suelo y medio biológico), que se encuentran implicados en un proceso de interacciones recíprocas entre sí y la vegetación adventicia, y que se ven, además, afectados por la intervención del hombre con sus técnicas de cultivo (Fig. 10.3). Los sistemas agrarios derivan de la influencia sobre la actividad agraria de una serie de factores o condicionantes que, sistemáticamente, se agrupan en cinco grandes bloques (Lamo de Espinosa y Bahamonde, 1992):

- Factores climáticos y edafológicos (Fig. 10.2 y tabla 10.2).
- Factores biológicos (Fig. 10.2 y tabla 10.2).
- Factores económicos. La economía, a todos los niveles, influye enormemente sobre los sistemas agrícolas: precios de los medios de producción empleados («inputs») y de los productos obtenidos con la cubierta vegetal cultivada («outputs»), comercialización, fiscalidad, tipos de interés, etc.
- Factores sociales. El correcto diseño de rotaciones y alternativas de cultivos permite el desarrollo de sistemas agrícolas que, además de reducir los riesgos, empleen mejor los factores productivos de carácter social, tales como la mano de obra disponible y la cualificación profesional de la misma, entre otros condicionantes sociales.
- Factores políticos e institucionales. La Política Agraria Común (PAC), con sus Organizaciones Comunes de Mercado (OCMs) que regulan los mercados agrarios mediante intervenciones, derechos de aduanas, precios institucionales, ayudas directas a la superficie, etc., y medidas de política de estructuras agrarias marcan, de forma decisiva, las cubiertas vegetales cultivadas en los sistemas agrarios de toda la Unión Europea (UE).

La combinación de todos estos factores configura un sistema agrario (Lamo de Espinosa, 1998) diseñado, por lo general, para cubrir uno o más de los objetivos descritos en la tabla 10.3. Cualquier sistema agrario puede haberse construido para cubrir diferentes objetivos en distintos momentos, en diferentes sitios y por distinta gente, lo que ha generado a lo largo de la historia de la agricultura múltiples y diversos sistemas agrarios (Spedding, 1975).

Según Urbano y Moro (1992), los sistemas agrarios más representativos se pueden concretar en los siguientes:

- *Sistemas forestales.* La cubierta vegetal está formada por especies leñosas de porte diverso, que son explotadas para la obtención de madera o leña o, en su caso, mantenidos como reserva natural.
- *Sistemas agro-silvícolas.* El objetivo de estos sistemas es lograr un equilibrio beneficioso entre «lo forestal» y la agricultura.
- *Sistemas pratícolas y pascícolas.* La cubierta vegetal está formada por praderas permanentes y pastizales (praderas naturales de climas semiáridos y áridos).
- *Sistemas agrícolas con laboreo habitual* del terreno ocupado por la cubierta vegetal. Estos sistemas se desarrollan con cubiertas vegetales herbáceas o leñosas, pero también incluyen los barbechos blancos y semillados.

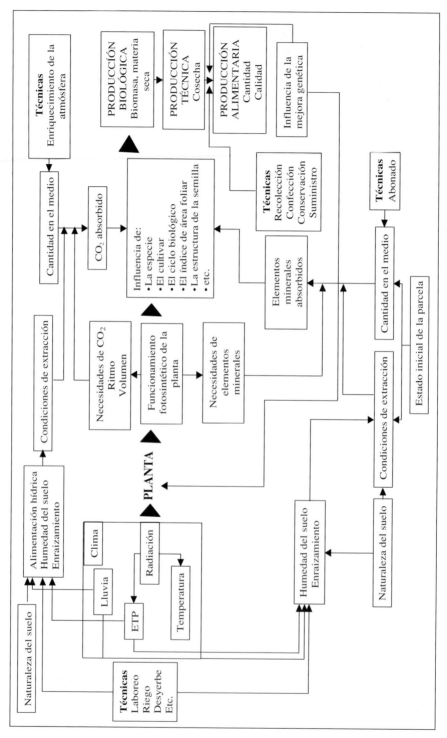

Fig. 10.3. Componentes del sistema agrícola: medio-técnicas culturales-cubierta vegetal-rendimiento de un cultivo.

TABLA 10.3
Objetivos primordiales de los sistemas agrarios.

a) **Provisión de productos**	
Productos principales:	*Objetivos que cubren:*

• Alimento humano:
  de origen vegetal.
  de origen animal.
	• Alimentación de la población local.
	• Exportaciones y sustitución de importaciones.

• Alimento animal:
  de origen vegetal.
  de origen animal.
	• Alimentación de la cabaña local.
	• Exportaciones de ganado o animales seleccionados.

• Materias primas para la industria:
  de origen animal.
  de origen vegetal.
	• Procesado y manufactura de vestidos y accesorios.
	• Producción industrial de alimentos, biomasa, etc.

• Recreo.	• Zoológicos y otros entretenimientos.
• Dinero.	• Beneficios. Reinversión.
b) **Empleo de recursos**	
Recursos principales:	*Objetivos perseguidos (distintos de la producción):*
• Tierra.	• Conservación de la amenidad.
• Mano de obra.	• Provisión de trabajo. Provisión de medio de vida.
• Dinero.	• Inversión.
• Equipo físico.	• Uso de equipo local. Uso de equipo importado.

2. Los Sistemas Forestales

Los bosques son los sistemas naturales más evolucionados y aseguran la mayor cantidad de biomasa y de oxígeno a la biosfera lo que representa una garantía de equilibrio. La cubierta vegetal de estos sistemas cumple misiones fundamentales en el medio natural como son (García, 1989): crear un microclima en su interior; modificar la radiación y la luz solar, la temperatura, la humedad atmosférica y la velocidad del viento; amortiguar o anular el efecto de la erosión del suelo por causas del impacto de las intensas precipitaciones y de la escorrentía superficial; y generar el oxígeno que respira el hombre.

Los sistemas forestales, basados en la prioridad de la protección, suelen clasificarse en dos, que se pueden sintetizar como sigue:
- Sistemas basados en la prioridad de la protección, persistencia y estabilidad como objetivos básicos, frente a las producciones directas. Las regeneraciones son naturales y las intervenciones son limitadas (sistemas extensivos) o las regeneraciones son artificiales, con distintos grados de intensidad en la preparación del terreno (sistema intensivo). Ambos sistemas, extensivo e intensivo, con marcados objetivos de protección e interés ecológico, paisajístico, etc., permiten un aprovechamiento económico importante.

- Sistemas que mantienen el interés protector, aunque no sea siempre prioritario sobre la producción. Los sistemas más extensivos emplean técnicas de repoblación forestal; su función protectora puede ser importante, por situarse en terrenos pobres y con fuertes pendientes. Los sistemas intensivos recurren al laboreo mecánico del terreno, a la fertilización (principalmente, el abonado mineral), al desyerbe químico y, en ocasiones, al riego, entre otras técnicas culturales; las funciones protectora y paisajística pueden no existir.

La degradación de las cubiertas vegetales propias de los sistemas forestales se produce a velocidad creciente por diferentes motivos, pero principalmente por el intento de consecución de beneficios que de ellos derivan a corto plazo. Entre las causas antrópicas del deterioro de las cubiertas vegetales forestales, cabe citar:

- El uso abusivo de talas masivas a «mata rasa», sin ningún programa de regeneración forestal.
- Incendios forestales provocados para, entre otros objetivos, la implantación de suelos agrícolas y pastizales.
- Deforestación con fines agrícolas y, como consecuencia, desarrollar los efectos degradatorios en el sistema vital suelo por el hecho de que la erosión por escorrentía pasa del 1 al 30%. Además, ocasiona la ruptura y degradación de un sistema agrícola próximo al ecosistema natural en equilibrio por un ecosistema artificial de laboreo mucho más simple e inestable. Buena prueba de ello es que precisa de una constante labor de mantenimiento por parte del hombre. Se pueden citar muchos casos que han llegado a ser zona desertificada, donde antes se desenvolvía un sistema forestal de principio, que se roturó y explotó agrícolamente y que, abandonado por improductivo, quedó finalmente aniquilado por desertificación siguiendo el esquema de la figura 10.4.
- Inadecuadas técnicas culturales, esto es:
  — Excesiva tendencia a implantar especies foráneas con dificultades de adaptación o de rápido crecimiento y esquilmantes con el medio.
  — Construcción de pistas forestales y/o trazado de surcos en terrenos demasiado erosionables.
  — Limpieza excesiva del sotobosque.
  — Laboreo excesivo que rompe la estructura del suelo y favorece la mineralización. Además, facilita las pérdidas de tierra por la erosión hídrica y eólica.
  — Utilización de maquinaria pesada que descarna el suelo y favorece su apelmazamiento.
  — Monocultivo del suelo, que lo empobrece selectivamente y lo predispone a su abandono en caso de adversidades comerciales.
  — Realización de surcos siguiendo la máxima pendiente.

Además de estos agentes antrópicos degradadores, el sistema forestal está expuesto a la acción de agentes naturales degradantes de efecto rápido (incendios forestales, lluvias torrenciales, ciclones, etc.) y de efecto lento (degradación del clima a condiciones poco favorables, aumento del índice de aridez de la zona, erosión hídrica, erosión eólica, etc.). Las fluctuaciones del clima, la aridez, la recurrencia, magnitud e intensidad de las sequías se revelan como fenómenos potenciadores de la desertificación en aquellos sistemas forestales fragilizados por intervenciones humanas defectuosas o inadecuadas.

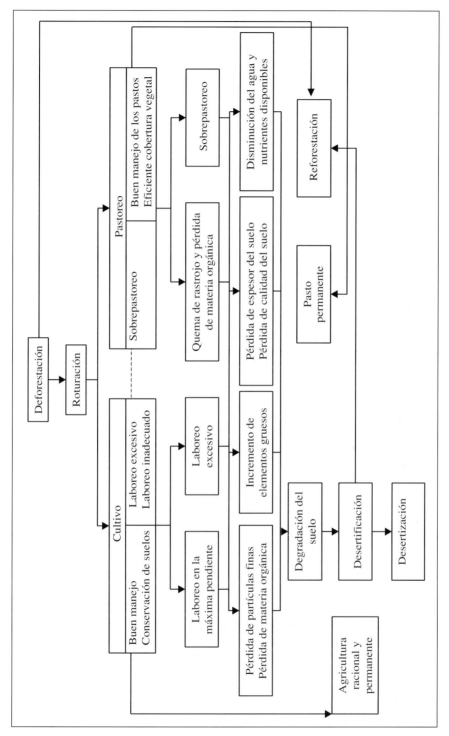

Fig. 10.4. Acción antrópica sobre los distintos sistemas agrícolas.

La superficie forestal desarbolada que en España sufre erosión hídrica grave o muy grave, con pérdidas de suelo evaluadas en más de 12 t ha^{-1} año^{-1}, es, actualmente, del orden de 9 millones de hectáreas. De todas las tecnologías para la restauración de un sistema forestal degradado deben destacarse con carácter esencial la restauración, reposición e implantación de cubiertas forestales arbustivas en los casos de mayor degradación, y arbóreas, como segunda fase, siempre que sea posible, que tiendan a aumentar la velocidad de infiltración de agua en el suelo. Los sistemas forestales a repoblar con objeto protector suelen presentar las siguientes circunstancias: pendiente fuerte, entre 25 y 60%; clima con sequía estival de 2 a 4 meses, precipitación irregular a lo largo del año con aguaceros de alta intensidad en primavera y otoño; suelos degradados o poco evolucionados por causa de la erosión, con escasa humificación, alta pedregosidad, baja permeabilidad y capacidad de retención de agua; finalmente tienen una cubierta vegetal formada por material heliófilo de escasa espesura cuya evolución no garantiza a corto plazo la recuperación del suelo y la anulación de la escorrentía. En estas circunstancias, la repoblación forestal, se caracteriza por las siguiente actuaciones:

— Utilización de especies adaptadas de crecimiento lento, preferiblemente autóctonas.
— Densidad de introducción relativamente alta.
— Preparación del suelo que atienda inmediatamente a la reducción de la escorrentía y al aumento de la profundidad del perfil.
— Introducción de la nueva cubierta vegetal mediante material garantizado.

Los tratamientos de mejora de estas cubiertas vegetales consisten en desbroces, podas bajas y claras, que tiendan a reducir la presencia de combustible ligero para hacerlas menos sensibles a los incendios, y mejorar su estabilidad biológica.

Aunque puedan tener origen natural, e incluso ser clímax en determinadas condiciones, la mayor parte de la superficie de matorral tiene origen antrópico por degradación de los sistemas forestales, mediante cortas abusivas, incendios y sobrepastoreo (Valle, 1993). Determinados tipos de matorral tienen un gran interés ecológico (freno a la erosión y lucha contra la desertificación, ricos en especies endémicas de zonas muy concretas, etc.), otros son ricos en fauna variada de gran interés cinegético; además, pueden proporcionar un cierto aprovechamiento ganadero y/o ser fuente de materias primas para la destilación de esencias, elaboración de medicamentos, extracción de aceites industriales, asiento de la apicultura, etc., motivos suficientes para ser mantenidos. Sin embargo, la mayoría de la superficie de matorral requiere la intervención humana para su regeneración, transformación o reforestación mediante las actuaciones que se recogen en el tabla 10.4.

3. Los Sistemas Agro-silvícolas

La cubierta vegetal de los sistemas agro-silvícolas está formada por árboles (piso superior) y especies herbáceas y arbustivas (piso inferior), es decir, una estructura leñosa, lenta y estable, y otra herbácea de crecimiento rápido y fugaz (Montoya, 1983). El objetivo de estos sistemas es lograr un equilibrio beneficioso entre lo «forestal» y la agricultura, si bien el uso forestal es sólo un complemento a la explotación. La técnica

TABLA 10.4
Modelo de restauración de matorrales (Valle, 1993)

Estados iniciales	Tipos de manejo	Actuaciones
Matorral arbustivo. Matorral fruticoso denso. Matorral fruticoso aclarado.	Regeneración. Transformación. Reforestamiento.	Repoblaciones con árboles de crecimiento rápido. Siembra de hierbas pio-colonizadoras. Plantación de árboles climácicos. Entresaca del matorral fruticoso.
Estado final		Tratamiento del matorral arbustivo y árboles. Entreseca de árboles de crecimiento rápido.
Bosques. Bosquetes.		Potenciación de árboles climácicos. Plantación de especies nemorables.

silvícola es secundaria, aunque imprescindible para lograr el equilibrio del sistema agrícola-forestal.

Los sistemas agro-silvícolas pueden desarrollarse más o menos extensivamente (Montero et al., 1998):

- Sistemas extensivos. Abundancia relativa de árboles, generalmente más de 50 pies ha^{-1}, o bien dehesas muy degradadas y aclaradas por repetidos laboreos y sobrepastoreo, en las que ya no es rentable la siembra de cereales o especies forrajeras. Están basados en el equilibrio creado a través de la ordenación del pastoreo. El piso inferior contiene abundantes arbustos que se desbrozan periódicamente. Más que un pastizal se trata de un pastadero. Frente al pasto, otros tipos de aprovechamiento tienen mayor interés.
- Sistemas menos extensivos. Baja densidad de arbolado. Desbroces, laboreo, e incluso, fertilizaciones. Siembras de cereales y/o cultivos forrajeros. Pastizales de alta producción estacional (primavera, otoño e inicio del invierno), que justifican el mantenimiento del sistema. La producción del arbolado, aunque importante, está subordinada al pastoreo y aprovechamiento de los pastizales.

Según Matthews (1989), los sistemas agro-silvícolas se clasifican como sigue:

- Agro-silvícolas. La cubierta vegetal dominante es proporcionada por los cultivos agrícolas, y los árboles están alternando o rodean las zonas de la cubierta herbácea.
- Silvo-pastorales. Los árboles proporcionan cobijo y alimento al ganado, y la producción forrajera se obtiene de entre las hileras de los árboles.
- Agro-silvo-pastorales. Es un sistema resultante de la combinación de los dos anteriores. La dehesa española es un ejemplo muy representativo de estos sistemas en climas mediterráneos, matizados por la influencia atlántica.

Dada la diversidad de enfoques mediante los que se ha estudiado la dehesa, no es fácil encontrar una definición correcta y objetiva de la misma. Rivas-Godoy (1966) describía el ecosistema de la dehesa como inicialmente bidimensional: hombre y bosque más o menos degradado, con un escaso o casi nulo valor alimenticio, carente de proteínas, de féculas y aún de grasas. De éste se pasó a otro ecosistema pentadimensional más adecuado: bosque-hombre-ganado-pastizal-cultivo, mediante una serie de etapas intermedias de sucesivos aclareos del bosque y/o sotobosque. El hombre varió la densidad poblacional y la estructura de las encinas y alcornoques, consiguiendo un monte óptimo para su ganadería en el que la producción pascícola venía incrementada en los otoños por la gran cantidad de hidratos de carbono de los frutos de los *Quercus*. Otra definición, una de las más aceptadas, es la de un sistema agro-silvo-pastoral de carácter forestal y finalidad ganadera constituido por un estrato arbóreo claro y otro herbáceo agostante cuya composición y funcionalidad dependen en buena parte del primero; el pastizal puede verse complementado con cultivos agrícolas realizados cada 2-5 años en un mismo sitio (Montero *et al.*, 1998). Desde el punto de vista agronómico, la dehesa pertenece de lleno a la agricultura forrajera, en un equilibrio más o menos estable con su cubierta arbórea cuando ésta existe y totalmente inestable con el matorral que trata de invadir el suelo y el pastizal, si las técnicas agrícolas y el aprovechamiento ganadero no son los adecuados; otra de las características fisonómicas típicas de la dehesa es la ausencia o escasez del estrato arbustivo. En el fondo de todas las definiciones, se encuentra un agrobiosistema creado por el hombre y su ganado, y sustentado por su propio aprovechamiento, caracterizado, además, por su biodiversidad. La dehesa es el ejemplo genuino de sistema antrópico de uso múltiple, en el que la adversidad del medio físico impide cualquier aproximación al cultivo productivista.

En general, se puede decir que las dehesas en España (más de 3,5 millones de hectáreas) están afectadas por un clima continental de inviernos fríos y veranos muy calurosos, con una temperatura media anual que oscila entre 17 y 18 °C. En las llanuras y penillanuras de la zona, de altitud desde 300 a 800 m, las precipitaciones son muy variables en cuantía y distribución, entre 400 y 500 mm anuales, con valores extremos de 300 y 1000 mm, y repartidos entre octubre-noviembre y marzo-abril, con seis meses sin lluvia; el índice de aridez es alto.

En su mayor parte, el sustrato lo constituyen las pizarras paleozoicas de los periodos Cámbrico y Silúrico y los granitos, que originaron en ambos casos suelos clasificados como «Tierras pardas meridionales», existiendo también superficies menores de materiales terciarios, como son las «rañas» y «rañizas». La profundidad de estos suelos va de escasa a media. En las zonas de topografía ondulada, se erosionan con mucha facilidad. El escaso desarrollo de la estructura y la poca estabilidad de los agregados originan suelos compactos. En general, son pobres, de escaso contenido en materia orgánica (menos del 2%), con pH comprendido entre 5 y 6, y muy deficientes en nutrientes, especialmente en fósforo, nitrógeno y calcio.

Las cubiertas vegetales leñosas que forman la dehesa arbolada en España, enumeradas por orden de importancia, son: *Quercus rotundifolia* (encinas), *Quercus suber* (alcornoques) y *Quercus faginea* sbp. *broteroi* (quejigos). Existen también dehesas de *Quercus ilex* (alsinas), *Quercus pyrenaica* (rebollos), *Quercus canariensis*, *Quercus pubescens* (robles), *Castanea sativa* (castaño), *Fraxinus angustifolia* (fresnos), etc.

Estas masas arboladas, dentro de la dehesa española, cumplen funciones protectoras y productivas:

- Posibilitan la creación de un microclima menos frío en invierno y, sobre todo, más húmedo y fresco en verano, lo que mejora las funciones vitales de la cubierta herbácea que se desarrolla bajo la cubierta leñosa.
- Incrementan la interceptación y la redistribución de las precipitaciones.
- Reducen notablemente la velocidad del viento y aumenta su contenido en agua.

- Enriquecen las capas superficiales del suelo con materias orgánicas fácilmente humificables y en nutrientes minerales extraídos por sus raíces profundas en zonas del perfil inasequibles a la cubierta herbácea constituyente del pasto.
- Compiten con su sistema extenso superficial con el de la vegetación herbácea frente a los nutrientes, agua y minerales disponibles en los horizontes superficiales.
- Por el microclima que generan, se constituye en lugar de encuentro y reposo de los animales domésticos que pastorean, pudiendo dar lugar a efectos imperceptibles, negativos o beneficiosos como consecuencia del pisoteo, enriquecimiento de la fertilidad del suelo, el sobrepastoreo, etc., acciones que, a su vez, dependen del tipo animal, carga animal, etc.
- Proporcionan distintas materias primas: bellota (aprovechamiento de la montanera durante los inviernos más templados por el cerdo ibérico), ramón (ramoneo y aprovechamiento indirecto de los restos de la poda y de las ramas caídas durante el vareo de la bellota por el ganado cabrío y bovino), madera, leña, carbón y corcho.
- Fomentan la biodiversidad del conjunto del agrosistema, en flora y fauna, enriqueciendo la caza y la presencia de especies silvestres, tales como la cigüeña negra, el águila imperial ibérica, el buitre negro, el lince ibérico, etc.
- Contribuyen a la mejora del valor paisajístico y recreativo.

La cubierta vegetal herbácea de las dehesas, se puede clasificar atendiendo al tipo de suelo en que se asientan y al majadeo a que se les ha sometido (González de Tanago *et al.*, 1984):

- Sobre suelos graníticos. Son pastos de baja calidad, muy poco productivos y de rápido agostamiento cuando las lluvias primaverales cesan. Dominan las gramíneas anuales de escaso desarrollo (*Vulpia* sp., *Periballia* sp.) y leguminosas de escaso valor pascícola (*Trifolium angustifolium* y *Trifolium stellatum*). Soportan cargas ganaderas muy bajas.
- Sobre suelos de pizarra: 1) esqueléticos: La producción de estos pastos es exigua y su calidad muy pobre; están compuestos por gramíneas muy frugales y una baja proporción de leguminosas. Son conocidos como «pastos finos». 2) suelos con profundidad media, de 10 a 20 cm: dominan las gramíneas anuales, aunque son frecuentes las perennes (géneros *Dactylis* y *Phalaris*), las leguminosas suelen ser de alto valor pascícola (*Trifolium resupinatum, Trifolium subterraneum, Ornithopus* sp., *Biserrula* sp., etc.) mostrando una productividad y calidad aceptables. 3) suelos con una profundidad superior a 20 cm: su composición florística es rica en especies de gramíneas y leguminosas, y mejoran las características de los pastos apuntados anteriormente.
- Sobre suelos de sedimentación Terciaria y Cuaternaria. Son los conocidos como «pastos de raña», de escasa calidad, sin apenas incluir leguminosas, siendo también pobres en gramíneas. Abundan en ellos *Juncus* y *Asphodelus*, dado su deficiente drenaje durante el invierno.
- Pastos de majadales. Serán tratados en el epígrafe de «Sistemas práticolas y pascícolas».
- Vallicares y bonales. Al igual que en el caso anterior, son objeto parcial del desarrollo del epígrafe Sistemas práticolas y pascícolas.

Uno de los más importantes problemas que aparecen en las explotaciones constituidas por los montes adehesados, con o sin arbolado, es la invasión gradual de especies vegetales improductivas. Estas especies, por sus características botánicas y fisiológicas, ejercen una competencia biológica sobre el desarrollo de aquellas otras que cimentan los principales recursos productivos que constituyen, en la explotación de la dehesa, tanto el potencial alimenticio del estrato herbáceo, como el ecológico y dinerario del suelo forestal. Mediante un proceso regresivo, motivado por distintas causas, principalmente la acción del hombre, se va originando la aparición de especies xerofíticas y perennifolias de carácter arbustivo leñoso, que debido a su carácter robusto y esquilmante van realizando una regresiva alteración en la orientación productiva de la explotación; por su gran capacidad de adaptación en condiciones adversas de sequía y frugalidad, empobrecen el suelo, anulan el potencial productivo de los pastos y reducen, o dificultan, los otros recursos de la explotación. La abusiva tala de árboles, las roturaciones inadecuadas, el pastoreo excesivo y/o el empleo del fuego son acciones antrópicas que favorecen la invasión del matorral, cuyas familias, géneros y especies predominantes se recogen en la tabla 10.5.

TABLA 10.5
Asociaciones vegetales correspondientes a masas subarbustivas.

Familia botánica predominante	Nombre común	Género y especies predominantes
Leguminosas	Aulagares, Tojares Retamal o Escobonal Herguenales	*Ulex* sp. *Retama sphacrocarpa, Citysus* sp. *Sarathamnus scoparius* *Calicotome villosa*
Cistáceas	Jaguarzos Jaras	*Cistus salviaefolius, Cistus crispus*, etc. *Cistus ladaniferus*
Ericáceas	Brezales Madroñales	*Erica umbellata, Calluna vulgaris* *Arbutus unedo*
Labiadas	Romerales Cantuesares Tomillares	*Rosmarinus officinalis* *Lavandula pedunculata*, etc. *Thymus mastichina, Thymus sygis, Thymus vulgaris*

La dehesa como ecosistema presenta unas destacadas características extensivistas, donde el bajo nivel de conservación no alcanza cotas tan alarmistas como en otros sistemas agrícolas. La política agraria comunitaria marca unos objetivos claros, en los que la dehesa juega un papel importante y, en cierto modo, protagonista. Sus agricultores son protectores del medio y del paisaje, mantenedores de una cultura y productores (clásicos y lúdicos).

4. Los Sistemas Pratícolas y Pascícolas

Los prados y pastizales naturales ocupan alrededor de una cuarta parte de la superficie terrestre, y reflejan las condiciones ecológicas en las que se desenvuelven a través de las cubiertas vegetales que los componen, los modelos o tipos de producción, el valor nutritivo del forraje y su utilidad. Paralelamente, los tipos de prados y pastizales existentes son tan diversos como los medios ecológicos. Frente a las praderas artificiales, o temporales, estos sistemas de producción agrícola proporcionan la principal ración de volumen de la alimentación del ganado rumiante (bovino, ovino y caprino) a menor costo. Sin embargo, la aparente ventaja en cuanto al menor costo del pasto está generalmente neutralizada por la escasa cuantía de la parte utilizable para el consumo a diente. Sólo se utiliza comúnmente del 5 al 15% de la producción de estas cubiertas permanentes. Esto es debido, en primer lugar, al carácter irregular de la producción de los prados y pastizales naturales dentro de un mismo año (figura 10.5) y a lo largo de varios años. En segundo lugar, a la baja calidad y digestibilidad de la mayor parte de la hierba producida y, en tercer lugar, por la relativa escasez del ganado capaz de consumir el pasto cuando éste presenta un grado satisfactorio de crecimiento. La mayoría de las especies pratenses silvestres son nutritivas y apetitosas cuando son jóvenes y lozanas, pero a medida que avanzan en su ciclo de crecimiento y desarrollo se vuelven pobres en proteínas, con un exceso de fibra, poco apetecibles y de escasa digestibilidad. Realmente, puede llegar incluso un momento en el cual, a pesar de la abundancia de hojas y tallos, el ganado padezca hambre.

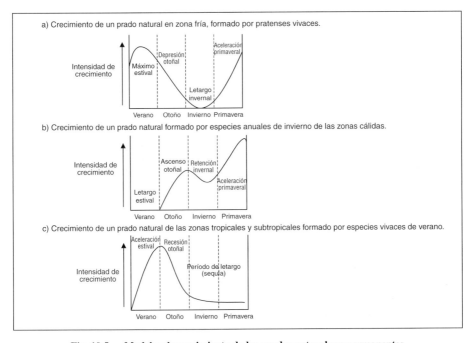

Fig. 10.5. Modelos de crecimiento de los prados naturales o permanentes.

En grandes áreas de su territorio, sobre todo allí donde se ha conseguido mantener hasta ahora el necesario equilibrio entre pastos, ganado y bosques, España cuenta con hermosos y atractivos paisajes, al disponer, además de bosques, de 1,4 millones de hectáreas de prados naturales y de 5,2 millones de pastizales. Su cubierta vegetal herbácea no es susceptible de aprovechamiento directo por el hombre y éste ha de servirse del ganado doméstico, o en su caso de la caza mayor, para obtener productos que le sean útiles: carne, leche, pieles, lanas, etc. Con sus 6,6 millones de hectáreas dedicadas a praderas y pastizales permanentes, España es, dentro de la UE, el segundo Estado con mayor extensión para la producción forrajera, sólo superado por Francia con 11,9 millones de hectáreas. En conjunto, los Estados comunitarios disponen de más de 50 millones de hectáreas con praderas y pastizales permanentes, que sirven de sustento (ración de volumen) a más de 106 millones de unidades de ganado mayor; es decir, por cada unidad de ganado mayor la UE cuenta con 0,5 ha de praderas, mientras que España dispone de 0,6 ha. Tal cubierta vegetal depende fundamentalmente del régimen de precipitación y temperaturas, lo que quiere decir que la biomasa producida puede variar muy sensiblemente de una estación a otra del mismo año, y sobre todo, de un año a otro, hecho desfavorable para la estabilización de las explotaciones agropecuarias.

En las zonas de alta montaña, las bajas temperaturas que se producen durante 6 o más meses y los largos períodos durante los cuales el suelo se halla cubierto de nieve son causas de que el pastoreo sea únicamente viable durante los meses de verano. En la España semiárida y árida, se produce un período de déficit hídrico de 3 a 6 meses en el que la falta de precipitaciones imposibilita el crecimiento de la hierba durante el final de la primavera y el verano, hasta que llegan las lluvias otoñales. Los prados y pastizales permanentes españoles, aún muy diversos, pueden agruparse en tres tipos:

- Pastizales de montaña. Se sitúan por encima de los 2.000 m de altitud. Ocupan unas 450.000 ha, siendo sus rasgos diferenciadores el carecer de arbolado y estar bajo climas de invierno frío o muy fríos y veranos frescos, con precipitaciones durante todo el año, aunque con frecuencia e intensidad variables. La vegetación se halla constituida por matas leñosas y hierbas predominantemente vivaces, de pequeña talla y con abundancia de especies «duras».
- Pastizales de la zona húmeda. Se sitúan entre el nivel del mar y los 2.000 m de altitud en todas aquellas zonas donde no existen veranos secos, aun cuando durante dicha estación las lluvias son escasas y, a veces, poco frecuentes. En ellos, los inviernos oscilan entre templados-fríos y fríos, pero nunca llegan a muy fríos, y los veranos son templados o templados-cálidos. Ocupan una superficie extensa repartida por Galicia, Cordillera Cántabro-Astúrica, Sistema Ibérico, Sistema Central, Pirineos, Cordilleras Mariánica y Oretana y Sistema Penibético. Son las zonas más apropiadas para la producción de hierba, y en ellas vive la mayor parte del censo de ganado vacuno. Estos pastizales se presentan sin arbolado o constituyendo el estrato inferior de hayedos, robledales, montes de pino negro, silvestre e incluso laricio.
- Pastizales de zonas secas. Se extienden por las áreas secas en las que existe un periodo seco de tres o más meses durante los cuales no se producen precipitaciones, o éstas se reducen a una o dos tormentas de verano. El verano y parte de la primavera y del otoño son secos, cayendo las lluvias durante el resto del año y, por tanto,

una cantidad importante de las mismas no pueden ser aprovechadas por la cubierta vegetal porque, por el frío, está en reposo vegetativo. Son los pastizales más extensos de España, ocupando, entre el nivel del mar y alrededor de los 1.000 m de altitud, amplias zonas de las dos Castillas, Extremadura, Andalucía, Comunidad Valenciana, Baleares y Canarias. Corresponden al dominio climático de los bosques xerófitos de encinas, alcornoques y quejigos, y se presentan en el estrato inferior de los mismos, en bosques de coníferas formados por los pinos rodeno, piñonero y carrasco, en las zonas más secas del pino laricio y en enebrales y sabinares.

Muy representativos de las zonas secas de España son los «Vallicares» y «Bonales» y los «Majadales». La topografía ondulada de las dehesas españolas permite el desarrollo en vaguadas y depresiones, donde es frecuente el encharcamiento más o menos estacional, de cubiertas vegetales edafohigrófilas, formadas mayoritariamente por especies vivaces (principalmente, gramíneas de porte alto) que florecen a finales de primavera y se agostan a mediados de verano. Aunque su producción es alta, su calidad nutritiva y palatabilidad son pobres, pero estos pastizales tienen la ventaja de agostarse muy tarde, y si se riegan puede evitarse su agostamiento.

Los majadales son pastizales con elevado índice de cierre o cobertura del terreno, aunque no recubran en muchas ocasiones el 100% del suelo. Suele tener vegetación de talla corta, inferior a 5-10 cm, y con abundancia de especies anuales de calidad y vivaces. Los majadales silíceos son más abundantes que los calizos y, botánicamente, los primeros están definidos por la *Poa bulbosa* y los tréboles (principalmente, el *Trifolium subterraneum*) mientras los segundos por *Poa bulbosa*, *Medicago* sp. (mielgas, carretones) y *Astragalus* sp. (astrágalos).

La filosofía de las décadas precedentes ha estado centrada en la especialización e intensificación de la producción pecuaria (leche, carne, etc.) a expensas de considerables «inputs» en el establecimiento de prados y pastizales naturales mejorados, fertilización, maquinaria, concentrados, instalaciones, etc., incluso contemplando el empleo de diversos productos químicos estimulantes de la producción animal. Todas las técnicas de mejora pratense se orientaban hacia el aumento de productos animales bajo criterios económicos.

No obstante la pretendida modernización y adaptación a un mercado competitivo planteada hace algo más de dos décadas, y muy especialmente en los años 80, ha quedado más en la filosofía que en la práctica; se ha llegado tarde con la especialización de la ganadería extensiva en la producción lechera y de carne para poder competir en un mercado con excedentes y donde la oferta está sometida a cuotas de producción.

En los últimos años han ido surgiendo nuevos planteamientos con respecto a los sistemas praticolas y pascícolas de producción agraria, con una visión cada vez más amplia de su integración en el mundo rural de las zonas de montaña y de las zonas deprimidas españolas. La mayoría de las iniciativas conciernen a objetivos de uso sostenido en regiones de climas extremados, pobre fertilidad de los suelos, fuerte orografía y notable inestabilidad demográfica, que son las características más comunes de amplios espacios de agricultura de montaña y, en general, de las zonas desfavorecidas de la PAC, las cuales, en España, involucran a más de los 2/3 de la Superficie Agrícola Útil (SAU). Las políticas agrarias de la UE, España y sus Comunidades pretenden desde pocos años, y de cara al futuro más inmediato:

- Asentar y mejorar la ganadería extensiva para seguir manteniendo las producciones de leche y carne en la medida que las cuotas y las eficiencias de los sistemas lo permitan, sin incrementar los excedentes, que constituyen serios problemas a nivel de la UE, limitando el uso de fertilizantes, fundamentalmente los nitrogenados (Directiva de la UE) y sin recurrir a los estimulantes para incrementar las producciones ganaderas.
- Revalorizar las zonas desfavorecidas y deprimidas para facilitar el asentamiento de la población rural.

5. Los Sistemas Agrícolas con laboreo habitual

Partiendo de la clasificación que la UE hace de las superficies por su uso (Comisión de las Comunidades Europeas, 1993), se denominan Áreas de Utilización Agrícola o Áreas Agrícolas a las superficies labradas o en barbecho, con cultivos permanentes o temporales, y las tierras ocupadas por praderas y pastos. Pertenecen a esta unidad todas las tierras con explotaciones agrícolas, quedando fuera de ella las zonas arboladas con explotación silvocultural y las superficies sin explotación. Dentro de esta unidad se distinguen los cultivos y los pastos. Los primeros son aquellas áreas de explotación agrícola cuyo destino preferente es el consumo humano o animal; se distinguen las tierras de labranza, habitualmente sometidas a rotación de cultivos temporales, de los cultivos permanentes, áreas donde el cultivo ocupa el espacio por un largo periodo de tiempo, árboles y arbustos que florecen y producen frutos (frutales, vid, olivo, almendro, entre otros), excluyendo a los árboles forestales de características y explotación diferentes. Por último, como se ha hecho constar en el epígrafe anterior, los pastos son las tierras utilizadas permanentemente como cultivo de forraje herbáceo y en las que si existen árboles o arbustos, sólo se consideran si el cultivo herbáceo es mayoritario en el área. Los sistemas agrícolas con laboreo habitual desarrollados en este epígrafe comprenden los cultivos herbáceos, los cultivos arbóreos y los barbechos, que en España ocupan, aproximadamente unos 20 millones de hectáreas, es decir, el 43,5% de la SAU (figura 10.6): 11,3 millones de ha de cultivos herbáceos, 4,7 millones de ha de cultivos arbóreos y 4,3 millones de ha de barbechos.

Los dos factores climáticos que, en mayor medida, han venido condicionando la posibilidad de trabajo con especies vegetales en los sistemas de cultivo seguidos en los sistemas agrícolas españoles de laboreo habitual son: el régimen de humedad y las condiciones térmicas de los inviernos, pudiéndose delimitar cuatro grupos de cubierta vegetal y modos de explotación (Urbano y Moro, 1992):

- Sistemas de cultivo con alternativas que incluyen especies vegetales capaces de aguantar el duro frío invernal del clima mediterráneo continental, pudiéndose sembrar o plantar en otoño-invierno y recolectarse a finales de primavera o principios de verano (p. e., cereales de invierno y leguminosas de grano), y especies polianuales que han de pasar parte de su ciclo agronómico soportando el rigor del frío invernal (p. e., alfalfa).
- Sistemas de cultivo que incluyen alternativas con especies vegetales sensibles al frío invernal mediterráneo y, por tanto, han de sembrarse o plantarse a finales de

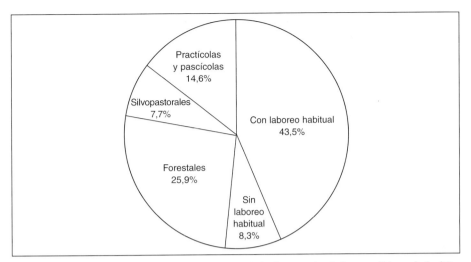

Fig. 10.6. Sistemas agrícolas en la agricultura española. Porcentajes de la superficie agrícola útil.

primavera o principios de verano para recolectarse a finales de verano o durante el otoño (p. e., maíz, algodón, tomate, pimiento, etc.).
- Sistemas de cultivo de secano que incluyen alternativas con especies vegetales cuyo ciclo de crecimiento y desarrollo coincide con los meses del año en los que el déficit de humedad en el suelo no es intenso ni prolongado, o simplemente no existe (p. e., cereales de invierno, leguminosas anuales, colza, etc.).
- Sistemas de cultivo de regadío que incluyen alternativas con especies vegetales cuyo ciclo agronómico coincide con los meses de déficit hídrico en el suelo intenso y prolongado, exigiendo la aplicación de agua (p. e., soja, maíz, sorgo, remolacha azucarera, algodón, tabaco, etc.).

Con los sistemas de cultivo se pretende alcanzar, entre otros, los objetivos siguientes:
- *Evitar o reducir* la absorción selectiva de determinados elementos nutritivos, el agotamiento de los horizontes del suelo en un espesor determinado, la proliferación de malas hierbas, la extensión del parasitismo animal y vegetal, la acción perjudicial de los restos de productos sanitarios, así como el «cansancio» o «fatiga» del suelo.
- *Modificar* el suelo, favoreciendo la permeabilidad y porosidad de las capas más profundas del perfil.
- *Mantener* el equilibrio húmico del suelo.

Además de las consideraciones técnicas expuestas, existen otras de naturaleza económica y social que han fomentado la existencia de múltiples sistemas de cultivo, con sus alternativas y rotaciones e itinerarios técnicos oportunos:
- Un reparto más racional de los medios de producción utilizados (maquinaria, tracción, mano de obra, capitales, materias primas, etc.) a lo largo del año.
- La optimización de la gestión de los recursos.
- Una reducción de los riesgos de la explotación frente a los cambios de demanda y fluctuaciones de precios, así como frente a adversidades climatológicas, a plagas y enfermedades y otros tipos de anomalías de naturaleza diversa.

- Una reducción de los paros estacionales, tan perjudiciales en las regiones de monocultivo.
- Una mayor absorción de la mano de obra cualificada.
- La humanización del trabajo y vacaciones.

Bajo estas referencias técnicas, económicas y sociales, el hombre ha sido el primer actor en la configuración del paisaje rural durante siglos a través de los sistemas de cultivo.

Los sistemas de cultivo que se han mantenido, a medio y largo plazo, están basados en el respeto y adaptación a las leyes naturales, pues las actividades viables económicamente lo han de ser también ecológicamente. Esta agricultura de subsistencia cuyo objetivo fundamental era producir para subsistir, se manifestaba en unos resultados socioeconómicos concretos, tales como: bajo rendimiento de las cosechas, oferta y demanda de productos con carácter local, falta de calidad de los productos agrícolas, mínimos riesgos, alta proporción del sector agrario en la población activa y bajo nivel de vida.

En su agotamiento, este tipo de agricultura de subsistencia, que en España persiste en su máxima expresión hasta el inicio de los años 50, comienza a generar pérdida de fertilidad del suelo y a acelerar los fenómenos de degradación y erosión con extensas roturaciones, incorrecto laboreo, malas barbecheras, inadecuado manejo de los rastrojos, etc.

Las rápidas transformaciones de toda índole, culturales, sociales, económicas y tecnológicas (principalmente, la rápida evolución de las técnicas de mecanización) pusieron en la década de los sesenta y principios de los setenta una capacidad de transformación, antes impensada, en manos del agricultor. Esta enorme capacidad trajo consigo una especie de «soberbia transformadora» sin limitaciones a su capacidad para roturar grandes superficies en poco tiempo y controlar químicamente el crecimiento de malas hierbas; en caso de perder capacidad nutriente en el suelo, se podían incorporar grandes dosis de abonos químicos en poco tiempo, con lo que aparentemente se restituía su potencial. En estas circunstancias, la rápida transformación de la agricultura (se pasa de una agricultura de subsistencia a una agricultura industrial, intensiva o productivista con sistemas de producción altamente tecnificados) ha superado en velocidad a la capacidad de aprendizaje en el manejo del territorio de las poblaciones locales, para el aprovechamiento sostenido y mantenimiento de la diversidad, de la riqueza visual y de la riqueza genética; todo ello se ha acompañado de una importante «aculturación», pérdida de saberes para gestionar la cubierta vegetal y los recursos naturales de un territorio, en un nuevo mundo en que la agricultura tiene como objetivos, lograr las máximas producciones y maximizar los beneficios. La paradoja está en que si, por un lado, la mayoría de los paisajes rurales apreciados en la actualidad por los partidarios de la protección de la naturaleza son el resultado de la agricultura tradicional de subsistencia, por otro lado, es precisamente, y sobre todo, agricultura intensiva o productivista surgida en la década de los 60 la que amenaza su existencia.

Los resultados socioeconómicos de esta agricultura intensiva se pueden resumir como sigue:
- Aumento de los rendimientos de las cosechas y mejora sustancial de la calidad de los productos agrícolas.

- Incremento de los costes de producción, y empleo de muchos factores de producción ajenos a la explotación agrícola y cada vez más caros. Los sistemas de cultivo se hacen muy dependientes de estos «inputs» y las explotaciones agrícolas son incapaces de producirlos. La falta de seguridad en el abastecimiento de alguno de ellos genera altos riesgos. Los sistemas de producción son muy inestables.
- Reducción de la población activa de la agricultura. Desarrollo de los sectores industrial y de servicios. Urbanización de la sociedad española y considerable aumento del nivel de vida.
- Falta de competencia de un gran número de pequeñas y medianas explotaciones agropecuarias. Abandono de las zonas rurales. Incremento del paro laboral y de los desequilibrios territoriales y regionales.
- Producción de excedentes agrarios y amenaza de crisis agraria.

Estos cambios socioeconómicos han ido acompañados de impactos ambientales no desdeñables. Considerados los sistemas de cultivo en su conjunto, los mayores impactos sobre el medio ambiente se concretan en las transformaciones en regadío, en la agricultura de los sistemas de forzado de los cultivos, en la práctica de cultivar en pendientes acusadas y en suelos desprotegidos y poco fértiles y, en relación con las explotaciones ganaderas, en la acumulación y eliminación de estiércol y purines que, además de los malos olores, producen contaminación de aguas y suelos.

Las consecuencias de la agricultura productivista son especialmente negativas en los siguientes aspectos:

- *Alta erosión y pérdida de fertilidad del suelo.* Las prácticas agrícolas, propias de la agricultura productivista, que han incrementado, en términos generales, la erosión y pérdida de fertilidad de los suelos son las siguientes:
    — Labrar siguiendo la dirección de la pendiente.
    — Utilización de maquinaria muy pesada, que compacta el suelo («suela de labor»), e impide la infiltración del agua, originando una mayor escorrentía superficial.
    — Laboreo excesivo con desmenuzamiento del suelo, lo que disminuye la rugosidad superficial del suelo, y produce la ruptura de agregados susceptibles de ser arrastrados.
    — Mantenimiento del suelo sin ninguna cubierta vegetal. La cubierta vegetal limita la pérdida de masa de suelo y es un ejemplo de autocontrol del sistema.
    — La roturación del suelo para implantar cultivos altera la cubierta radical y aérea de la vegetación, y afecta al banco de semillas y al crecimiento de los cultivos.
    — La reducción y simplificación de las alternativas y rotaciones de cultivos en favor del monocultivo. Una buena alternativa de cultivos o rotaciones bien diseñadas originan una cubierta vegetal más densa y de mayor duración y, por tanto, una disminución de los riesgos de erosión del suelo.
    — Pastoreo abusivo por un tipo de ganado inadecuado, por un exceso de carga ganadera y/o por un mal manejo del rebaño.
    — Incendios forestales. Con ellos, la magnitud y calidad de la cubierta vegetal y de mantillo, se hacen insignificantes.
    — Abandono de bancales y terrazas hechos durante la agricultura de subsistencia, que suele dar origen a cárcavas y barrancos.

- Los regadíos mal diseñados y/o mal manejados o que utilicen aguas de mala calidad. En cualquiera de los casos, se produce una ruptura de los agregados del suelo y las modificaciones en la textura, estructura y permeabilidad, que favorecen la erosión por arrastre y los encostramientos, con la consiguiente pérdida de fertilidad del suelo.

- *Alta contaminación ambiental.* Se entiende como contaminación difusa aquella que aparece en lugares distintos y más o menos lejanos del foco de emisión, o en la que el impacto lo originan productos secundarios o metabolitos del producto originario. Con los sistemas de cultivo intensivos, o productivistas, la contaminación agraria se concreta en las siguientes actividades:
  - Uso de fertilizantes inapropiados como: lodos de depuradora, basuras municipales y desechos o subproductos de industrias agrarias sin reciclar o inadecuadamente reciclados, produciendo una contaminación del suelo con metales pesados tóxicos como Hg, Zn, Pb, Cd y Cu, así como alteraciones de pH que inciden gravemente en la fertilidad, actividad microbiana y estado de agregación de las partículas del suelo.
  - Un uso excesivo y/o inadecuado de fertilizantes químicos, nitrógeno y fósforo fundamentalmente, agravado por la intensificación de los sistemas de cultivo de regadío y el arrastre y lavado de estos elementos, alcanzando los cursos de agua, superficiales o subterráneos.
  - Un uso excesivo y/o inadecuado de productos fitosanitarios, principalmente insecticidas y herbicidas, cuyo efecto principal es la contaminación de suelos, de aguas superficiales y de las aguas subterráneas, derivándose la entrada en las cadenas tróficas, con los consiguientes fenómenos de bioconcentración.
  - Inadecuadas estrategias de riego y mal manejo de la programación del riego, que conllevan la salinización y alcalinización de los suelos y de las aguas subterráneas.
  - Generación de residuos agrícolas no reciclables particularmente los vertidos de purines y excrementos del ganado estabulado a cauces públicos.
  - Alteración del paisaje rural por las construcciones agrarias y la derivada, de los insumos utilizados en las explotaciones agrícolas: plásticos deteriorados y arrastrados por el viento, sustratos no reciclables, acopio de envases en cunetas y cauces, amontonamiento de destríos de las cosechas formando acumulaciones de biomasa sin control, etc.

- *Sobreexplotación de recursos, principalmente del agua y del suelo.* Los sistemas de cultivo de secano en las zonas hiperáridas, áridas y semiáridas son de baja productividad, originados por las condiciones limitantes propias del ambiente y por el deterioro del suelo, y posteriormente por el cultivo continuado durante décadas o siglos, lo que obliga a la población de estas áreas a intensificar el uso de la tierra con el fin de producir los alimentos requeridos para su mantenimiento. Por tratarse de zonas de baja productividad, los costos relativos son elevados, por lo cual los retornos netos son reducidos. La emigración de la población hacia los centros urbanos o a ecosistemas de mayor productividad es elevada. En los alrededores de las áreas regadas, se incrementa la población y la ganadería, lo cual supone el abandono de las zonas de secano asociado con los procesos degradativos subsecuentes y una sobreutilización de la cubierta vegetal regada con el consecuente aumento de la erosión hídrica y eólica y la colmatación de represas.

En lo que se refiere a las aguas superficiales, los regadíos, con la disminución del caudal en los sistemas hídricos superficiales, por tomas de agua, pueden llegar a alterar los ecosistemas acuáticos. El excesivo aporte de fertilizantes implica una saturación de nutrientes de los ecosistemas acuáticos, que se traduce en procesos de autrofización y nitrificación.

- *Disminución de la diversidad genética.* Una característica muy importante de la agricultura intensiva es la reducción de la diversidad genética en número de especies y cultivares agrícolas. Se ha demostrado que los sistemas de cultivo que instalan monocultivos son más vulnerables a plagas y enfermedades y necesitan mayores aportes de energía, con el consiguiente perjuicio económico y medioambiental. Además de estas alteraciones, los sistemas de cultivo intensivos han desplazado a un enorme mosaico de cultivares locales heterogéneos y primitivos por otros de un techo productivo más elevado, aunque peor adaptados agrológicamente.
- *Destrucción de gran cantidad de vida silvestre.* El cambio desde sistemas de explotación tradicional a otros más intensivos produce la alteración de los hábitats. La modificación o destrucción de éstos por contaminación, incendios, agotamiento de acuíferos, etc., provoca la eliminación de las especies que lo ocupan, y por tanto, la pérdida de un bien universal. Las especies silvestres constituyen parte del patrimonio ambiental y, si se consideran criterios científicos, estéticos y culturales, tienen un valor cultural y emocional irreemplazable; son, además, bienes de uso para el hombre, actuales o potenciales, consumibles o intangibles.
- *Alta dependencia de la energía fósil.* La intensificación de los sistemas de cultivo implica el empleo de más y más energía de apoyo. Se ha pasado de los sistemas extensivos o tradicionales de explotación, a aquellos en los que los incrementos de producción son fundamentalmente el resultado de importantes inversiones de medios de producción, reducibles todos ellos a unidades de energía. La llamada «revolución verde», promovida por Borlaug mediante el uso racional de cultivares selectos y abonos, acompañados de un más cuidadoso laboreo del suelo, mejoró enormemente la productividad, pero subordinó la agricultura a la energía complementaria. El cultivo de maíz para grano constituye un buen ejemplo de cómo el incremento de rendimientos en la agricultura intensiva exige un incremento más que proporcional de consumo de energía complementaria; pasar de 6.000 kg ha^{-1} a 9.000 kg ha^{-1}, es decir, incrementar el rendimiento en un 50% exigió pasar de un consumo de 36.750 MJ ha^{-1} a 64.060 MJ ha^{-1} de energía complementaria, lo que representó un gasto adicional de 27.310 MJ ha^{-1}, el 72,3% más. En la producción ganadera, este fenómeno se presenta de forma aún más acusada; según estudios norteamericanos, la producción de 1 kcal alimenticia de carne de bovino exige las siguientes calorías complementarias, según el grado de intensificación del proceso: 0,5 cal complementarias en la

explotación extensiva, 3,0 cal complementarias en la alimentación con forrajes, y 10,0 cal complementarias en la alimentación intensiva, con concentrados.
- *Creciente desconfianza de los consumidores hacia la calidad de la producción.* La calidad global de los alimentos, tal como la aprecia el consumidor final de las sociedades desarrolladas, incluye atributos relativos a calidad funcional o tecnológica, sensorial, nutritiva y biológica, además de ser auténticos, baratos y fácilmente accesibles. La seguridad de los alimentos, como atributo de la calidad no es en absoluto negociable en los países de alta renta per capita y elevado nivel cultural, aunque los otros atributos son también muy apreciables. Últimamente, en estas sociedades se plantea la calidad ética, que comprende, aspectos ambientales (efectos de la producción, del procesado y del embalaje), sociales (condiciones de trabajo de los operarios) y políticos (efecto de la elección de un producto sobre otro en acuerdo o desacuerdo con una determinada política estatal o de una empresa).

Para Hodges y Scofield (1983), los sistemas intensivos de producción vegetal y animal provocan una larga lista de enfermedades agricologénicas, que deriva directamente de deficiencias en el itinerario técnico utilizado, junto con cualquier defecto subyacente, desequilibrio o susceptibilidad, que puede no manifestarse de forma inmediata pero que es también una causa directa de errores en el sistema de cultivo.

6. Reflexiones para unos sistemas de cultivo del siglo XXI

Si bien en los últimos años se ha producido la secuencia: agricultura + mejora genética/fertilizantes químicos/productos fitosanitarios/políticas de precios mínimos → Revolución Verde → intensificación de los sistemas de cultivos → aumento de los excedentes agrarios con incremento de los gastos y mayor degradación del medio ambiente, la agricultura productivista ha conseguido que la producción de alimentos se incrementara en un 27,23% desde el año 1980 hasta el 1993. El 85% de este aumento se debe al incremento de los rendimientos (intensificación de los sistemas de cultivo) y sólo el 15% al aumento de las tierras cultivadas (Oerke *et al.*, 1995). También, con la agricultura intensiva, se ha conseguido que el número de personas con una dieta energética inferior a 2.100 calorías día^{-1} (nivel mínimo de nutrición) haya pasado de ser el 79,2% del total mundial del año 1962 al 8,5% en 1990, y que las personas con un consumo superior a 2.700 calorías día^{-1} haya aumentado hasta representar el 16,5% de la población mundial. Aún así, entre 700 y 1.000 millones de personas padecen desnutrición crónica actualmente en el Mundo, llegando a morir anualmente de hambre unos 15 millones de seres humanos.

A medida que ha crecido la preocupación respecto del impacto de las actividades humanas sobre la biosfera, ha ido aumentando el uso del término sostenibilidad para un objetivo deseable en diversos escenarios globales: el medio ambiente, la seguridad en la disponibilidad de materias primas industriales y combustibles fósiles, el crecimiento de la población, la protección de las generaciones venideras, el comercio mundial, etc. En cada uno de dichos escenarios, la agricultura es un participante de primer orden.

Sin embargo, hay diferencias importantes en la concepción de una agricultura sostenida. Para los países en vías desarrollo, el aspecto imperativo es mantener la producción de alimentos, y generar divisas a través de las exportaciones, al tiempo que se conservan y mejoran los recursos naturales básicos. En estas zonas, el problema es la capacidad de sufragar los costes de protección del medio ambiente.

En los países desarrollados de Europa y Norte de América, entre otros, la sostenibilidad tiende a significar principalmente sostenibilidad económica. En ellos, los principales aspectos de la sostenibilidad son la diversificación de cultivos así como satisfacer la preocupación medioambientalista. También, son importantes nuevas tecnologías que conduzcan a productos que satisfagan los requisitos de calidad necesarios para su comercio eficiente en grandes mercados, y materias primas más baratas, diversas y específicas para procesos químicos y bioquímicos.

En este contexto, la UE ha concentrado sus esfuerzos a través de su política agraria comunitaria, principalmente a partir de la reforma de la PAC del año 1992.

El Tratado de Roma, que sentó las bases de lo que más tarde fue la PAC, no tuvo en cuenta los aspectos relativos al medio ambiente. En julio de 1985 se publicó el Libro Verde, redactado por la Comisión de la CE, donde se recogen reflexiones y propuestas que van a marcar el ritmo de la PAC hasta la reforma de mayo de 1992.

Por primera vez, se plantean las interacciones entre la agricultura y el medio ambiente, y la necesidad de establecer limitaciones y controles a sus efectos. Las recomendaciones finales de este Libro Verde se dirigen a contemplar la política de ayudas condicionándolas a la evaluación de la incidencia sobre el medio ambiente de los proyectos agrarios. Sin embargo, la vieja PAC creó un sistema de producción ilimitada con precios garantizados que condujo a sistemas de cultivo y de producción animal intensivos. Esta nueva reforma, además de responder a la necesidad de reducir la producción a niveles más acordes con la demanda de mercado (exigencia del GATT), pretende el mantenimiento de la población rural y la mejora del medio ambiente a través de la reducción de las intensificación y de la producción mediante la retirada de tierras, la disminución de «inputs» y el desarrollo del potencial natural.

El Programa agroambiental, recogido en el Reglamento 2078/92, considera que el agricultor europeo ha de desempeñar un papel protagonista como guardián y protector de la naturaleza, por lo que deberá ser compensado mediante ayudas económicas que le permitan cumplir con esa finalidad y no recaiga sobre él exclusivamente toda la carga financiera que supone la Reforma de la PAC.

Otra de las medidas de este Reforma fue el fomento de la forestación de tierras agrícolas con el fin de suplir el déficit de madera que padece la UE y para recuperar zonas agrícolas marginales a su condición natural.

Aunque los efectos de estas medidas a nivel comunitario no sean perceptibles todavía, y no se tenga aún una perspectiva temporal suficiente para poder valorar su incidencia, sobre todo si se desea contemplarlas por sus repercusiones ambientales y paisajísticas, existen suficientes indicadores significativos para poder medir la transformación operada en la agricultura de los países comunitarios en los últimos años, a partir de la Reforma de la PAC.

La Unión Europea se emplea a fondo en la construcción de una Europa Verde de cara al siglo XXI, donde el hombre y el medio ambiente sean solidarios y se pueda compatibilizar un crecimiento estable que respete los valores predominantes de la sociedad europea, en cuanto a vertebración social y territorial, preservación de la salud y la educación, de garantía de alimentos sanos y de calidad, de respeto al medio ambiente, de desarrollo rural, etc. Fue sobre estas bases que la Comisión presentó, en marzo de 1998, las propuestas reglamentarias para la nueva reforma de la PAC inscritas en la Agenda 2000. Se trata de una reafirmación clara y contundente en el rechazo de la agricultura economicista y productivista y en el impulso de la agricultura sostenible, sostenida o durable, si bien, posteriormente, el mismo diseño de la propuesta de la AgroAgenda 2000 y el Acuerdo final de Berlín de marzo de 1999 no son un ejemplo coherente de ruptura con el modelo productivista dominante (Massot, 1999).

El concepto de Agricultura Sostenible es resultado de cómo continuar incrementando las producciones vegetales y animales para satisfacer la necesidad de alimentos y otros productos agrarios de una población creciente, conservando los recursos utilizados para dichas producciones (OCDE, 1994). La Agricultura Sostenible integra tres objetivos fundamentales (Jiménez, 1998):

- Conservación de los recursos naturales y protección del medio ambiente.
- Viabilidad económica.
- Equidad social.

Una definición de sostenibilidad, sugerida por Jodda (1990), es la habilidad del sistema agrícola para mantener un cierto y bien definido nivel de rendimiento (producto) en el tiempo y, si se requiere, para intensificar ese producto sin dañar la integridad ecológica del sistema. Hart y Sands (1991), en un artículo conceptual particularmente útil, definen sistemas sostenibles de uso del suelo como: aquellos que usan recursos biofísicos y socioeconómicos para obtener productos que el presente ambiente socioeconómico (la sociedad de hoy) valora más que el valor de los insumos comprados (el sistema es económicamente viable) y que al mismo tiempo mantienen la productividad del ambiente biofísico (el sistema es ecológicamente sostenible). Castillo (1992) define la Agricultura Sostenible como: aquella en que los sistemas de producción permiten obtener beneficio continuo del uso del suelo, agua, energía, recursos genéticos, etc., para satisfacer las necesidades actuales de la población sin destruir los recursos naturales básicos para las generaciones futuras.

Con independencia de los diferentes enfoques conceptuales y de las consideraciones que de ellos se desprenden, existen estrategias de primer orden para implementar la sostenibilidad en los sistemas de cultivo, que se sintetizan a continuación:

- *Elección de especies y cultivares* adaptados a las condiciones climáticas y características del lugar de producción, incluyendo la capacidad de resistir o tolerar los estreses abióticos y bióticos. En principio, esta estrategia conlleva la reducción de la dependencia de la producción agrícola de insumos externos y un uso más eficiente de los medios de producción, tanto de los no producidos (factor tierra) como de los producidos (factor capital).
- *Diversificar las especies botánicas que definen los sistemas de cultivo*, lo cual deberá contribuir en el plano económico, a disminuir los riesgos de las explotaciones agrícolas que se fundamentan en el monocultivo. También, esta estrategia de la Agricultura Sostenible tendrá que fomentar tanto la estabilidad como la elasticidad biológica de los sistemas de cultivo, ahorrando y mejorando, en consecuencia, el uso de los

insumos externos. La ampliación del número de especies vegetales en los sistemas de cultivo puede llevarse a cabo, por ejemplo, con:
— El fomento de las alternativas y rotaciones de cultivos, incluyendo especies vegetales con destino a la producción de alimentos, fibras y/o biomasa.
— La extensión de la asociación de cultivos herbáceos (gramíneas y/o leguminosas) con cultivos leñosos (olivos, vides, etc.) para la resolución eficaz del problema de la erosión mediante el empleo de cubiertas vegetales herbáceas intercaladas.
— La integración de las producciones vegetales y animales, con el fin de adicionar en los sistemas de cultivo especies plurianuales (gramíneas, leguminosas, etc.) que, constituyendo praderas temporales o artificiales, monofitas o polifitas, proporcionan hierba, heno y/o silo para la alimentación del ganado (generador de estiércol) y reduzcan sustancialmente la erosión, principalmente en suelos con pendientes (Grigolo y Casarotto, 1999).

• *Manejo del suelo para conservarlo y mejorar su calidad*. En los sistemas agrícolas sostenibles, el suelo es un medio frágil que debe ser cuidado y protegido para asegurar su productividad y estabilidad a largo plazo.

La agricultura de conservación consiste en una serie de prácticas agronómicas que permiten un manejo del suelo que altera lo menos posible su composición, estructura o biodiversidad, defendiéndolo de la erosión y degradación (Fernández-Quintanilla, 1997). Algunas de las técnicas que constituyen la agricultura de conservación son la siembra directa (no laboreo), el laboreo reducido (mínimo laboreo), no incorporación o incorporación parcial de los restos de cosecha y el establecimiento de cultivos cubierta en cultivos leñosos o entre cultivos anuales sucesivos. Con el laboreo de conservación se observan cambios que afectan a la materia orgánica del suelo, su densidad aparente, la infiltración y evaporación, la temperatura, la microbiología y la fauna del suelo, etc. A continuación, de una forma muy resumida, se detallan los principales beneficios agroambientales del laboreo de conservación (García y González, 1997; Crovetto, 1999):

— Materia orgánica. La ausencia o disminución de las labores, unido a la permanencia de restos vegetales en la superficie del suelo dan lugar a incrementos en la materia orgánica, fósforo y potasio presentes en los horizontes más superficiales, especialmente en los diez primeros centímetros del suelo.
— Propiedades físicas del suelo. Los diferentes sistemas de laboreo modifican las características físicas del suelo y las condiciones de contorno de los procesos de transferencia de masa y energía que tienen lugar en él.
— Propiedades químicas del suelo. El enriquecimiento de fósforo y potasio de la superficie del suelo implícito al laboreo de conservación, está justificado por la acumulación de estos macroelementos procedentes de los residuos orgánicos y del abono.
— Contenido de agua en el suelo. Los métodos de manejo que implican el abandono de residuos vegetales sobre la superficie favorecen el balance de agua de los cultivos a través de la mejora de la infiltración y la reducción de la evaporación.
— Control de malas hierbas. El uso de herbicidas es parte esencial del laboreo de conservación, ya que en este sistema se reducen o eliminan las labores. Para ejercer un buen control de las malas hierbas, el aumento de la densidad

del cultivo, la rotación de cultivos, la rotación de herbicidas y el control preventivo en márgenes de fincas son totalmente compatibles con el laboreo de conservación.
— Control de enfermedades. El laboreo de conservación afecta directa o indirectamente al desarrollo de las enfermedades de las plantas al influir sobre sus tres componentes: cultivo, patógeno y ambiente.
— Microbiología y fauna. En los suelos con laboreo de conservación aumenta la dinámica de las poblaciones de bacterias, actinomicetos y hongos, así como la actividad de lombrices y microartrópodos y, especialmente, la población de nemátodos bacteriófagos.
— Biodiversidad. El sistema de laboreo de conservación permite el desarrollo de una estructura viva en el suelo, estratificada, rica y diversa en microorganismos, nematodos, lombrices, insectos, aves y pequeños mamíferos.
— Calidad de agua. Los sedimentos de suelo se considera que son los contaminantes más importantes de las aguas superficiales y de los ecosistemas acuáticos. Las técnicas conservacionistas de siembra directa/no laboreo y laboreo mínimo reducen la erosión del suelo en más de un 90% y 60%, respectivamente, en comparación con el laboreo tradicional. De este modo, se mejora muy considerablemente la calidad de las aguas superficiales, debido a la reducción de los sedimentos de suelo en las mismas.
— Energía. El laboreo de conservación, a igualdad de otros factores de producción, en términos absolutos, reduce el consumo de energía en comparación con el laboreo convencional. En general, con la agricultura de conservación, se reduce el consumo de energía y se aumenta la productividad energética en un rango del 15-50% y 25-100% respectivamente.
— Emisiones de CO_2 y calentamiento global del Planeta. El proceso, conocido como «cambio climático» o «efecto invernadero» es, probablemente, el problema ambiental más preocupante en la actualidad. Está bien probado que una de las causas principales de este proceso es la creciente utilización de combustibles fósiles y el consiguiente aumento del CO_2 atmosférico. Las prácticas agrícolas, principalmente el laboreo del terreno y la quema de rastrojos, contribuyen a aumentar estas emisiones.

• *Manejo del agua para conservarla y mejorar su calidad.* La agricultura de las regiones áridas y semiáridas depende de la lluvia y, esencialmente, del agua de riego, dependencia que se incrementará en el futuro a medida que la demanda de alimentos a nivel global siga creciendo. El regadío es, aparentemente, de la más alta prioridad. Sin embargo, para el futuro, es esencial producir alimentos en zonas geográficas deficientes de agua, donde el aumento de la población es importante y carecen de todo tipo de recursos para el desarrollo de nuevos proyectos de regadío. El Programa de Acción Internacional sobre el Agua y el Desarrollo Agrícola Sostenible de la FAO propugna, como acciones prioritarias, la utilización eficiente del agua en la explotación agraria y la ordenación de la calidad del agua. En los sistemas de cultivo de secano, pero también en los correspondientes de los regadíos, desarrollados bajo condiciones climáticas de sequedad y con disponibilidades hídricas limitadas, el manejo integrado del agua conlleva implícitamente una serie de acciones que deberán ser estudiadas con detenimiento para ser mejoradas de cara a un uso más eficiente del agua en el futuro.

De forma simplificada, para un manejo sostenible del agua, dichas actuaciones tendrán que estar encaminadas a:

— Potenciar los medios de conservación del agua, con prácticas que aumenten los sistemas de «recolección» de agua, aumenten la capacidad de almacenamiento del suelo, reduzcan las pérdidas por escorrentía, y reduzcan la transpiración de malas hierbas y evaporación del suelo.

— Manipular la cubierta vegetal para reducir las pérdidas de agua por evaporación y/o escorrentía, con la adecuación del calendario de los cultivos a la probabilidad de precipitación estacional, la mejora de la densidad de plantas y su distribución geométrica, mejora de los sistemas de laboreo (incluyen laboreo mínimo, laboreo en lomos, no laboreo), mantenimiento de la cubierta del suelo, mejora de las prácticas de fertilización (incluyen rotaciones con leguminosas), etc.

— Utilizar especies y cultivares anuales de ciclo largo y perennes que sobrevivan al estrés hídrico por alguna de las estrategias de resistencia a la sequía que se recogen en la figura 10.7. En regadío, el uso eficiente del agua deberá incrementarse por aumento de la eficiencia del transporte del agua y de los sistemas de aplicación, así como por la optimización del tiempo y distribución del riego.

El término «uso eficiente del agua» se emplea generalmente en tres sentidos diferentes: el fisiológico, el agronómico y el propio de la ingeniería del riego (Tarjuelo y de Juan, 1999), y puede expresarse como una relación entre la acumulación de biomasa, representada como masa o moles de carbono o CO_2 fijados, biomasa total acumulada del cultivo o rendimiento de éste y el agua consumida, expresada como transpiración o evapotranspiración, o aplicada mediante riego. La significación de la

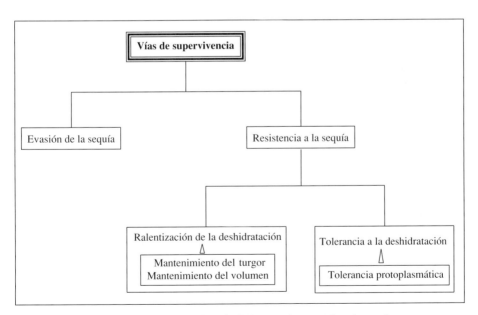

Fig. 10.7. Vías de supervivencia de las especies vegetales a la sequía.

eficiencia en el uso del agua (EUA) es obvia cuando se define en su sentido agronómico: relación entre el rendimiento del cultivo (R) y su evapotranspiración (ET), es decir: EUA= R/ET, expresada en $kgha^{-1}mm^{-1}$.

Toda práctica de manejo que conduzca a un mayor rendimiento de los cultivos en medio ambiente con recursos hídricos limitados debe favorecer la EUA. Passioura (1997) propuso que el rendimiento de un cultivo bajo condiciones limitadas de agua se puede analizar en términos de tres identidades bastante independientes: cantidad de agua transpirada, uso eficiente del agua e índice de cosecha (o relación entre el rendimiento económico del cultivo y la biomasa de la parte aérea de la planta en el momento de la recolección).

Sinclair *et al.*, (1984) han referenciado cinco opciones para mejorar el numerador de la relación que define la EUA: 1) modificaciones bioquímicas, 2) manipulación fisiológica de la regulación estomática, 3) mejora del índice de cosecha, 4) alteración de las condiciones microambientales del cultivo, y 5) aumento de la proporción de agua transpirada durante la estación de crecimiento y desarrollo.

Además de las opciones de actuación sobre el numerador de la relación que define la EUA, este parámetro puede ser incrementando minimizando las pérdidas de agua en la zona del suelo explorada por el sistema radicular (figura 10.8). La evaporación y la escorrentía son las mayores pérdidas en el balance de agua en las regiones áridas y semiáridas. Diversos autores (p.e., Tarjuelo y de Juan, 1999) han referido numerosas prácticas culturales que pueden aportar resultados positivos para incrementar las disponibilidades de agua para que el cultivo en los sistemas de producción en secano cuente con mayores volúmenes del líquido elemento para el proceso de transpiración y, así, mejorar la eficiencia de uso del agua.

La conservación del agua es un objetivo cada vez más prioritario en los sistemas de cultivo desarrollados en regadío. El esquema de la figura 10.8 es válido también para

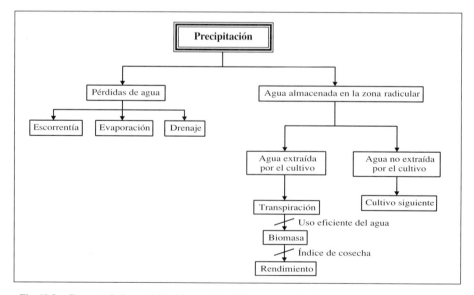

Fig. 10.8. Reparto de la precipitación estacional de secano y relaciones entre agua y rendimiento.

los sistemas de regadío, donde los componentes de escorrentía y, sobre todo, de percolación son cuantitativamente más importantes. Una agricultura de regadío competitiva, que disminuya la demanda neta de agua y que sea respetuosa con el medio ambiente, deberá pretender la máxima eficiencia en el uso del agua de riego tanto en el transporte como en la parcela y en la planta con el mínimo de pérdidas por evaporación, escorrentía y percolación profunda.

Una estrategia de futuro para incrementar la eficiencia en el uso del agua de riego, tanto en los cultivos leñosos como en los herbáceos, es la puesta en práctica de los calendarios de riego deficitario controlado (RDC). Con esta estrategia se han obtenido algunos resultados prometedores, donde reducciones importantes de agua parecen mermar poco o nada la producción (Zapata y Segura, 1995).

La mejora de la eficiencia en el uso del agua de riego exige también aplicar el agua uniformemente, lo que requiere sistemas de riego apropiados a la combinación clima-suelo-cultivo y un buen manejo de los mismos (Tarjuelo, 1999).

• *Uso eficiente de los «inputs».* Un requisito de primer orden de la sostenibilidad agrícola es minimizar, en todo lo posible, la dependencia de la producción agrícola de insumos externos y maximizar la utilización de «inputs» naturales. Esta actuación no excluye el uso racional de fertilizantes, maquinaria, agua y productos fitosanitarios, al tiempo que los esfuerzos en investigación deben buscar sustitutos totales o parciales, económicamente viables, para dichos insumos a través de la profundización científica en campos como el Manejo Integrado de los Estreses Bióticos, el Laboreo de Conservación, el Manejo Integrado del Agua (zona, parcela y cultivo), la Movilización Biológica de Nutrientes Minerales, el Reciclado de Nutrientes y el Uso Eficiente de Fertilizantes.

La Agricultura de Precisión puede ser la nueva herramienta de la Agricultura Sostenible de cara al futuro más inmediato. Puede definirse como la tecnología que caracteriza a escala muy reducida (microparcelas, de unos 10-25 m^2) la diversidad del medio físico (tipo de suelo, pendiente, contenido de nutrientes minerales, contenido de humedad, etc.) y/o del medio biológico (infestaciones de malas hierbas, plagas, etc.) en el que se desenvuelven los cultivos. Basándose en esta información se pueden reducir los gastos o inversiones que requieren cada una de las microparcelas consideradas (dosis de siembra, agua de riego, fertilizantes, productos fitosanitarios, etc.) y, así, se consigue economizar globalmente las diversas prácticas agrícolas. Se trata de llevar éstas a cabo en armonía con el medio ambiente.

La Agricultura de Precisión tiene como premisa la recolección de datos georreferenciados en forma muy precisa de las características del suelo, el estado nutricional y disponibilidad hídrica de los cultivos, la composición de la población de malas hierbas o plagas y enfermedades de un cultivo y su relación con el rendimiento variable de una parcela extensa de cultivo. Para lo anterior se usan muy diversas técnicas, entre otras las de posicionamiento global vía satélite (*Global Positioning System*, GPS, o *Differential Global Positioning System*, DGPS), de detección remota vía satélite o aeronave mediante fotografía de alta resolución, de detección próxima de diversas características de suelo mediante sensores o de la vegetación mediante fotografía de infrarrojos (sensores ópticos); por otro lado, se cuenta también con la técnica de la geoestadística para la interpolación de los datos y consiguiente confección de mapas. Con toda esta información se podrá diseñar el diagnóstico más conveniente y sostenible y, si fuese necesario, aportar los insumos en función de la efectiva necesidad de las diversas áreas diferenciadas de una superficie de cultivo, para reducir residuos químicos, ahorrar recursos, incrementar beneficios y mantener la calidad del entorno. Los costes de prácticas culturales como, por ejemplo, la aplicación de tratamientos fitosanitarios se optimizarían con arreglo a la distribución espacial de las malas hierbas, plagas y/o enfermedades recurriendo al Manejo Integrado de Malas Hierbas (MIMH), de Plagas (MIP) y/o Enfermedades (MIE), que llevan implícito técnicas culturales (rotaciones de cultivos, resistencia del material vegetal, conocimiento de los umbrales de daño, control biológico, empleo selectivo de productos fitosanitarios, dosis correctas, aplicación homogénea en el momento más adecuado y aplicación diferenciada según los niveles de amenaza o riesgo. Con los Sistemas Integrados de Nutrición de las Plantas (SINP) se trataría de conseguir la maximización de la eficiencia en el aporte de elementos minerales a los cultivos mediante una mejor asociación de las fuentes agrícolas y no agrícolas de nutrientes, procurando una producción sostenible dentro de la Agricultura de Precisión. Algo similar se puede, y se debe emplear, para otros insumos de la explotación agrícola, como, por ejemplo, el agua de riego, la dosis de simiente, el laboreo, etc.

7. Referencias bibliográficas

Alexandratos, N. 1995. *World Agriculture: Towards 2010*. A FAO Study. John Wiley & Sons, Roma, Italia.

Aragüés, R. y Cerdá, A., 1998. Salinidad de aguas y suelos en la agricultura de regadío. En: *Agricultura Sostenible*. R.J. Jiménez y J. Lamo de Espinosa (Coords.), 249-274, Mundi-Prensa, S.A., Madrid, España.

Calvo, M. 1998. Calidad de la producción agraria. En: *Agricultura Sostenible*. R.M. Jiménez y J. Lamo de Espinosa (Coords.), 577-589, Mundi-Prensa, S.A., Madrid, España.

Castillo, G.T., 1992. Sustainable Agriculture: In *Concept and in Deed*. Agricultural Administration (Research and Extension) Network, Network Paper n.° 36, Overseas Development Administration (ODI), Londres, R.U.

Comisión CEE, 1991. *La Reforma de la PAC: Las nuevas Propuestas de la Comisión Europea*. Comisión de las Comunidades Europeas COM (91) 258. Bruselas, Bélgica.

Comisión CEE, 1993. *La situación de la agricultura en la Comunidad*. Informe 1992. Bruselas, Bélgica.

Comisión de las Comunidades Europeas. 1993. *La situación de la agricultura en la Comunidad*. Informe 1992. Luxemburgo, Luxemburgo.

Crovetto, C., 1999. *Agricultura de Conservación*. El grano para el hombre, la paja para el suelo. Colección Vida Rural, Eumedia, Madrid, España.

Cruz-Guzmán, E., 1976. La dehesa ganadera. *El Campo* 57, 65-72.

Declaración de Barcelona, 1992. *Los Derechos Alimentarios del Hombre*, Barcelona, España.

Díez, M.C. y Almorox, J., 1994. La erosión del suelo. *El Campo* 131, 81-92.

Fernández-Quintanilla, C., 1997. Historia y evolución de los sistemas de laboreo. El laboreo de conservación. En: *Agricultura de Conservación*. L. García y P. González (eds.). Fundamentos Agronómicos, Medioambientales y Económicos, 1-11, Asociación Española Laboreo de Conservación/Suelos Vivos (AELC/SV), Córdoba, España.

García, J., 1989. Los sistemas vitales «suelo-agua-bosque»: su degradación y restauración. H.D. 3, MAPA., Madrid, España.

García, L. y González. P. (eds.), 1997. *Agricultura de Conservación*. Fundamentos Agronómicos, Medioambientales y Económicos. Asociación Española Laboreo de Conservación/Suelos Vivos, Córdoba, España.

González de Tanago, A., et. al., 1984. *Mejora de pastos en secanos semiáridos de suelos ácidos*. Publicaciones de Extensión Agraria, MAPA., Madrid, España.

Grigolo, U. y Casarotto, A., 1999. Il ruolo del prato permanente nella tutela delle risorse idriche. *L'Informatore Agrario* 45, 40-43.

Hart, R. y Sands, M., 1991. *Sustainable Land-Use Systems: Research and Development*. Association for Farming Systems Research and Extension Newsletter 2, 1-6.

Hodges, R.D. y Scofield, A.M. 1983. Effect of agricultural practices on the health of plants and animals produced: a review. En: *Environmentally Sound Agriculture*. W. Lockeretz (ed.). Prueger Publisher, New York, NY, USA.

Jiménez, R.F., 1998. Concepto de sostenibilidad en agricultura. En: *Agricultura Sostenible*, R.M. Jiménez y J. Lamo de Espinosa (Coords.), 3-13, Mundi-Prensa, S.A., Madrid, España.

Jodda, N.S., 1990. *Sustainable Agriculture in Fragile Resource Zones: Technlogical Imperatives*. Documento presentado en el Simposio Internacional de Manejo de Recursos Naturales para el Desarrollo de una Agricultura Sostenible, Nueva Delhi, 6-10 de octubre.

Johnen, B.G. y Urech, P.A., 1997. Produits de protection des plantes et qualité des aliments. *Phytoma-La Défense des Végétaux* 498, 10-13.

Jones, M.J., 1993. Sustainable Agriculture: An Explanation of a Concept. In: *Ciba Foundation* (ed.), Crop Protection and Sustainable Agriculture, 30-47. Ciba Symposium 177, Willey, Chichester, R.U.

Lamo de Espinosa, J., 1998. Economía de la sostenibilidad agraria. En: *Agricultura Sostenible*. M. Jiménez y J. Lamo de Espinosa (Coords.), 591-616. Mundi-Prensa, S.A., Madrid, España.

Lamo de Espinosa, J. y Bahamonde, M., 1992. Clasificación de los sistemas agrarios mundiales. En: *Declaración de Barcelona, Los Derechos Alimentarios del Hombre*, pp. 247-293, Barcelona, España.

Massot, A., 1999. La PAC, entre la Agenda 2000 y la Ronda del Milenio (1ª parte). *Agricultura* 810, 1082-1088.

Matthews, J.D., 1989. Silvicultural Systems. Clarendon Press, Oxford, R.U.

Molina, A.; y Colmenares, R. y Pérez-Sarmiento J., 1994. El concepto de calidad de los alimentos desde la perspectiva de la agricultura ecológica. *El Campo* 131, 169-184.

Montero, G.; y San Miguel, A. y Cañellas, I., 1998. Sistemas de selvicultura mediterránea. La dehesa. En: *Agricultura Sostenible*. M. Jiménez y J. Lamo de Espinosa (Coords.), 519-554. Mundi-Prensa, S.A., Madrid, España.

Montoya, J.M., 1983. *Pastoralismo Mediterráneo*. Monografías ICONA n.º 25, Madrid, España.

OCDE (Organisation de Coopération et de Développement Économiques). 1994. *Pour une Production Agricole Durable: des Technologies plus propres*. Documents OCDE, Paris, Francia.

Oerke, E.C.; Dehne, H.W.; Schönbech, F. y Weber, A., 1995. *Crop Production and Crop Protection*. Ed. Elsevier Science, Amsterdam, Holanda.

Passioura, J.B., 1977. Grain yield, harvest index, and water use of wheat. *J. Aust. Inst. Agric. Sci.* 43: 117-120.

Rivas-Godoy, S., 1996. *Los montes adehesados*. VII Reunión Científica de la SEPP, Badajoz (España)-Elvas (Portugal).

San Miguel, A., 1994. *La Dehesa Española*. Origen, tipología, características y gestión. Fundación Conde Valle de Salazar, ETSIM, Madrid, España.

Sinclair, T.R.; Tanner C.B. y Bennet J.M., 1984. Water use efficiency in crop production. *Biol. Sci.* 34: 36-40.

Soto, D., 1990. Aproximación a la medida de la erosión y medios para reducir ésta en la España peninsular. *Ecología,* 1: 169-190.

Spedding, C.R.W., 1975. *The Biology of Agricultural Systems.* Academic Press Inc. Ltd., London, R.U.

Tarjuelo, J.M. 1999. *El riego por aspersión y su tecnología.* Mundi-Prensa, Madrid, España.

Tarjuelo, J.M. y De Juan, J.A. 1999. Crop Water Mangement. En: *CIGR Handbook of Agricultural Engineering. Land and Water Engineering.* L.S. Pereira y F.R. Steiner (eds.), 380-429. American Society of Agricultural Engineer. St. Joseph, MI, USA.

Urbano, P. y Moro, R., 1991. *Sistemas agrícolas con rotaciones y alternativas de cultivos.* Mundi-Prensa, S.A., Madrid, España.

Valle, F., 1993. El matorral mediterráneo. En: *Selvicultura Mediterránea.* E. Orozco y F.R. López (Coords.), 23-48. Colección Estudios, Ediciones de la Universidad de Castilla-La Mancha, Cuenca, España.

Vogtman, H., 1983. La calidad de los productos agrícolas provenientes de distintos sistemas de cultivo. *Agricultura y Sociedad* 26, 69-104.

Woese, K.; Lange, D.; Boess, C. y Bögl, K.W., 1995. Produkte des ökologischen Landbaus. Eine Zusammenfassung von Unterschungen zur Qualitat dieser Lebensmittel (Teil II). *Bundesgesundheitsblatt ,* 7: 265-273.

Zapata, M. y Segura, P., (eds.) 1995. *Riego Deficitario Controlado: Fundamentos y Aplicaciones.* Cuadernos Value n.° 1. Mundi-Prensa, S.A., Madrid, España.

CAPÍTULO XI

LA LUCHA CONTRA LA DESERTIFICACIÓN. INVESTIGACIÓN Y DESARROLLO

Joaquín Meliá Miralles
Demetrio Segarra Gomar
Siham Lanjeri

1. Introducción 255
2. Investigación y desarrollo en España 256
3. Política científica Comunitaria en materia de desertificación 257
   3.1. Programas de Investigación de los Estados Miembros Europeos . 258
4. El papel de la teledetección en los estudios de desertificación 259
5. Inventario de viñedos y confección de mapas agronómicos 260
   5.1. Modelización de la cobertura del viñedo mediante radiometría de campo 261
   5.2. Clasificación de la cubierta vegetal del viñedo con imágenes del satélite Landsat 5 TM 263
   5.3. Confección de mapas de parámetros agronómicos del viñedo ... 267
6. Referencias bibliográficas 270

1. Introducción

La degradación de la tierra presenta múltiples aspectos entre los que podemos citar: erosión del suelo, desertificación, urbanismo e industrialización, etc. La desertificación es pues tan solo una componente de la degradación del suelo que, con ser de importancia, no debe eclipsar a otras que son, quizás, de mayor incidencia en las sociedades desarrolladas actuales.

Dos primeras preguntas surgen a la hora de tratar el problema de la degradación de la tierra:

¿Cuales son las causas de la degradación del suelo?
¿Como puede la sociedad prevenir y luchar contra la degradación del suelo?

La primera de ellas se contesta con la definición de desertificación, dada en la Conferencia sobre Medio Ambiente y Desarrollo de Río de Janeiro como *la degradación de las tierras de zonas áridas, semiáridas y subhúmedas secas, resultante de diversos factores tales como las variaciones climáticas y las actividades humanas.*

La humanidad ancestralmente ha modificado para subsistir el medio natural y esta modificación ha estado íntimamente ligada a las condiciones climáticas locales. Si nos centramos, para no buscar ejemplos más distantes de nosotros en el espacio y en el tiempo, en el Mediterráneo Norte (Convención Internacional de Lucha contra la Desertificación, Anexo IV) podemos ver cómo el monte bajo («maquis») se origina en las deforestaciones practicadas durante las épocas de las civilizaciones griega y romana.

Su repercusión en la degradación del suelo no es en absoluto nada específico del final del siglo XX, si bien se pueden identificar algunos caracteres que justifican la importancia y el interés general con el que se está tratando el tema:

- Aumento de la población e incremento del nivel de vida, lo que ha generado una mayor presión sobre el medio natural.
- Desarrollo industrial, que ha llevado a la mecanización de la agricultura, a cambios en las técnicas de explotación forestal y a ingentes progresos de la ingeniería y minería.

A la segunda de las preguntas, sobre cómo la sociedad puede prevenir y luchar contra la degradación del suelo, solo puede contestarse en la medida que tengamos respuestas a la primera de ellas. No pueden implantarse medidas correctoras apropiadas en tanto que no sepamos las causas que originan la degradación del suelo y en esta dirección se encaminan justamente una gran parte de las investigaciones que científicos de todo el mundo estan desarrollando. La próxima etapa que a nivel europeo se inicia con el quinto programa marco, pone su énfasis en dar contestación a esta segunda pregunta y busca la puesta en acción de medidas efectivas de lucha contra la desertificación.

2. Investigación y desarrollo en España

Las actuaciones de I+D en el área de la desertificación en España se centran en el Plan Nacional de I+D, iniciado en 1986, y que en el momento presente se encuentra en su tercera fase (1996-1999) (CICYT, 1997). Se estructura con criterios de prioridad temática, que se han concretado en cuatro áreas, dentro de las cuales se han incluido líneas de investigación específicas afines a la desertificación y que aparecen en los programas siguientes:

— Programa Nacional de I+D en Medio Ambiente.
— Programa Nacional de I+D sobre el Clima.
— Programa Nacional de I+D Agrario.
— Programa Nacional de Recursos Hídricos.

Paralelamente se han llevado a cabo determinadas Acciones Prioritarias encaminadas a la restauración de tierras degradadas.

Los proyectos de investigación financiados por el Plan Nacional de I+D desde su inicio en 1986, han sido 237 por un valor aproximado de 1.920 millones de pesetas. Las áreas temáticas que los agrupan (con indicación de los porcentajes de financiación) son:

— Evolución histórica de la desertificación (5%).
— Procesos implicados en la desertificación (37%).
— Factores determinantes de la desertificación y relaciones con el cambio global (9%).
— Prevención y mitigación (49%).

Estas áreas, como fácilmente se deduce de sus títulos, buscan el conocimiento de los procesos implicados, la modelización del fenómeno y sus efectos sobre la agricultura y los sistemas naturales. En cuanto a prevención y mitigación el área se orienta hacia la prevención de riesgos y a la recuperación de las áreas afectadas. En esencia son un intento de responder a las dos cuestiones anteriores: Identificación de causas y desarrollo de métodos de prevención y lucha.

Otro aspecto importante de las actuaciones de I+D en el área de la desertificación en España ha sido el fomento de la participación de científicos españoles en los programas internacionales relacionados con el tema. El carácter integrador de diferentes áreas temáticas que subyace en muchos de los proyectos financiados tiene su mejor expresión en los Proyectos Piloto. Son proyectos de ámbito nacional o europeo que integran diferentes aspectos del proceso de desertificación, como pueden ser los físicos, edafológicos, socio-económicos, etc. A título de ejemplo podemos citar los proyectos LUCDEME (Plan de Lucha contra la Desertificación en el Mediterráneo),

MEDALUS (Mediterranean Desertification and Land use), ARCHAEOMEDES (Natural and Anthropogenic Dynamics of Degradation and Desertification) y EFEDA (Echival Field Experiment in a Desertification-Threatened Area).

3. Política científica Comunitaria en materia de desertificación

Posiblemente uno de los primeros programas de la Unión Europea, encaminados a recabar información acerca del estado del medio ambiente y de los recursos naturales, mejor conocidos sea el programa piloto CORINE. El programa CORINE desarrolló, entre 1985 y 1990, un prototipo de sistema de información geográfica que permite la recopilación y coordinación de información relativa al medio ambiente, entre la que cabe destacar la referente a riesgos de erosión del suelo y a la cubierta vegetal. Desde 1993 y por un periodo de cinco años, su gestión ha sido encargada a la Agencia Europea del Medio Ambiente (European Environment Agency, EEA) y a los Centros Temáticos Europeos (European Topic Centers, ETCs).

En la actualidad siete Direcciones Generales de la Comisión Europea asumen las principales responsabilidades en materia de desertificación: DG VIII (Desarrollo), IB (Relaciones Externas), DG VI (Agricultura), DG XI (Medio Ambiente, Seguridad Nuclear y Protección Civil), DG XII (Ciencia, Investigación y Desarrollo), JRC (Centro Común de Investigación) y DG XVI (Política Regional y de Cohesión). Su actividad va dirigida tanto hacia países en vías de desarrollo como a los propios estados miembros del sur de Europa amenazados de riesgo de desertificación.

A modo de comentario general puede decirse que la política en medio ambiente de la Unión Europea ha sido la de integrar la protección ambiental en otras iniciativas Comunitarias y en particular en el marco legal por el que estas se rigen (López Bermúdez, 1990). Un buen ejemplo de esta política Comunitaria es el programa LIFE cuyo principal objetivo es la puesta en marcha de acciones concretas innovadoras y reproducibles, encaminadas a integrar los conocimientos ambientales en diferentes campos relacionados con el desarrollo socio-económico.

De especial importancia son los programas Agro-Ambientales y las medidas estructurales de desarrollo rural que están subvencionadas por los Fondos Estructurales y los Fondos de Cohesión. No obstante tienen un mayor interés por su afinidad a las líneas de I+D los programas específicos de investigación, que dan cauce a proyectos integradores de áreas de conocimiento diferentes y que promueven actividades coordinadas e intercambio de información (Comisión Europea, 1997-a).

Una síntesis de la orientación que la Unión Europea dio a todo este amplio abanico de actuaciones, ha sido la Conferencia Internacional sobre Desertificación en el Mediterráneo, que tuvo lugar en Creta en noviembre de 1996, con la participación de todas las Direcciones Generales antes citadas. El principal objetivo de la Conferencia fue el dar a conocer la investigación y política de la Comunidad Europea en esta materia, con la finalidad de alertar a gestores y opinión pública de la magnitud, naturaleza y urgencia del problema y de trasladar los resultados de la investigación científica a actuaciones concretas de prevención y lucha contra la desertificación.

Para el análisis de futuras orientaciones podemos tomar dos claros indicadores. En primer lugar los títulos de los tres temas de discusión en Creta:
— Establecimiento de líneas de investigación prioritarias.
— Cooperación en la lucha contra la desertificación.
— Usos del suelo en el Mediterráneo y sostenibilidad: Prácticas de gestión y mitigación.

En segundo lugar, el texto de la primera de las doce conclusiones que resumen el contenido de la Conferencia: « *La desertificación en zonas áridas, semiáridas y secas sub-húmedas es un estado extremo de degradación del suelo y del agua resultado de la acción humana adversa sobre ellos*».

Ciertamente las directrices del Quinto Programa Marco deben integrar en los programas de desertificación estos tres elementos suelo, agua y acción humana .

3.1. Programas de Investigación de los Estados Miembros Europeos

Los programas europeos específicos de investigación tienen como finalidad principal el dar soporte a proyectos de investigación integrados y al intercambio y coordinación de información y medidas. Si bien, tal como hemos citado al hacer referencia al proyecto CORINE, podemos encontrar actividades científicas de la Comunidad Europea en medio ambiente antes de 1989, realmente estas toman verdadero cuerpo con los Programas EPOCH (European Programme on Climatology and Natural Hazards, 1989-1992) y STEP (Science and Technology for Environmental Protection,1989-1992). Ambos Programas fueron posteriormente incorporados al Programa de Medio Ambiente (1991-1994) y continúan vigentes en el Cuarto Programa Marco de Investigación, bajo un título común de Programa de Medio Ambiente y Clima (1994-1998) (Comisión Europea, 1997-b).

El primero de las cuatro temas del programa Medio Ambiente y Clima: Investigación en el medio ambiente, calidad ambiental y cambio global, ha recibido para el periodo 1994-98 la cantidad de 247 mECU. En este primer Tema aparece un área prioritaria: Recursos naturales, riesgo de degradación y desertificación en Europa, que ha permitido subvencionar un número elevado de proyectos. En concreto y para el periodo 1991-96 se han financiado 45 proyectos por un importe de 38 mECU.

Desde 1991 y en el marco del Programa EPOCH primero, y Medio Ambiente y Medio Ambiente y Clima después, se han venido realizando, ininterrumpidamente hasta la actualidad, importantes investigaciones en distintas zonas de Castilla-La Mancha, con el apoyo de diferentes Proyectos Europeos todos ellos financiados por la Unión Europea. Sin ningún género de dudas el proyecto que mayor importancia ha tenido, tanto por el nivel de sus trabajos como por el volumen de los recursos humanos y materiales aportados, ha sido el Proyecto EFEDA, que en sus dos fases ha cubierto un periodo de seis años (1991-1996) de intensas investigaciones (Bolle, 1996).

Las investigaciones continúan en la actualidad con diversos proyectos, entre los que podemos citar GRAPES, Climate and Land Degradation y RESYSMED. Esta intensa década de investigación se continuará sin duda en un futuro inmediato y al amparo del V Programa Marco de la Unión Europea.

Llegado a este punto parece oportuno plantearse en qué medida el camino andado y los resultados alcanzados justifican los medios materiales y humanos que se han dedicado durante estos años al estudio de la desertificación. Para responder a estas dos preguntas conviene recordar que estamos hablando de planificación, «política científica», y que como tal su valoración no puede hacerse únicamente en razón a los resultados obtenidos a corto plazo. Muy al contrario el verdadero interés y a la par los frutos de esta política científica deberán analizarse desde una perspectiva a medio y largo plazo.

No podemos citar logros espectaculares ni importantes resultados prácticos en el breve plazo de una década, y tampoco es razonable esperarlos. Sería verdaderamente difícil dar en este momento a instituciones o agricultores una relación de recomendaciones de índole práctica, que ya no conocieran que les pudieran servir para mitigar problemas derivados de la desertificación. Sin embargo se ha podido quemar etapas para alcanzar objetivos que darán sus frutos a medio y largo plazo: Se ha contribuido decisivamente a crear, principalmente en las instituciones públicas, criterios y pautas de actuación para el desarrollo sostenible del uso agrícola del suelo, fundamentados en métodos científicos que pueden avalar tanto las normativas a aplicar como su seguimiento; se han formado numerosos grupos pluridisciplinares de investigadores que se ocupan de la desertificación bajo la doble faceta de investigación y desarrollo. Si duda alguna la convergencia de ambos logros: interés público y preparación científica, permitirán, a medio plazo, formular las recomendaciones que citamos anteriormente.

4. El papel de la teledetección en los estudios de desertificación

El propio concepto de «degradación» implica la determinación de un «cambio», por cuanto que significa la evaluación de una «pérdida» que tiene que establecerse respecto a una situación precedente. Es por tanto necesario, bien a la hora de evaluar procesos de desertificación o bien a la de identificar zonas amenazadas de desertificación, determinar los parámetros bio-físicos que nos permitan definir el estado inicial de una determinada zona y consiguientemente a través de su variación temporal identificar los cambios acaecidos y la posible degradación de la misma.

Dos dificultades aparecen para realizar esta tarea. En primer lugar las magnitudes tradicionalmente utilizadas para caracterizar el sistema son de muy difícil estimación en zonas extensas, de miles de hectáreas, debido a los propios métodos de medida, que no es realista pretender aplicarlos de forma sistemática a la escala mencionada. En segundo lugar la identificación de un cambio, con la consiguiente comparación con el valor de estas magnitudes en épocas precedentes, es realmente muy difícil por carecer de las medidas necesarias. Por otra parte y aumentando la complejidad del problema la información a tratar es de una gran heterogeneidad, de forma que igualmente es necesario referirse a datos catastrales, como a profundidad del suelo, o como a precipitaciones.

Los Sistemas de Información Geográficos, SIG, nos proporcionan la herramienta adecuada para tratar toda esta información, georreferenciarla y extraer conclusiones estadísticamente significativas. Son el medio adecuado para discernir entre lo que es causa-efecto de lo que es una mera coincidencia temporal.

En todo ello tiene la teledetección su aportación ya que, por una parte, nos da una visión regional y/o global de zonas cuyas dimensiones pueden ir desde unos cientos de hectáreas hasta una cobertura global, por otra nos ofrece una cobertura temporal del orden de 25 años, periodo que en muchos países mediterráneos es de una gran importancia y finalmente es una capa informativa de inestimable interés en los SIG.

La aplicaciones de la teledetección son muy diversas pero posiblemente donde mayor desarrollo han experimentado es en el campo de las ciencias ambientales. El seguimiento de los procesos que tienen lugar en la superficie de la tierra tienen en la teledetección una herramienta imprescindible. Podríamos citar innumerables ejemplos que nos llevarían a hablar de incendios forestales y la regeneración de la cubierta vegetal, de problemas de salinización del suelo, del uso del agua en la agricultura o lo que es de una importancia básica, los cambios de uso del suelo (Vaughan, 1994).

En amplias zonas de Castilla-La Mancha concurren una serie de circunstancias que la hacen idónea para estudios de desertificación mediante teledetección. En efecto, a lo largo de los últimos 20 años se han producido importantes actuaciones humanas sobre el suelo y los recursos hídricos, que han cambiado profundamente tanto las prácticas agrícolas como el contexto socio-económico de la Región. No parece aventurado decir que el medio rural ha cambiado más en los últimos veinte años que en los dos siglos precedentes. A mayor abundamiento las particulares características de la zona, especialmente las topográficas y de uso agrícola del suelo, son idóneas para el desarrollo de modelos de teledetección que, debidamente validados, puedan ser de aplicación a zonas de mayor complejidad.

En lo que sigue de este capítulo damos un ejemplo demostrativo de como se puede mediante teledetección hacer un seguimiento de la cubierta vegetal. Hemos elegido para ello el viñedo por sus especiales características de cultivo extensivo, propio de zonas amenazadas de desertificación y muy representativo no sólo de Castilla-La Mancha sino de amplias zonas de los países ribereños del Mediterráneo.

5. Inventario de viñedos y confección de mapas agronómicos

Tradicionalmente la mayor parte de la superficie cultivada en Castilla-La Mancha ha venido dada por el cereal y la vid, con presencia de otros cultivos como girasol, leguminosas, ajos, olivos, etc., que lo hacen en porcentajes pequeños. Sin embargo, en los últimos 15 años este predominio del secano ha cedido superficie al de regadío, aunque siguen siendo los cultivos de secano, zonas de barbecho y vegetación natural, los tres tipos de cubierta vegetal dominante en la zona.

Un común denominador de todos ellos es la baja cobertura vegetal que prestan al suelo en gran parte del año. Tan solo en determinadas fechas para el cereal y en ciertos lugares para la vegetación natural, la cubierta vegetal alcanza valores altos. Esta característica permite una cierta facilidad en el inventario de cultivos mediante imágenes de satélite, pero es, a la vez, una dificultad a la hora de establecer correlaciones entre valores radiométricos (Indices de Vegetación) de la cubierta vegetal y parámetros agronómicos, debido a la interferencia que introduce la reflectividad del suelo desnudo.

Para establecer unos valores indicativos de la correlación radiometria-parámetro agronómico, que nos sirvan de referencia para la interpretación de las imágenes de satélite, hemos realizado diversas campañas de radiometría de campo sobre los principales tipos de vegetación y de suelo en distintos puntos de la zona experimental EFEDA. En el apartado siguiente se detallan algunos resultados de interés para el viñedo.

5.1. Modelización de la cobertura del viñedo mediante radiometría de campo

Las medidas de radiometría de campo se han realizado con un espectrorradiómetro GER SIRIS (Single Field of View Infra-Red Intelligent Spectroradiometer), que consta de un sensor óptico y un ordenador portátil PC para la adquisición, almacenamiento y, procesado de las medidas (Younis, 1997). El sensor óptico tiene un número de 800 bandas distribuidas en el intervalo espectral de 300 nm a 2.500 nm.

Se ha elegido para la experiencia un campo de vid, variedad Airén, en las proximidades de Tomelloso asentado sobre suelo cálcico, típico del viñedo en la zona. El equipo se instalaba sobre una grúa que permitía situarlo a una distancia variable del suelo entre 1,5 m y 12 m, con lo cual se podían reproducir en el campo las condiciones habituales de la cubierta vegetal del viñedo y que vienen a ser, para los marcos de plantación normales y para el mes de julio de máximo desarrollo, raramente superiores al 15%. Las medidas se realizaron a diferentes alturas, la posición más próxima al suelo correspondía a una cobertura del orden del 30% y a medida que se elevaba la plataforma la porción de suelo desnudo aumentaba para llegar a una cobertura del 4% a los 12 m de altura.

En la figura 11.1 se dan los espectros correspondientes al suelo desnudo y a la vid. Se aprecia claramente como el suelo tiene una mayor reflectividad que la vid y una mayor variación espectral. En efecto la vid, como cualquier cubierta vegetal, presenta un aumento brusco de su reflectividad alrededor de los 700 nm, salto que no se da en los suelos desnudos. Esta diferencia entre los valores espectrales por debajo (Rojo, R) y por encima (Infrarrojo próximo, IR) de los 700 nm, justifican la utilización del índice de vegetación, NDVI, que se calcula como diferencia normalizada de ambos canales:

$$NDVI = \frac{IR-R}{IR-R}$$

con lo cual se aumenta el contraste entre el suelo y la vegetación.

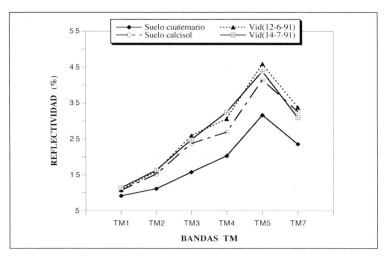

Fig. 11.1. Se representan dos espectros característicos del suelo desnudo (calizo) y de la cubierta vegetal debida a una vid bien desarrollada, medidos a 5 m con espectrometría de campo.

En la figura 11.2 se da la variación del índice de vegetación NDVI con la cobertura, medida a partir de las dimensiones de la vid y del campo de visión de espectroradiómetro. Los valores del NDVI representados se han calculado filtrando las medidas obtenidas de acuerdo con las características espectrales de las bandas 3 y 4 del sensor Landsat TM. El valor del NDVI para suelo desnudo es de 0,06, normal para suelos calizos y secos y sin embargo la señal radiométrica se satura para un NDVI de 0,28

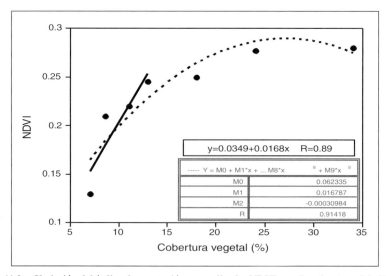

Fig. 11.2. Variación del índice de vegetación normalizado, NDVI, con la cobertura del viñedo, determinada mediante una experiencia de campo.

(correspondiente a coberturas de 35%), posiblemente debido a la arquitectura de la planta con abundantes sombras en sus elementos vegetales por su estructura abierta. En la zona de cobertura más frecuente, alrededor del 10%, tenemos valores del NDVI del orden del 0,2. En esta zona de baja cobertura es bastante aceptable una aproximación lineal para la relación NDVI/cobertura.

5.2. Clasificación de la cubierta vegetal del viñedo con imágenes del satélite Landsat 5 TM

Para la realización del presente trabajo se han utilizado 9 imágenes del satélite Landsat 5 TM, 5 correspondientes a 1991 (9 de abril, 27 de mayo, 12 y 28 de junio y 14 de julio) y 4 a 1996 (24 de mayo, 25 de junio, 11 de julio y 29 de septiembre). Las imágenes analizadas corresponden a un cuarto de escena flotante (3.600 × 2.945 pixeles) centradas en el área de estudio EFEDA (39°16' N, 2°28' W) y son todas las disponibles dentro del periodo fenológico de utilidad para nuestro estudio que se extiende a dos años, 1991 y 1996 (Segarra, 97).

Los tratamientos realizados en las imágenes han sido de corrección geométrica y de normalización radiométrica. Para la corrección geométrica (Lanjeri, 1998) se ha seguido el método de puntos de control y la interpolación mediante convolución cúbica. El ajuste con un error en distancia inferior a un pixel garantiza la superponibilidad de las once imágenes de la serie.

La normalización radiométrica busca minimizar los efectos atmosféricos y de posible deriva del sensor, admitiendo que ambos efectos pueden normalizarse, mediante una función de correlación lineal, respecto a una imagen de referencia. Esta función de correlación se obtiene a partir de los valores de reflectividad aparente de superficies supuestamente invariantes (Lanjeri, 1998). Respecto a la imagen del 9 de abril de 1991, en la que la turbiedad atmosférica era menor se han corregido todas las imágenes, utilizando los valores de calibrado del sensor TM y los datos astronómicos correspondientes al día y hora de la imagen. Las superficies de reflectividad invariante se han distribuido a lo largo de la imagen y se agrupan en tres clases: agua, suelo urbano y suelo desnudo.

Para su clasificación y posterior estudio se ha elegido una superficie situada al NE del municipio de Tomelloso y que comprende, además del mismo Tomelloso, los de Mota del Cuervo, Las Mesas, Villarrobledo y Socuéllamos. La zona queda toda ella dentro de la definida por el cuadrado de 100 × 100 km del proyecto EFEDA y con cobertura por las imágenes Landsat disponibles. Es una amplia zona enclavada, a su vez, dentro de la que ha experimentado un mayor cambio de la superficie de la vid en los últimos años. La estimación por términos municipales se debe a que las estadísticas disponibles se dan por municipios.

En las figuras 11.3 y 11.4 se puede ver la zona elegida y una imagen, obtenida con el satélite Landsat 5 TM, en falso color de la misma. De acuerdo con la variación de la cubierta vegetal cultivada se ha desarrollado un sistema de clasificación, tal como se detalla en la figura 11.5, que nos ha permitido separar las zonas de viñedo. La figura 11.6 contiene la clasificación de los diferentes cultivos inventariados en los citados municipios.

En la Tabla 11.1 se da, por municipios, las superficies correspondiente al viñedo, valores que pueden contrastarse con los correspondientes catastrales. La superficie determinada por teledetección es, en cifras globales, un 9,5% superior a los datos catastrales. Tres fuentes de error parecen posibles. En primer lugar la propia metodología de clasificación, que da la superficie del viñedo como un «resto» de la superficie total; por otra parte los datos catastrales contienen numerosos errores por falta de actualización y finalmente la superficie asignada a los municipios se ha hecho con la información que está disponible a escala 1/200.000.

Sobre la imagen clasificada es inmediato reproducir la fenología de la vid o el estado de la misma para una fecha determinada. A modo de ejemplo damos en la figura 11.7 la evolución del NDVI del viñedo para cuatro fechas del año 1991: 27 de mayo, 12 de junio, 28 de junio y 14 de julio.

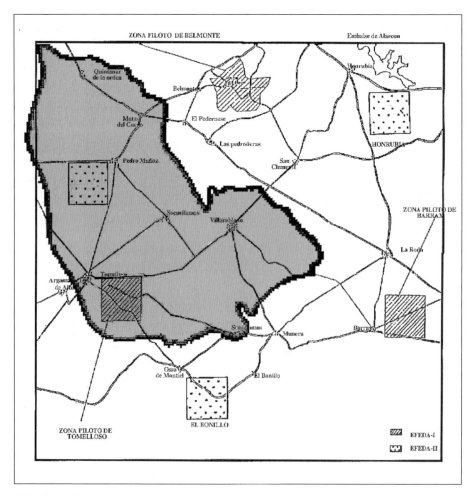

Fig. 11.3. Mapa de la zona de estudio (escala 1:400.000), con indicación de los límites de los cinco municipios estudiados: Mota del Cuervo, Las Mesas, Socuéllamos, Tomelloso y Villarrobledo.

Fig. 11.4. Imagen Landsat 5-TM en falso color (TM4-TM·-TM2, como RVA) de la zona de estudio, correspondiente a la fecha del 28 de junio de 1991.

TABLA 11.1
Se dan, agrupadas por términos municipales, las superficies (en ha) de viñedo según los datos catastrales disponibles (CT), y los valores que se deducen del inventario realizado con imágenes del satélite Landsat 5 TM (TD).

Municipio	Superficie (ha)	Superficie viñedo (ha), 1991	
		CT	TD
Mota del Cuervo	17.600	8.253	9.640
Las Mesas	8.710	5.415	5.900
Socuéllamos	37.380	23.029	25.180
Tomelloso	24.170	14.461	16.390
Villarrobledo	86.180	28.509	30.100
Total	**174.040**	**79.667**	**87.210**

265

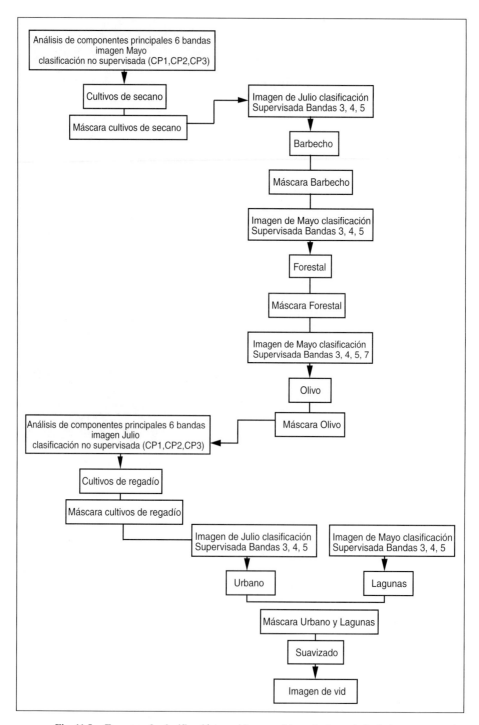

Fig. 11.5. Esquema de clasificación seguido para el inventario agrícola de la zona.

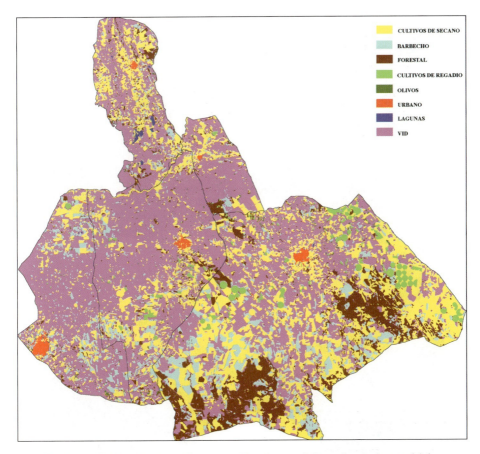

Fig. 11.6. Clasificación de los diferentes cultivos inventariados en los citados municipios.

5.3. Confección de mapas de parámetros agronómicos del viñedo

Los parámetros vegetales más utilizados para determinar el estado fenológico de la vegetación y establecer correlaciones entre ellos y los que se derivan de las medidas de teledetección son el índice de superficie foliar (leaf area index, LAI), cobertura vegetal, altura y biomasa (Cihlar, 1987). Estos parámetros pueden determinarse a escala regional con la ayuda de imágenes de satélite, siempre que previamente se hayan establecido las correspondientes funciones de correlación entre los parámetros agronómicos y las medidas radiométricas dadas por el satélite.

A este efecto se seleccionaron diez parcelas experimentales de viñedo situadas en la zona de Tomelloso del proyecto EFEDA. En todas ellas el suelo es cálcico y la variedad cultivada Airén. Las medidas de altura, biomasa, LAI y cobertura, se realizaron a lo largo del periodo fenológico de la vid y durante los años 1991, 1994 y 1996 por la Universidad de Castilla-La Mancha. Al efecto de caracterizar la fenología de la vid se ha utilizado los códigos fenológicos de Baggiolini (Reynier, 1995), estimando

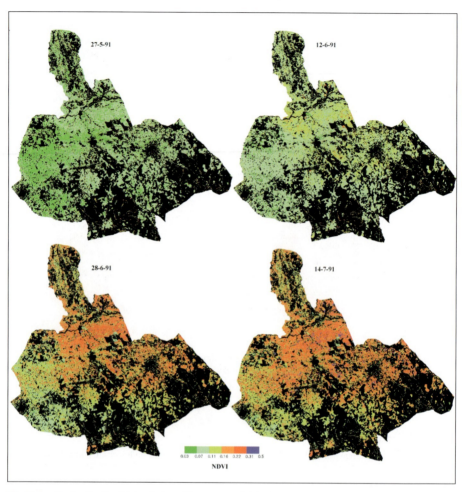

Fig.11.7. Evolución fenológica de la cubierta vegetal del viñedo, determinada a partir de los valores del NDVI, para cuatro fechas de 1991: 27 de mayo, 12 de junio, 28 de junio y 14 de julio.

según ellos el estado durante el cual se realiza el muestreo y los valores medidos se han ajustado a las respectivas curvas sigmoidales (Martín de Santa Olalla, 1994) con el objeto de calcular los valores correspondientes a los días en que se disponía de imagen Landsat.

El seguimiento mediante imágenes de satélite queda limitado a las etapas fenológicas comprendidas entre mayo y julio, donde se centra el periodo de mayor crecimiento de los órganos vegetativos de la planta. En fechas anteriores el recubrimiento del suelo es muy bajo y en las posteriores su variación es muy pequeña ya que se produce una parada en su crecimiento y el agostamiento posterior.

En la figura 11.8 se representan los valores del NDVI de cada una de las parcelas, calculados a partir de las imágenes de satélite, correspondientes a los años

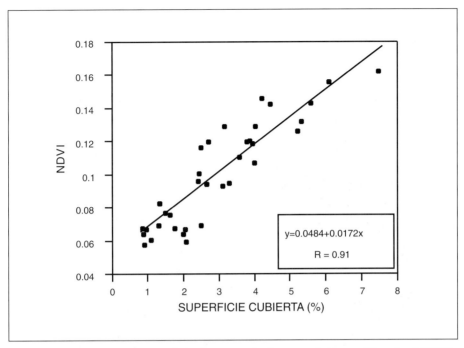

Fig. 11.8. Se representan los valores de diversos parámetros agronómicos medidos y los del NDVI calculados a partir de las imágenes Landsat 5 TM.

1991 y 1996 junto con las medidas de cobertura vegetal, biomasa, altura y LAI obtenidas en las parcelas de estudio. A la vista de las mismas se aprecia como los valores del índice de vegetación varían entre 0,06 y 0,17, el primero típico de suelos desnudos (cálcicos) y el segundo algo bajo, respecto a otras zonas de viñedo donde se llegan a obtener valores del NDVI próximos a 0,25. Para los cuatro parámetros representados el ajuste lineal es bueno, dentro de los límites de variabilidad de los mismos.

De la misma forma y aplicando las funciones de correlación del NDVI con los parámetros agronómicos medidos en las parcelas experimentales, hemos construido un cartografiado de cubierta vegetal, altura, biomasa y LAI del viñedo, que para la fecha del 14 de julio de 1991 damos en la figura 11.9. Con los valores que se representan en la figura anterior tenemos información del estado del viñedo sobre una superficie de unas 174.000 ha y para cada una de las parcelas de viñedo que la componen. El interés de esta información se potencia enormemente cuando se la compara con otros datos (meteorológicos, edáficos, catastrales, etc.), formando con ellos un Sistema de Información Geográfico (SIG). En este SIG puede incluirse información multitemporal, por ejemplo con imágenes de satélite obtenidas en diferentes años, y seguir de esta manera no solo la fenología del viñedo, sino también la variación anual de la superficie dedicada al cultivo del viñedo.

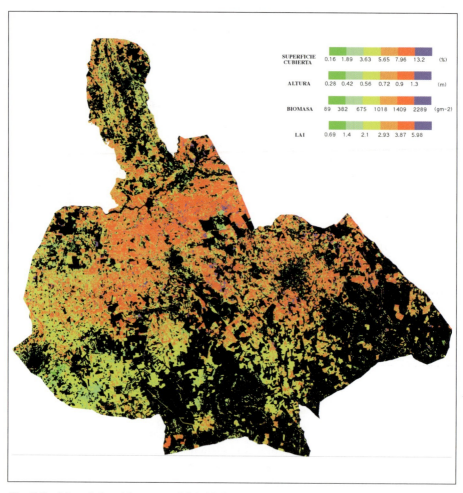

Fig. 11.9. Mapa de la cubierta vegetal del viñedo correspondiente a la fecha de 14 de julio de 1991.

6. Referencias bibliográficas

Bolle, H.J. (editor), 1996. *Desertification processes in the Mediterranean area and their interlinks with the global climate*. Sub-group V: Remote Sensing and Radiometric Properties of the Surface. Assessment of desertification from space (EV5V-CT93-0284). Final Report. Free University of Berlin.
CICYT, 1997. *La I+D en España como instrumento contra la Desertificación*.
Cihlar, J. *et al.*, 1987. Procedures for the description on agricultural crops and soils in optical and microwave remote sensing studies. *Int. J. Remote Sensing*, 8(3): 427-439.
Comisión Europea, 1997, a. *Recent results of EC's climate research*.
Comisión Europea, 1997, b. *Addressing Desertification*.

Lanjeri, S., 1998. *Análisis mediante teledetección de los cambios en el uso agrícola del suelo relacionados con el viñedo en zonas amenazadas de desertificación en Castilla-La Mancha.* Tesis Doctoral. Universitat de València.

Lanjeri, S.; Meliá, J. y Segarra, D., 1998. A multitemporal masking classification method for vineyards monitoring in central Spain. *International Journal of Remote Sensing.* Pendiente de publicación.

López Bermúdez, F., 1990. La gestión del Medio Ambiente en la Comunidad Económica Europea. Cuadernos de Geografía. *Tarraco.,* 6: 143-147.

Martín de Santa Olalla, F. (editor), 1994. *Desertificación en Castilla-La Mancha.* El proyecto EFEDA. Universidad de Castilla La Mancha.

Montero, F.J.; Meliá, J.; Brasa, A.; Segarra, D.; Lanjeri, S. y Cuesta, A., 1998. *Monitoring of vine development under semiarid conditions by using Landsat images according in La Mancha.* 13th International Congress on Agricultural Engineering. Rabat, Morocco.

Reynier, A., 1995. *Manual de Viticultura.* Mundi Prensa. Madrid. 407 págs.

Segarra, D.; Lanjeri, S.; Brasa, A.; Montero, F. y Meliá, J., 1997. *El viñedo en Castilla-La Mancha y su seguimiento mediante imágenes Landsat-5 TM.* VII Congreso Nacional de Teledetección. Santiago de Compostela, España.

Vaughan, R. Editor., 1994. *Remote sensing-from research to operational applications in the new Europe.* Springer-Verlag.

Younis, M.T.; Gilabert, M.A. y Meliá, J., 1997. Weathering process effects on spectral reflectance of rocks in a semi-arid environment. *Int. J. of Remote Sensing,* 18 (16): 3361-3377.

CAPÍTULO XII
EL USO DEL AGUA EN UNA AGRICULTURA SOSTENIBLE

Francisco Martín de Santa Olalla Mañas
José Arturo de Juan Valero

1. Introducción 275
2. El manejo integral e integrado de los recursos naturales 276
   2.1. Conceptos básicos 276
   2.2. Experiencias en la puesta en marcha de ICM 278
   2.3. Actuaciones en el nivel de Cuenca Hidrográfica 279
   2.4. Actuaciones a nivel de explotación agrícola 281
   2.5. Conclusiones 282
3. Eficiencia en el uso del agua 283
   3.1. Eficiencia en el regadío 283
   3.2. Componentes de la eficiencia global del riego 284
   3.3. Acotaciones al WUE 286
   3.4. El uso del agua en el secano 288
4. Técnicas para la mejor gestión del agua en la agricultura 290
   4.1. La programación de riegos 290
   4.2. Los servicios de asesoramiento de riegos 291
   4.3. La teledetección y los sistemas geográficos de información 293
   4.4. El riego deficitario controlado 296
   4.5. Los modelos de ayuda a la toma de decisiones para el manejo del riego. 297
5. Referencias bibliográficas 299

1. Introducción

La lucha contra la desertificación implica un uso sostenible de los recursos naturales, y entre ellos, junto con el suelo y la vegetación, ocupa un lugar destacado el agua. Este capítulo trata de presentar algunas ideas para hacer una utilización racional de ésta en la agricultura.

Cualquier estudioso de esta materia que intente condensar en unas pocas páginas lo más destacable sobre ella, comprobaría, posiblemente con asombro, lo mucho que se ha escrito sobre el tema en los últimos años. Quizá sea unos de los aspectos en que más se ha insistido al hablar de los problemas con que se enfrenta la agricultura del futuro.

El agricultor tiene que hacer frente a desafíos económicos importantes en un mercado cada vez más competitivo y en condiciones de menor protección por parte del Estado; esta batalla económica tiene que librarla en una sociedad cada vez más sensibilizada hacia la degradación del entorno. Incluso para el propio agricultor, mantener los recursos que utiliza en buenas condiciones, es un elemento clave para la propia supervivencia de su explotación.

Hemos tenido que seleccionar, entre un cúmulo de material, aquellos temas de los que íbamos a tratar; estamos muy lejos de pensar que hemos acertado en esa selección. Sencillamente había que hacerlo y lo hemos hecho.

Hemos estructurado el capítulo en tres grandes epígrafes. El primero de ellos está dedicado a los que hemos denominado el «Manejo Integral e Integrado de los Recursos Naturales». Para desarrollarlo hemos utilizado muchas ideas que nos han suministrado nuestros compañeros del Instituto de Hidrología de Wallingford, en el Reino Unido, con quienes hemos mantenido unas de las relaciones más fructíferas de nuestra vida profesional e incluso personal. Al mismo tiempo, la circunstancia de estar trabajando en un ambicioso Proyecto con objetivos que, en gran parte, desarrollan los principios que en el Capítulo se enuncian, aplicados al ámbito geográfico del Sistema Hidrogeológico 08.29 (Mancha Oriental), nos está dando la experiencia imprescindible para ayudar al lector a pasar de la teoría a la práctica.

El segundo apartado está dedicado a la eficiencia del agua en el uso agrícola. Son «infinitas» las páginas de la literatura técnica dedicadas a este tema y, a pesar de ello, extraordinariamente baja la eficiencia con que el agua se utiliza cuando se riega. El camino por recorrer es grande. La aportación más personal que creemos que hemos hecho en este capítulo ha sido la de abordar, bajo este epígrafe, las dos facetas de la eficiencia que nos parecen esenciales. Por un lado la que se refiere al proceso hidráulico, desde que el agua es captada hasta que se pone a disposición de las raíces de las plantas y, por otro, la que se produce durante el proceso fisiológico o más bien agronómico, que tiene lugar cuando la planta toma el agua para con ella formar biomasa. Una parte de ésta será la que el agricultor utilizará como cosecha y de la que depende el rendimiento económico de la explotación.

En el tercer apartado, y bajo el título «Técnicas para una Mejor Gestión del Agua en la Agricultura», hemos realizado una selección de aquellas herramientas que consideramos más relevantes para el fin que estamos estudiando. Posiblemente sea éste el epígrafe en donde hemos sido más osados. En primer lugar porque la selección de los temas a abordar tenia necesariamente que conducirnos a unos pocos entre los muchos existentes, y presentarlos como los más útiles es evidentemente un atrevimiento. En segundo lugar porque en ningún caso nos iba a ser posible describir la técnica con detalle. No podíamos pasar de dar noticia de su existencia y remitir al lector a los textos especializados para conocerla con el nivel de detalle preciso para poder aplicarla; así lo hemos hecho.

Dos han sido los criterios para seleccionar lo presentado: El primero su grado de innovación, evidentemente mayor en unos casos que en otros. El segundo el poder aportar alguna experiencia en su utilización por nuestro grupo de trabajo. Creemos, con clara inmodestia, que los avances que hemos realizado en el campo de la utilización del agua en la agricultura, han sido considerables y no nos hemos podido sustraer a la tentación de presentarlos. Confiamos en que el lector nos perdonará el pecado, y la aportación de nuestra experiencia le será provechosa.

2. El manejo integral e integrado de los recursos naturales

2.1. Conceptos básicos

Las previsiones existentes sobre el uso de los recursos naturales en el siglo XXI destacan una crisis importante en la disponibilidad de agua para amplias zonas de nuestro planeta. Este aspecto ha sido puesto de relieve en numerosos estudios y documentos científicos (Gleick, 1993; Shiklomanov, 1996; FAO, 1997).

Sin embargo, al mismo tiempo, con lentitud pero con firmeza, se va abriendo paso la idea de que esta crisis puede ser amortiguada en gran medida haciendo un empleo más eficiente de los recursos, lo cual parece que únicamente puede lograrse en el marco de un uso integral e integrado de los mismos.

Entendemos el concepto de gestión integral la que corresponde tanto a la gestión de la oferta como de la demanda, y ambas tanto desde una perspectiva socioeconómica como medioambiental. En el caso concreto del agua, la oferta comprende el conjunto de los recursos disponibles, sean éstos superficiales o subterráneos, de primera utilización o provenientes de un proceso de depuración. En casos especiales incluirá también los originados en la desalinización del agua marina. Por lo que respecta a la demanda, junto a la existente para uso agrícolas, la más importante cuantitativamente, es preciso considerar el consumo urbano que tiene naturaleza de uso prioritario, los diversos usos industriales, incluidos los hidroeléctricos, los de carácter medioambiental, tanto en los que se refieren al mantenimiento de ecosistemas como aquellos cuyo destino es de carácter recreativo.

Al referirnos al concepto de integrada queremos indicar el hecho de que es preciso integrar en el proceso a la mayor parte de los agentes económicos y sociales que se verán afectados por el resultado de la utilización de los mismos.

A este tipo de manejo de los recursos se le ha denominado Manejo Integral de Cuenca, «Integrated Catchment Management» (ICM) en la literatura anglosajona, cuyas siglas adoptaremos en lo sucesivo por estar mas admitidas en el lenguaje científico internacional que su equivalente en castellano. Éste ha sido definido por algunos investigadores (Batchelor, 1999) como el manejo coordinado de todos los recursos naturales de una cuenca de forma que puede asegurarse un uso equitativo, sostenible y eficiente de los mismos. Queremos hacer notar que se hace referencia en esta definición al manejo de todos los recursos naturales, incluyendo por tanto no sólo el agua sino también, entre otros, el suelo y la vegetación. Con frecuencia no es posible separar el manejo del agua de la de los restantes recursos naturales.

Es conveniente reflexionar brevemente sobre el significado de los términos, equitativo, sostenible y eficiente.

Equitativo quiere decir que todo el mundo tiene derecho al uso de los recursos naturales de forma justa y de acuerdo con sus necesidades. Significa también que es preciso valorar el hecho de que cualquier uso que se haga del recurso influye y está influenciado por otros usos que se puedan hacer, en muchas ocasiones, de forma separada en el espacio y distante en el tiempo. El manejo integral de una cuenca debe tener en cuenta estas consideraciones para resolver adecuadamente los conflictos que pueden plantearse.

Son muchas las definiciones que existen del término sostenible, cada una de ellas poniendo énfasis en aquellos aspectos que interesa destacar al autor (Pretty, 1995). Cuando se trata del manejo de los recursos naturales parece adecuada la propuesta por FAO (1990): «Un uso sostenible de los recursos naturales es el que está basado en la orientación de los cambios tecnológicos e institucionales de manera tal que puede asegurarse de forma continuada la satisfacción de las necesidades para las generaciones presentes y futuras. Este desarrollo sostenible conserva el suelo, el agua y las plantas así como los recursos genéticos en adecuadas condiciones desde el punto de vista medioambiental, usando técnicas apropiadas, de forma económicamente viable y socialmente aceptable».

El uso de un recurso es eficiente cuando se obtiene la mayor cantidad de producto posible por unidad de recurso utilizado. Al análisis de la eficiencia en el uso del agua en la agricultura dedicaremos un apartado específico en este capítulo del libro. Sólo queremos indicar aquí que la eficiencia debe ser interpretada, en primer lugar, en el sentido económico. Los requisitos de equidad y sustentabilidad limitarán esta acepción, imponiendo severas restricciones, que impedirán una interpretación excesivamente próxima al libre mercado en el uso de un recurso natural.

Es necesario también destacar el concepto de «Uso del recurso». Se trata de usar un recurso; de forma adecuada, pero usarlo. En este caso, entrará normalmente en competencia el uso agrícola con el doméstico, el industrial y el medioambiental en sus más diversas acepciones, aspecto este último, que en los países más desarrollados esta adquiriendo una progresiva importancia. Un planteamiento correcto del manejo integral de cuenca debe ser capaz de resolver de forma equitativa, sostenible y eficaz los conflictos que sin duda esta competencia por el uso va a plantear.

Algunas reflexiones finales se refieren a los requisitos básicos precisos para el éxito de un buen Manejo Integral de Cuenca.

En primer lugar es preciso un conocimiento profundo sobre como funciona el Sistema tanto desde el punto de vista físico como socioeconómico. De ahí la importancia de los trabajos de investigación aplicada y de transferencia de tecnología a los que tendremos ocasión de referirnos más adelante.

En segundo lugar, la puesta en marcha de un ICM no implica únicamente una cuestión de planificación hidrológica, por muy fundamentada que esté científicamente y por muy minuciosa que haya sido su elaboración. Es preciso, simultáneamente, poner en marcha mecanismos que impliquen a los usuarios en la toma de decisiones y mantengan activa su participación durante el proceso.

Los niveles de toma de decisiones normalmente tendrán ámbitos geográficos diversos, desde algunos que afectan a la cuenca en su conjunto, hasta otros que se refieren a áreas de características específicas comunes, más o menos reducidas.

2.2. Experiencias en la puesta en marcha de ICM

Aunque el concepto de ICM es relativamente moderno, en la literatura técnica existen ya experiencias de su puesta en marcha tanto con resultados positivos como con menos éxito en algunos casos (Blackmore, 1994; van Zyl, 1995). Aunque en algunos casos estos programas han sabido canalizar bien las justas aspiraciones de muchas comunidades de usuarios, con frecuencia el fracaso ha tenido su origen en no acertar a articular adecuadamente el papel de estas, junto con el de la Administración y de los técnicos, en su puesta en marcha. Uno de los ejemplos de mayor éxito ha sido descrito por Campbell (1994a,b) y Blackmore (1994) en Australia.

De ordinario, junto con el proceso de planificación hidrológica propiamente dicho, es preciso poner en marcha trabajos de investigación y desarrollo que pongan a punto nuevas técnicas de seguimiento y evaluación de resultados, así como programas educacionales que no incluyan exclusivamente una transferencia a los usuarios de los conocimientos técnicos adquiridos, sino también una mayor sensibilización hacia los problemas mediambientales que permita que la sociedad se imponga a sí misma, de forma voluntaria, limitaciones en la utilización de los recursos.

En el desarrollo de estos procesos aparecen a veces elementos perniciosos, como pueden ser, por ejemplo, una burocracia excesiva, influencias políticas que distorsionan los fines iniciales y, con frecuencia,carencia de expertos en este tipo de tareas que tengan costumbre de discutir sus planteamientos con los usuarios (Campbell, 1994a,b).

Australia ha dedicado abundantes recursos económicos a este tipo de iniciativas, lo que no es corriente en un país de condiciones semi-áridas. Experiencias positivas, en regiones con muchos menos recursos, han sido descritas por Batchelor *et al.* (1996) en Zimbabwe.

En la Unión Europea, a pesar de su alto grado de desarrollo y de la existencia de directivas específicas (CEC, 1996a,b), en general existe menos conciencia social sobre estos problemas y las competencias en materia de agua y de recursos naturales, en raras ocasiones están integradas en un sólo organismo. Todavía en muchos casos no está bien definida la íntima relación existente entre el ciclo hidrológico y el manejo del suelo y la cubierta vegetal. Los responsables de la política agrícola carecen, con frecuencia, de la necesaria coordinación con los de la política hidráulica y la planificación territorial. Las asociaciones de usuarios, en muchos países, están poco desarrolladas, particularmente en los del sur, y es evidente que encuentran dificultad para participar en la toma de decisiones cuando ésta se realiza además desde centros muy dispersos, y a veces políticamente enfrentados.

Pretty (1994) ha analizado los diferentes niveles en que puede producirse la participación de los usuarios y las condiciones requeridas para que ésta se haga de forma satisfactoria. Establece siete niveles que van desde una participación pasiva, en que el usuario simplemente es informado de lo que va a ocurrir, hasta una toma de iniciativas por éstos que conduce a movilizaciones o diseño de actuaciones prácticamente de forma autónoma frente a los poderes públicos. Las situaciones intermedias son más frecuentes y en general más efectivas; comprenden diferentes formas de colaboración entre los poderes políticos y las asociaciones de usuarios. En Castilla-La Mancha, Martín de Santa Olalla *et al.* (1999a) han descrito actuaciones de este tipo en el acuífero de la Mancha Oriental.

Al tratar de la participación de los usuarios, con frecuencia, de forma explícita o no, la estamos reduciendo al ámbito local o regional. La participación de éstos puede y debe extenderse, en ocasiones, a ámbitos más amplios que abarquen incluso al conjunto de la Cuenca Hidrográfica. Ya hemos comentado cómo en esta materia, una actuación localizada en el tiempo y en el espacio puede tener consecuencias a larga distancia del lugar en que se realizó o al cabo de espacios de tiempo muy dilatados que pueden superar la decena de años. De nuevo aparece Australia, en el caso de la planificación de la Cuenca del Murray–Darling que tiene una extensión de 1.06×10^6 km^2, como un buen ejemplo de integración de usuarios con diferentes niveles de compromiso en un espacio geográfico tan amplio como España y Francia juntos (Blackmore, 1994).

Sobre los diferentes espacios geográficos en que es posible realizar un manejo integrado de los recursos, están actuando fuerzas diversas tanto de tipo socio-económico (organización del uso del agua, sistemas de tenencia en el cultivo de la tierra, precio del agua, sistemas de comercialización, etc.) como de tipo biofísico (topografía, régimen pluviométrico, vegetación natural, evapotranspiración, tipo de suelos, sistemas de cultivo, etc.), que es preciso definir para poder conocer y en su caso modelizar, cómo actúa el sistema en su conjunto. Batchellor (1999) presenta de forma esquemática todo este conjunto de fuerzas, distinguiendo en cada caso el ámbito geográfico (nacional, regional, cuenca hidrográfica o explotación agrícola) en donde cada factor tiene una incidencia mas acusada.

2.3. Actuaciones en el nivel de Cuenca Hidrográfica

Un ICM debe plantearse si es posible, en primer lugar a nivel de Cuenca Hidrográfica. En algunos casos podría incluso hacerse en un nivel superior, cuando exista entre estas una interdependencia física o económica por la cual una determinada actuación en una de ellas, tenga algún tipo de consecuencia negativa en las restantes.

Los habitantes de las zonas áridas o semi-áridas han tenido tradicionalmente un sentido muy profundo de valor económico y social del agua. La legislación de cada país y las instituciones correspondientes, han sido normalmente las responsables de la asignación y, con frecuencia, también de la gestión de estos recursos. En este proceso ha sido escasa la participación de los usuarios y, en nuestra opinión, a este hecho puede atribuirse los abundantes fracasos y los constantes conflictos, entre otros las llamadas «guerras del agua», que han tenido lugar en los últimos años, dentro y fuera de nuestras fronteras, en épocas en las que ha sido preciso imponer una restricción severa en la utilización de este recurso.

Uno de los casos más dramáticos ocurridos en nuestro país, es el del acuífero Mancha Occidental, dentro del Sistema Hidrogeológico 04.04. Las extracciones de agua no suficientemente controladas en el mismo, han llevado a descensos en los niveles piezométricos superiores a los 40 m, al agotamiento de fuentes y manantiales, a la reducción drástica de la superficie inundada del Parque Nacional de las Tablas de Daimiel, y en algunos años de las propias Lagunas de Ruidera. Es más que dudoso que los beneficios económicos obtenidos, importantes para la Región sin duda, puedan justificar unas consecuencias de esta naturaleza (López Sanz, 1999).

Los habitantes de zonas húmedas, en donde el agua aparece como un factor escaso, entienden la necesidad de mantener este recurso de forma no contaminada. Hoy una de las mayores preocupaciones en países de alto nivel de desarrollo dentro de la Unión Europea, como es el caso de Holanda o Alemania, es el de la contaminación de acuíferos (van der Vlist, 1999).

La incidencia en el medio ambiente del agotamiento o la contaminación de los recursos va sensibilizando, aunque mucho más lentamente, a los usuarios de zonas en donde el desarrollo económico, y en particular el agrícola, dependen esencialmente del agua. Este es el caso de la Cuenca Mediterránea y en particular de España (Martín de Santa Olalla *et al.*, 1999a).

Tanto en unos casos como en otros, hay margen para la actuación, aunque las políticas a aplicar en cada país deben revestir características diferentes. Algo sí debe ser común a todos ellos: la participación de los usuarios debe ser progresivamente creciente. De los siete niveles descritos por Pretty (1994), a que antes nos hemos referido, los resultados son normalmente mejores conforme nos acercamos del nivel uno al séptimo.

Siempre será un objetivo conseguir el uso más eficiente y el mayor beneficio para la sociedad por cada unidad de recurso utilizado. Este beneficio ha de ser medido tanto en términos económicos, lo que es habitual, como en términos sociales y medioambientales, lo que ya no es tan frecuente. En general, es preciso crear un sistema que incentive el uso eficiente del agua y desincentive el abusivo. Si se empleara un sistema de precio del agua, materia que es objeto de debate (Sumpsi, 1994), un sistema que parece eficaz es establecer el precio a un nivel reducido para dotaciones por hectárea moderadas, y a nivel disuasorio cuando se superen los niveles anteriores. En general, el sistema de incentivos y desincentivos, gestionado por los usuarios se está revelando como mucho más eficaz que cualquier sistema de control (Batchellor, 1999). No olvidemos que es imposible «poner puertas al campo».

En el nivel de una Cuenca hay usuarios de naturaleza muy distinta que hacen usos variados del agua. Cada uno de ellos estará dispuesto a pagar precios diferentes por la misma cantidad de recurso. La agricultura, que es la mayor consumidora de agua en zonas de clima árido o semi-árido, con frecuencia no podrá competir en precio con los usos no agrícolas. Es ahí donde deben entrar en consideración factores sociales, medioambientales o de ordenación del territorio, para asignar volúmenes a cada actividad, y entendemos que ésta sí es una tarea en donde los Organismos del Estado deben actuar, ejerciendo su autoridad, ya que disponen de una visión integral del problema y de una autoridad de la que carecen de ordinario los usuarios.

Es interesante conocer la experiencia que presenta Waughray *et al.* (1995), referida a un país en vías de desarrollo, como es el caso de Zimbabwe, en donde las instituciones y usuarios han llegado a asignaciones justas de recursos en un proceso de trabajo coordinado.

Seckler (1996), en esta misma línea, sugiere que las actuaciones a nivel de Cuenca deben ir en las siguientes direcciones:

- Incrementar la producción por unidad de agua evaporada, fundamentalmente en el caso de los usos consuntivos como sucede en la agricultura.
- Controlar los usos que puedan producir algún tipo de contaminación, actuando cuando sea necesario con la máxima severidad.
- Limitar los empleos de agua en situaciones en que, pudiendo ser recuperado el recurso, no lo sea. Este aspecto es crucial en la recuperación de usos urbanos e industriales.
- Reasignación de los recursos desde usos menos productivos a otros de mayor producción, siempre que este tipo de actuaciones no produzca efectos sociales o medioambientales negativos.

Existe un aspecto, que con frecuencia no se tiene en cuenta, y que nos parece importante cuando el problema se aborda a escala de Cuenca. Se trata del papel clave que ejerce la vegetación natural en el reciclado del agua en su propio entorno. Salati y Nobre (1992) indican que aproximadamente la mitad del agua caída en la Cuenca del Amazonas proviene de la evaporación que se produce en sus propios bosques y no de la evaporación del océano.

Algunos autores (Batchellor, 1999) ponen de manifiesto que el riego que se realiza durante los periodos muy secos implica una menor capacidad de reciclar el agua evaporada en la misma cuenca que aquel que se hace en periodos con humedad relativa más alta. Aún siendo cierta esta afirmación, no debemos olvidar que es precisamente en estos periodos más secos, cuando, en las regiones semiáridas, el riego es más necesario y, además, más productivo al existir mayor radiación global.

2.4. Actuaciones a nivel de explotación agrícola

El manejo integrado de los recursos de una Cuenca Hidrográfica debe tener, como consecuencia final, la asignación de una cuota de agua a cada explotación agrícola. Para disponer de esta cuota, esta explotación tendrá un calendario de utilización al que deberá atenerse, pero también una seguridad de que, salvo en situaciones excepcionales, tiene garantía de disponer de este recurso.

En regiones donde el agua es escasa, con muchas probabilidades, el recurso asignado será menor que el utilizado en épocas anteriores. La explotación agrícola del siglo XXI se enfrenta así a un desafío más. Pensamos que podrá hacerlo con éxito. Ello implicará cambios tecnológicos importantes que, por desgracia, no podemos analizar con detalle en el breve espacio de este epígrafe. Estos cambios tecnológicos suponen inversiones, asunción de riesgos y, sobre todo, necesidad de formación en el regante. Existe abundante literatura sobre este tema a la que remitimos al lector; algunos de estos textos aparecen en las referencias de este capítulo.

En otro apartado presentamos un «Modelo multicriterio de ayuda para la toma de decisiones en la optimización del manejo del riego por aspersión»; creemos que es muy útil para este fin. En este modelo hemos trabajado en nuestra Universidad (de Juan *et al.*, 1996; Tarjuelo *et al.*, 1996).

Tratando de dar salida a este tipo de problemas, Tait (1997) presenta tres sistemas agrícolas diferentes, a los que denomina «intensivo», «de precisión» y «orgánico» respectivamente. La actual agricultura intensiva, muy extendida en los países desarrollados, es una gran consumidora y con frecuencia despilfarradora de factores de producción, en este tipo de agricultura se producen a menudo actuaciones abusivas sobre los recursos naturales, en especial la vegetación, la tierra y el agua. Este tipo de explotación debe evolucionar hacia los tipos que Tait denomina «de precisión» y «orgánicos», este último sensiblemente coincidente con la que nosotros denominamos «agricultura biológica». Sin intentar entrar en la polémica, siempre abierta, sobre el interés de esta última, polémica que se desarrolla con frecuencia con escasa base científica, personalmente nos parece más interesante analizar las características que Tait atribuye a esta agricultura «de precisión». En ella, prescindiendo de conseguir en la producción el óptimo técnico, se busca una utilización más equilibrada de los recursos, tratando de que la disminución de la producción sea mínima y el margen bruto se mantenga. Sólo es posible esta estrategia con un elevado nivel tecnológico en el agricultor. Centrándonos en el uso del agua, el margen de actuación es amplio. Como indicaremos al tratar de la eficiencia de los sistemas de riego, en su conjunto, sólo un tercio del agua extraída de sus cauces naturales se pone realmente a disposición de las raíces de las plantas. Esta situación es inaceptable. Son abundantes las técnicas de que dispone el agricultor para que esto no suceda. A algunas de ellas nos referiremos en la segunda parte de este capítulo.

2.5. Conclusiones

El agotamiento de recursos naturales, y en especial el agua, es un hecho constatado en ámplias áreas a nivel mundial, y en estas condiciones la agricultura no es sostenible a medio plazo.

Muchas de las políticas agrarias recientemente desarrolladas, incluidas gran parte de las sucesivas reformas de la Política Agraria Comunitaria (PAC), basadas en el pago al agricultor de subvenciones por superficie, no insisten lo suficiente en la inserción de la actividad agrícola con otras actuaciones en el mundo rural, incentivando al agricultor a un uso adecuado de los recursos naturales, y de forma especial al ahorro del agua donde ésta escasea. Winpenny (1994), en un interesante trabajo sobre el uso del agua como un bien económico, presenta diferentes actuaciones posibles que pueden incrementar el uso eficiente de la misma. Algunas de ellas se refieren a cambios legales en los derechos «de propiedad» sobre el recurso, puestas ya en práctica con éxito en regiones tan secas como el Estado de California, que tratan de potenciar, bajo diferentes fórmulas, como pueden ser los sistemas de mercado del agua, o el establecimiento de sistemas de asignación de cuotas, el mejor aprovechamineto de los recursos escasos.

Wade (1987) abordó, ya hace años, el problema de buscar soluciones cooperativas en el uso de los recursos naturales. Realizó unas reflexiones muy interesantes, utilizables sobre todo para espacios geográficos reducidos. Cada región o Cuenca Hidrográfica debe buscar la forma más adecuada para desarrollar un uso integral e integrado de sus recursos naturales.

Lo que hoy no parece aceptable es actuar de espaldas al problema de su degradación. El legado a las generaciones futuras sería irreparable.

3. Eficiencia en el uso del agua

3.1. Eficiencia en el regadío

El incremento de la demanda de agua para usos agrícolas, y lo limitado del recurso, conduce, sin remedio, a la conclusión de que la agricultura tiene que ser eficiente en su uso, cuando además se trata, como sabemos, de la mayor consumidora de este recurso.

Sobre el concepto de eficiencia se ha escrito quizá más que sobre ningún otro al tratar del uso del agua en la agricultura. Lo que queremos indicar, cuando utilizamos la expresión «uso eficiente del agua en la agricultura», puede comprenderse intuitivamente; el término se hace complejo cuando se intenta profundizar y engloba muy diversas acepciones que se usan, con frecuencia, de forma inapropiada.

En líneas generales, una eficiencia debe medirse en términos de «output» e «input», cuando es posible hacerlo con precisión. En el caso del agua para riego valoraríamos como *input* la que se extrae de su punto de almacenamiento, y como *output* la que se pone a disposición de las raíces de las plantas. Ambas magnitudes pueden ser medidas y obtendríamos, a partir de ellas, una eficiencia global de riego (Eg), que incluiría la que se refiere a los procesos de captación, el transporte, la distribución y la aplicación. Su valor puede oscilar evidentemente entre 0 y 1; por desgracia, en algunos sistemas, no supera el valor de 0,25 (Lujan, 1992). Es decir, en estos casos, las tres cuartas partes del agua que sale de los embalses no se pone efectivamente a disposición de las raíces. En un sistema bien diseñado este valor debe superar el 0,8.

Esta eficiencia recibe a veces otras denominaciones, que en realidad corresponden a la de algunos de los componentes que engloba. Más adelante analizaremos la naturaleza de los mismos y los valores de su eficiencia específica. En la literatura internacional (Steduto, 1996) se expresa en ocasiones como: «Efficient Water-Use».

$$\text{Efficient Water-Use} = e = \frac{\text{Water output}}{\text{Water input}}$$

A partir del momento en que el agua se pone a disposición de las raíces de las plantas comienza un proceso fisiológicamente complejo, en donde el output ya no es el agua sino el CO_2 utilizado en el proceso de fotosíntesis, o la biomasa producida, siendo el input la cantidad de agua recibida. Esta eficiencia ha recibido en los textos especializados el nombre de «Water-Use Efficency», WUE, concepto introducido por Viets (1962). Tanner y Sinclair (1983) realizaron un estudio muy completo sobre la eficiencia en el uso del agua en la producción agrícola, revisado posteriormente (Siclair et al., 1994).

Mientras que el primer proceso es esencialmente hidráulico, el segundo es eminentemente fisiológico o, más propiamente dicho, agronómico (Stanhill, 1986). Su valor ya no oscilará entre 0 y 1; es mucho más difícil de acotar, pues se engloba en todo el proceso de crecimiento y desarrollo de la planta. En teoría, no es posible definir un valor máximo que puede alcanzar (Monteith, 1993). A pesar de que contiene una cierta imprecisión, su uso está muy extendido entre los ecofisiólogos y los agrónomos y admite algunas acotaciones interesantes desde el punto de vista aplicativo, que posteriormente analizaremos. Respetaremos la expresión inglesa WUE precisamente por su difusión y aceptación a nivel internacional.

Se trata de procesos consecutivos, científica y técnicamente muy diferentes. Ambos inciden en el resultado final de forma muy significativa, pero los caminos que es preciso recorrer para mejorar sus valores, y las técnicas que es preciso aplicar, pertenecen a disciplinas bien diferenciadas. El análisis de las mismas entendemos que debe realizarse por separado, aunque evidentemente una mejora integral de la eficiencia del uso del agua en el regadío debe de comprender actuaciones sobre ambos parámetros.

3.2. Componentes de la eficiencia global del riego

Retomando el concepto de eficiencia global de riego (Eg), recordemos que la hemos definido como la relación entre el volumen de agua puesto a disposición de las raíces de los cultivos y el volumen total que se ha extraído del punto de suministro, sea éste un embalse, cauce fluvial o una perforación subterránea. Las referencias disponibles en la literatura técnica sobre los valores de esta eficiencia son variadísimas, oscilando entre 0,1 y 0,9 (Lujan, 1992). Principalmente depende de la distancia recorrida en el proceso, del sistema de riego empleado, de la antigüedad del mismo y su grado de mantenimiento, de la formación del regante, del sistema de pago del agua utilizado y, en ciertos casos, de los usos y tradiciones locales. La disparidad de valores encontrados en evaluaciones llevadas a cabo por diferentes instituciones encargadas de la gestión y organización de los sistemas de riego conducen a una casuística de situaciones casi ilimitadas.

Lujan (1992), en el Centro de Estudios y Experimentación de Obras Públicas (CEDEX), dependiente hoy del Ministerio de Medio Ambiente, ha realizado un interesante análisis de esta eficiencia, tratando de sistematizar la información existente y de formular algunos procedimientos de estimación de la misma, válidos para los diferentes trabajos que comportan la planificación, el diseño y el montaje de los proyectos de riego.

Esta eficiencia global (Eg) se suele descomponer como el producto de una eficiencia de conducción (Ec), de distribución (Ed) y de aplicación (Ea); corresponden a la que se produce en los procesos de conducción y distribución del agua a los agricultores las dos primeras, y de aplicación mediante el sistema de riego la tercera.

La red de conducción, cuando existe, parte de la toma de agua, es de uso comunal, transporta caudales elevados, superiores a los 100 $m^3 h^{-1}$, y no existe en ella tomas directas para riego. En algunas ocasiones se distingue una red primaria única y varias redes secundarias, dependiendo de la topografía del terreno. Las pérdidas de agua en el proceso se pueden producir por infiltración a través de las paredes, muy importantes cuando éstas no están revestidas, por transpiración de la vegetación existente en el cauce y sus proximidades, así como por deficiencias en el manejo de estas conducciones, tales como desbordamientos, errores de distribución, etc.

Cuando el sistema funciona todo él bajo presión, estas pérdidas deben ser reducidas, pero en sistemas de conducción antiguos y mal conservados, las pérdidas en el proceso de conducción alcanzan el 50% del total. Los valores de Ec pueden oscilar entre 0,5 y 0,95. Estos últimos para modernas conducciones bajo presión y de recorrido reducido.

La redes de distribución parten de la red de conducción, normalmente de los canales secundarios, y finaliza en las tomas de agua de las unidades de riego de la parcela. Puede ser colectiva en su totalidad, o tener parte de la misma carácter privado. En los sistemas de riego por gravedad, las causas de las pérdidas agua en la red de distribución son las mismas que en la de conducción. Con mayor frecuencia carecen de revestimiento y, también, son más frecuentes los errores de manejo si el regante no está bien formado. Caso muy diferente es el de los sistemas de riego bajo presión, aspersión o goteo, en donde la red de distribución parte de la estación de bombeo y se distribuye en tubería bajo presión hasta la toma del propio sistema de riego. Si la red está bien diseñada y conservada, las perdidas en este proceso pueden ser casi nulas. En conjunto, la eficiencia de la red de distribución (Ed) se mueve en un rango de valores similar a las de la red de conducción.

La eficiencia de aplicación (Ea) corresponde al tramo del recorrido del agua comprendido entre la toma de la unidad de riego y la zona radicular del cultivo. Existen numerosos trabajos en la literatura técnica que estudian esta eficiencia, tanto referidos a sistemas de riego espefíficos como al conjunto de los existentes (Heermann *et al.*, 1990; Keller *et al.*, 1990; Wolters, 1992; Santos Pereira, 1999).

La terminología utilizada para describir el comportamiento del riego a nivel de parcela incluye normalmente los términos de uniformidad y eficiencia. No existe ningún parámetro que por sí solo sea suficiente para describir el comportamiento del riego, por lo que, de ordinario, se valoran varios parámetros a la vez. La uniformidad del riego indica el grado de igualdad de dosis recibida por los diferentes puntos de la parcela. La eficiencia de riego se suele entender como el porcentaje de agua bruta aplicada que es aprovechada para satisfacer las necesidades del cultivo y las de lavado. Para conocer cómo se realiza la aplicación de agua en un riego y poder identificar y solucionar los posibles problemas de manejo y funcionamiento de las instalaciones, hay que realizar una evaluación del sistema (Tarjuelo, 1999).

En muchos casos, las modificaciones necesarias para la mejora son muy simples y no requieren fuertes inversiones de capital; así, el funcionamiento de un riego por aspersión puede mejorarse variando la presión de trabajo, el tamaño y número de boquillas, la duración de la postura de riego o cambiando el material desgastado. El funcionamiento de un riego localizado puede mejorarse cambiando la duración y frecuencia de riegos, el número de goteros por planta, etc.

En riego por surcos o por escurrimiento libre, el empleo de la técnica de recorte de caudal, la adecuación de la longitud de los surcos y tablares, el empleo de sistemas de recuperación del agua de escorrentía superficial, el riego a pulsos o el riego por cable son claros ejemplos de la mejora que se puede realizar en su manejo. Cabe destacar la gran importancia que una buena nivelación, por ejemplo mediante las técnicas de rayo láser, tiene en la mejora de la práctica de este tipo de riego, que normalmente siempre justifica la inversión necesaria para realizar dichos trabajos (Fereres, 1998).

Un sistema moderno de riego bien diseñado, bien mantenido y bien manejado debe lograr eficiencias de aplicación (Ea) que supere el 0,8 y se acerquen a la unidad.

Existen numerosas mediciones de campo, por ejemplo con sistemas de riego pivot en La Mancha con valores de (Ea) superiores a 0,85 (Montero *et al.*, 1998). Sin embargo, las eficiencias mas elevadas se logran de ordinario con sistemas de goteo cuando están bien diseñados y manejados.

3.3. Acotaciones al WUE

Es conveniente abordar ahora la eficiencia del agua en su utilización por la planta una vez tomada por las raíces.

El correcto uso del WUE requiere concreciones referentes a la escala de tiempo y espacio (Steduto, 1996). Cuando hablamos de WUE-fotosíntesis la escala de tiempo es reducida (min., horas) y la de espacio son la hoja o la planta entera. Si nos referimos al WUE de biomasa las escalas de tiempo son mayores, al menos de una semana, pudiendo referirse al ciclo entero de crecimiento. La de espacio es el conjunto de la planta o la parcela cultivada. Lo mismo sucede en otras acepciones del término. La tabla 12.1, adaptada de Steduto (1996), resume algunas definiciones del WUE de uso más común.

TABLA 12.1
Principales acotaciones del término WUE.

Denominación	Expresión	Escala de tiempo	Escala de espacio
WUE de fotosíntesis	A/T	Minutos, horas	Hoja, planta
WUE de biomasa	Biomasa/ET	Semana, ciclo	Plantas, cultivo
WUE de rendimiento	HI × biomasa/ET	Ciclo	Planta, cultivo

WUE: Eficiencia en el uso del agua; A: Tasa de asimilación neta en la hoja; T: Tasa de transpiración en la hoja; ET: Tasa de evapotranspiración del cultivo; Biomasa: Biomasa producida por encima del suelo; HI (Harvex Index): Indice de cosecha, es decir, relación entre biomasa que se cosecha, y la total producida por la planta.

Por lo que respecta a la WUE de fotosíntesis, existen notables diferencias entre las plantas C_3, C_4 y CAM que como es sabido corresponden a rutas diferentes en la fijación del CO_2. Los valores más bajos se obtienen en las de tipo C_3, grupo al que pertenecen gran parte de las plantas cultivadas (trigo, remolacha, girasol, tomate, etc.), es más alto en las C_4, en donde se encuentra el maíz, el sorgo, la caña de azúcar entre otras, y superior en las CAM, en donde se localizan escasas planta de interés agrícola, como la piña, el agave o algunos cactus. El valor del WUE de fotosíntesis, en las plantas CAM, puede ser 3 ó 4 veces superior a las C_3, y 1,5 ó 2 veces mayor que en las C_4. La mejora que puede esperarse en la WUE de fotosíntesis puede venir principalmente por vía genética, actuando sobre los procesos enzimáticos del metabolismo.

Por lo que respecta al WUE de biomasa, de Witt (1958) analizó la relación existente entre la biomasa acumulada en un periodo y la ET durante el mismo, encontrando una relación lineal. La pendiente variaba para una misma especie con las condiciones ambientales o de cultivo. Cuando el valor de la ET se normaliza, al dividirlo por la ET de referencia (Doorenbos y Pruitt, 1977) se hace más constante dicha pendiente.

La expresión que utiliza es:

$$Biomasa = m \frac{ET_c}{ET_{ref.}}$$

donde ET_c y $ET_{ref.}$ son las evapotranspiraciones de cultivo y de referencia respectivamente.

Esta expresión está muy extendida entre los agrónomos. Existen expresiones con diferentes valores de m según especies que reflejan un comportamiento bastante constante del WUE de biomasa.

El hecho de que tanto la fotosíntesis como la transpiración dependen de la radiación interceptada, y de que el camino para la entrada del CO_2 debe ser compartido con el de salida del vapor de agua, ha sido presentado por algunos autores como una explicación de la constancia del WUE de biomasa para cada especie (Hsiao, 1993a,b). Las posibles mejoras de esta eficiencia pueden venir de la reducción de la evaporación desde el suelo, componente de ET que no usa la planta, o de un incremento en la capacidad de carboxilación en algunas especies a partir de la mejora genética.

Donde existe más posibilidades para la mejora de la eficiencia en el uso del agua en el riego es en la que hemos denominado WUE de rendimiento. Así como en la WUE referente a la biomasa total de la planta existen, al menos a corto plazo, reducidas expectativas de mejora, no parece que se haya alcanzado el límite en el índice de cosecha (HI). Todavía existen numerosas lagunas en el conocimiento de los mecanismos que regulan el reparto de los fotoasimilados y, en concreto, la parte de éstos que se destina al apartado vegetativo de la planta y la que se destina al reproductor, al fruto o la semilla que normalmente son los objetivos de la cosecha. Incluso hay posibilidades de mejora en la relación existente entre la biomasa de la planta que compone el aparato aéreo y las raíces, aspecto este de singular interés en zonas áridas y semi-áridas (Steduto, 1996).

Existen estudios interesantes sobre cómo pueden afectar las condiciones ambientales al valor del WUE. Estos efectos se pueden referir tanto al momento presente, donde la variabilidad del medio es la regla y la homogeneidad la excepción, como al futuro, estudiando la incidencia que el cambio climático puede introducir debido al efecto invernadero con el consiguiente aumento del nivel de CO_2 en la atmósfera (Morison, 1985; Eamus, 1991; Hsiao 1993a; Tyree and Alexander 1993; van de Geing y Goudriaan, 1996).

Se ha discutido sobre el comportamiento del WUE de biomasa en condiciones de estrés hídrico, entre otros, por Hsiao (1982,1993a,b); la variación de la cantidad de radiación total interceptada consecuencia del estrés hídrico, que actúa tanto sobre el nivel de asimilación neta como de la transpiración, parece ser una de las razones del valor relativamente constante del WUE de la biomasa en ambas situaciones. Circunstancias diferentes se dan cuando se estudia el WUE de rendimiento donde existe amplias referencias sobre la incidencia del estrés en el HI, no necesariamente negativa (Martín de Santa Olalla *et al.*, 1994a,b).

Un campo todavía con abundante materia por explorar es la incidencia de algunos otros factores (nutrientes, salinidad, etc) sobre la variación del WUE. El efecto de la fertilización nitrogenada ha sido abordada entre otros por Field *et al.* (1983) y Jones *et al.* (1986), quedando todavía numerosas incógnitas por despejar. Algo similar ocurre con el efecto de salinidad abordado por Lea-Cox y Syvertsen (1993) y Richards (1992). Los resultados son con frecuencia contraindicatorios, y tienden más bien a mostrar una constancia en el WUE que variaciones sensibles en uno y otro sentido.

3.4. El uso del agua en el secano

En condiciones de cultivo en secano existen muy limitadas posibilidades de mejorar la disponibilidad de agua para el cultivo. Esta depende de la humedad almacenada en el suelo y de la lluvia caída durante el periodo de crecimiento. Sustancialmente se reduce a incrementar el agua disponible reduciendo las pérdidas y a mejorar la eficiencia en el uso de ésta (Loomis, 1983).

Del total de agua que una parcela recibe por precipitación, una parte de la misma se pierde a través de procesos de escorrentia, drenaje o por evaporación directa desde la superficie desnuda; el resto queda almacenado en la zona radicular y puede ser extraída por la planta, bien por el cultivo en ese momento implantado o por algunos de lo que le sigan en la rotación.

Modificando la expresión de Passioura (1977), se puede establecer que la producción, en estas condiciones de aportación limitada de agua, se puede expresar como sigue:

$$P = T \times WUE \text{ (biomasa)} \times HI$$

Donde P es la producción de cosecha y T el agua transpirada. Tanto WUE (biomasa) como HI han sido ya definidos. Su producto lo hemos denominado WUE rendimiento. La mejora de los tres factores que integran la expresión anterior, y que son relativamente independientes entre si, incrementa la producción.

La evaporación y la escorrentia son las mayores pérdidas en el balance de agua en las regiones áridas y semi-áridas. Diferentes técnicas agronómicas, entre ellas el recubrimiento del suelo con materiales naturales, cubiertas vegetales, pajas, etc, o industriales como plásticos, contribuyen sensiblemente a la retención de una mayor cantidad de agua a disposición de las raíces.

López Bellido (1998), a partir del trabajo de Stewart y Steiner (1990), realiza una revisión de las técnicas agronómicas para mejorar la eficiencia del agua en el secano; muchas de estas técnicas pueden ser igualmente útiles para el regadío. Aunque remitimos al lector a los textos anteriormente citados, para un estudio más detallado, resumimos aquí los aspectos que nos parecen más importantes. El primero de ellos se refiere a la elección adecuada del calendario de cultivos, que puede ser diseñado más eficazmente explotando adecuadamente el potencial climático. Una de estas técnicas es la de cultivar en épocas menos cálidas y más húmedas para reducir la transpiración. En esta línea, López Bellido (1998) presenta algunas comparaciones entre cultivos sembrados en otoño e invierno en el caso del altramuz (*Lupinus albus* L.), garbanzo y remolacha en Andalucía. En algunos casos, la elección del cultivar puede ayudar, aunque los avances de la genética para mejorar la eficiencia en el uso del agua han sido escasos. La profundidad y actividad del sistema radicular hace que algunas especies herbáceas como el girasol sean capaces de extraer agua de hasta dos metros de profundidad y otras sólo lo hagan de los primeros centímetros del suelo. Su resistencia ante el estrés hídrico es por tanto muy diferente.

La elección de la densidad de planta óptima es un elemento clave en el aprovechamiento del agua por la planta. En general, las altas densidades aprovechan mejor el agua que las bajas. López Bellido (1998) presenta ejemplos de parámetros de producción para diferentes densidades en trigo y maíces cultivados en el Valle del Guadalquivir.

Un aspecto muy interesante es el de la relación entre el uso de fertilizantes, de forma especial el nitrógeno, y la eficiencia en el uso del agua. El rápido desarrollo de la parte vegetativa del cultivo dependiente en gran medida del nitrógeno tomado por la planta en la primera fase de su crecimiento, mejora el reparto de la ET en favor de la T. En áreas o años de lluvia escasa, la respuesta positiva a la fertilización nitrogenada queda limitada a niveles moderados de N (Cantero-Martínez *et al.*, 1995).

El mantenimiento de los residuos del cultivo sobre la superficie del suelo, al efectuar un «mulching» sobre el mismo, es un sistema eficaz de incrementar el almacenamiento de agua. En este hecho están fundamentadas las técnicas de laboreo reducido o no laboreo. Técnicas estudiadas ampliamente en la década de los años setenta entre otros por la Universidad de Iowa y difundidas en nuestro país por Monsanto (1984). Márquez (1986) ha estudiado la maquinaria adecuada para estos sistemas y López Bellido (1998) presenta ejemplos sobre agua almacenada con diferentes sistemas de laboreo convencional, reducido y no laboreo, tomados de ensayos propios y de Unger *et al.* (1988). Frye *et al.* (1988) aborda el papel de las cubiertas anuales de leguminosas en el uso eficiente del agua y del nitrógeno.

Coincidimos con López Bellido (1998) en que los recursos dirigidos a la mejora de la eficiencia del agua en la agricultura de secano han sido escasos, siendo necesario crear tecnologías adaptadas a las condiciones de cada área. Tal y como este autor indica, la integración detallada de los datos agroclimáticos con las características de los suelos es esencial para prever la evolución de las reservas de agua y por lo tanto las posibilidades de que pueda extraerla el cultivo. El desarrollo de estas técnicas puede ser, así mismo, de aplicación en zonas de regadío con recursos hídricos limitados, o irregularmente repartidos durante la campaña de riego. En estas condiciones de regadío, el desarrollo de los ciclos del cultivo de forma que puedan aprovechar la precipitación efectiva de la mejor forma posible es un medio capaz de mejorar la eficiencia del agua que se aporta por el riego. Este es el fundamento de los denominados «riegos de apoyo», muy desarrollados en zonas que disponen de agua abundante en primavera pero donde ésta es insegura durante el verano. En este sentido, Fereres (1998) hace unas comparaciones interesantes entre los requerimientos de agua para riego en Andalucía Occidental para cultivos de ciclos fenológicos diferentes, tales como trigo, maíz, algodón y arroz.

4. Técnicas para la mejor gestión del agua en la agricultura

4.1. La programación de riegos

En nuestra opinión, la herramienta más eficaz de que dispone el agricultor par hacer un uso más eficiente del agua que le ha sido asignada es aplicar un método adecuado de programación de riegos. Programar bien el riego es responder adecuadamente a dos preguntas básicas: cuándo se debe regar y con qué cantidad de agua es preciso hacerlo. Responder a la primera es determinar el periodo de riego, hacerlo a la segunda es definir el volumen. Llamamos por tanto periodo al tiempo transcurrido entre dos aplicaciones de agua y volumen a la cantidad puesta a disposición de la planta en cada aplicación.

No podemos en este capítulo abordar con la extensión necesaria esta importante técnica. Es muy abundante la literatura existente sobre programación de riegos, siendo difícil hacer una selección para el lector interesado en profundizar en el tema. Nosotros hemos dedicado a esta técnica un capítulo del libro sobre Agronomía del Riego (Martín de Santa Olalla *et al.*, 1993). Destacamos otros textos que nos parecen asequibles a un lector con conocimientos previos en Fitotecnia: Fereres *et al.* (1981), Pereira *et al.* (1996) y FAO (1996).

Refiriéndonos a los objetivos de la programación de riegos, es preciso indicar que ésta puede llevarse a cabo con fines puramente técnicos y también con fines económicos, y lo que es más frecuente, combinando ambos criterios. Podemos determinar el volumen y el periodo de riegos a lo largo del ciclo de un cultivo para lograr la producción máxima; a este tipo de programación la denominamos de criterio técnico puro. Pero también podemos buscar la eficiencia máxima en el uso del agua, es decir, la mayor producción por unidad de agua aplicada, combinado criterios técnicos y económicos. Por fin, desde el punto de vista de la economía del empresario, podemos buscar el máximo beneficio en la aplicación del agua, que como es sabido se logra cuando el beneficio marginal es nulo, es decir, cuando el coste de la última unidad de agua aplicada iguala al beneficio que produce; normalmente esta será la solución también más adecuada desde el punto de vista medioambiental.

Existen, como vemos, diferentes criterios para programar el riego. Utilizar adecuadamente éstos supone conocer bien la función de producción del cultivo, es decir, la relación que liga el agua aplicada con la producción obtenida. En la medida en que conozcamos estas funciones de producción, o al menos tengamos alguna información sobre la respuesta de la planta a un cierto racionamiento del agua, los métodos de programación de riegos pueden emplearse no sólo con criterios técnicos, lo que se presenta como su aplicación más inmediata, sino también con criterios económicos y medioambientales, ahorrando agua en algunos periodos concretos del desarrollo de la planta. En el epígrafe del Riego Deficitario Controlado insistiremos en este aspecto.

Los métodos de programación de riegos, tradicionalmente se suelen dividir en tres grupos. El primero comprende los que se basan únicamente en el conocimiento del estado hídrico del suelo, en el manejo de la reserva útil (Δw) y del nivel de agotamiento permisible (NAP). Tal es el caso de los métodos que utilizan para ello los bloques de yeso, la sonda de neutrones, los diversos tipos de tensiómetros o, desde hace ya algunos años, los métodos de reflectometría en el tiempo (TDR) más sencillos y precisos. Un segundo grupo están basados en el conocimiento del estado hídrico de la planta, bien de forma directa como es el caso de la cámara de tensión xilemática, o bien a través de su temperatura como indicador del estrés hídrico de la planta. La medición de la radiación emitida en la banda de infrarrojo corresponde a este segundo método, y dentro de él pueden clasificarse los modernos métodos de teledetección, uno de los aspectos del futuro más sugestivos en este campo. En otro apartado posterior nos referiremos con más detalle a este tema. Por fin, la mayoría de los métodos que se aplican en la práctica ordinaria de la programación corresponden al grupo de los basados en la valoración del balance hídrico del conjunto suelo-planta-atmósfera que antes hemos enunciado. Esta valoración puede hacerse para superficies muy reducidas, como es el caso de los lisímetros, o en unidades mayores, parcelas o zonas de riego, con diferentes niveles de precisión.

Es conveniente sin embargo, comprobar, siempre que sea posible, los resultados obtenidos con este método, utilizando otros que dan información puntual del suelo (tensiómetros, sonda de neutrones,etc.) o de la planta (cámara de tensión xilemática, termómetros de infrarrojos, etc.) para comprobar que el estado hídrico real del suelo o de la planta es el que se supone.

El proceso de programar el riego se simplifica si se dispone de un buen programa de ordenador. Existe en el mercado algunos tipos adaptados a diferentes condiciones agroclimáticas y de cultivo. Posiblemente, el más extendido en nuestro país es el denominado «Crop Water», difundido por la FAO. Adaptado a las condiciones semiáridas de la llanura manchega y a la escasa profundidad de su suelo, nuestro equipo de trabajo ha diseñado un programa, relativamente sencillo de manejar, y que venimos utilizando ya desde hace años en los ensayos de riego que realizamos. Los detalles del mismo aparecen en el texto anteriormente mencionado (Martín de Santa Olalla y de Juan, 1993).

4.2. Los servicios de asesoramiento de riegos

La necesidad de utilizar racionalmente un bien tan escaso e importante como el agua, y el interés en reducir costos en los cultivos en el caso del agua para riego, han llevado consigo que, en diversas zonas regables, en todo el mundo se plantee la necesidad de poner en funcionamiento servicios de asesoramiento a los agricultores sobre las necesidades de agua de riego. Por el momento, su puesta en marcha se produce con lentitud.

Estos servicios se basan en el cálculo de la evapotranspiración de un cultivo concreto para una zona determinada y pueden llegar al usuario de diversas formas: desde información generalizada para un área más o menos uniforme, y que cada usuario adapta a su caso particular, hasta la información directa para su explotación. El tiempo necesario para poner a punto el sistema hace que no se pueda improvisar su andadura. Su coste es lo suficientemente elevado para necesitar la ayuda económica de las Administraciones Públicas, sobre todo por las investigaciones necesarias hasta el inicio del Servicio, es decir, hasta que se empiezan a dar datos concretos de consumos de agua. La función social que desempeñan justifica, a nuestro entender, esta ayuda de fondos públicos.

La breve exposición que hacemos en este tema se basa en la experiencia adquirida en la creación del Servicio de Asesoramiento de Riego de Albacete (SARA). Tenemos que agradecer a los técnicos del Instituto Técnico Agronómico Provincial de Albacete (ITAP), de quien depende dicho Servicio, la información necesaria para redactar este apartado. Una vez más remitimos al lector que desee profundizar en esta materia a algunos textos especializados en este tema (López Fuster *et al.*, 1993; ITAP, 1998; Martín de Santa Olalla *et al.*, 1999a).

El SARA fue creado con dos objetivos principales: proporcionar información periódica a los agricultores de la zona sobre los volúmenes de agua que tenían que utilizar en sus cultivos de riego y, en segundo lugar, recoger la máxima información posible sobre el agua que realmente utilizaban tanto aquellos que seguían las indicaciones del SARA como los que no la hacían. Este proceso de retroalimentación del Servicio, con datos de campo reales, es una validación permanente del sistema que consideramos de gran interés. El SARA actúa a través de cuatro etapas:

- Primera etapa: Recoger y procesar los datos meteorológicos que recibe de su torre de observación meteorológica de la finca de Las Tiesas en Barrax (Albacete).
- Segunda etapa: Calcular con estos datos la evapotranspiración de referencia (ETo), normalmente utilizando diferentes fórmulas a fin de poder contrastar sus resultados (Doorenbos y Pruitt 1977).
- Tercera etapa: Calcular las necesidades de agua de los principales cultivos de la zona. Para ello, el equipo técnico del SARA hace un seguimiento permanente de la fenología de los cultivos. El cálculo de la evapotranspiración máxima (Et_m) se realiza siguiendo la metodología de la FAO (Doorenbos y Pruitt, 1977).
- Cuarta etapa: Difusión de los resultados. Se lleva a cabo semanalmente, referida a los datos de los siete días procedentes. La información de tipo general se realiza utilizando los medios ordinarios de comunicación (prensa y radio), así como con contestador telefónico automático.

Existe la posibilidad de realizar una programación de riegos individualizada para aquellos agricultores que opten por esta fórmula. El SARA obtiene, como contrapartida, información sobre el agua efectivamente aplicada por ellos en el riego, eficiencia de su equipo y los resultados obtenidos en la cosecha. En la medida que el uso del ordenador personal se vaya haciendo más común entre los regantes, éstos podrán disponer de todos los datos en tiempo real y realizar su propia programación a partir de información proporcionada por el SARA. En el momento de redactar este texto, el SARA ha iniciado la difusión de sus resultados a través de Internet.

En la actualidad el SARA se ha convertido, en la zona de regadío donde actúa, sensiblemente coincidente con el Sistema Hidrogeológico 08.29 (Mancha Oriental) (IGME, 1980), en un instrumento indispensable para la explotación racional de las reservas de agua del acuífero, y es un elemento de apoyo imprescindible para los planes de explotación que anualmente realiza la Junta de Regantes encargada de su gestión.

Por desgracia, todavía son escasos los servicios de estas características existentes en nuestro país. Pensamos que en el futuro la utilización debe irse generalizando en la medida en que los resultados positivos de los mismos se vayan difundiendo. En nuestra opinión, se trata de un típico servicio de transferencia de tecnología que para tener una base científica rigurosa, debe estar permanentemente apoyado en trabajos de campo.

4.3. La teledetección y los sistemas geográficos de información

El control de las superficies de regadío

El análisis de la evolución de las superficies de regadío en áreas geográficas extensas, por ejemplo, el conjunto de un acuífero, o incluso de una cuenca hidrográfica completa, resulta un elemento de gran utilidad a la hora de evaluar los recursos de agua que se están utilizando, y permite comparar los resultados obtenidos a lo largo del tiempo, o del espacio. La teledetección, mediante el tratamiento de un número reducido de imágenes, resulta una herramienta muy útil para este fin cuando existe la posibilidad de validar la información obtenida mediante comprobaciones de campo.

En nuestro grupo de trabajo hemos llevado a cabo alguna aplicación de esta técnica que consideramos interesante comentar. Se localiza en el Sistema Hidrogeológico 08.29, Mancha Oriental y se ha desarrollado en el marco del proyecto GESMO, financiado dentro del Programa Nacional de Recursos Hídricos (CICYT HID 96-1.373).

Para que la información obtenida por teledetección pueda ser manejada con facilidad es, necesario que ésta se integre en un Sistema de Información Geográfica (SIG). Las posibilidades de los SIG como herramienta de trabajo para este fin han sido puestas de manifiesto por Calera *et al.* (1999a), destacando entre otras las siguientes características:
- Capacidad de integrar y procesar información espacial y temporal proveniente de diferentes fuentes, que pueden tener orígenes tan dispares como las obtenidas mediante trabajo de campo directo y las logradas mediante técnicas de teledetección.
- Capacidad de transformar esta información en mapas que permitan diversas combinaciones mediante un manejo sencillo para los usuarios que los pueden utilizar para fines específicos.
- Capacidad de integrar esta información como un dato de entrada en modelos que representan el comportamiento hidrogeológico de un sistema y, a partir de la información proporcionada por el modelo, generar escenarios diversos que permitan una planificación hidráulica más fiable.

El trabajo desarrollado en el mencionado acuífero comprende diferentes etapas: clasificación de mapas de cultivos con similares demandas hídricas, cálculo de las demandas de agua para riego para cada uno de estos grupos de cultivos, evaluación de los requerimientos totales de agua en una zona piloto, validación de los resultados mediante trabajo de campo, y extrapolación de estos resultados al conjunto del Sistema Hidrogeológico.

Los resultados obtenidos han sido presentados en diferentes Congresos Internacionales en donde asimismo se detalla la metodología seguida. A estos textos remitimos al lector (Martín de Santa Olalla *et al.*, 1998; Martín de Santa Olalla *et al.*, 1999b; Calera *et al.*, 1999b;). La figura 12.1 sintetiza el camino seguido en este tipo de actuaciones.

El proceso anteriormente descrito puede ser aplicado a la comparación de diferentes situaciones, tanto a lo largo del espacio como del tiempo, siempre que se disponga de la información necesaria. El mapa de catastro digitalizado permite distinguir consumos de agua a nivel de explotación agrícola o de un conjunto de ellas, que al formar perímetros definidos puede ser interesante analizar.

Dado que la información que proporciona el Servicio de Asesoramiento de Riegos es posible obtenerla en tiempo real, y se refiere a periodos de tiempo breves, normalmente una semana, existe la posibilidad de realizar mapas de extracciones de agua para un periodo igual o superior a este periodo. De esta forma, se puede disponer de la información para una campaña de riegos completa, un periodo de la misma, o comparar la evolución de las extracciones de años sucesivos. Se trata en definitiva de un instrumento de gran valor para el seguimiento y planificación hidráulica que, en la medida en que la técnica se perfeccione, fundamentalmente en lo que se refiere a una mejor identificación de los cultivos, se logrará mayor fiabilidad en los resultados.

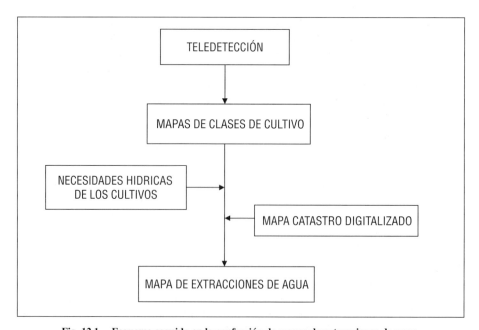

Fig. 12.1. **Esquema seguido en la confección de mapas de extracciones de agua.**

Estimación de la evapotranspiración mediante técnicas de teledetección

Una vía interesante para la determinación de la evapotranspiración a escala regional es el uso de las medidas obtenidas por teledetección y, en este sentido, se han desarrollado diversos modelos, principalmente desde el año 1977 (Delegido y Caselles, 1988).

La evapotranspiración puede ser estimada a escala local con una precisión aceptable, utilizando modelos clásicos; así, se realiza de ordinario en los Servicios de Asesoramiento de Riegos a los que nos hemos referido anteriormente. Sin embargo, los datos que proporcionan estas metodologías no son extrapolables a escala regional. La teledetección se presenta como una herramienta capaz de permitir esta extrapolación.

El cálculo de la evapotranspiración a escala regional es especialmente útil en regiones agrícolas donde el agua escasea, fundamentalmente para la confección de balances hídricos. La metodología utilizada ha sido desarrollada para nuestro país, entre otros, por Caselles y Delegido (1987) y Caselles (1993).

En nuestro grupo de investigación hemos llevado a cabo algunos trabajos de aplicación de esta técnica, enmarcados dentro del proyecto EFEDA, que financiado por la UE, se desarrolló en Castilla-La Mancha durante el periodo 1991-95 con el objetivo general de analizar el proceso de desertificación en zonas amenazadas por el avance de este fenómeno. Los experimentos realizados trataron de poner a punto una metodología sencilla que permitiera realizar un seguimiento diario de la evapotranspiración del maíz (*Zea mays* L.) y de la cebada (*Hordeum vulgare* L.), en la zona de Barrax (Albacete), utilizando imágenes proporcionadas por el satélite NOAA («National Oceanic and Atmospheric Administration») a través del sensor AVHRR («Advanced Very High Resolution Radiometer»). Se utilizaron dos modelos para determinar la evapotranspiración mediante el uso combinado de la teledetección y medidas de tierra, escogidos tanto por su nivel de precisión como por la facilidad para obtener los parámetros que intervienen en ellos. Los trabajos desarrollados, tanto en sus detalles metodológicos como en los resultados obtenidos han sido publicados por la revista Journal of Agricultural Engineering Research (Brasa *et al.*, 1996 y 1998) y fueron, así mismo, objeto de una Tesis Doctoral (Brasa, 1997). A estos textos remitimos al lector. El experimento permitió obtener mapas de evapotranspiración de referencia y de evapotranspiración real para cebada y maíz en fechas clave de primavera y verano.

Desde el punto de vista de la aplicación práctica, dos son los campos en que creemos que ésta puede llevarse a cabo. En primer lugar por utilización directa de los datos obtenidos en la programación de riegos, bien directamente por el agricultor, o más fácilmente a través del Servicio Asesoramiento de Riegos. La disponibilidad de la información y del procesado de las imágenes en tiempo real puede limitar, por el momento, este tipo de aplicación.

Más inmediata nos parece su utilización para el establecimiento de balances hídricos en amplias zonas, pudiendo ser utilizados estos resultados como datos de entrada de modelos hidrogeológicos. En este sentido hemos comenzado a poner a punto la metodología para su aplicación al conjunto del Sistema Acuífero 08.29.

4.4. El riego deficitario controlado

El regante, si no encuentra limitación en la disponibilidad de agua, tiende a satisfacer plenamente las necesidades hídricas del cultivo durante todo el ciclo, de forma que éste permanece en todo momento en situación de evapotranspiración máxima (ETm).

Se ha comprobado en numerosos trabajos experimentales (Hargreaves y Samani, 1984; Mitchell *et al.*, 1984; Chalmers, 1990), que esta situación rara vez corresponde a la de mayor producción. Con frecuencia la planta desarrolla un abundante aparato vegetativo que no se corresponde con una mayor cantidad de cosecha. La producción de biomasa puede ser máxima, pero el índice de cosecha (HI) es inferior al que se hubiera obtenido con una cierta reducción del agua disponible en periodos fenológicos concretos. En estas condiciones de ETm, la eficiencia en el uso del agua (WUE rendimiento) es baja.

Salvando las particularidades de cada especie, herbácea o leñosa, y la naturaleza de la cosecha a obtener (fruto, semilla o raíz), este principio se cumple de forma casi general. Si en la producción meramente cuantitativa, considerarnos además factores de calidad, por ejemplo grasa o proteína en las semillas, tamaño, forma, riqueza en azúcares o en otros componentes orgánicos en frutos, se puede apreciar este hecho con mayor claridad. Únicamente cuando se trata de cultivar forrajes en los que se utiliza la planta entera, una situación próxima a ETm durante todo el ciclo puede ser la más interesante desde el punto de vista de la producción máxima.

Surge, a partir de este principio, la técnica de controlar la alimentación hídrica de la planta según su etapa fenológica, manteniéndola únicamente en situación de ETm en los denominados periodos críticos y reduciendo los aportes fuera de esos periodos. Esta técnica requiere un conocimiento profundo de la fisiología de la planta, para distinguir con precisión aquellas etapas en que una limitación, incluso pequeña, del aporte de agua puede traducirse en una reducción sensible de la cosecha, de aquellas otras en que esta restricción puede llevarse a cabo sin consecuencias negativas, o incluso con efectos positivos.

Normalmente, los periodos críticos se producen durante el periodo de floración y en las primeras etapas de la formación del fruto. En el periodo vegetativo, una reducción controlada en la alimentación hídrica permite equilibrar el desarrollo de la parte aérea y subterránea de la planta, incrementando esta última y limitando el crecimiento de tallos y hojas. De esta forma, la planta desarrolla un aparato vegetativo que puede cumplir su función de producción de fotoasimilados y su posterior transporte a los frutos, pero sin que un exceso de vigor de la planta limite el proceso de fructificación.

Durante el periodo de maduración del fruto tiene lugar la acumulación en éste de las sustancias de reserva. Aquí, el conocimiento preciso de cómo se van almacenando en el mismo nos permite definir los momentos en que puede llevarse a cabo una reducción de la alimentación hídrica, siendo posible prever cual puede ser la incidencia, tanto en la cosecha total obtenida como en la calidad de la misma.

Por lo que respecta a los cultivos herbáceos es posible, para gran número de plantas, determinar la incidencia de estas restricciones sobre los diferentes componentes del rendimiento, número de tallos fértiles, frutos por tallo, semillas por fruto y peso de éstos.

La literatura científica sobre esta materia es muy abundante, tanto en lo que se refiere a los cultivos extensivos como a los intensivos y hortícolas. En nuestro grupo de trabajo hemos realizado experimentos en cebada, girasol y maíz (Martín de Santa Olalla *et al.*, 1992) en cebolla (Martín de Santa Olalla *et al.*, 1994a) en soja (Martín de Santa Olalla *et al.*, 1994b) y estudios comparativos sobre diferentes variedades de girasol (Botella *et al.*, 1997).

Por lo que respecta a cultivos leñosos, la literatura es aún más abundante, si cabe, que en herbáceos. Podríamos decir que la técnica del riego deficitario controlado (RDC) surge de la mano de numerosos ensayos realizados principalmente en frutales de hueso y cítricos en zonas con déficit crónico de agua. Los resultados obtenidos en un proyecto financiado por la UE titulado «Improvement of irrigation efficiency in nut crops in areas with limited water resources» han sido publicados por CEBAS (CESIC) y Mundi-Prensa. A este texto remitimos al lector interesado en el tema (CEBAS, 1995), en donde se incluyen interesantes experimentos sobre melocotonero, almendro y limonero.

Digamos finalmente que la aplicación del RDC requiere el seguimiento de un sistema de Programación de Riegos que implique un control permanente de la humedad en el suelo.

4.5. Los modelos de ayuda a la toma de decisiones para el manejo del riego

Un instrumento de indudable eficacia, aunque por el momento escasamente utilizado, son los modelos de apoyo a la toma de decisiones que se están desarrollando en los últimos años, y que pueden ser utilizados por el regante para decidir sobre el mejor uso que puede hacer de una dotación de agua de riego que le ha sido asignada (Mantovani, 1993). Como ya hemos indicado, muy posiblemente estas dotaciones, al menos en amplias zonas de la Cuenca Mediterránea, serán de ordinario más reducidas en el futuro que lo han sido en el pasado.

A este hecho se unen los constantes cambios que se producen en la política agraria, tanto dentro como fuera de la Unión Europea, que afectan sensiblemente a los precios y a las condiciones de mercado. Además, el agricultor debe tener también en cuenta en la actualidad criterios medioambientales a la hora de tomar sus decisiones. Todo ello tiene como consecuencia que el regante se encuentre cada vez más desconcertado cuando tiene que decidir sus sistemas de cultivos con una dotación de agua más reducida, cuando antes estaba acostumbrado a no tener limitación alguna, existían unas condiciones de mercado estables al ser claramente proteccionistas y no existía, por parte de la sociedad, la sensibilidad hacia la protección del entorno que hoy existe.

Los modelos a los que nos estamos refiriendo, pueden ser complejos en su concepción matemática, pero deben ser sencillos en la ejecución, de forma que puedan ser utilizados por el agricultor. Estos modelos deben requerir datos fáciles de obtener de entrada, y deben conseguir que el regante comprenda de inmediato las consecuencias que se pueden derivar de las decisiones que tome, por ejemplo, en nuestro caso, el sistema de cultivos que elija para aprovechar mejor la dotación de agua que le ha sido asignada.

En nuestro grupo de trabajo se ha desarrollado un modelo con este fin (de Juan *et al.*, 1996; Tarjuelo *et al.*, 1996). Este modelo, como cualquier otro, para convertirse en una herramienta útil para el regante debe ser validado en las diferentes situaciones en que pretenda ser utilizado. Nosotros lo hemos hecho en algunas explotaciones agrícolas del Sistema Hidrogeológico Mancha Oriental. Describimos brevemente las características del mismo remitiendo al lector a las referencias antes indicadas.

Este modelo es capaz de:

- Cuantificar los efectos del riego, utilizando los parámetros que lo definen, sobre el rendimiento de los cultivos.
- Incluir los efectos de las políticas agrarias, y en particular las disposiciones de la Política Agraria Comunitaria (PAC) vigentes en cada campaña.
- Determinar el plan de producción óptimo, cuando en la explotación se tienen restricciones de algún «input», en especial el agua.
- Evaluar planes de producción alternativos, propuestos por los agricultores, técnicos y gerentes de explotaciones agrarias, asesorando a los mismos en la toma de decisiones.
- Realizar un análisis de sensibilidad de las variables que intervienen en el modelo.

Su objetivo es optimizar el uso del agua en la explotación agrícola, asignando cuotas de agua y superficie a cada uno de los posibles cultivos que el regante considere.

La función objetivo será la que maximice el margen bruto de la explotación, cuando está sujeta a una serie de restricciones, como pueden ser, por ejemplo, además de la dotación de agua, la superficie de retirada de tierra señalada por la PAC, superficie máxima que se puede dedicar a un determinado cultivo, etc.

El gran número de factores que entran en juego y la complejidad de las relaciones existentes entre ellos, obliga a realizar un planteamiento global, que contemple conjuntamente los diferentes elementos y sus interrelaciones. El método Target-Motad parece adecuado para ello (Tauer, 1983). Target-Motad proporciona un procedimiento para que el agricultor pueda evaluar y comparar soluciones alternativas bajo distintos supuestos de disponibilidades de agua y otros recursos, en diferentes escenarios, con el objetivo de definir el plan de producción que le proporcione el máximo beneficio económico, para la campaña agrícola venidera. Tauer (1983) define el modelo de Target-Motad con dos variable fundamentales: el riesgo y el rendimiento económico, de forma que para obtener la solución (plan de producción óptimo), el problema se reduce a maximizar y minimizar respectivamente dos funciones objetivo sujetas a una serie de restricciones.

El programa utiliza como datos de entrada diferentes parámetros de riego (coeficiente de uniformidad, dotaciones, precio del agua, etc.), datos referentes a superficies en la explotación y sus restricciones, datos económicos y de producción (efecto del agua sobre el rendimiento, rendimientos potenciales máximos, precios de productos y subproductos, costes de producción, etc.) y series de datos climatológicos en la zona en que se está aplicando. En base a estos datos, el programa define el plan de producción que logra el rendimiento óptimo, el valor económico de dicho rendimiento, el riesgo medio asociado a dicho plan, así como, la sensibilidad de los resultados a las variaciones de los datos de entrada.

5. Referencias bibliográficas

Batchelor, C., 1999. Improving water use efficiency as part of integrated catchment management. *Agric. Water Manage. Special issue.* Vol 40, 2-3: 249-263.

Batchelor, C.; Lovell, C.J.; Chilton, P.J. y Mharapara, I., 1996. *Development of collector well gardens.* 22 nd WEDC Conference, New Delhi, India, 172-174.

Blackmore, D.J., 1994. *Integrated catchement management.* The Murray–Darling Basin Experience. Water Down Under Conf. Adelaide, Australia, Vol I: 1-7.

Botella Miralles, O.; de Juan Valero, J. A. y Martín de Santa Olalla, F., 1997. Growth, development and yield of five sunflower hybrids. *European Journal of Agronomy* 6: 47-59.

Brasa, A.; Martín de Santa Olalla, F.J. y Caselles, V., 1996. Maximun and actual evapotranspiration for barley (*Hordeum vulgare* L.) through NOAA Satellite Images in Castilla-La Mancha, Spain. *J. Agric. Engng. Res.,* 63 (4): 283-293.

Brasa, A., 1997. *Determinación mediante técnicas de teledetección de la Evapotranspiración en Regadíos Extensivos.* Tesis Doctoral. Ediciones de la Universidad de Castilla-La Mancha, Cuenca, 167 págs.

Brasa, A., Martín de Santa Olalla, F. J. y Caselles, V., Jockum, A., 1998. Comparison of evapotranspiration estimates by. NOAA-AVHRR images and aircraf flux measurements in a semiarid regions of Spain. *J. Agric. Engng. Res.,* 70: 285-294.

Calera Belmonte, A.; Medrano González, J.; Vela Mayorga, A. y Castaño Fernández, S., 1999a. GIS tools applied to the sustainable management of water resources. Application to the acuifer system 08.29. *Agric. Water Manage. Special issue.* Vol 40, 2-3: 207-220.

Calera Belmonte, A.; Fabeiro Cortés, C.; Martín de Santa Olalla, F. J.; Ruiz Gallardo, R. y Molina Casanova, B., 1999b. *Monitoring on farm irrigation management by using gis and remote sensing techniques.* 2nd Inter-Regional Conference on Environment-Water. Lausanne, Switzerland.

Campbell, A., 1994a. *Landcare: Communities shaping the land and the future.* Allen and Unwin, Sydney, Australia.

Campbell, A., 1994b. *Community first–Landcare in Australia.* IIED/IDS Conf. «Beyond farmer first: rural people's knowledge, agricultural research and extension», IIED, London, U.K.

Cantero-Martínez, C.; Villar, J.M.; Romagosa, I. y Fereres, E., 1995. Nitrogen fertilization of barley under semi-arid rainfed conditions. *Eur. J. Agron.* 4: 309-316.

Chalmers, D.J., 1990. Control del crecimiento de la planta por la regulación de los déficits de agua y la limitación de la zona de humectación. *Frut* 5: 369-359.

Caselles, V. y Delegido, J., 1987. A simple model to estimate the daily value of the regional maximun evapotranspiration from satelite temperature and albedo images. Int. J. *Remote Sensing,* 8: 1151-1162.

Caselles, V., 1993. *Teledetección:* Aplicación de la determinación de la evapotranspiración. En: F. Martín de Santa Olalla, A. de Juan (Coords.), *Agronomía del Riego.* Mundi-Prensa-UCLM. Madrid. 695-732.

CEBAS, 1995. *Riego deficitario controlado. Fundamentos y aplicaciones.* Centro de Edafología y Biología Aplicada del Segura. Mundi-Prensa. Madrid.

CEC, 1996a. *European Community Water Policy.* Communication from the Commission to the Council and the European Parlament, 32 págs.

CEC, 1996b. *Commission Proposal for a Council Directive Establishing a Framework for a European Community Water Policy.* Consultation Draft. 70 págs.

Coll, C., 1994. *Un modelo operativo para determinación de la temperatura de la superficie terrestre desde satélites.* Tesis Doctoral. Valencia. Universidad de Valencia.

De Juan, A.; Tarjuelo, J.M.; Valiente, M. y García, P., 1996. Model for optimal cropping patterns within the farm based on crop water production funtions and irrigation uniformity. I: Developement of a decision model. *Agric. Water Manage.* 31: 115-143.

De Wit, C.T., 1958. *Transpiration and crop yields, Versl.* Landbouwk. Onderz. 64.6. Institute of Biological and Chem. Res. on Field Crops and Herbage. Wageningen, The Netherlands.

Delegido, J. y Caselles, V., 1988. Revisión de los métodos desarrollado para el cálculo de la evapotranspiración. *Anales de física.* Serie B. 84: 225-233.

Doorenbos J. y Pruitt, W.O., 1977. *Guidelines for predicting crop water requirements.* FAO Irrig. and Drain. Pap. 24 FAO. Rome. Italy.

Eamus, D., 1991. The interaction of rising CO_2 and temperatures with water use efficiency. *Plant Cell Environ.* 14: 843-852.

FAO, 1997. *Food production: The critical role of water.* Technical background document 7, Rome. Italy.

FAO, 1996. *Irrigation Scheduling: From Theory to Practice.* Proceedings of the ICID/FAO Workshop on Irrigation Scheduling, Rome, Italy, September 1995. Ed. ICID, FAO, Water Reports 8, Rome, Italy, 383 págs.

FAO, 1990. *An international action programme on water and sustainable agricultural development: A strategy for the implementation of the Mar del Plata Action Plan for the 1990's.* FAO, Rome, Italy.

Fereres, E. y Puech, I., 1981. *Irrigation Scheduling Guide.* California Departament of Water Resources. Sacramento. California. 212 págs.

Fereres, E., 1998. El agua y la productividad de los cultivos. En: *Agricultura Sostenible.* R.M. Jiménez Díaz y J. Lamo de Espinosa (Coords.), Mundi-Prensa. Madrid.

Field, C.; Merino, J. y Mooney, H.A., 1983. Compromise between water-use efficiency and nitrogen-use efficiency in five species of California evergreens. *Oecologia.* 60: 384-389.

Frye, W.W.; Varco, J.J.; Blevins, R.L. y Smith, M.S. y Corak, S.J., 1988. Role of annual legume cover crops in efficient use water and nitrogen. En: *Cropping Strategies for Efficient Use of Water and Nitrogen.* W.L. Hargrove (ed.). American Society of Agronomy, Madison. Wisconsin, pp.129-154.

Gleick, P.H., 1993. *Water in Crises.* A Guide to the World's Freshwater Resources. Oxford University Press. 473 págs.

Hargreaves, J.E. y Samani, Z.A., 1984. Economic considerations of deficit irrigation. *J. Irr. And Drainage Eng.* 110: 343-358.

Heermann, D.F., Wallender, W.W. y Bos, G.M., 1990. Irrigation efficiency and uniformity. En: *Management of farm irrigation system.* G.J. Hoffman, T.A. Howell and K.H. Solomon (eds.). ASAE. St Joseph. pp. 125-149.

Hsiao, T.C., 1982. The soil-plant-atmosphere continuum in relation to drought and crop production. En: *Drought Resistance in Crops, with Emphasis on Rice.* International Rice Research Institute, Los Baños. Philippines. pp. 39-52.

Hsiao, T.C., 1993a. Effects of drought and elevated CO_2 on plant water use efficiency and productivity. En: *Global Environment Change.* M.B. Jackson and C.R. Blanck (eds.), Interacting Stresses an Plants in a Changing Climate, NATO ASI Series I, Springer-Verlag, Berlin, Heidelberg. New York. pp. 435-465.

Hsiao, T.C., 1993 b. Grown and productivity of crops in relation to water status, *Acta Hortic.* 335: 137-148.

IGME, 1980. *El Sistema Hidrogeológico de Albacete (Mancha Oriental).* Instituto Geológico y Minero de España Madrid.

ITAP, 1998. Servicio de Asesoramiento de Riegos de Albacete (SARA). *Boletín del Instituto Técnico Agronómico Provincial de Albacete (ITAP).* 35 (número especial). Albacete. España.

Jones, J.W.; Zur, B. y Bennet, J.M., 1986. Interactive effects of water and nitrogen stress on water vapour exchange of corn canopies. *Agric. For. Meteorol.* 38: 113-126.
Keller, J. y Bliesner, R.D., 1990. *Sprinkle and tickle irrigation.* AVI Book. Van Nostrand Reinhold. New York.
Lea-cox, J.D., Syvertsen, J.P., 1993. Salinity reduces water use and nitrate-N-use efficiency of Citrus. *Annals of Botany* 72: 47-54.
Loomis, R.S., 1983. Crop manipulations for efficient use of water: an overview. En: *Limitations to Efficient Water Use in Crop Production.* H.M. Taylor, W.R. Jordan, T.R. Sinclair (eds.). ASA, CSSA, SSSA, Madison, Wisconsin. pp. 345-374.
López Bellido, 1998. El uso del agua en los sistemas agrícolas mediterráneos. En: *Agricultura Sostenible.* R.M. Jiménez Díaz y J. Lamo de Espinosa (Coords.). Mundi-Prensa. Madrid.
López Fuster, P. y López Córcoles, H., 1993. Servicio de Asesoramiento de Riegos. En: *Agronomía del Riego.* F. Martín de Santa Olalla y J.A. de Juan Valero (Coords.). Universidad de Castilla-La Mancha. Mundi-Prensa (Edit.). Madrid.
López Sanz, G., 1999. Irrigated agriculture in the Guadiana River high basin (Castilla-La Mancha, Spain): environmental and socioeconomic impacts. *Agric. Water Manage.* Special Issue. Vol 40, 2-3: 171-181.
Luján García, J., 1992. *Eficiencia del riego.* Centro de Estudios y Experimentación de Obras Públicas. Cedex. Ministerio de Obras Públicas y Transporte. Madrid.
Mantovani, E.C., 1993. *Desarrollo y evaluación de modelos para el manejo del riego: estimación de la evapotranspiración y efectos de la uniformidad de aplicación del riego sobre la producción de cultivos.* Tesis doctoral. Universidad de Córdoba, España.
Márquez, L., 1986. *Utilización de la maquinaria en los sistemas de laboreo de conservación.* I Simp. sobre Mínimo Laboreo en Cultivos Herbáceos. Madrid.
Martín de Santa Olalla, F.; de Juan Valero, A. y Tarjuelo Martín–Benito, J.M., 1992. *Respuesta al agua en cebada, girasol y maíz.* Instituto Técnico Agronómico Provincial y Universidad de Castilla-La Mancha. Albacete, España.
Martín de Santa Olalla, F.; de Juan, A. y (Coords.), 1993. *Agronomía del Riego.* Mundi-Prensa-UCLM. Madrid, 732 págs.
Martín de Santa Olalla, F.; de Juan, A. y Fabeiro, C., 1994a. Growth and production of onion crop under different irrigation schedulings. *Eur. J. Agron.* 3 (1): 85-92.
Martín de Santa Olalla, F.; de Juan, A. y Fabeiro, C., 1994b. Growth and yield analysis of soybean under different irrigation schedules in Castilla-La Mancha. Spain. *Eur. J. Agron.,* 3 (3): 187-196.
Martín de Santa Olalla, F. J.; Calera Belmonte, A.; Fabeiro Cortés, C.; Ruiz Gallardo, R. y Molina Casanova, B., 1998. Using Remote Sensing Techniques in Monitoring of Irrigation with Groundwater Abstraction. Scientif Conference: Environmental and Technical Problems of Water Management for Sustainable Development of Rural Areas. Varsovia (Polonia). *Journal of Polish Academy of Science,* 458: 411-421.
Martín de Santa Olalla, F.; Brasa Ramos, A.; Fabeiro Cortés, C.; Fernández González, D. y López Córcoles, H., 1999a. Improvement of irrigation management towards the sustainable use of groundwater in Castilla-La Mancha, Spain. Agric. Water Manage. *Special Issue* Vol 40, 2-3: 195-205.
Martín de Santa Olalla, F. J.; Calera Belmonte, A.; Fabeiro Cortés, C. y Ruiz Gallardo, R., 1999b. Monitoring groundwater abstraction using remote sensing techniques. 17th International Congress on Irrigation and Drainage (ICID 99). Granada (España). Volumen 1-B. *Question,* 48: 21-33.
Mitchell, P.D.; Jerie, P.H. y Chalmers, D.J., 1984. Effects of regulated water deficits on pear tree growth, flowering, fruit growth and yield. *J. Amer. Soc. Hort. Sci.,* 109: 604-606.
Monsanto, A.P.Co., 1984. *Growing for the future.* St. Louis, Missouri, USA.

Monteith, J.L., 1993. The exchange of water carbon by crops in a Mediterranean climate. *Irrig. Sci.* 14: 85-91.

Montero, J.; Tarjuelo, J.M.; Honrubia, F.T.; Ortiz, J.; Carrion, P.; de Juan, J.A. y Calvo, M., 1998. Performance of centre pivot systems in field practice. En: *Water and environment*. L. S. Pereira y J. W. Gowing (eds.). ICID, Lisboa, Portugal.

Morison, J.I.L., 1985. Sensitivity of stoma and water use efficiency to high CO_2, Plant Cell Environ., 8: 467-474.

Passioura, J.B., 1977. Grain yield, harvest index, and water use of wheat. *J. Aust. Inst. Agric. Sci.* 43:117-120.

Pereira, L.S.; van den Broek, B.J.; Kabat, P. y Allen, R.G. (eds.), 1996. *Crop-Water-Simulation Model in Practice*. Select papers of the 2nd Workshop on Crop-Water-Models. Wageningen, The Netherlands. 339 págs.

Pretty, J.N., 1994. Alternative systems of enquiry for sustainable agriculture. IDS, University of Sussex, UK. *IDS Bulletin,* 25, 37-48.

Pretty, J.N., 1995. *Regenerating agriculture: policies and practice for sustainability and self-reliance*. Earthscan, London, UK.

Richards, R.A., 1992. Increasing salinity tolerance of grain crops: Is it worthwhile?, *Plant and Soil.* 146: 89-98.

Salati, E., Nobre, C.A., 1992. Possible climatic impacts of tropical deforestation. En: N. Myers (De.). *Tropical Forest and Climate*. Kluwer Academic Publishers, The Netherlands, pp. 177-196.

Santos Pereira, L., 1999. Improvement of farm irrigation performances, a combination of water application and irrigation sheduling practices. *Agr. Water Manage. Special Issue,* Vol 40, 2-3: 153-169.

Seckler, D., 1996. *The new era of water resources management: from «dry» to «wet» water savings*. Research report 1, Colombo, Sri Lanka: International Irrigation Management Institute.

Shiklomanov, I.A., 1996. *Assessment of water resources and water availability in the world*. State Hydrological Institute, St. Petersburg, Russian Federation.

Sinclair, T.R.; Tanner, C.B. y Bennet, J.M., 1994. Water-use efficiency in crop production. *Bio-Science,* 34:36-40.

Stanhill, G., 1986. Water use efficiency. *Advances in Agronomy,* 39: 53-85.

Steduto, P., 1996. Water use efficiency. En: *Sustainability of irrigated Agriculture*. L.S. Pereira, R.A. Feddes, J.R. Gilley, B. Lesaffre (Coords.). NATA ASI Series E: Applied Sciences. Vol. 312. Kluwer Academic Publishers. London, UK.

Stewart, B.A. y Steiner, J.L., 1990. Water-use efficiency. pp.151-173. En: *Dryland Agriculture. Strategies for Sustainability*. R.P. Singh, J.F. Parr y B.A. Stewar (eds.). Springer-Verlag. Nueva York, USA.

Sumpsi, J.M., 1994. El régimen económico financiero del agua y la agricultura. *Revista de Estudios Agrosociales,* 167: 59-88.

Tait, J., 1997. *Sustainable development of intensive agriculture*. Int. Sustainable Development Res. Conf., Manchester, UK.

Tanner, C.B. y Sinclair, T.R., 1983. Efficient water use in crop production: Research or research?. En: *Limitations to Efficient Water Use in Crop Production*. H.M. Taylor et al. (eds.). ASA, CSSA, SSSA, Madison, Wisconsin, USA. pp. 1-27.

Tarjuelo, J.M., 1999. *El riego por aspersión y su tecnología*. Mundi-Prensa. Madrid, 569 págs.

Tarjuelo, J.M.; de Juan, A.; Valiente, M. y García, P., 1996. Model for optimal cropping patterns within the farm based on crop water production functions and irrigation uniformity. II: A case study of irrigation scheduling in Albacete, Spain. *Agric. Water Manage*. 31: 145-163.

Tauer, L.M., 1983. Target-Motad. *Amer. J. Agric. Econ.* 65: 606-610.

Tyree, M.T. y Alexander, J.D., 1993. Plant water relations and the effects of elevated CO_2: a review and suggestions for future research. *Vegetation* 104/105: 47-62.

Unger, P.W.; Landgdale, G.W. y Papendick, R.I., 1988. Role of crop residues. Improving water conservation and use. En: *Cropping Strategies for Efficient Use of Water and Nitrogen.* American Society of Agronomy. Madison, Wisconsin,USA, pp. 69-100.

Van de Geijn, S.C. y Goudriaan, J., 1996. The effect of elevated CO_2 and temperature change on transpiration and crop water use. En: *Global Climate Change and Agricultural Production.* F. Bazzaz y W. Sombroek (Coords.). FAO and Wiley (ed.) Roma. Londres.

Van der Vlis, M.J., 1999. Blue node concept: a regional water management strategy. *Agric. Water Manage. Special Issue,* Vol 40, 2-3: 265-273.

Van Zyl, F.C., 1995. Integrated catchment management: is it wishful thinking or can it succeed? *Wat. Sci. Tech.,* 32: 27-35.

Viets, F.G. Jr., 1962. Fertilizers and the efficient use of water. *Advances in Agronomy* 14: 223-264.

Wade, R., 1987. *The Management of Common Property Resources: Finding a Cooperative Solution.* Research Observer, 2:2, IBRD.

Waughray, D.K.; Mazanghara, E.M.; Mtetwa, G.; Mtetwa, M.; Dube, T. y Lovel, C.D., Batchelor, C.H., 1995. *Small-scale irrigation using collector wells: Return-to-households survey.* IH report ODA 95/13, Institute of Hydrology, Wallingford, UK, 107.

Winpenny, J., 1994. *Managing water as and economic resource.* Routledge, London, UK, 133.

Wolters, W., 1992. *Influences on the Efficiency of Irrigation Water Use.* ILRI Public. N.° 51. ILRI, Wageningen, The Netherlands.

CAPÍTULO XIII
CONSERVACIÓN Y MEJORA DE BOSQUES

Antonio del Cerro Barja
José Manuel Briongos Rabadán

1. Los bosques 307
2. Estrategia Básica n.º 1: Gestión y manejo de bosques 307
3. Estrategia Básica n.º 2: Restauración de bosque degradados 311
4. Estrategia básica n.º 3: Reforestación 312
   4.1. Introducción 312
   4.2. La elección de especie 313
   4.3. El seguimiento 318
5. Estrategia Básica n.º 4: Aplicación del programa de forestación de tierras agrarias 318
6. Referencias bibliográficas 320

1. Los bosques

Los sistemas forestales en general, y en particular los bosques, desempeñan un papel fundamental en la lucha contra la desertificación, como ya se ha puesto de manifiesto en el Capítulo IX, al resaltar la función protectora del bosque. A continuación se exponen una serie de ESTRATEGIAS BÁSICAS que son absolutamente necesarias desarrollar para fomentar que el bosque actúe plenamente como un poderoso freno frente al avance imparable del desierto en muchas de las regiones áridas y semiáridas del Mundo. Estas Estrategias que se han denominado Básicas son:
- Gestión y manejo de bosques.
- Restauración de bosques degradados.
- Reforestación.
- Aplicación del Programa de forestación de tierras agrarias.

2. Estrategia Básica n.° 1: Gestión y manejo de bosques

Desde principios del siglo XIX se viene explicando en las Escuelas Forestales de Alemania (la Escuela Forestal de Tharandt, en Sajonia, fue la más famosa) una disciplina que en España se denomina *Ordenación de Montes*, que en los países anglosajones llaman *Forest Management* o *Timber Management* (Clutter *et al.*, 1983) cuando se trata de bosques productores de madera y que en lengua francesa se conoce con el nombre de Aménagement des Forêts (Office National des Forêts, 1989) y que constituye junto con la Silvicultura el núcleo fundamental de la profesión de Ingeniero de Montes.

Una buena definición de Ordenación de Montes, que también se la puede denominar en un lenguaje más académico Dasocracia, es la que Mackay (1961), eminente catedrático de la Escuela Técnica Superior de Ingenieros de Montes de Madrid, primera que se creó en España, incluyó en su obra *Fundamentos y Métodos de la Ordenación de Montes*. Según Mackay es la «ciencia de síntesis, que planifica y organiza la producción forestal conforme a las leyes económicas, sin infringir las biológicas que la investigación selvícola y epidométrica revelan». Originaria de Centroeuropa, la ordenación clásica ha dado lugar con el transcurso del tiempo a un cuerpo de doctrina más flexible que incluso se puede aplicar con ciertas restricciones en los países de la Cuenca del Mediterráneo. Para Madrigal (1994a), las restricciones mediterráneas se deben fundamentalmente a la heterogeneidad e inestabilidad de estos montes y al escaso rendimiento económico directo o en productos (madera, leñas, pastos, miera, etc.), propio de los montes mediterráneos. En la actualidad, en muchos de nuestros montes sólo podemos hablar de gestión técnica o manejo de los mismos, pues la aplicación de métodos de ordenación rígidos propios de países con climas abundantes en precipitaciones, buenos suelos y con tasas de erosión casi nulas, se hace prácticamente imposible.

De acuerdo con las Instrucciones Generales para la Ordenación de Montes Arbolados aprobadas en 1970 por la Dirección General de Montes, Caza y Pesca Fluvial del Ministerio de Agricultura y publicadas en 1971, la Ordenación de Montes tiene como objetivo fundamental el de la persistencia, conservación y mejora de las masas forestales, lo que significa que el hombre puede aprovecharse de los bienes y servicios que ofrece el monte, pero teniendo en cuenta que el aprovechamiento ha de ser sostenible y que los recursos que maneja son renovables siempre y cuando no se produzca el agotamiento del ecosistema en que se han generado. De lo contrario la explotación irracional de recursos naturales tan frágiles como los bosques, que están expuestos al efecto devastador de los incendios forestales, al ataque de destructoras plagas de insectos y a diversas patologías de origen biótico y abiótico, conduce directamente a su esquilmación.

En la ordenación de los montes es preciso el establecimiento de un plan a largo plazo (Plan General), de planes a medio plazo (Planes especiales de 10 años de duración) y de planes a corto plazo (Planes anuales) para conseguir los objetivos propuestos.

La inclusión de los planes generales viene justificada por el denominado plazo de formación del producto, que en el caso de la mayoría de las ordenaciones madereras es muy largo si se le compara con los plazos de la producción agrícola o ganadera. Otra importante peculiaridad de la Ordenación de montes es que normalmente los bosques tienen un uso múltiple, donde han de coexistir con mucha frecuencia la finalidad productora con la protectora, la recreativa, la didáctica y la social.

Tamames (1989) considera que la causa fundamental por la cual el 50% de la superficie de España que es de uso forestal sólo aporta el 5% del producto final agrario, hay que encontrarla en la situación que en la actualidad tienen nuestros montes: «en su mayor parte desarbolados, desordenados y aprovechados de forma rudimentaria y antieconómica». Esta aseveración de Tamames requiere una matización, pues aunque es verdad que muchos de nuestros montes arbolados están desordenados, hay terrenos forestales desarbolados en España que por su peculiar topografía, por la escasez de sus suelos y por la adversidad del clima (sobre todo son limitantes las escasas precipitaciones de las regiones áridas y semiáridas), son incapaces de albergar masas forestales. Por otra parte hay terrenos de uso forestal que están desarbolados desde hace siglos, lo que evidencia la dificultad que existe para la repoblación forestal. Muchas de nuestras zonas deforestadas lo están desde hace más de dos siglos, como puso de manifiesto Ponz en tiempos de Carlos III en su *Viaje por España* (Tamames, 1989). La Historia Natural de España revela la existencia de frondosos bosques en los siglos de la dominación romana y el declive forestal que se inició con la Reconquista en la España musulmana. Bauer (1980), cita que *La crónica de Albelda* cuenta cómo las tropas del Rey, después de una expedición contra los invasores musulmanes, «convirtieron la tierra en un yermo hasta el Duero», en referencia a la desoladora deforestación que sufrieron las Tierras de Toro y de Campos, al norte de Valladolid, en el reinado de Alfonso I de Castilla.

En la época actual, con los avances de la Dasometría (ciencia que se ocupa de la medición de árboles y de las masas forestales), la Estadística, la Informática y las Técnicas de Fotogrametría y Teledetección, la aplicación de la Ordenación de Montes es imprescindible para frenar el creciente deterioro de enormes masas forestales y lograr que la desaparición de los bosques sea solo un espejismo. La aplicación correcta de las técnicas dasocráticas, teniendo además hoy en consideración los importantísimos aspectos ecológicos que influyen decisivamente en el desarrollo y evolución de los bosques, ayudará a conseguir de forma racional las materias primas que necesitamos obtener de los mismos y asegurarnos los beneficios indirectos que nos proporcionan.

En España, en muchos lugares de la denominada Iberia Seca que incluye entre otros los montes y bosques mediterráneos no es posible la aplicación de las metodologías clásicas racionalistas diseñadas para la ordenación de extensas masas de coníferas o frondosas del Centro y Norte de Europa, de Rusia, de Siberia, de Canadá y de los Estados Unidos de América del Norte. El cálculo de la posibilidad anual de corta de árboles con corteza se realiza en algunos métodos de ordenación aplicando las denominadas fórmulas racionales (Pita,1982), tales como las derivadas de la Tasa austríaca y Hundeshagen. La aplicación errónea de métodos de ordenación estrictos ha llevado a algunos de nuestros montes a situaciones desesperadas.

Muchas ordenaciones de montes con métodos centroeuropeos han fracasado al realizarse en montes españoles como en la Serranía de Cuenca o en las Sierras de Alcaraz y del Segura (Albacete), al no conseguirse la regeneración que asegura la persistencia de la masa forestal. Concretamente Del Cerro y López Serrano (1991) recomiendan métodos más flexibles para la ordenación de muchos montes de Castilla-La Mancha. En la actualidad, en España ya no se ordenan montes mediante el clásico y centroeuropeo Método de los Tramos Periódicos, Permanentes o Revisables, pues como dice Madrigal (1994a) la mayor parte de los países europeos lo consideran una antigualla, debido a su escasa flexibilidad. Sin embargo se mantiene en aquellos montes donde tuvo éxito. El monte n.º 198 del Catálogo de los Montes de Utilidad Pública de la provincia de Segovia, denominado «Pinar de Navafría», es una manifestación del éxito del método en un bosque de pino silvestre, cuya ordenación data de 1998. La gestión de este monte es paradigmática para los servicios forestales españoles, pues hace cien años era uno más de los que se habían salvado del naufragio forestal que significó la Desamortización y hoy es el auténtico buque insignia de los montes ordenados de España (Comunidad de Villa y Tierra de Pedraza *et al.*, 1998). El Pinar de Navafría es la demostración de cómo mediante un aprovechamiento reglado y sostenido, un monte se mantiene a lo largo del tiempo, sin perjuicio para la mejora y conservación de la masa forestal. En la fotografía 13.1 puede verse una panorámica de dicho monte.

En los montes donde fracasó este método, se ha cambiado muchas veces al Método del Tramo Móvil en Regeneración. El Monte denominado «Cabeza de Hierro» en Rascafría (Madrid), cuya propiedad pertenece a la Sociedad Anónima Belga de los Pinares de El Paular, y el Pinar de Valsaín en La Granja de San Ildefonso (Segovia), de titulari-

Foto 13.1. **Vista parcial del monte «Pinar de Navafría» (Segovia).** (Alcaide, 1999).

dad pública y administrado por el Organismo Autónomo Parques Nacionales del Ministerio de Medio Ambiente, son dos ejemplos notables de una filosofía forestal de cambio y adaptación al método más idóneo en bosques de pino silvestre con regeneración difícil.

En los montes y bosques mediterráneos es necesario elaborar planes de gestión o manejo forestal, no tan ambiciosos ni exhaustivos como los proyectos de ordenación clásicos, para poder tratar ecosistemas que si no son tan productores de biomasa como los grandes bosques atlánticos o la taiga, sí son muy ricos en biodiversidad, parámetro que hoy tiene una enorme relevancia ecológica y del que no se puede prescindir en los estudios biológicos del medio ambiente natural. La mera existencia de muchas masas forestales mediterráneas (bosques de pino carrasco —*Pinus halepensis*—, de pino piñonero —*Pinus pinea*—, de pino rodeno —*Pinus pinaster* ssp. *mesogeensis*— sabinares de sabina albar —*Juniperus thurifera*—, etc., presentes en la Península Ibérica) es ya suficiente para aplicar gestiones encaminadas a la conservación y mejora de las mismas sin importarnos cuál es su balance económico. Por ello en nuestra opinión, es muy recomendable que las administraciones públicas sean propietarias de montes, sobre todo de aquellos cuya producción no va nunca a compensar las inversiones realizadas.

El eminente catedrático de Ordenación de Montes Agustín Pascual, primer maestro de la Dasonomía en España, decía textualmente en 1855: «sólo el Estado es el que puede disponer de la plenitud de los medios únicos de garantizar la conservación y el regular y metódico rendimiento de los montes, y que por consecuencia y como objeto de conveniencia pública y universal debe revertirle por los medios legales su dominio y administración».

Ya en los albores del siglo XXI, creemos que es válida esta filosofía forestal, aunque está por demostrar, si un sistema de incentivos a los particulares, forzaría a que estos gestionasen sus montes con sistemas más rentables que en la actualidad.

En España, aproximadamente el 65% de los montes son de titularidad privada y el 35% restante pertenece a las distintas administraciones públicas: Ayuntamientos, Comunidades Autónomas, Diputaciones Provinciales, Cabildos Insulares de las Islas Canarias y el Estado, que a través del Organismo Autónomo Parques Nacionales del Ministerio de Medio Ambiente, posee la titularidad de la finca «La Almoraima» (Castellar de la Frontera, Cádiz), los Montes de Valsaín (Valsaín, Segovia), Quintos de Mora (Los Yébenes, Toledo) y de las fincas «Lugar Nuevo» y «Selladores» (Andújar, Jaén).

De estas cifras se desprende la creciente preocupación por el estado actual de degradación y por la evolución de la mayoría de los montes de particulares. El abandono que sufren muchos de estos montes en España, es la fase previa a su desaparición, dando paso a situaciones extremas que conducen inexorablemente a la desertificación, dadas las pésimas condiciones edáficas y climáticas de una buena parte del territorio español.

La Estrategia Forestal Española publicada en Junio de 1999 por la Dirección General de Conservación de la Naturaleza del Ministerio de Medio Ambiente incluye como un instrumento al servicio de la planificación forestal El Catálogo de Montes de Utilidad Pública, que goza de un merecido prestigio entre los profesionales de la Administración y del Derecho, sobre todo por el papel protector de la riqueza forestal que ha desempeñado desde su creación (Real Decreto de 22 de Enero de 1862) y que tiene su origen en La Clasificación General de los Montes Públicos, que se hizo, aprobó y publicó en 1859, en cumplimiento de lo ordenado en la Ley de Desamortización General de 1° de Mayo de 1855, también denominada Ley Madoz. Como un complemento al Catálogo citado, sería de enorme importancia que las administraciones forestales españolas dispusieran de un Compendio de montes públicos ordenados, base de datos informática, donde pudiera comprobarse en cualquier momento en qué fase del Plan General está cada monte, el cumplimiento de las revisiones de ordenación y multitud de datos interesantes para la gestión óptima de un monte. Realizado este Compendio que proponemos confeccionar, las administraciones forestales dispondrían de otro instrumento básico para fomentar, conservar y mejorar la riqueza forestal española.

3. Estrategia Básica n.° 2: Restauración de bosques degradados

Cuando la degradación de los bosques es severa, es necesario acudir a tecnologías muy conservadoras para lograr la restauración del sistema. Esto significa que es urgente la implantación de cubiertas forestales arbustivas en una primera secuencia, a la que debe seguir la repoblación con especies arbóreas en una segunda fase. Es prioritario conseguir con estas dos actuaciones un alto grado de estabilidad. Según García Camarero (1989) esto se consigue procurando que el bosque se estratifique y disponga de los tres estratos forestales: herbáceo, arbustivo y arbóreo.

Otro factor decisivo para conseguir la restauración se halla en la elección de especies que hay que implantar. El conocimiento de las exigencias de estas especies y los hábitats que necesitan es fundamental para alcanzar nuestro objetivo.

En la actualidad se dispone de elencos bastante fiables de especies que se podrían emplear en la restauración de los ecosistemas degradados. En García Camarero (1989) se pueden encontrar algunos ejemplos de especies forestales que pueden tener interés como restauradoras de ecosistemas mediterráneos en proceso de degradación. Algunas experiencias realizadas durante 1981, 1982 y 1983 en la provincia de Albacete han utilizado la alfalfa arbórea *(Medicago arborea)* y especies del género *Atriplex* como *A. nummularia* y *A. halimus* como restauradoras.

La alarma social que existe por el preocupante proceso de deterioro que sufren muchos de nuestros bosques y montes, sobre todo los mediterráneos, se está canalizando por multitud de cauces (Congresos y seminarios, estudios científicos, debates en los medios de comunicación, manifestaciones ciudadanas, creciente interés por el ecologismo, manifiestos y declaraciones públicas etc.). En 1997, las asociaciones ecologistas ARBA (Asociación para la Recuperación del Bosque Autóctono) y GREENPEACE han redactado un «Manifiesto a favor de la Recuperación de los Bosques», del que se incluye a continuación su parte fundamental:

«La política de reforestación ha de contemplar con carácter prioritario la propagación de las especies autóctonas propias de cada lugar y la restauración del paisaje. Para ello, deben establecerse programas de actuación que:

- Respeten y potencien la regeneración natural allí donde se esté dando, sea terreno particular o público, e impidan realizar reforestaciones en terrenos con regeneración natural manifiesta (incipiente o avanzada), de las especies arbóreas o arbustivas propias de la zona.
- Contemplen exclusivamente el empleo de las especies autóctonas propias de cada lugar donde se va a repoblar.
- Establezcan sistemas de plantación respetuosos con el medio ambiente, evitando el empleo de aterrazamientos, subsolados, acaballonados con desfonde, plantación en hileras... De lo contrario, los daños ocasionados son cuantiosos: pérdida de biodiversidad, erosión, impacto paisajístico, migración de la fauna silvestre, etc.
- Tengan en cuenta que en cada zona, lugar o comarca existe una vegetación propia, que debe ser conservada y potenciada.
- Potencien la creación de una extensa red de viveros que sea capaz de abastecer las necesidades de planta autóctona en todas las CC.AA.
- Garanticen el establecimiento de sistemas de aclareo de los monocultivos forestales hoy existentes, para que en su lugar las especies autóctonas vayan recuperando su hábitat original.».

4. Estrategia básica n.° 3: Reforestación

4.1. Introducción

La lucha contra la erosión y la desertificación es desde hace mucho tiempo un objetivo primordial de las sociedades humanas. Para conseguirlo se idearon las técnicas de forestación que se han empleado en la recuperación de cubiertas forestales arbóreas (reforestación) y en la repoblación forestal (establecimiento artificial de bosques en terrenos que desde hace por lo menos 50 años no sostienen bosques). Las utilidades del bosque proveedoras de beneficios indirectos, y en concreto las protectoras, lo convierten en un instrumento eficaz en la lucha contra la erosión y la desertificación. Las grandes masas forestales actúan como enormes colchones que sostienen el suelo y tampones muy esponjosos que regulan eficazmente el régimen hidrológico.

El premio Nobel de Medicina Dr. Santiago Ramón y Cajal escribió en 1921: «Repoblar los montes y poblar las inteligencias constituyen los dos ideales que debe perseguir España para fomentar su riqueza y alcanzar el respeto de las naciones». Este sabio preveía a principios de siglo con una gran claridad lo beneficioso que resultaría para España una política de forestación contundente. No tardando mucho tiempo, José Larraz promovió en 1935, durante el gobierno de la Segunda República, la creación del Patrimonio Forestal del Estado, que continuó la labor repobladora que habían iniciado las Divisiones hidrológico-forestales a principios del siglo XX.

En una reforestación, además de las técnicas inherentes de preparación del suelo y de introducción de la planta en el terreno, expuestas en innumerables tratados y manuales específicos (Navarro, 1977; García Salmerón, 1991; Serrada, 1995; De Juan, 1995; Montoya, 1997 y Simón, 1997), son aspectos fundamentales de contemplar los siguientes:
- La elección de especie.
- El Seguimiento.

4.2. La elección de especie

La elección de las especies a emplear en una reforestación está condicionada por las características generales del medio biofísico y por el estado particular de cada unidad básica del terreno a repoblar (Simón, 1997).

Como factores básicos para la elección de las especies, se deben considerar (García, 1991):
- La finalidad de la repoblación.
- La ecología de la zona objeto de actuación,
- La autoecología y procedencia de la/s especie/s elegida/s.

La creación artificial de una masa forestal debe satisfacer un conjunto de finalidades planteadas de antemano, como resultado de la planificación del medio natural. Estas finalidades pueden quedar tipificadas a grandes rasgos de la siguiente manera (Madrigal, 1994b):
- Creación de masas protectoras.
- Creación de masas productoras.
- Reconstrucción de ecosistemas forestales.

Recientemente, una actuación muy común en los países europeos del Mediterráneo, es la repoblación forestal en terrenos agrícolas, al amparo del programa comunitario de ayudas para fomentar el abandono de tierras de cultivo, cuestión que tratará un apartado posterior de este capítulo.

Un criterio interesante a tener en cuenta para definir de forma general la finalidad de una repoblación, es el que se muestra en la tabla 13.1. Los procesos erosivos comienzan a manifestarse a partir de pérdidas de suelo de 25 t ha^{-1} año^{-1}, lo que

TABLA 13.1
Orientación sobre la finalidad de las repoblaciones forestales.

Clase de pérdidas de t h suelo (T Ha^{-1} Año^{-1}) ⇩	Clases de productividad potencial (m³ ha^{-1} año^{-1})					
	①	②	③	④	⑤	⑥
	>7,5	7,5-6	6-4,5	4,5-3	3-1,5	1,5-0,5
1 0-5	Repoblaciones Productoras			Repoblaciones restauradoras de ecosistemas forestales		
2 5-12						
3 12-25						
4 25-50	Repoblaciones Protectoras					
5 50-100						
6 100-200						
7 >200						

implica que por encima de este valor debemos ubicarnos en el escenario de las repoblaciones protectoras, cualquiera que sea la productividad potencial (cuantificada en m³ de madera) que exista en la zona de actuación. Así mismo, en zonas con productividades potenciales inferiores a 0,5 m³ ha^{-1} año^{-1} llega a ser inviable (ecológica y económicamente) el empleo de especies arbóreas en dicha situación.

La finalidad de una repoblación, responde a un conjunto más o menos amplio de objetivos, los cuales van a condicionar la elección de las especies.

La creación de masas protectoras o repoblaciones protectoras, atiende a dos objetivos fundamentales: la defensa del suelo contra la erosión y la regulación del régimen hidrológico. En ambos casos las acciones se encaminan a cubrir los siguientes aspectos:

- *Atenuar el efecto erosivo de las precipitaciones*, sobre todo aquellas con un régimen torrencial, sobre los suelos desnudos o poblados con una vegetación rala, máxime si estos suelos se encuentran en pendiente.

    La vegetación se comporta como una barrera que frena el impacto directo de las gotas de un aguacero sobre el terreno, disipando la energía cinética de las mismas e impidiendo la remoción de las partículas del suelo (Likens *et al.*, 1977). A efectos de cuantificar el ciclo hidrológico, la precipitación total incidente sobre la vegetación queda en parte retenida en las copas; otra parte pasa a través de las copas hacia el suelo, y una pequeña fracción llega también al suelo por escorrentía cortical. La interceptación del agua de lluvia por parte de la vegetación, se define como la fracción de precipitación incidente que no llega a la superficie del suelo ni por trascolación ni por escorrentía cortical (Kittreedge, 1948). Esta depende de dos factores: el tipo de la cubierta vegetal sobre la que incide la lluvia, y las características meteorológicas de la propia lluvia. Sobre estas últimas el hombre no puede actuar, pero sí sobre la estructura y el tipo de la cubierta vegetal.

En este sentido, la intercepción es superior en las estructuras boscosas que en los matorrales, y en estos mayor que en las formaciones herbáceas. Dentro de las especies arbóreas, esta capacidad de intercepción es mayor en los bosques de coníferas que en los de frondosas (de manera general), debido a la mayor capacidad de saturación en las copas de aquellas frente a las de éstas. Sirva como ejemplo indicativo el estudio desarrollado por González *et al.* (1993) sobre una serie de parcelas experimentales pobladas con pino piñonero (*Pinus pinea* L.) y eucalipto (*Eucaliptus globulus* Labill.) en Huelva: la intercepción en el pinar resultó ser del orden de 3,5 veces superior a la del eucaliptal. En el mismo sentido, Minaya *et al.* (1993) determinaron en una masa forestal de pino piñonero en Madrid (de 50 años de edad y 8 m de altura media) que la intercepción media fue del 37% de la precipitación total incidente. Así mismo, Rodrigo y Ávila (1997) llegaron a unos valores medios de intercepción del 22%, calculada en dos encinares del Montseny en la provincia de Barcelona.

En los terrenos con fuertes pendientes y suelos erosionados las disponibilidades reales de agua útil son inferiores a las que recibe el suelo por ser áreas exportadoras de escorrentías. La solución ideal en este caso es el empleo de especies del género *Pinus* (Simón, 1997) por dos motivos fundamentales: su frugalidad en estos medios tan degradados, y su mayor capacidad de intercepción del agua de lluvia. En la fotografía 13.2 se observa un bosque de *Abies pinsapo* que protege el suelo contra la erosión.

- La *densificación de la cubierta vegetal*, con el objetivo de reducir considerablemente la erosión y aportaciones sólidas en embalses, que tras el cierre de dicha

Foto 13.2. **Pinsapar en la Sierra de Grazalema (Cádiz).** *(Del Cerro, 1992).*

cubierta vienen a ser inapreciables. No obstante, la regulación del régimen hidrológico no crece sólo con la densidad, sino también con la talla de la cubierta y con la rigidez y consistencia de los órganos aéreos (Ruíz de la Torre, 1997).
- El *mantenimiento de las líneas naturales de drenaje*; en este caso influye claramente la técnica de preparación del terreno empleada en la repoblación.
- La *defensa de los márgenes de los cauces fluviales*, tanto permanentes como estacionales; en este sentido la acción fundamental se centra en la instalación de galerías de vegetación tanto arbórea como arbustiva a lo largo de dichos márgenes, y el mantenimiento y diversificación de las existentes, con el fin de mejorar la calidad de las aguas y aumentar la biodiversidad en estos entornos. Otra acción complementaria a las anteriores es la corrección de cauces mediante el empleo de obras de fábrica (diques y otras infraestructuras).

Los objetivos de las repoblaciones para la reconstrucción de ecosistemas forestales se centran en:
- *Frenar el proceso de regresión*, mediante dos acciones fundamentales solapadas en el espacio y en el tiempo:
  — Conservar la vegetación existente (tanto la arbustiva como el matorral noble).
  — Implantación de especies arbóreas frugales y colonizadoras, como una primera etapa de la reforestación. Las especies más indicadas y utilizadas en este caso son las correspondientes al género *Pinus*, por estar casi siempre presentes en las etapas intermedias de las series de vegetación potencial.
- *Iniciar el proceso de progresión*. Es un objetivo encaminado a la reconstrucción acelerada de la vegetación potencial. Tras la etapa de los pinares, un paso posterior consistiría (si las características de la estación lo permiten) en la instalación de las especies arbóreas climácicas, bajo la cubierta de las anteriores, con el objetivo final de conseguir un bosque denso con dichas especies, lo que se conoce con el nombre de bosque climácico. Para ello, ambas etapas deben pertenecer a la misma serie de vegetación potencial correspondiente a la estación objeto de actuación. La tabla 13.2, extraída de las series de vegetación potencial en la Península Ibérica propuestas por Ceballos (1966), muestra la relación entre distintos óptimos de vegetación y la etapa de los pinares correspondiente.

Por motivos de índole económica y productiva (maderera principalmente), y siempre bajo la recomendación de la tabla 13.1, al hombre le interesa mantener la etapa de los pinares estable, frenando la tendencia natural de su evolución hacia etapas más nobles. En este caso, estamos hablando de comunidades permanentes (Madrigal, 1994b).

Precisamente, si la finalidad es la creación de masas forestales productoras, o repoblaciones productoras, el objetivo en este caso es único: la obtención de productos forestales (madera, frutos, corcho, leñas, resina, pastos, hongos, etc.).

El estudio de la zona de actuación a nivel de estación es fundamental. Conocer de la forma más exhaustiva las características climatológicas (temperatura y precipitaciones fundamentalmente), el medio físico (litología, edafología, topografía, orientación, exposición frente a la insolación etc.), y la flora presente, es un hecho esencial para la elección definitiva de la especie.

TABLA 13.2

Correspondencia entre la vegetación climácica y la etapa de los pinares.

Óptimo (Bosque denso de)	Etapa de los pinares
Quercus suber (alcornoque)	*Pinus pinaster*
Q. rotundifolia (encina)	*P. pinea, P. pinaster* (suelos silíceos)
	P. halepensis, P. nigra (suelos calizos)
Q. pyrenaica (rebollo o melojo)	*P. sylvestris, P. nigra, P. pinaster*
Q. faginea (quejigo)	*P. sylvestris, P. nigra, P. pinaster*
Q. robur (roble albar)	*P. pinaster*
Fagus sylvatica (haya)	*P. sylvestris*
Castanea sativa (castaño)	*P. pinaster*

Fuente: Elaboración propia a partir de *Phylla* de las especies forestales españolas (Ceballos, 1966).

La vegetación existente (vegetación real) aun de manera testimonial en el medio de actuación, ofrece una información importante sobre cuáles de las especies elegidas son las más adecuadas para la repoblación. La tabla de regresión climácica de Ceballos, supone una herramienta útil en este aspecto, ya que en ella se enumeran las especies más relevantes en cada una de las etapas de regresión correspondientes a un tipo de vegetación potencial determinado. De esta manera, se puede inferir tanto el óptimo de vegetación como el episodio degradativo en el cual nos encontramos.

Así mismo, es necesario conocer la ecología de las especies seleccionadas, para contrastarlas con las características del medio físico. Cada vez se está profundizando más en esta labor, y entre numerosos estudios y publicaciones, cabe destacar el de Gandullo y Sánchez-Palomares (1994) referente a la ecología de los pinares españoles.

De esta forma se confirma la inclusión o exclusión de una determinada especie o especies en la repoblación, seleccionando definitivamente las que se van a emplear.

Tras la elección definitiva de la especie, hay que tener en cuenta la procedencia y la calidad de las semillas o plántulas a emplear en los trabajos de repoblación, sobre todo en especies que presentan áreas de distribución natural muy extensas. En esta situación se aprecian diferencias muy notables dentro de una misma especie, relativas a una mayor o menor resistencia a la sequía, heladas, plagas, e incluso al crecimiento y producción de madera, frutos, etc. En otros casos las diferencias no son tan marcadas, al menos externamente, y sin embargo pueden significar variaciones tanto o más acusadas que aquellas (Catalán, 1993).

Montoya (1997), en el caso de especies del género *Quercus*, recomienda el empleo de semilla procedente en lo posible de una zona lo más ecológicamente afín a la que se va a reforestar, siempre que las masas de las que se recolecte semilla presenten buenas condiciones vegetativas, sanitarias y de densidad, además de recoger estas semillas en el mayor número de árboles posible con el objeto de favorecer la diversidad genética inicial de la repoblación.

En una forestación con cierta entidad hay que tener en cuenta la heterogeneidad de la zona a la hora de diversificar las especies, si ello es factible. De esta manera se rompe con la monotonía de las masas monoespecíficas, las cuales están asociadas a una mayor vulnerabilidad al ataque de plagas e incendios principalmente.

4.3. El seguimiento

Durante los primeros años de la repoblación, las plantas introducidas están expuestas a un conjunto de adversidades de origen biótico y abiótico, apareciendo marras en distinta proporción según sea la intensidad de estos factores. De esta manera, la finalidad prevista de la repoblación puede que no se consiga. Para evitar esta situación es necesario realizar una reposición de las marras producidas o segunda repoblación.

Una medida imperativa de carácter general es el acotamiento al pastoreo del ganado doméstico durante un periodo de tiempo (variable con el tipo de ganado) tras la reforestación. Normalmente, las plantas introducidas escapan del diente de la oveja en 5-10 años; en el caso de ganado vacuno y caprino un arbolillo suele requerir hasta 20-30 años (Montoya, 1986). Tras este período de acotamiento, el pastoreo es compatible e incluso beneficioso dentro de estos sistemas, ya que manejado convenientemente en lo referente a períodos y cargas pastantes, puede controlar la aparición de la vegetación invasora (herbácea y matorral) en los claros existentes entre el arbolado, dejando el campo libre de competencia para la regeneración natural de la masa implantada, y de esta manera perpetuarla en el tiempo de forma natural.

En repoblaciones con alta densidad inicial, es necesario realizar clareos durante las primeras edades de la masa, cuando comienza a darse una tangencia de copas, con la finalidad de evitar una excesiva competencia intraespecífica, y de esta manera poner a disposición de la masa residual una mayor cantidad de luz, agua y nutrientes.

Una vez conseguido el establecimiento de la reforestación, las operaciones en el interior de estas masas varían en función de los objetivos propuestos. En el marco de las repoblaciones protectoras lo más interesante es velar por la persistencia y estabilidad de las masas así conseguidas. No hay que dejar de lado la selvicultura preventiva contra incendios forestales, plagas o enfermedades, llevando a cabo los tratamientos más adecuados para su combate. Así mismo, se debe eliminar oportunamente la instalación de la vegetación adventicia, la cual puede interferir en el proceso de regeneración natural del arbolado, comprometiendo el objetivo de persistencia comentado.

5. Estrategia Básica n.° 4: Aplicación del programa de forestación de tierras agrarias

La reforma de la Política Agraria Comunitaria (PAC) incluye unas medidas de acompañamiento, entre las que se encuentra el Reglamento (CEE) 2080/92 del Consejo, de 30 de junio y el 2381/91 del Consejo de 15 de julio, el cual establece un régimen comunitario de ayudas a las medidas forestales en la Agricultura, para fomentar la forestación en las explotaciones agrarias. Esta reforma comunitaria considera muy importante el desarrollo de planes encaminados hacia «la recuperación de la cubierta vegetal autóctona, la lucha contra la erosión y la desertización, la conservación del medio ambiente y de los recursos naturales, así como hacia la búsqueda de alternativas rentables a terrenos agrícolas marginales y la creación de empleo en zonas rurales».

En España, el Boletín Oficial del Estado n.° 76 de 30 de Marzo de 1993 publicó el Real Decreto 378/1993 de 12 de marzo, por el que se establece un régimen de ayudas para fomentar inversiones forestales en explotaciones agrarias y acciones de desarrollo y aprovechamiento de los bosques en las zonas rurales. Los tipos de ayudas que se contemplan en este R.D. son:

- Gastos de forestación, destinados a compensar el coste de la misma.
- Prima de mantenimiento, de carácter anual durante los cinco primeros años, destinada a cubrir los gastos de mantenimiento y la reposición de marras en la superficie forestada.
- Prima compensatoria, de carácter anual y duración máxima de 20 años, destinada a compensar la pérdida de ingresos derivada de la forestación en tierras agrarias que anteriormente tenían otro aprovechamiento agronómico.
- Mejora de superficies forestales, que son ayudas para favorecer inversiones que mejoren las superficies forestadas.
- Mejora de alcornocales, que son ayudas destinadas a favorecer inversiones para mejorar o renovar las plantaciones de alcornoques.

El Real Decreto 2086/1994, de 20 de Octubre modificó el R.D.378/1993.

Concretamente en España, se ha observado un elevado grado de aceptación de este programa por parte de agricultores y otros propietarios de explotaciones agrarias (Sáiz, 1997). Un resultado de la gran cantidad de solicitudes recibidas por la administración para la subvención de los trabajos de reforestación, es que las superficies agrarias objeto de reforestación no pueden superar las 50 ha por peticionario individual (Sáiz, 1997). Por este motivo, una vez evolucionen estas jóvenes plantaciones con total garantía, la configuración final del paisaje será el de un mosaico de pequeños bosquetes dispersos entre cultivos agrícolas funcionales, situación no exenta de sentido ecológico ni paisajístico.

Así, por ejemplo, en la Comunidad Autónoma de Castilla-La Mancha se desarrolló el R.D. 378/1993 por la Consejería de Agricultura y Medio Ambiente, a través de la Orden de 13 de mayo de 1993 por la que «se regulan las ayudas para fomentar inversiones forestales en explotaciones agrarias», contando entre sus principales objetivos, el de recuperar la cubierta vegetal mediante la forestación con especies autóctonas; la Orden de 24 de noviembre de 1994 modifica y adapta la anterior, como consecuencia de haberse modificado el R.D. 378/1993. El programa de reforestación para Castilla-La Mancha previó para los cinco primeros años (1993-1997) la actuación sobre 132.000 ha, con un coste de 84.000 millones de pesetas y un empleo de 3.500.000 jornales. En la tabla 13.3 se reflejan los resultados de la ejecución de este programa en Castilla-La Mancha entre 1994 y 1998.

Por último, en el Real Decreto 152/96 se establece un régimen de ayudas para el fomento de las inversiones forestales en las explotaciones agrarias, derogando los

TABLA 13.3
**Resultado de la ejecución del Programa de Reforestación
de Tierras Agrarias en Castilla-La Mancha**

Año	N.º de beneficiarios	Superficie reforestada (ha)	Ayudas abonadas (en millones de pta)
1994	809	6.998	1.191
1995	1.179	14.951	2.587
1996	1.369	15.370	2.618
1997	1.230	19.367	5.006
1998	1.150	16.409	4.423
Total	5.737	73.095	15.825

Fuente: Dirección General de Medio Ambiente Natural. Consejería de Agricultura y Medio Ambiente de la Junta de Comunidades de Castilla-La Mancha. Toledo.

hasta entonces vigentes 378/1993 y 2086/94. Las innovaciones producidas (Sáiz Cortés, 1997) son fundamentalmente:
- Modificar al alza las primas de mantenimiento y las primas compensatorias.
- Establecer el aumento de estas primas en los años en que las plantaciones se vean afectadas por catástrofes naturales (sequías, heladas o inundaciones).
- Limitación al pastoreo durante el período en que esta práctica pudiera ocasionar daños a las plantaciones.
- Transmisión de las superficies forestadas.

Como consecuencia de la promulgación del R.D. 152/1996, la Consejería de Agricultura y Medio Ambiente de la Junta de Comunidades de Castilla-La Mancha, a través de la Dirección General de Montes y mediante la Orden de 25 de abril de 1996, asumió los contenidos de aquel.

6. Referencias bibliográficas

ARBA y GREENPEACE, 1997. Manifiesto a favor de la recuperación de los Bosques.
Bauer, E., 1980. *Los montes de España en la Historia.* Servicio de Publicaciones Agrarias. Ministerio de Agricultura. Madrid
Catalán, G., 1993. *Semillas de árboles y arbustos forestales.* 4.ª edición. Colección Técnica, ICONA. Madrid.
Ceballos, L., 1966. *Mapa Forestal de España.* Instituto Forestal de Investigaciones y Experiencias (IFIE). Ministerio de Agricultura. Madrid.
Clutter, J.L.; Foortson, J.C.; Pienaar, L.V.; Brister, G.H. y Bailey, R.L., 1983. *Timber Management.* A Quantitative Approach. John Wiley and sons. New York.
Comunidad de Villa y Tierra de Pedraza, Junta de Castilla y León, Asociacion y Colegio de Ingenieros de Montes, 1998. *Centenario de la ordenación del monte «Pinar de Navafría».* Segovia.

Del Cerro, A. y López Serrano, F., 1991. Situación actual de los montes castellano-manchegos en cuanto a su ordenación y perspectivas de futuro. *Los Montes de Castilla-La Mancha.* En: del Cerro y Orozco, coords. Publicaciones de la Universidad de Castilla-La Mancha. Cuenca, pp. 173-177.

Dirección General de Conservación de la Naturaleza, 1999. *Estrategia Forestal Española.* Ministerio de Medio Ambiente. Madrid.

Dirección General de Montes, Caza y Pesca Fluvial, 1971. *Instrucciones Generales para la Ordenación de Montes Arbolados.* Ministerio de Agricultura. Madrid.

Gandullo, J.M. y Sánchez-Palomares, O., 1994. *Estaciones ecológicas de los pinares españoles.* Colección Técnica, ICONA. Madrid.

García Camarero, J., 1989. *Los Sistemas vitales Suelo, Agua y Bosque: su degradación y restauración.* Hojas divulgadoras N.° 3/89. Ministerio de Agricultura, Pesca y Alimentación. Madrid.

García Salmerón, J., 1991. *Manual de repoblaciones forestales-I.* Escuela Técnica Superior de Ingenieros de Montes. Madrid.

González, F.; López-Arias, M. y Minaya, M.T., 1993. *Intercepción, trascolación y escorrentía cortical en masas de* Eucaliptus globulus Labill. *y* Pinus pinea L. *del sur de la provincia de Huelva.* Actas del I Congreso Forestal Español. Tomo III, Lourizán (Pontevedra), pp. 81-86.

IDF, 1995. *Repoblación forestal de tierras agrícolas.* Ed. Mundi-Prensa. Madrid.

Kittreedge, J., 1948. *Forest influences.* McGraw-Hill. New York.

Likens, G.; Bormann, F.H.; Pierce, R.S.; Eaton, J.S. y Johnson, N., 1977. Biogeochemistry of a forested ecosystem. Springer-Verlag. New York.

Mackay, E., 1944. *Fundamentos y métodos de la Ordenación de montes.* Primera parte: Conceptos fundamentales. Ordenación teórica. Escuela Especial de Ingenieros de Montes. Madrid.

Madrigal, A., 1994a. *Ordenación de Montes Arbolados.* Colección Técnica, ICONA. Madrid.

Madrigal, A., 1994b. *Comunicación personal.*

Minaya, M.T.; González, F. y López-Arias, M., 1993. *Estudio de las relaciones precipitación-intercepción y escorrentía cortical en una masa de* Pinus pinea L. Actas del I Congreso Forestal Español. Lourizán (Pontevedra). Tomo III, pp. 109-114.

Montoya Oliver, J.M., 1986. La ordenación forestal en montes de frondosas mediterráneas. En: *Conservación y desarrollo de las dehesas portuguesa y española.* Secretaría Gral. Técnica. MAPA. Madrid, pp. 283-296.

Montoya Oliver, J.M., 1997. Técnicas de reforestación con encinas, alcornoques y otras especies de *Quercus* mediterráneos. En: *Forestación de tierras agrícolas.* Orozco y Monreal, coords. Ediciones de la Universidad de Castilla-La Mancha. Colección Ciencia y Técnica N.° 14. Cuenca, pp. 199-213.

Navarro Garnica, M., 1977. *Técnicas de forestación 1975.* Monografía N.° 9, ICONA. Madrid.

Office National Des Forêts, 1989. *Manuel d'Aménagement.* 3.ª Ed. Ministère de l'Agriculture et de la Forêt. París.

Pascual, A. 1855. Montes. En: *Diccionario de agricultura práctica y economía rural,* Collantes y Alfaro, coords. 4, 485-575.

Pita Carpenter, P.A., 1982. *Métodos de Ordenación.* Escuela Universitaria de Ingeniería Técnica Forestal. Universidad Politécnica. Madrid.

Rodrigo, A. y Ávila, A., 1997. *Trascolación y escorrentía cortical en dos encinares* (Quercus ilex L.) *del macizo del Montseny (Barcelona).* Actas del II Congreso Forestal Español. Mesa 2. Pamplona, pp. 545-550.

Ruíz de la Torre, J., 1997. *Influencias hidrológicas del arbolado.* Actas del II Congreso Forestal Español. Mesa 2. Pamplona, pp. 569-573.

Saiz Cortes, A., 1997. Plan de Forestación de Castilla-La Mancha: Seguimiento y situación actual. En: *Forestación de tierras agrícolas.* Orozco y Monreal, coords. Ediciones de la Universidad de Castilla-La Mancha. Colección Ciencia y Técnica N.° 14. Cuenca, pp. 13-20.

Serrada, R., 1995. *Apuntes de Repoblaciones Forestales.* 2.ª edición. Fundación Conde del Valle de Salazar. Madrid.

Simón, E., 1997. Proyectos de forestación en Tierras Agrarias. En: *Forestación de tierras agrícolas.* Orozco y Monreal, coords. Ediciones de la Universidad de Castilla-La Mancha. Colección Ciencia y Técnica N.° 14. Cuenca, pp. 199-213.

Tamames, R., 1989. *Introducción a la economía española.* Alianza Editorial. Madrid.

CAPÍTULO XIV
UNA MIRADA HACIA EL FUTURO

Joaquín Meliá Miralles
Francisco López Bermúdez
Francisco Martín de Santa Olalla Mañas

1. Conocer el presente para asomarse al futuro 325
2. El Convenio de Naciones Unidas de Lucha contra la Desertificación: génesis y aplicación 327
   2.1. El Anexo IV de aplicación regional para el Mediterráneo Norte 329
3. El Plan de Acción Nacional de Lucha contra la Desertificación 329
   3.1. El marco institucional y la génesis 330
   3.2. El alcance y determinación de las áreas de aplicación 330
   3.3. Las líneas maestras de acción para mitigar la desertificación 331
4. Solidaridad ante el futuro. El papel de las ONGs y la educación para un desarrollo sostenible 332
5. Cambios sociales precisos. La participación de los usuarios en la toma de decisiones 334
6. Viabilidad de una agricultura económica, social y medioambientalmente sostenible. La agricultura de precisión 337
8. Referencias bibliográficas 340

1. Conocer el presente para asomarse al futuro

A lo largo de la historia de la Humanidad las diferentes actividades productivas del hombre han pasado por amplios periodos de muy escasos progresos, a los que les han sucedido otros de vertiginoso desarrollo. Un buen ejemplo de ello lo fué en el siglo XIX la industrialización, con la consiguiente repercusión social. La agricultura no fué ajena a esta secuencia y se pueden encontrar hitos concretos como fertilización, mecanización, cultivos protegidos, variedades genéticamente seleccionadas, etc., que han significado que en la segunda mitad del siglo XX se hayan experimentado extraordinarios avances.

Sin embargo, hay un rasgo específico en la agricultura que la distingue de otras actividades productivas y que podríamos definir como el factor humano. Se puede decir que la agricultura es la menos «volátil» de las actividades productivas y que es la mas «enraizada» en la personalidad del productor. Este rasgo condiciona al sector, por cuanto que le da una estructura rígida de lenta evolución, que resulta un factor determinante a la hora de introducir mejoras tecnológicas. Si bien es cierto que las modernas prácticas agrícolas permiten introducir nuevos conceptos y técnicas innovadoras, no es menos cierto que la natural inercia del sector le hace girar, como un movimiento de precesión, alrededor de un eje que viene dado por este carácter específico mencionado, que presenta un agricultor íntimamente unido a la tierra. Podríamos hablar, manteniendo este símil, de una agricultura de «precisión tecnológica», en la que se conjugan técnica e información, con una agricultura de «precesión socio-cultural», que está imponiendo su propia dinámica.

A pesar de esta dualidad puede constatarse que la situación socio-económica del mundo rural está cambiando de forma acelerada. En efecto, a la inicial despoblación del campo que con diferente intensidad se inicia el siglo pasado y dura hasta bien entrado el presente, le está sucediendo un cambio generacional que presenta a un agricultor más abierto a la innovación tecnológica y más sensibilizado por el respeto al medio ambiente. En este proceso es preciso considerar la incidencia que está teniendo una agricultura subsidiada, como la que existe en muchas regiones, que responde a situaciones conyunturales ajenas, en no pocas ocasiones, al mundo rural. Todos estos factores, en mayor o menor medida, actúan dinamizando el mundo socio-económico rural y favoreciendo su evolución. En su contra juegan otros factores no menos importantes, entre otros, la falta de cualificación, la descapitalización y una fragmentada distribución del suelo.

Aunque con grandes oscilaciones las prácticas agrícolas tienden a dirigirse hacia una agricultura sostenible, en el sentido de que las mismas no deben comprometer la capacidad de las futuras generaciones al obtener los recursos que les serán necesarios. Las implicaciones que subyacen en este concepto de agricultura sostenible llevan al desarrollo de una normativa que regule aquellas y que requiere, como contrapartida, que la sociedad debe subvencionar mediante programas medio-ambientales estas directrices.

Suelo, vegetación y clima son los tres componentes que el hombre ha intentado controlar o bien adaptarse a ellos, cuando no ha sido posible su control. El suelo con el laboreo del mismo y el uso de fertilizantes parece en estos momentos haber cerrado un ciclo evolutivo. La vegetación está en pleno desarrollo con la implantación de nuevas especies y variedades, de mayor producción, mas precoces, mejor adaptadas a suelo y clima, etc. El clima, con la salvedad de los cultivos protegidos, está evidentemente muy lejos de poderse modificar. No obstante, y si de alguna manera intentáramos identificar un único factor que resumiera todo lo dicho anteriormente, sería difícil encontrar otro distinto que el agua. Un medio ambiente controlado, compatible con una agricultura sostenible pasa, necesariamente, por el uso racional del agua.

La relación entre agua y agricultura es una cuestión tan antigua como la misma agricultura, de manera que la utilización del agua con fines agrícolas se viene haciendo desde hace miles de años por las diferentes civilizaciones que se han ido sucediendo. Sin embargo, en la segunda mitad del siglo XX su uso se ha intensificado de tal manera que por dar alguna cifra ilustrativa de lo sucedido en España, podemos indicar que, según estadísticas de la FAO, durante el periodo 1961-1996 la superficie de regadío ha aumentado en un 80%.

Con la excepción de los cultivos protegidos, el uso del riego es, con mucha diferencia, el principal factor que el agricultor puede utilizar para controlar, en parte, los tres componentes antes citados: suelo, vegetación y clima. El agua actúa como elemento de intercambio insustituible que está enlazando estos componentes, modificando las condiciones del suelo, aportando humedad a la planta y sustituyendo, también parcialmente, a un régimen de precipitaciones variable. No debe pues sorprender que el hombre, aun con muchas limitaciones en el conocimiento científico del papel que desempeña el agua, haya hecho del regadío una práctica tan antigua como lo es la misma agricultura.

Aparece así un elemento clave en la tarea que tenemos por delante para atajar la degradación del medio ambiente que, como sabemos, en amplias zonas del planeta conduce a la desertificación: el manejo adecuado del agua en la agricultura. Aún siendo esta afirmación verdadera, no engloba por completo la totalidad del problema de la lucha frente al avance del desierto.

Con frecuencia los términos de agricultura y desertificación se presentan como asociados, dando por supuesto que los cambios introducidos en las prácticas agrícolas, tales como abandono de tierras, uso de fertilizantes, regadíos, etc., conducen necesariamente a una degradación del medio ambiente. Tal hipótesis de que el cambio degrada no es cierta, o al menos no es más cierta que la afirmación de que la conservación regenera. Son las formas y maneras de cambio o de conservación las que degradan o regeneran.

La identificación de las formas y maneras que conducen a la desertificación es verdaderamente compleja pues existe un alto desconocimiento de los factores y procesos que intervienen, así como de las escalas espacio-temporales con las que actúan. Este desconocimiento, junto a una generalizada sensibilidad propicia a posiciones conservaduristas permiten utilizar los términos desertización y desertificación con manifiesta gratuidad y falta de rigor, contraponiéndolo, además, al de desarrollo agrícola.

La respuesta a esta situación sólo puede venir de la mano de un mejor conocimiento del medio ambiente, tarea a la que en la actualidad dedican ingentes esfuerzos humanos y materiales instituciones de muy diversa naturaleza y competencias. Podríamos citar organismos comunitarios, centros de investigación, universidades, etc., pero sin duda creemos que juegan un papel predominante aquellas instituciones que disponen de competencias regionales.

Disponemos en la actualidad de una enorme cantidad de información que permite confeccionar una detallada fotografía que da el estado del medio rural. Las estadísticas agrarias son fácilmente asequibles y las imágenes de satélites se ofrecen a diario en televisión o están disponibles en las redes informáticas, por citar sólo dos ejemplos. Sin embargo, y contrariamente a lo que a primera vista pudiera parecer, esta ingente cantidad de información no conduce necesariamente a mejorar el conocimiento de la evolución del medio rural, identificando los mecanismos que gobiernan los cambios que se producen.

En esta línea de progresar en el conocimiento del medio ambiente y principalmente a lo largo de la última década, se han desarrollado numerosos proyectos de investigación que han tenido como objetivo principal identificar las formas y maneras, antes mencionadas, con las que suelo, vegetación y atmósfera se relacionan, así como las repercusiones que sobre ellos tiene el entorno socio-económico.

La lucha contra la desertificación se sitúa pues en frentes muy variados que abarcan desde actuaciones que se desarrollan a nivel Mundial, hasta otros de carácter Regional o Nacional. Para que cualquiera de ellos sea eficaz, es preciso que la sociedad las haga suyas, lo que implica una importante tarea de información y formación desde los diferentes organismos que pueden hacerlo; esta tarea que debe iniciarse en la Escuela Primaria, se culmina en las Universidades y los Centros de Investigación. Algunas acciones que creemos más relevantes en este proceso son los que se desarrollan a continuación.

2. El Convenio de Naciones Unidas de Lucha contra la Desertificación: génesis y aplicación

En 1977, en Nairobi (Kenya), las Naciones Unidas convocaron la primera *Conferencia sobre Desertificación* (UNCOD). En esta conferencia se detectó la gravedad del proceso de degradación y se realizó una primera cartografía de las regiones afectadas, además de realizar una primera identificación de las causas y efectos. En 1992, en Río de Janeiro (Brasil), las delegaciones de los países participantes en la *Conferencia de Naciones Unidas sobre Desarrollo y Medio Ambiente* (UNCED), reconocieron la dimensión global del problema y la necesidad de una movilización general para combatir el fenómeno de degradación de la tierra. Para ello, acordaron la elaboración de un *Convenio Internacional para Combatir la Desertificación* (CCD). El Convenio fue formalmente aceptado en Junio de 1994 y abierto para su firma en París en Octubre del mismo año. Entró en vigor el 26 de diciembre de 1996 al ser ratificado por más de 50 países. Veinte años después de la UNCOD y cinco años más tarde de la UNCED, en septiembre-octubre de 1997 y en Roma, se celebra la primera *Conferencia de las Partes* contemplada en el Convenio de Naciones Unidas. En la actualidad, 165 países han firmado el Convenio, de los cuales 145 lo han ratificado; España lo hizo el 15 de Enero de 1996 (BOE, núm. 36, de 11 de Febrero de 1997). El Convenio tiene carácter vinculante para los países ratificantes.

De modo global, los resultados más relevantes del Convenio son (CCD,1994):

- Considera a la desertificación como uno de los más graves problemas ambientales y una seria amenaza para la fertilidad de la tierra.
- La aprobación de definiciones comunes para términos clave como: desertificación, sequía, mitigación de los efectos de la sequía, tierra, degradación de la tierra, zonas afectadas, zonas áridas, semiáridas y subhúmedas secas, organización regional de integración económica, etc.
- Define la desertificación como la degradación de las tierras de zonas áridas, semiáridas y subhúmedas secas a causa de la variabilidad climática y actividades humanas.
- Establece que los países afectados elaboren y ejecuten Programas de Acción nacionales y subregionales, para ser aplicados en el marco de un proceso participativo permanente (poblaciones locales afectadas y ONGs).
- Considera a la ciencia y a la tecnología como vitales herramientas en la lucha contra la desertificación. El estudio de las causas e impactos de la desertificación requieren la cooperación, observación e investigación científica internacional. Ciencia y tecnología pueden responder a las necesidades de los pueblos afectados.
- Considera que la desertificación es, fundamentalmente, un problema de desarrollo sostenible. Se trata de un problema de pobreza y bienestar humano, así como de preservar el medio ambiente.
- Considera que deben ser aportados e invertidos eficientemente cuantiosos recursos financieros. En primer lugar debe disponerse de fondos nacionales de los países afectados, pero los programas bilaterales de asistencia y las agencias internacionales deben suministrar recursos financieros importantes: Banco Mundial, Fondo Monetario Internacional, etc.
- La Convención establece un número de instituciones y procedimientos para la acción internacional. La más importante es la *Conferencia de las Partes* que incluye todos los países que hayan ratificado el Convenio. Por otro lado, la Convención establece un *Secretariado permanente*, una *Comisión de Ciencia y Tecnología* y una *Red de Instituciones y Organos* existentes y otros de nueva creación. En esta línea, en 1995, la Unión Europea decidió crear una *Red de Información sobre la Desertificación*, en el marco del programa CEO (*Center for Earth Observation*). Esta red cubrirá los temas relacionados con la desertificación y la gestión ambiental en Africa y en la Cuenca Mediterránea.
- Por último, cabe subrayar que el Convenio sobre Desertificación se distingue de otros Convenios, por su potencial grado de participación, ya que aparecen explícitamente consideradas y referenciadas las poblaciones y comunidades locales,

así como las Organizaciones No Gubernamentales (ONGs). Esto constituye un reto ya que nunca habían sido citadas en un texto jurídico de este orden y por los Estados que deben aplicar estas resoluciones.

El Convenio exhorta a los países afectados a elaborar *Programas de Acción Nacionales y Subregionales de Lucha contra la Desertificación* para ser aplicados en el marco de un proceso participativo permanente. Estos Programas deben incluir acciones de protección de los recursos naturales y otras de carácter socio-económico tales como: ordenación del territorio, prácticas agrarias, producción alimentaria, comercialización de los productos agrícolas, actividades productivas alternativas, desarrollo rural integrado, etc.

2.1. El Anexo IV de aplicación regional para el Mediterráneo Norte

El Convenio trata de ponerse en práctica mediante la adopción de *Programas de Acción*, cuyos objetivos y contenidos científicos específicos se detallan en los cuatro anexos de aplicación regional: I *Africa*; II *Asia*; III *América Latina y el Caribe* y IV el *Mediterráneo Norte*. En ellos se señalan directrices y disposiciones para la aplicación práctica y efectiva del Convenio en los países afectados. En el caso del Mediterráneo europeo, se consideran sus condiciones particulares tales como:

- Condiciones climáticas semiáridas que afectan a amplias zonas, sequías estacionales y plurianuales, extrema variabilidad de las precipitaciones y lluvias súbitas de gran intensidad y capacidad erosiva.
- La existencia de amplias superficies con suelos pobres con marcada tendencia a la erosión y propensos a la formación de costras superficiales.
- Su relieve desigual y escarpadas laderas.
- Las grandes pérdidas de cubierta vegetal a causa de los incendios.
- La crisis de la agricultura tradicional, el abandono de tierras y cultivos y las prácticas de conservación de suelo y aguas.
- La explotación insostenible de los recursos hídricos y los graves daños ambientales que causa y, finalmente,
- La concentración de la actividad económica en las zonas costeras como resultado del crecimiento urbano, las actividades industriales, el turismo y la agricultura de regadío.

Ante estas condiciones, el desarrollo y aplicación de planes y estrategias para combatir la desertificación, es una cuestión vital para el desarrollo durable de las poblaciones que habitan las áreas mediterráneas amenazadas, como es el caso de amplias zonas de España y Portugal.

3. El Plan de Acción Nacional de Lucha contra la Desertificación

En España, la desertificación constituye el principal problema medioambiental, por ello, tras haber aprobado, firmado y ratificado el *Convenio Internacional de Lucha contra la Desertificación*, se puso en marcha la redacción del Plan Nacional en el marco del Anexo IV para el Mediterráneo Norte, presentando un elaborado borrador, en la *III Conferencia de las Partes del Convenio* (Recife, Brasil, 1999). El principal objetivo coincide con el del Convenio de Naciones Unidas, es decir, luchar, prevenir, detener y mitigar los efectos de la desertificación y las sequías en las zonas afectadas mediante la adopción de medidas eficaces a todos los niveles y en el marco de un enfoque integrado, acorde con la Agenda 21 y con el fin de contribuir al desarrollo sostenible.

3.1. El marco institucional y la génesis

El cumplimiento y la puesta en práctica del *Convenio* se basa en el desarrollo de los *Programas de Acción Nacional contra la Desertificación* (PAND). De acuerdo con las directrices del *Convenio*, un PAND debe incorporar estrategias a largo plazo, permitir que se hagan modificaciones en respuesta a circunstancias cambiantes, prestar especial atención a la adopción de medidas preventivas, realzar las capacidades nacionales de tipo climatológico, meteorológico e hidrológico, promocionar políticas y fortalecer marcos institucionales que desarrollen la coordinación y la cooperación, garantizar una participación efectiva en los niveles local, nacional y regional, y estar sujeto a revisiones periódicas.

Además, el Anexo IV para el Mediterráneo Norte señala que, entre los aspectos que los PANDs deben tratar, se encuentran los marcos legislativo, institucional y administrativo. Las pautas de uso del suelo, la gestión de los recursos hídricos, la conservación de suelos, la gestión agrícola, forestal y pascícola. La conservación y manejo de la diversidad biológica. La defensa contra incendios forestales. La investigación, la formación y la concienciación de la sociedad.

El Ministerio de Medio Ambiente, a través de la *Dirección General de Conservación de la Naturaleza,* estableció, a principios 1997, los principios básicos para elaborar y poner en práctica el PAND español. A partir de entonces, un grupo de trabajo preparó un borrador del mismo para su discusión y enriquecimiento posterior por parte de las Administraciones implicadas y de los representantes de la sociedad, antes de su aprobación por el Gobierno y el Parlamento. En la actualidad, está preparado para su presentación, revisión y crítica al CAMA y a las diferentes Administraciones Públicas. Superada esta fase pasará al Gobierno y al Parlamento para su aprobación definitiva.

3.2. El alcance y determinación de las áreas de aplicación

El alcance del PAND está delimitado por las características de los procesos de desertificación tal y como son definidos en el Art. 1 del CCD. Los límites territoriales los establece el Instituto Nacional de Meteorología (INM), siguiendo las directrices del Convenio, en base a los datos de precipitación y evapotranspiración en el período 1960-1990. Desde el punto de vista climatológico, las áreas vulnerables y con alto riesgo de desertificación, en España, son aquellas donde la relación P/ETP es:

$$0.05 < P/ETP < 0,65$$

P = Precipitación; ETP = Evapotranspiración potencial

es decir, aquellos territorios o cuencas hidrográficas bajo condiciones de aridez y déficit de agua, más o menos acusadas. La *cuenca hidrográfica*, como unidad hidrológica, biofísica y socioeconómica para planificar y ordenar los recursos naturales, es la unidad territorial que el PAND considera como la más adecuada para la actuación.

El *Plan de Restauración Hidrológico-Forestal*, de 1991, elaboró un mapa de subcuencas hidrográficas con una superficie media de 1.500 km^2. De este modo el territorio nacional quedó dividido en 3.440 unidades con una superficie adecuada para una primera aproximación al problema de la erosión, el más importante proceso de la desertificación en España. El PAND pretende utilizar esta división en subcuencas, ya empleada para los estudios sobre erosión, porque resultan unidades de estudio apropiadas para los fines que se persiguen y porque reproducen de alguna manera las características fisiográficas y socioeconómicas de las grandes cuencas hidrográficas en las que están incluidas (Rojo Serrano, 1997).

La metodología empleada establece clases de intensidad para cada uno de los factores que determinan la desertificación (aridez, erosión, incendios, sobreexplotación de acuíferos, etc.), asignándosele a cada subcuenca una de estas clases para cada factor. La integración de estos valores mediante un *Sistema de Información Geográfica* (SIG) ofrece, en una primera aproximación, una idea de lo afectada que está cada subcuenca por el problema de degradación. De este modo se obtiene un primer grupo de subcuencas con desertificación muy acusada en las que es urgente intervenir. Otro grupo en el que los factores de desertificación son medianamente acusados, lo que indica que el proceso de desertificación se ha desencadenado. Un tercer grupo de subcuencas cuyos territorios aún conservan unos recursos naturales aceptables, pero que potencialmente son susceptibles de desertificarse. Por último, las subcuencas restantes están libres del problema debido a sus condiciones climáticas más favorables.

3.3. Las líneas maestras de acción para mitigar la desertificación

La desertificación es un fenómeno complejo, por ello combatirla requiere acciones en ámbitos diferentes y con niveles de aproximación también diferenciados. Las líneas maestras de acción contra la desertificación, a desarrollar en el PAND (2000), son:
- Realizar un diagnóstico de la situación en España.
- Definir una política general a escala nacional sobre la protección y gestión sostenible de los recursos de la tierra.
- Identificar las relaciones entre la política de uso y gestión de los recursos básicos y otras políticas sectoriales con influencia en la lucha contra la desertificación, planificando su integración eficaz.
- Determinar áreas de actuación y líneas de acción específicas de lucha contra la desertificación.
- Desarrollar mecanismos de coordinación institucional que impliquen la cooperación activa y eficiente entre las Administraciones Públicas.
- Determinar el marco de participación de los agentes sociales, fomentando la divulgación, concienciación y participación ciudadana, el compromiso y la cooperación de todos los sectores implicados.

- Mejorar las técnicas y procedimientos de análisis y diagnóstico que permitan la toma de decisiones, fomentando los planes de investigación y desarrollo (I + D).
- Insertar el programa de lucha contra la desertificación en el marco de la política europea, especialmente en conexión con la política agrícola y el desarrollo rural, la estrategia forestal, la política de aguas y la política medioambiental.
- Impulsar las modalidades de cooperación científica y técnica internacional, especialmente en la ecorregión mediterránea.

El *Programa Nacional de Lucha contra la Desertificación* trata de la resolución de problemas de escala cualitativa y cuantitativa incidiendo en la transferencia de los resultados de los proyectos de investigación, dando la mayor importancia al diseño de técnicas de mitigación así como a los programas de demostración. Se llevará a cabo la *Ordenación de Cuencas y Subcuencas Hidrográficas* como base para formular una propuesta coherente de usos del suelo que sea sostenible en relación a los recursos suelo, agua y vegetación. Establece un órgano de coordinación para el desarrollo y aplicación del Programa, es decir, una *Agencia de Lucha contra la Desertificación*; se prevé la creación de un *Centro de Información sobre la Desertificación*, y un *Banco de Datos* sobre la misma. Establece una *Red de Evaluación y seguimiento de la Desertificación* basada en la existente para la evaluación de la erosión del suelo (RESEL), e incrementará la información ciudadana y la divulgación de resultados.

Finalmente, pretende la estrecha coordinación con otros planes y programas nacionales: Plan Hidrológico Nacional, Plan Nacional de Recuperación de Suelos contaminados, Plan Nacional de Regadíos, Plan Nacional de Restauración Hidrológico-Forestal para el control de la erosión, Plan Nacional de Saneamiento y Depuración de Aguas Residuales Urbanas, Programa Nacional del Clima, Programa de Desarrollo Regional, Programa de Desarrollo de Zonas Rurales, Iniciativas de Desarrollo Rural-LEADER, Programa Nacional sobre el Clima, Estrategia Nacional para la Conservación y el Uso Sostenible de la Diversidad Biológica, etc.). También pretende la coordinación con los programas internacionales surgidos en la Cumbre de la Tierra (Río de Janeiro, 1992), el de Cambio Climático y el de la Conservación de la Biodiversidad.

4. Solidaridad ante el futuro. El papel de las ONGs y la educación para un desarrollo sostenible

Además de la percepción y evaluación de las crisis ambiental, económica y social que concurren en la desertificación, la educación ambiental resulta fundamental para el establecimiento de programas de explotación durable de los recursos, en su conservación y, en definitiva, en la lucha contra el riesgo de degradación que registran numerosas áreas del ámbito mediterráneo. Además, para combatir el deterioro, se precisa, por un lado, poner freno a todo lo que suponga depreciación y destrucción de los recursos vitales; por otro, revalorizar a la Naturaleza y al Medio

Ambiente como soportes fundamentales de la vida. Es decir, establecer fundamentos que permitan el fortalecimiento de una ética medioambiental a todas las escalas que hagan comprender las relaciones fundamentales que unen a los humanos con su entorno común de vida, con sus ambiente y naturaleza. Esto sólo es posible, como establece el Convenio de Naciones Unidas, con el fomento de las capacidades locales, regionales y nacionales, con solidaridad, educación y sensibilización de la población.

Una aproximación a posibles acciones de participación de la población y ONGs en la lucha contra la desertificación de las tierras mediterráneas y contribuir así a un desarrollo sostenible, podría ser la siguiente:

- Las ONGs, como actores de la sociedad civil, en función del protagonismo que les reconoce el Convenio, deben ser conscientes que tienen que influir en la formulación de los Planes de Acción, en particular en todo lo que concierne a las necesidades de las poblaciones y su implicación en la lucha contra la desertificación. Para vencer a la desertificación, son fundamentales los proyectos surgidos de la iniciativa local, discutidos y evaluados de manera descentralizada.
- Es preciso la organización de un Forum de ONGs en cada país, de información, discusión, seguimiento y vigilancia del Convenio, incluyendo los Planes de Acción a nivel nacional, regional y subregional. En su pluralidad, las ONGs pueden dar a conocer y entender toda la diversidad de puntos de vista de los grupos sociales amenazados o no por la desertificación, estimulando, a la vez, la solidaridad internacional.
- Las ONGs podrían desempeñar una importante función en mejorar la información, formación y sensibilidad del público y en la coordinación de las acciones a llevar a cabo en la totalidad de la cuenca mediterránea. Difundir que, la lucha contra la desertificación debe ser parte integrante de un proceso más vasto de elaboración de políticas nacionales para un desarrollo sostenible.
- Es preciso multiplicar los encuentros entre las poblaciones afectadas, los gestores públicos y ONGs a nivel nacional, regional y subregional. Hacer participar a la asociaciones ciudadanas en las reuniones con lo poderes de decisión.
- Este proceso puede llevar a la formación de un Consejo que lleve las opiniones y las voces de las poblaciones locales y que tenga responsabilidad para coordinar las acciones a implementar en los Planes de Actuación, canalizar y tomar iniciativas y ser el interlocutor ante las Administraciones Públicas.
- Deben producir documentos de base que sirvan a los poderes públicos y poblaciones afectadas, en el marco de una gestión participativa e interactiva, que permita conocer mejor los problemas.
- Una de las fuentes importantes en la producción de conocimientos alternativos es el empirismo de la población rural, con frecuencia inadaptada a las nuevas condiciones económicas y a las transformaciones recientes del espacio rural. Difundir el empirismo de campesinos y agricultores, un saber con frecuencia ignorado, y revitalizar sus estrategias de lucha contra la sequía y la degradación de los ecosistemas, puede ser una relevante acción en la lucha contra la desertificación, a la vez que se difunde la adquisición, transferencia y adaptación de las nuevas tecnologías, ambientalmente idóneas, a cada territorio afectado.

- Es necesario promover la gestión de los recursos naturales bajo la responsabilidad directa de las comunidades rurales (la tierra, el agua, la biomasa), considerando las estrategias de los productores y las rentas producidas por la explotación de sus recursos.
- Es preciso estimular a los poderes públicos a invertir en el desarrollo humano. El desarrollo de las gentes necesita inversiones en el potencial humano, en particular en los dominios de la educación, de la salud y de la formación. Existe un umbral de pobreza a partir del cual, la preocupación medioambiental y la lucha contra la desertificación carecen totalmente de significado. Sin una política sostenida y durable de mejora de las condiciones de vida en las zonas rurales, los planes de acción contra la desertificación pueden estar condenados al fracaso.
- Las ONGs europeas deberían presionar para reformar muchas de las vías de cooperación y de ayuda internacional en favor de los países o de las regiones afectadas por sequías recurrentes y la desertificación, particularmente en Africa. Reflexionar sobre los principios y criterios éticos de las ayudas internacionales. Fomentar el respeto al principio de subsidiaridad en el diseño y ejecución de programas: los proyectos surgidos por iniciativa local, o no gubernamentales, deberían ser apoyados y financiados del mismo modo que los proyectos puestos en marcha por los Estados o por los Organismos Internacionales.
- En fin, el *Convenio Internacional de Lucha contra la Desertificación* es un documento de buena voluntad para los países afectados por las sequías recurrentes y la desertificación, pero no hará milagros. Sin embargo, las ONGs pueden desempeñar una importante función para estimular y realizar acciones que parecen difíciles de llevar a cabo en el Convenio. Medidas para desarrollar el entorno económico, social y cultural. Renovar y perfeccionar el uso y gestión de los recursos naturales. Contribuir a mejorar la organización institucional y los conocimientos para la vigilancia y calibración de los efectos de las sequías y la desertificación.

La crisis ambiental que representa la desertificación requiere una reconsideración radical del conflicto sociedad-naturaleza, pues no existe modelo de desarrollo sostenible que parta de una disociación de los asuntos humanos y los asuntos ambientales, de una falta de armonía en las relaciones hombre-naturaleza. La valorización y correcto uso y gestión de los recursos naturales, especialmente de los vitales (aire, agua, suelo y vegetación), constituye la mejor medida para su explotación durable y conservación, evitando su degradación. Partiendo de esta premisa básica, se podrá pasar de una evaluación y tratamiento sintomatológico de los procesos de desertificación, que intentan mitigar y solucionar problemas ya desencadenados, a unas políticas ambientales preventivas que integren, sistémicamente, medio ambiente y desarrollo. Gestionar sosteniblemente naturaleza y medioambiente, es gestionar el presente y el futuro de la humanidad.

5. Cambios sociales precisos. La participación de los usuarios en la toma de decisiones

Por todo lo indicado anteriormente son necesarios cambios importantes en nuestra sociedad. Particularmente en el esquema de valores que rige los comportamientos de la denominada sociedad del primer mundo, la más desarrollada, a la que nuestro país pertenece y que tiene en sus manos las claves del futuro. Probablemente sea una situación injusta, el hecho de que el futuro de muchos dependa de las decisiones de unos pocos, pero creemos que es así.

Este cambio de valores se refiere, en primer lugar, a los criterios para gestionar el difícil equilibrio entre el desarrollo económico y social y el respeto e incluso la mejora de nuestro medio ambiente. En segundo lugar al desarrollo de nuevos valores que hagan compatibles el ejercicio de los legítimos derechos de la generación presente con la seguridad de dejar como legado a las generaciones futuras un mundo tan habitable al menos como nosotros lo hemos recibido de nuestros antecesores.

Como decíamos al tratar el tema de la gestión del agua, el problema es grave, afecta a gran parte de nuestro planeta, incluida la cuenca mediterránea en su totalidad, pero existen experiencias de actuaciones positivas. Quizá una de las herencias más relevantes que el siglo XX deja para el próximo, es el desarrollo de un gran número de herramientas técnicas que, puestas a punto, pueden ser utilizadas para este fin. Por eso nuestro mensaje debe ser optimista.

Como indica el profesor Thom (1994), este cambio social debe afectar, tanto a los usuarios concretos de los recursos naturales (agua, suelo, vegetación, etc.), como a la comunidad en su conjunto, representada ésta tanto por los Gobiernos y Organizaciones Sindicales como por las ONGs que como hemos visto deberán tener cada vez un mayor peso en las decisiones sociales.

Por lo que a los usuarios se refiere, es preciso que estos cambien el viejo concepto de propiedad absoluta sobre los recursos naturales, por uno nuevo que tenga un sentido más cercano a la propiedad comunal de los mismos. Sunkel y Leal (1985) utilizan para los recursos naturales el término de activo social, que parece muy acertado. Este concepto en absoluto entra en colisión con el de propiedad privada, vigente en nuestra sociedad, sino que simplemente delimita y condiciona su uso.

Tanto los Gobiernos como los Sindicatos o las ONGs deben hacer suyo este sentir de la sociedad, y para ello, es necesario que éste realmente exista. Estas Instituciones son reflejo de la sociedad que representan y sólo harán suyas las propuestas de mantenimiento y mejora de los recursos naturales cuando los ciudadanos se lo demanden e incluso les presionen para ello. Al mismo tiempo que los ciudadanos exigen, deben ser conscientes de que ninguna opción es gratuita, ni necesariamente debe ser pagada en su integridad por los poderes públicos. Como consecuencia de ello es preciso que cada uno decida cuánto está dispuesto a pagar por la opción elegida. El mantenimiento de un ecosistema, sacrificando el desarrollo económico y social de una zona es una opción que tiene un coste, y alguien debe pagarlo.

Por desgracia los efectos de un proceso de degradación del medio natural, con frecuencia sólo se dejan sentir a largo plazo, período de tiempo normalmente superior al del mandato de un político. De ahí que con escasa frecuencia se recojan en sus programas propuestas concretas de actuación y sean normalmente sustituidas por vagas declaraciones de buenas intenciones.

Desde el punto de vista de la gestión de los recursos naturales son necesarios cambios importantes en las Administraciones Públicas. Con frecuencia, las competencias sobre éstos aparecen dispersas entre diferentes Organismos, cuyas políticas de actuación escasas veces están coordinadas y no es raro que incluso estén enfrentadas. En la misma UE existen numerosas directivas que hacen referencia a cuestiones medioambientales y en concreto a los procesos de degradación del medio natural y desertificación. La mayoría de estas directivas son de aplicación en los países del sur, pertenecientes a la cuenca mediterránea. A pesar de ello, no se puede decir que exista todavía una política europea propia de actuación en esta materia.

Las sucesivas reformas de la Política Agraria Comunitaria (PAC) y en particular la que parece como más profunda hasta el presente, llevada a cabo en 1992, contiene claros elementos contradictorios desde el punto de vista medioambiental, por ejemplo cuando aborda el problema de la retirada de tierras o los programas de forestación de tierras agrícolas.

Es necesario dedicar presupuestos públicos a las políticas de protección contra la degradación del medio ambiente. Desgraciadamente los ejemplos más graves de degradación se suelen dar en países de condiciones áridas o semiáridas que en muchos casos tienen un bajo nivel de desarrollo económico y social y por tanto poca capacidad de inversión en este campo; Australia, Israel o el Estado de California en USA pueden ser la excepción que confirma la regla.

La participación de los usuarios en la gestión requiere que los técnicos de la Administración del Estado adquieran el hábito de dialogar y pactar con éstos las actuaciones y no simplemente informar de ellas. Esta falta de diálogo y entendimiento ha sido la causa de numerosos fracasos en la puesta en marcha de actuaciones concretas.

Por lo que respecta al papel de los usuarios, existe un consenso cada vez más ámplio de la importancia inexcusable del mismo. Pretty (1994) hace una metódica descripción de las diferentes tipologías que esta participación pueden tener. Los siete grupos que establece van desde una situación en que esta es meramente pasiva, simplemente se les informa sobre cómo la Administración tiene intención de actuar, hasta el caso situado en el extremo opuesto, en que son los usuarios, convenientemente organizados, los que toman las decisiones de forma autónoma e independiente de los poderes públicos. Las diferentes situaciones intermedias descritas por Pretty reflejan posibilidades de actuación conjunta en las que el protagonismo de unos y otros tiene diferente peso. En general los ejemplos intermedios de colaboración son los que han producido resultados más positivos. La cuenca hidrográfica del Murray-Darling en Australia (Blackmore, 1994; Campbell, 1994a,b) es uno de los ejemplos citados en la literatura sobre esta materia.

Una de las claves del éxito en este proceso de colaboración, está en reconocer, tanto por parte de las instituciones dedicadas a la investigación de los fenómenos, como de los institutos dedicados a la transferencia de tecnología, que en numerosas ocasiones, son los propios usuarios, con frecuencia provenientes del mundo rural y con escaso bagaje cultural, los que mejor pueden identificar los elementos clave de los procesos de degradación tanto desde el punto de vista biofísico, como económico y social.

Wade (1987) señala algunas condiciones para que esta colaboración de los usuarios sea eficaz. Destaca las siguientes:
- Que el número de recursos a proteger sea relativamente reducido y que se encuentren físicamente cercanos a los usuarios afectados.
- Que los usuarios tengan una clara necesidad de que estos recursos sean mantenidos en buenas condiciones.

- Que sea posible crear grupos de trabajo para actuaciones concretas, y establecer un sistema sencillo y eficaz de arbitraje para la solución de los conflictos que inevitablemente se producirán.
- Que la falta de cumplimiento de las normas establecidas sea fácilmente detectable.
- Que la exclusión de un usuario del disfrute del recurso, al no someterse a las normas establecidas, tenga un coste elevado para él.

El adecuado control del uso correcto de un recurso no es fácil de realizar. En general, más que una amplia y compleja normativa de actuación es más eficaz un buen sistema de incentivos sobre los usos correctos y de penalización para los abusivos. El precio del agua, variable en uno u otro caso puede ser un ejemplo de este sistema.

Aunque compartimos con Wade los condicionantes que expresa para que la actuación de los usuarios tenga éxito, si nos gustaría hacer algunas puntualizaciones.

Parece desprenderse de lo indicado por él, que ésta debe reducirse a espacios físicos reducidos y a actuaciones temporales de corto alcance, donde la relación causa-efecto se ponga en evidencia en períodos de tiempo poco dilatados. Sin embargo, ya hemos indicado cómo una actuación lesiva para el entorno puede producir efectos en lugares alejados en el espacio y al cabo de un largo período de tiempo.

Esta circunstancia obliga a ampliar el campo de los usuarios potenciales, activos o pasivos, incluyendo a grupos sociales con escasa o nula participación en el proceso inicial que estuvo en el origen del deterioro que ahora sufren. El caso de la contaminación de un acuífero por un uso abusivo de abonos nitrogenados puede afectar a la salud de los habitantes de núcleos urbanos alejados y al cabo de un período de tiempo a veces muy amplio. El problema se complica entonces y en su solución deben incluirse serios trabajos de investigación sobre el fenómeno, capaces de evaluar correctamente las consecuencias que se derivan de una determinada actuación.

Pensamos que la recuperación de un entorno ya degradado, y sobre todo de los que están seriamente amenazados, pasa por una participación cada vez más activa de los usuarios, sustituyendo viejas actuaciones paternalistas de la administración, por una colaboración equilibrada. Las publicaciones que se han ocupado de estos temas presentan, junto a un número no pequeño de actuaciones que han concluido en fracaso, interesantes ejemplos de otras que han tenido un notable éxito.

En el camino abierto por estas últimas es por donde es preciso transitar en el futuro, aportando incluso una dosis no pequeña de utopía.

6. Viabilidad de una agricultura económica, social y medioambientalmente sostenible. La agricultura de precisión

La agricultura del siglo XXI debe ser sostenible, es decir, debe ser capaz de perdurar de forma estable, haciendo compatible su actividad con un conjunto de condicionantes económicos, sociales y medioambientales con los que nunca hasta ahora ha tenido que enfrentarse.

El último tercio del siglo XX ha visto desarrollarse la tecnología agraria con una intensidad sin precedentes. Este hecho ha permitido garantizar la seguridad alimentaria en amplias regiones de nuestro planeta. Por desgracia no en todas. En el Africa Subsahariana, el número de habitantes por debajo de los niveles mínimos de nutrición, es todavía de 175 millones y lo que es más desolador, las previsiones indican que en el año 2010 esta cifra será de 296 (Alexandratos, 1995). La guerra contra el hambre en el mundo no está todavía ganada.

Este nuevo y espectacular desarrollo de la agricultura, la llamada «agricultura intensiva», ha generado unos costos importantes en los procesos productivos. El coste es, no solo económico, lo cual parece evidente, sino también social y medioambiental, con frecuencia bastante más difícil de apreciar. Quizá no sea exagerado indicar que este tipo de agricultura intensiva es despilfarradora en insumos productivos y como consecuencia de ello será difícilmente sostenible y justificable en los tiempos venideros. Sin embargo en la actualidad presenta un alto atractivo para los agricultores por su capacidad productiva, que genera todavía márgenes brutos suficientes con un coste de gestión no muy elevado.

Sin embargo creemos que la agricultura del siglo XXI no puede ser como la que hemos descrito. Sencillamente no sería viable desde ninguno de los puntos de vista que estamos analizando. Tait (1997) ha estudiado bien el problema y presenta como alternativas dos agriculturas de futuro a las que llama «orgánica» y de «precisión».

La primera coincide sensiblemente con la que denominamos «agricultura biológica». Sobre esta materia se ha debatido posiblemente más que sobre ninguna otra en estos últimos años. Algunos de estos debates han tenido un componente más emocional que científico. Este tipo de agricultura merece el mayor respeto, aunque pensamos que le queda un amplio camino que recorrer para construir un cuerpo de doctrina coherente.

En cualquier caso creemos, que incluso los mayores defensores de la agricultura biológica conciden con nosotros en que esta actividad no es capaz de garantizar por si sola la seguridad alimentaria en un mundo cuya población posiblemente superará los 7.200 millones de habitantes en fecha tan cercana como el año 2010 (Alexandratos, 1995). Esta limitación no debe ser óbice para que progresivamente la agricultura biológica vaya ocupando el lugar que le corresponde tanto en la valoración ciudadana como en la comunidad científica.

No insistiremos más en este campo porque creemos que la sustentabilidad de la agricultura del futuro puede venir en gran medida si logra incorporar instrumentos tecnológicos clave de lo que hoy se conoce como «agricultura de precisión».

Decíamos que una de la herencias más importantes que el siglo XX deja al próximo, es el gran número de herramientas técnicas, que están poniéndose a punto a través de proyectos de investigación y desarrollo (I+D) y que en un breve espacio de tiempo pueden estar disponibles para su aplicación con fines concretos.

Thevenet (1997) define la agricultura de precisión de una forma tan simple como precisa cuando dice que es aquella que «consigue realizar la actuación adecuada en el momento oportuno y en el lugar preciso».

La agricultura intensiva, que ha elevado a cotas nunca conocidas la capacidad productiva de nuestros campos, en general no ha tenido suficientemente en cuenta la variabilidad existente en el medio agrícola entre las diferentes parcelas de una explotación, o incluso en el interior de las mismas, la denominada variabilidad intraparcelaria.

El problema lo ha solucionado frecuentemente por elevación, asignando a toda la parcela los insumos que necesita la parte de la misma que presentaba mayores carencias. Este hecho ha sido muy frecuente por ejemplo, en el momento de aplicar la dosis de semilla, de agua de riego, de fertilizantes o de pesticidas. Así se garantizaba una elevada producción promedio, aun a costa de despilfarrar insumos en buena parte de la extensión de las parcelas, o incluso en el conjunto de la explotación.

La situación novedosa que ahora se presenta, es la existencia de medios técnicos en desarrollo, o ya puestos a punto, que permiten modular las actuaciones de acuerdo con las necesidades de cada parcela o incluso acomodarlas a las variaciones que puedan existir en el interior de la misma.

Entre los que aparecen como más disponibles a corto plazo podemos citar:

- Los sistemas de localización conocidos como GPS (*Global Positioning System*) que permiten localizar en tiempo real un lugar geográfico cada vez con mayor nivel de precisión.
- La existencia de sensores capaces de apreciar las características diferenciales de este lugar y que pueden ser el origen de un tratamiento distinto para el mismo. Estas características, siguiendo a Boisgontier (1997), pueden referirse a la topografía, a la naturaleza del suelo (textura, profundidad, humedad, etc), de la vegetación tanto la cultivada como la espontánea y en particular a las malas hierbas, a la cosecha obtenida o a otros parámetros.
- Estos sensores pueden in emplazados en la maquinaria que esté realizando la operación, que puede variar la proporción de producto que aplica, o en la cosechadora que realiza la recolección y permite, por ejemplo, obtener un mapa de distribución de rendimientos en el interior de la parcela.
- Mención especial dentro del campo de los sensores, merecen los acoplados en satélites y que están en el origen de la teledetección. Los avances en este terreno han superado ampliamente cuanto pudiéramos imaginar hace escasos años, tanto en lo que se refiere a su poder de resolución, como a la correlación establecida entre la señal por ellos captada y las características del objeto reconocido (especie cultivada, estadio fenológico, sanidad, estrés hídrico, etc.). Nos atrevemos a decir que los años venideros serán testigos de avances sorprendentes en este terreno.

La aplicación de la agricultura de precisión comprende pues, tres etapas claramente diferenciadas (Thevenet, 1997):

- Caracterización de la variabilidad con el nivel de resolución que nos sea necesario y que los sensores nos permitan.
- Toma de decisiones respecto a la estrategia que sea preciso adoptar frente a la heterogeneidad establecida.
- Puesta en práctica de las decisiones adoptadas.

Estas decisiones pueden referirse, por ejemplo, al sistema de laboreo a emplear, al tipo de semilla o dosis de siembra, a la fertilización, tanto la nitrogenada muy inestable en el suelo como a la fosfórica y potásica mucho más estables, a la aplicación de herbicidas o pesticidas, a la programación de riego (volúmenes y períodos de agua a aplicar), al momento óptimo de recolección, al sistema a utilizar, etc. (Boisgontier, 1997).

Los objetivos que permiten alcanzar una agricultura de precisión son:

- Una mejora en la renta del agricultor a través de un control más efectivo de los insumos. Este control debe permitirle hacer frente a la dura competencia que está soportando debido a la liberalización progresiva de los mercados, que obliga a una reducción en el precio de sus productos.
- Una mejora de la calidad de los productos obtenidos, fundamentalmente debida a un menor riesgo de contaminación por residuos, que puede ser perfectamente controlado. Sobre esta cuestión es bien conocida la progresiva sensibilización existente en la opinión pública.
- Un respeto escrupuloso al medio ambiente, y en particular a las actuaciones que pueden significar una degradación del entorno. Esta degradación sabemos que en condiciones de aridez o semiaridez conduce a la desertificación.

Cuando Tait (1997) analiza este tema indica que sin duda, el trabajo de gestión de la explotación se ve sensiblemente aumentado al abordar una agricultura de precisión. Fundamentalmente, este tipo de agricultura requiere el dominio de tecnologías complejas. No todas ellas pueden ser practicadas por el agricultor directamente y de ahí el papel que deben desarrollar en el futuro todo tipo de agrupaciones de los mismos, bajo cualquier fórmula asociativa, que permita con un coste asequible, disponer de éstas.

Estamos lejos de querer presentar la agricultura de precisión como una solución capaz de resolver por sí sola los grandes desafíos con que la agricultura entra en el nuevo siglo, entre los cuales destaca la lucha contra la degradación del entorno y la desertificación. Incluso algunas de las técnicas descritas en los textos científicos o divulgativos que se ocupan de esta materia, hacen esbozar una sonrisa de incredulidad al lector que puede pensar que se encuentra ante un texto de ciencia ficción. Nuestra intención es únicamente poner de manifiesto que si bien el hombre ha sido con frecuencia el causante de numerosos desastres, también ha sido capaz de desarrollar herramientas que en el caso de la agricultura, como en el de otros muchos procesos productivos, pueden permitir detener el deterioro y afrontar con éxito la recuperación del entorno.

7. Referencias bibliográficas

Alexandratos, N., 1995. *Agricultura mundial hacia el año 2010.* Mundi-Prensa. Madrid, 493 págs.

Blackmore, D.J., 1994. Integrated catchement management. The Murray–Darling Basin experience. *Water Down Under Conf. Adelaide,* I:1-7.

Boisgontier, D., 1997. Heterogenities. Comment les déceler? *Perspectives Agricoles,* 222, 14-19.

Campbell, A., 1994a. *Landcare: Communities shaping the land and the future.* Allen and Unwin, Sydney.

Campbell, A., 1994b. *Community first–Landcare in Australia.* IIED/IDS Conf. «Beyond farmer first: rural people's knowledge, agricultural research and extension», IIED, London.

Convención de Lucha contra la Desertificación (CCD), 1994: *Convención de Naciones Unidas de Lucha contra la Desertificación en los países afectados por sequía grave o desertificación, en particular Africa.* Secretaría provisional. Oficina de Información para las Convenciones del Programa de las Naciones Unidas para el Medio Ambiente (PNUMA), 71, Ginebra, Suiza.

PAND, 2000. *Programa de Acción Nacional contra la Desertificación. Ministerio de Medio Ambiente.* Secretaría General de Medio Ambiente. Dirección General de Conservación de la Naturaleza. Proyecto LUCDEME, 131 (documento inédito), Madrid.

Pretty, J.N., 1994. *Alternative systems of enquiry for sustainable agriculture.* IDS Bulletin, 25, 37-48, IDS, University of Sussex, UK.

Rojo Serrano, L., 1997. *Plan de Acción Nacional de Lucha contra la Desertificación en España.* En Curso: Desertificación en el Mediterráneo. El caso particular del Sureste español. Universidad Internacional de Andalucía, Sede Antonio Machado, 4 (documento inédito), Baeza.

Sunkel, O. y Leal, J., 1985. Economía y medio ambiente en la perspectiva del desarrollo. *El Trimestre Económico,* 52 (1), 205.

Tait, J., 1997. *Sustainable development of intensive agriculture.* Int. Sustainable Development Res. Conf., Manchester, UK.

Thevenet, G., 1997. Quels enjeux pour l'agriculture de précision. *Perspectives Agricoles,* 222: 4-7.

Thom, B.G., 1994. Land Use and Land Cover in Australia: living with global change. En: *Land degradation and rehabilitation. Special Issue.* 5,2:61-65.

Wade, R., 1987. *The management of Common Property Resources: Finding a Cooperative Solution.* Research Observer, 2:2, IBRD.